21世纪高等学校嵌入式系统专业规

王黎明 刘小虎 闫晓玲 编著

嵌入式系统
开发与应用

清华大学出版社

北京

内 容 简 介

本书的立足点是基础化、实用化、可操作性,首先介绍嵌入式系统的概念、引导读者对嵌入式系统有一个整体的印象,从而为读者打开嵌入式系统开发的大门,其次介绍嵌入式开发的集成开发环境;然后以Stellaris 处理器 LM3S8962 为对象,介绍了系统控制、GPIO、串行通信、定时器模块、ADC 模块、PWM 及模拟比较器;CAN 模块;最后以全国大学生飞思卡尔杯智能汽车比赛为应用案例,介绍其系统设计及实现方法。

本书可作为大专、本科院校自动化、机电、仪器仪表和自动控制等专业的工业控制网络等相关课程的教材或教学参考书,也可供从事工业控制网络系统设计和产品研发的工程技术人员参考。-

图书在版编目(CIP)数据

嵌入式系统开发与应用/王黎明等编著. —北京:清华大学出版社,2016

21 世纪高等学校嵌入式系统专业规划教材

ISBN 978-7-302-42913-5

Ⅰ. ①嵌…　Ⅱ. ①王…　Ⅲ. ①微型计算机-系统开发-高等学校-教材　Ⅳ. ①TP360.21

中国版本图书馆 CIP 数据核字(2016)第 030756 号

责任编辑:刘向威　薛　阳
封面设计:常雪影
责任校对:焦丽丽
责任印制:何　芊

出版发行:清华大学出版社
　　　　网　　　址:http://www.tup.com.cn,http://www.wqbook.com
　　　　地　　　址:北京清华大学学研大厦 A 座　　　　邮　　编:100084
　　　　社 总 机:010-62770175　　　　邮　　购:010-62786544
　　　　投稿与读者服务:010-62776969,c-service@tup.tsinghua.edu.cn
　　　　质 量 反 馈:010-62772015,zhiliang@tup.tsinghua.edu.cn
　　　　课 件 下 载:http://www.tup.com.cn,010-62795954
印 刷 者:北京富博印刷有限公司
装 订 者:北京市密云县京文制本装订厂
经　　销:全国新华书店
开　　本:185mm×260mm　　印　张:24.25　　字　数:591 千字
版　　次:2016 年 5 月第 1 版　　印　次:2016 年 5 月第 1 次印刷
印　　数:1~2000
定　　价:49.00 元

产品编号:067038-01

出 版 说 明

嵌入式计算机技术是 21 世纪计算机技术两个重要发展方向之一,其应用领域相当广泛,包括工业控制、消费电子、网络通信、科学研究、军事国防、医疗卫生、航空航天等方方面面。我们今天所熟悉的电子产品几乎都可以找到嵌入式系统的影子,它从各个方面影响着我们的生活。

技术的发展和生产力的提高,离不开人才的培养。目前国内外各高等院校、职业学校和培训机构都涉足了嵌入式技术人才的培养工作,高校及其软件学院和专业的培训机构更是嵌入式领域高端人才培养的前沿阵地。国家有关部门针对专业人才需求大增的现状,也着手开发"国家级"嵌入式技术培训项目。2006 年 6 月底,国家信息技术紧缺人才培养工程(NITE)在北京正式启动,首批设定的 10 个紧缺专业中,嵌入式系统设计与软件开发、软件测试等 IT 课程一同名列其中。嵌入式开发因其广泛的应用领域和巨大的人才缺口,其培训也被列入国家商务部门实施服务外包人才培训"千百十工程",并对符合条件的人才培训项目予以支持。

为了进一步提高国内嵌入式系统课程的教学水平和质量,培养适应社会经济发展需要的、兼具研究能力和工程能力的高质量专业技术人次。在教育部相关教学指导委员会专家的指导和建议下,清华大学出版社与国内多所重点大学共同对我国嵌入式系统软硬件开发人才培养的课程框架和知识体系,以及实践教学内容进行了深入的研究,并在该基础上形成了"嵌入式系统教学现状分析及核心课程体系研究"、"微型计算机原理与应用技术课程群的研究"、"嵌入式 Linux 课程群建设报告"等多项课程体系的研究报告。

本系列教材是在课程体系的研究基础上总结、完善而成,力求充分体现科学性、先进性、工程性,突出专业核心课程的教材,兼顾具有专业教学特点的相关基础课程教材,探索具有发展潜力的选修课程教材,满足高校多层次教学的需要。

本系列教材在规划过程中体现了如下一些基本组织原则和特点。

(1) 反映嵌入式系统学科的发展和专业教育的改革,适应社会对嵌入式人才的培养需求,教材内容坚持基本理论的扎实和清晰,反映基本理论和原理的综合应用,在其基础上强调工程实践环节,并及时反映教学体系的调整和教学内容的更新。

(2) 反映教学需要,促进教学发展。教材要适应多样化的教学需要,正确把握教学内容和课程体系的改革方向,在选择教材内容和编写体系时注意体现素质教育、创新能力与实践能力的培养,为学生知识、能力、素质协调发展创造条件。

(3) 实施精品战略,突出重点。规划教材建设把重点放在专业核心(基础)课程的教材建设上;特别注意选择并安排一部分原来基础比较好的优秀教材或讲义修订再版,逐步形成精品教材;提倡并鼓励编写体现工程型和应用型的专业教学内容和课程体系改革成果的教材。

(4) 支持一纲多本,合理配套。专业核心课和相关基础课的教材要配套,同一门课程可以有多本具有各自内容特点的教材。处理好教材统一性与多样化,基本教材与辅助教材、教学参考书,文字教材与软件教材的关系,实现教材系列资源的配套。

(5) 依靠专家,择优落实。在制定教材规划时依靠各课程专家在调查研究本课程教材建设现状的基础上提出规划选题。在落实主编人选时,要引入竞争机制,通过申报、评审确定主编。书稿完成后认真实行审稿程序,确保出书质量。

繁荣教材出版事业,提高教材质量的关键是教师。建立一支高水平的、以老带新的教材编写队伍才能保证教材的编写质量,希望有志于教材建设的教师能够加入到我们的编写队伍中来。

21世纪高等学校嵌入式系统专业规划教材

联系人:魏江江 weijj@tup.tsinghua.edu.cn

前　　言

目前微控制器的性能越来越好,集成的模块也越来越多,内部自带的寄存器越来越多,整体的框架也越来越复杂,因此库开发成为微控制器开发的主流。通过库开发,可以在不了解微控制器底层寄存器配置的情况下,快速掌握单片机的各个模块资源。本书的目的就是带领读者深入了解开发 Stellaris 处理器 LM3S8962 的过程,最终达到灵活快速地上手其他库,直至开发其他 ARM 芯片的水平。

本书特点

(1) 起点低,案例分析透彻。

(2) 既注重基础理论,更面向应用。

(3) 紧跟技术发展,选取典型技术开发实例。

(4) 突破常规,用于创新。

本书的组织结构

第 1 章为基础部分。首先介绍嵌入式系统的概念和组成,然后介绍嵌入式 C 语言,最后介绍典型 Cortex-M3 系列微控制器 Stellaris 处理器,以 LM3S8962 处理器为例列举了基本电路设计,包括滤波电路、复位电路、晶振时钟、以太网接口、RS232、RS485、CAN 总线、电源模块、ADC 采样、LED 及按键、蜂鸣器、I^2C 扩展开关量输入、I^2C 扩展开关量输出和继电器输出等电路设计。

第 2 章介绍嵌入式开发的集成开发环境。首先了解嵌入式系统开发一般过程,包括目标平台创建、编译、链接和定址过程;然后介绍了 Stellaris 微控制器的 RVMDK 集成开发环境的使用、测试示例、调试器和指令模拟器;最后介绍了本书主要使用的开发工具链 IAR,主要包括 IAR EWARM 的安装、驱动库的安装、WARM 中新建新项目和编译运行程序。本章为后面章节程序的编译和测试提供了必要的基础、环境及工具的支持。

第 3 章主要介绍系统控制模块,包括电源结构与 LDO 控制、时钟控制、复位控制、外设控制、睡眠与深度睡眠、杂项功能和中断操作等。通过本章的学习,可以了解 LM3S8962 处理器的电源结构及特点,如何设置 LDO 的输出,另外还可以学习 LM3S8962 处理器的时钟设置的基本要求及方法。本章的学习是接下来几个章节的基本,也是 LM3S8962 处理器系统初始化关键设置的主要内容。

第 4 章主要介绍 LM3S8962 通用输入输出模块 GPIO,包括 GPIO 的两种应用电路、特殊引脚及寄存器和 GPIO 库函数,然后给出了两只 LED 交替闪烁控制实例和 KEY 控制 LED 实例。通过本章的学习,读者能够完成 GPIO 的基本设置和基本输入输出操作。

第 5 章主要介绍 LM3S8962 串行通信模块,包括 UART、I^2C 和 SSI。首先介绍 UART 异步串行接口的功能、主要的应用库函数以及 I^2C 协议的基础和功能。其次分析了 I^2C 总线的主要驱动库函数,介绍常用的同步串行通信的相关内容,包括 TI 的同步串行帧格式、Freescale SPI 帧格式和 MICROWIRE 帧格式。然后介绍了 SSI 通信的位速率帧格式、FIFO 操作和 SSI 中断以及 SSI 通信的主要库函数,最后给出了应用案例。

第 6 章主要介绍 LM3S8962 的时钟模块,包括通用定时器模块、系统节拍定时器和看门狗定时器。通用定时器模块主要讲解通用定时器总体特性、功能概述和通用定时器库函数,然后按照通用定时器的不同功能给出了不同的案例。系统节拍模块分析了系统节拍的功能简介、系统节拍的基本操作,然后进行了实例分析。

第 7 章主要介绍 LM3S8962 模拟量的采集变换。首先介绍 Stellaris 微控制器内核集成的 ADC 的特性、功能。其次介绍了 ADC 使用过程中注意的事项,接下来列出了 ADC 的常用库函数。然后实现了几个 ADC 采样的例子,包括 ADC 单通道触发采样、多通道采样、内部温度传感器采样、定时器触发采样和外部触发采样等。最后重点分析了 ADC 的过采样及实现技术。

第 8 章主要介绍 LM3S8962 的 PWM 模块和 COMP 模块,包括 PWM 总体特性、PWM 功能概述和 PWM 库函数,并且给出了产生两路 PWM 信号的实例。COMP 模块包括电压比较器概述、电压比较器功能及 COMP 库函数,最后给出了内部参考源输出驱动 LED 灯实例及外部参考源输出触发中断实例。

第 9 章主要介绍 CAN 总线接口模块的应用,包括 CAN 总线的分层结构及通信协议、CAN 总线接口电路设计、CAN 总线收发器设计以及外设驱动函数的分析。给出了 CAN 模块的应用流程及封装函数。最后介绍在 PC 上 CAN 通信工具使用方法。

第 10 章是一个综合应用案例分析,以第十届飞思卡尔杯全国大学生智能汽车竞赛为背景,分别介绍了智能汽车的设计概况、智能汽车竞赛的比赛规则和智能汽车的比赛概况。然后分硬件和软件两个方面介绍智能汽车的设计要点。最后介绍电子设计调试基本知识、智能车设计调试及注意事项。

说明

本书花费了部分篇幅分析一些案例程序代码,分析代码是一个很令人头痛的问题,要想把程序的来龙去脉讲清楚,就不得不贴上一些源码上来。怎么贴? 贴多少? 太长的源码印在纸上,即使有详细的注释,也实在不容易前后照顾地看清楚。因此本书很多地方仅仅列出了一些关键性的代码,帮助读者分析,次要的部分用省略号带过。同时书中的全部代码都可以在配套资料中找到。

书中经常会省略很多对基础知识和原理的讨论,而请读者参考相关的文档。因为嵌入式技术涉及的范围较广,读者的确需要相当多的参考资料,而不能仅仅指望一本书。本书的目的在于结合作者实际工作中的一些经验,给读者一个思路和解决问题的办法,让读者能够举一反三。

在科技术语方面,书中尽量采用中英文结合的方式。但是有些术语实在找不到对应的确切中文,则直接使用英文。

读者对象

本书是一本介绍 Cortex-M3 内核 Stellaris 处理器开发与应用的书籍,目标读者包括一线程序员、嵌入式产品设计师、片上系统(SoC)工程师、嵌入式系统发烧友、学院研究员以及所有涉猎过单片机和微处理器领域并慧眼识珍看中了 Cortex-M3 的人们。同时本书还适合下列人员阅读:

- 想学习或刚刚进入 Cortex-M3 内核 Stellaris 处理器的开发人员;
- 想学习嵌入式技术的开发人员;

- 对嵌入式技术开发感兴趣的人员；
- 使用 Cortex-M3 进行快速开发产品的开发人员。

尽管本书面向初级 Cortex-M3 内核 Stellaris 处理器的开发人员，但读者需要熟悉相关的硬件知识以及 C 语言，保证至少能读懂书中提到的代码。

致谢

在本书的编写过程中，得到了很多人的支持和热心关注，首先在这里对他们表示衷心的感谢。

其次感谢周立功单片机发展有限公司，公司为本书的完成提供了非常完美的测试环境和相应的硬件测试平台，同时本书部分内容及代码由该公司提供。

因为本人水平和编写书稿时间的限制，书中难免有遗漏、错误和不妥之处，恳请广大读者批评指正。联系方式为 icesoar@163.com。

王黎明

2015 年 12 月于武汉

目　　录

第1章　嵌入式系统基础

嵌入式系统(Embedded System)是执行专用功能并被内部计算机控制的设备或者系统。一般地,我们日常见到的手机、MP3、PDA、数码相机、机顶盒、电视机、空调器、汽车以及几乎所有智能控制设备等,都是典型的嵌入式系统,或者说其内部具有嵌入式系统的应用。通常,这些设备当中的嵌入式系统在整个应用系统中起智能控制与信息处理的作用。

嵌入式应用的例子远不止上面提到的那些,目前嵌入式系统已经广泛地应用于国防军事、消费电子、信息家电、网络通信和工控测量等各个领域。可以说,嵌入式系统及其应用无处不在。本章主要介绍嵌入式系统的概念、嵌入式系统的组成、嵌入式 C 语言、ARM 微处理器和典型 Cortex-M3 系列微控制器。

1.1　嵌入式系统的概念及组成

关于嵌入式系统的定义,本书不想去太深入讨论。因为它的定义实在是太广泛了,从字面意义理解起来甚至容易让人糊涂,现在嵌入式系统的概念也有被滥用的嫌疑。在一般的文献中嵌入式系统是这样定义的:嵌入式系统是以应用为中心,以计算机技术为基础,并且软硬件可裁减,适用于应用系统对功能、可靠性、成本、体积和功耗有严格要求的计算机系统。但是这种定义较为古板,大家公认的比较有前途的嵌入式系统应该是:硬件以一个高性能的处理器(通常是 32 位处理器)为基础,软件以一个多任务操作系统为基础的综合平台。这个平台的处理能力是以往单片机所无法比拟的,它涵盖了软件和硬件两个方面,因此可称之为嵌入式系统。

注意,这里的重点是"系统"而不是"嵌入式"。在明确了嵌入式系统基本定义的基础上,可从以下几方面来理解嵌入式系统。

(1) 嵌入式系统是面向用户、面向产品、面向应用的。嵌入式系统是与应用紧密结合的,它具有很强的专用性,必须结合实际系统需求进行合理的裁减利用。嵌入式系统和具体应用有机地结合在一起,它的升级换代也是和具体产品同步进行,因此嵌入式系统产品进入市场后也具有较长的生命周期。

(2) 嵌入式系统是将先进的计算机技术、半导体技术、电子技术和各个行业技术的具体应用相结合的产物。这一点就决定了它必然是一个技术密集、资金密集、高度分散、不断创新的知识集成系统。

(3) 嵌入式系统必须根据应用需求对软硬件进行裁减,满足应用系统的功能、可靠性、成本和体积等要求。为了提高执行速度和系统可靠性,嵌入式系统中的软件一般都固化在存储器芯片或微处理器机本身中,而不是存储于磁盘等载体中。

(4) 嵌入式系统本身不具备自主开发能力,即使设计完成以后用户通常也是不能对其中的程序功能进行修改的,必须有一套相应的开发工具和环境才能进行开发。

实际上,凡是与产品结合在一起的具有嵌入式特点的控制系统都可以叫嵌入式系统。现在人们讲嵌入式系统时,某种程度上指的是近些年比较热的具有操作系统的嵌入式系统。

一个典型的嵌入式系统应由硬件平台、板级支持包(Board Support Package,BSP)、操作系统及应用程序这几部分组成,如图1-1所示,下面分别简要介绍。

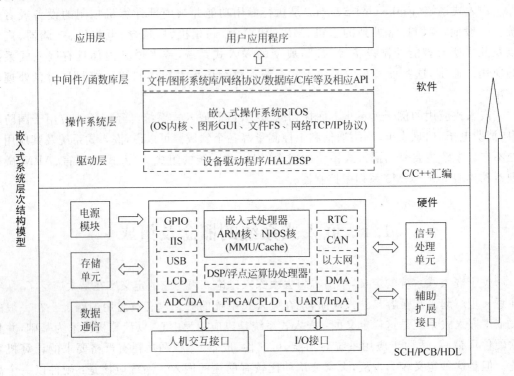

图 1-1　嵌入式系统层次结构模型

1.1.1　嵌入式平台的硬件构架

硬件平台主要就是嵌入式处理器及其控制所需要的相关外设。就目前来看,32 位处理器是嵌入式处理器的主流,主频常在 40MHz 以上;当然也有超过 400MHz 的高端处理器(例如原 Intel 公司的 xscale),甚至超过 1GHz 的 Cortex A8 内核处理器。多处理器组成的平台和多内核处理器平台组建也出现在嵌入式领域,如达芬奇技术。不过,现在大量使用的仍然是 32 位单处理器组成的平台。一个典型的平台的基本组成如图1-2所示,即除了处理器内核以外,一般有时钟、复位、中断控制器、SDRAM 控制器和外围总线控制器。

随着片上系统(System on Chip,SoC)技术的发展,越来越多的外设可以集成到片上(处理器芯片内部),其中最重要的是 SDRAM 控制器。与 SRAM 控制器相比,SDRAM 非常廉价并且存储容量大(通常在 8MB 以上)。所以有了 SDRAM 控制器,就可以容易地在系统上扩展大容量的内存空间(8MB 甚至 64MB 以上)。这使得很多复杂的操作系统可以运行在嵌入式处理器上,而且成本低廉。例如有 8MB 的内存,就足以运行 Linux 操作系统。

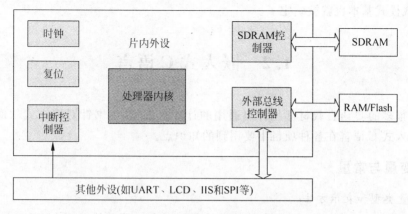

图1-2 嵌入式平台的基本组成结构

1.1.2 板级支持包和嵌入式系统

作为一个成熟的操作系统,要能运行在以各种处理器为核心的硬件平台上,板级支持包就是连接操作系统和硬件平台的桥梁。板级支持包对各种板子的硬件功能提供了统一的软件接口,它包括硬件初始化、中断的产生和处理、硬件时钟和计时器管理、局部和总线内存地址映射以及内存分配等。

虽然板级支持包是介于主板硬件和操作系统之间的一层,但是它属于操作系统的一部分。在开放源码的操作系统中,板级支持包和操作系统之间的层次并不容易划分清楚。可以说,在同一体系结构下移植一个操作系统就是编写板级支持包的过程。

1.1.3 嵌入式系统上的应用程序

作为传统意义上的操作系统,运行在系统上的应用程序和操作系统本身是分开的。尤其是存储器管理单元(Memory Management Unit,MMU)出现在处理器上,它可从硬件上把应用程序和操作系统分离开。Linux和WinCE就是这种分离结构的系统,操作系统内核和上层的应用程序可分开编译和管理。这样的系统安全性更高,可维护性更强,更有利于系统各功能模块的划分。通过MMU也可在硬件层次上实现动态链接,共享内存或程序的代码空间。但是同时可以看到使用MMU把操作系统和应用程序分开是需要代价的,即使MMU的转换过程是由硬件专门完成的,这也是要消耗一定的总线资源和系统时钟周期的,结果就是导致处理器的效率降低,成本提高。

很多情况下,尤其是在没有MMU的处理器上(例如ARM7TDMI、ARM9TDMI和Cortex-M3),应用程序和操作系统是编译在一起运行的。对于开发者来说,操作系统更像一个函数库,调用此函数库来编写自己的固件(Fireware),与传统意义上的单片机编程没有区别。

因为嵌入式系统应用的一大特点就是面向专一应用,成本低廉。也就是说,不管硬件上运行什么,有无操作系统或应用程序,只要能完成特定的功能即可。对于成型的产品,应用程序很少脱离操作系统而大幅改动。

使用何种方式加载应用程序是与操作系统相关的。选择了一个嵌入式操作系统,应用程序的加载模式基本也就被确定了。

1.2　嵌入式 C 语言

目前，很多的 C 语言教材都是针对通用的计算机编程，本书针对嵌入式软件的开发特点，讲解嵌入式 C 语言在各种项目中要用到的知识点。

1.2.1　变量与常量

1. 变量类型和表示方法

什么是变量？一句话，变量是存储数据的空间。由于数据的类型有多种，有整数、小数（浮点数）和字符等等，那么对应的变量就有整型变量、浮点型变量和字符型变量。变量还有其他的具体分类，整型变量还可具体分为无符号型、长整型和短整型。浮点型也可分为单精度型、双精度型和长双精度型。此外还可以分为静态变量、外部变量、寄存器变量和自动存储变量。那么总要给变量取个名字吧，这个名字叫做标识符。

标识符的命名有一定的规则：

（1）标识符只能由字母、数字和下划线三类字符组成；

（2）第一个字符必须是字母（第一个字符也可以是下划线，但被视作系统自定义的标识符）；

（3）大写字母和小写字母被认为是两个不同的字符，如 A 和 a 是两个不同的标识符；

（4）标识符可以任意长，但只有前 32 位有效。有些旧的 C 版本对外部标识符的限制为 6 位。这是由于链接程序的限制所造成的，而不是 C 语言本身的局限性；

（5）标识符不能是 C 的关键字。

下面列出 ANSI 标准定义的 32 个 C 语言的关键字，这些关键字在以后的学习中基本上都会用到：auto、break、case、char、const、continue、default、do、double、else、enum、extern、float、for、goto、if、int、long、register、return、short、signed、sizeof、static、struct、switch、typedef、union、unsigned、void、volatile、while。

2. 整型变量

嵌入式使用最多的变量是整型变量。整型变量是用来存储整数的。整型变量又可具体分为好几种，最基本的整型变量是用类型说明符 int 声明的符号整型（例如 int Counter）。这里 int 是类型说明符，Counter 是变量的名字。整型变量可以是有符号型、无符号型、长型、短型或像上面定义的普通符号整型。整型是 16 位的，长整型是 32 位，短整型等价于整型。

以下是几种整型变量的声明示例：

```
long int Amount;          /* 长整型 */
long Amount;              /* 长整型，等价于上面 */
signed int Total;         /* 有符号整型 */
signed Total;             /* 有符号整型，等价于上面 */
unsigned int Offset;      /* 无符号整型 */
unsigned Offset;          /* 无符号整型，等价于上面 */
```

```
short int SmallAmt;          /* 短整型 */
short SmallAmt;              /* 短整型,等价于上面 */
unsigned short int Month;    /* 无符号短整型 */
unsigned short Month;        /* 无符号短整型,等价于上面 */
```

从上面的示例可以看出,当定义长整型、短整型、符号整型或无符号整型时,可以省略关键字 int。

3. 字符型变量

字符型变量中所存放的字符是计算机字符集中的字符,程序用类型说明符 char 来声明字符型变量(例如 char ch;)。这条声明语句声明了一个字符型变量,标识符为 ch。当以这种形式声明变量之后,程序可以在表达式中引用这个变量。字符数据类型事实上是 8 位的整型数据类型,可以用于数值表达式中,与其他的整型数据同样使用。在这种情况下,字符型变量可以是有符号的,也可以是无符号的。对于无符号的字符型变量可以声明为:unsigned char ch;除非声明为无符号型,否则在算术运算和比较运算中,字符型变量一般作为 8 位有符号整型变量处理。

4. 常量

常量的意思就是不可改变的量,是一个常数。同变量一样,常量分为整型常量、浮点型常量、字符型常量、字符串常量、转义字符常量和地址常量。嵌入式中常量用得最多的是整型常量,整型常量可以是长整型、短整型、有符号型或无符号型。有符号整型常量的范围为 $-32\ 768 \sim 32\ 767$,无符号整型的范围为 $0 \sim 65\ 535$;有符号长整型的范围为 $-2\ 147\ 483\ 648 \sim 2\ 147\ 483\ 647$。无符号长整型的范围为 $0 \sim 4\ 294\ 967\ 295$。短整型同字符型。可以指定一个整型常量为二进制、八进制或十六进制,如以下语句:0x12fe。前面有符号 0x,这个符号表示该常量是十六进制表示。有时我们在常量的后面加上符号 L 或者 U,来表示该常量是长整型或者无符号整型,如 22 388L、0x4efb2L、40000U。后缀可以是大写,也可以是小写。

1.2.2　运算符

无论是加减乘除还是大于小于,都需要用到运算符,在 C 语言中的运算符和我们平时用的基本上都差不多。运算符包括赋值运算符、算术运算符、逻辑运算符、位逻辑运算符、位移运算符、关系运算符和自增自减运算符。大多数运算符都是二目运算符,即运算符位于两个表达式之间。

1. 赋值运算符

赋值语句的作用是把某个常量、变量或表达式的值赋值给另一个变量。符号为＝。这里并不是等于的意思,只是赋值,等于用＝＝表示。注意,赋值语句左边的变量在程序的其他地方必须要声明。得已赋值的变量称为左值,因为它出现在赋值语句的左边;产生值的表达式称为右值,因为它出现在赋值语句的右边。常数只能作为右值(例如 count＝5;和 total1＝total2＝0;)。第一个赋值语句大家都能理解。第二个赋值语句的意思是把 0 同时赋值给两个变量。这是因为赋值语句是从右向左运算的,也就是说从右端开始计算。这样它先令 total2＝0,然后令 total1＝total2。那么这样行不行呢?将表达式写成(total1＝total2)＝0;这样是不可以的,因为先要算括号里面的,这时"total1＝total2"是一个表达式,而赋值语句的左边是不允许表达式存在的。

2. 算术运算符

在 C 语言中五个双目运算符(* 乘法；/除法；%取模；＋加法；－减法)。下面是一些赋值语句的例子,在赋值运算符右侧的表达式中就使用了上面的算术运算符：Area＝Height * Width;num＝num1＋num2/num3－num4;

运算符也有运算顺序问题,先算乘除再算加减。单目正和单目负最先运算。取模运算符(%)用于计算两个整数相除所得的余数。例如：a＝7%4;

最终 a 的结果是 3,因为 7%4 的余数是 3。那么有人要问了,我要想求它们的商怎么办呢？b＝7/4;

这样 b 就是它们的商了,应该是 1。也许有人就不明白了,7/4 应该是 1.75,怎么会是 1呢？这里需要说明的是：当两个整数相除时,所得到的结果仍然是整数,没有小数部分。要想得到小数部分,可以这样写 7.0/4 或者 7/4.0,即把其中一个数变为非整数。那么怎样由一个实数得到它的整数部分呢？这就需要用强制类型转换了(例如：a＝(int)(7.0/4);)。因为 7.0/4 的值为 1.75,如果在前面加上(int)就表示把结果强制转换成整型,这就得到了 1。

3. 逻辑运算符

逻辑运算符是根据表达式的值来返回真值或假值。其实在 C 语言中没有所谓的真值和假值,只是认为非 0 为真值,0 为假值。

逻辑运算符有：&& 逻辑与、|| 逻辑或、! 逻辑非

例如：5!3;   0||－2&&5;!4;

当表达式进行逻辑与(&&)运算时,只要有一个为假,总的表达式就为假,只有当所有都为真时,总的式子才为真。当表达式进行逻辑或(||)运算时,只要有一个为真,总的值就为真,只有当所有的都为假时,总的式子才为假。逻辑非(!)运算是把相应的变量数据转换为相反的真/假值,若原先为假,则逻辑非以后为真,若原先为真,则逻辑非以后为假。还有一点很重要,当一个逻辑表达式的后一部分的取值不会影响整个表达式的值时,后一部分就不会进行运算了。

例如：a＝2,b＝1;   a||b－1;

因为 a＝2,为真值,所以不管 b－1 是不是真值,总的表达式一定为真值,这时后面的表达式就不会再计算了。

4. 关系运算符

关系运算符是对两个表达式进行比较,返回一个真/假值。

关系运算符有：＞大于；＜小于；＞＝大于等于；＜＝小于等于；＝＝等于；!＝不等于；

这些运算符大家都能明白,主要问题就是等于(＝＝)和赋值(＝)的区别。一些刚开始学习 C 语言的人总是对这两个运算符弄不明白,经常在一些简单问题上出错,自己检查时还找不出来。看下面的代码：

```
if(Amount=123)…
```

很多新人都理解为如果 Amount 等于 123,就执行条件分支中的语句。其实这行代码的意思是先赋值 Amount＝123,然后判断这个表达式是不是真值,因为结果为 123,是真值,那么就执行后面的语句。如果想让当 Amount 等于 123 才运行时,代码应该如下：

```
if(Amount==123) …
```

1.2.3　预处理

在 C 语言中,某些情况需要如下一些功能:在编译时包含其他源文件、定义宏,根据条件决定编译时是否包含某些代码。要完成这些工作,就需要使用预处理程序。尽管在目前绝大多数编译器都包含了预处理程序,但通常认为它们是独立于编译器的。预处理过程读入源代码,检查包含预处理指令的语句和宏定义,并对源代码进行相应的转换。预处理过程还会删除程序中的注释和多余的空白字符。预处理指令是以♯号开头的代码行。♯号必须是该行除了任何空白字符外的第一个字符。♯号后是指令关键字,在关键字和♯号之间允许存在任意个数的空白字符。整行语句构成了一条预处理指令,该指令将在编译器进行编译之前对源代码做某些转换。下面是部分预处理指令:

♯ include

包含一个源代码文件;

♯ define	//定义宏
♯ undef	//取消已定义的宏
♯ if	//如果给定条件为真,则编译下面代码
♯ ifdef	//如果宏已经定义,则编译下面代码
♯ ifndef	//如果宏没有定义,则编译下面代码
♯ elif	//如果前面的♯if给定条件不为真,当前条件为真,则编译下面代码
♯ endif	//结束一个♯if…♯else条件编译块
♯ error	//停止编译并显示错误信息

1. 文件包含

提到 C 语言源文件,大家都不会陌生。因为我们平常写的程序代码几乎都在这个 xx.c 文件里面。编译器也是以此文件来进行编译并生成相应的目标文件。作为模块化编程的组成基础,我们所要实现的所有源代码均在这个文件里。理想的模块化应该可以看成是一个黑盒子,即只关心模块提供的功能,而不管模块内部的实现细节。好比买了一部手机,用户只需要会用手机提供的功能即可,不需要知晓它是如何把短信发出去的,如何响应按键的输入,这些过程对用户而言,就是一个黑盒子。用户只关心模块提供的功能,而不管模块内部的实现细节。在大规模程序开发中,一个程序由很多个模块组成,很可能这些模块的编写任务被分配到不同的人。而程序员在编写这个模块的时候很可能就需要利用到别人写好的模块接口,这个时候调用者关心的是,它的模块实现了什么样的接口,该如何去调用,至于模块内部是如何组织的,对于调用者而言,无须过多关注。而追求接口的单一性,把不需要的细节尽可能对外部屏蔽起来,正是程序员所需要注意的地方。

谈及到模块化编程,必然会涉及到多文件编译,也就是工程编译。在这样的一个系统中,往往会有多个 c 文件,而且每个 c 文件的作用不尽相同。在我们的 c 文件中,由于需要对外提供接口,因此必须有一些函数或者是变量提供给外部其他文件进行调用。假设有一个 LCD.c 文件,其提供最基本的 LCD 的驱动函数:

LcdPutChar(char cNewValue);　　//在当前位置输出一个字符

而在另外一个文件中需要调用此函数,那么程序员该如何做呢? 头文件的作用正是在此。可以称其为一份接口描述文件。其文件内部不应该包含任何实质性的函数代码。可以把这个头文件理解成一份说明书,说明的内容就是模块对外提供的接口函数或者是接口变量。同时该文件也包含了一些很重要的宏定义以及一些结构体的信息,离开了这些信息,很可能就无法正常使用接口函数或者是接口变量。但是总的原则是:不该让外界知道的信息就不应该出现在头文件里,而外界调用模块内接口函数或者是接口变量所必需的信息就一定要出现在头文件里,这样便可以清晰地知道哪个头文件是哪个源文件的描述,否则,外界就无法正确地调用所提供的接口功能。于是便得到了 LCD.c 的头文件 LCD.h 其内容如下:

```
#ifndef _LCD_H_
#define _LCD_H_
extern LcdPutChar(char cNewValue);
#endif
```

这与源文件中定义的函数有点类似。不同的是,在其前面添加了 extern 修饰符表明其是一个外部函数,可以被外部其他模块进行调用。下面来定义这个头文件,一般来说:

```
#ifndef _LCD_H_
#define _LCD_H_
#endif
```

这几条条件编译和宏定义语句是为了防止重复包含。假如有两个不同源文件需要调用 LcdPutChar(char cNewValue)这个函数,它们都通过 #include "Lcd.h" 把这个头文件包含了进去。在第一个源文件进行编译时候,由于没有定义过_LCD_H_,因此 #ifndef _LCD_H_条件成立,于是定义_LCD_H_并将下面的声明包含进去。在第二个文件编译时候,由于第一个文件包含时候,已经将_LCD_H_定义过了。因此 #ifndef _LCD_H_不成立,整个头文件内容就没有被包含。假设没有这样的条件编译语句,那么两个文件都包含了定义外部函数 LcdPutChar(char cNewValue)的语句,就会引起重复包含的错误。

2. 宏

宏定义了一个代表特定内容的标识符。预处理过程会把源代码中出现的宏标识符替换成宏定义时的值。宏最常见的用法是定义代表某个值的全局符号。宏的第二种用法是定义带参数的宏,这样的宏可以像函数一样被调用,但它是在调用语句处展开宏,并用调用时的实际参数来代替定义中的形式参数。

#define 预处理指令是用来定义宏的。该指令最简单的格式是:首先申明一个标识符,然后给出这个标识符代表的代码。在后面的源代码中,就用这些代码来替代该标识符。这种宏把程序全局中要用到的一些值提取出来,赋给一些记忆标识符。

```
#define MAX_NUM 10
int array[MAX_NUM];
```

在这个例子中,对于阅读该程序的人来说,符号 MAX_NUM 就有特定的含义,它代表的值给出了数组所能容纳的最大元素数目。程序中可以多次使用这个值。作为一种约定,习惯上总是全部用大写字母来定义宏,这样易于把程序的宏标识符和一般变量标识符区别开来。如果想要改变数组的大小,只需要更改宏定义并重新编译程序即可。

1.2.4　位处理

C 语言是一种中级语言,能对计算机硬件直接操作,这就涉及到位的概念。

1. 位的概念

在计算机中,1 字节如果占 8 位,这样表示的数的范围为 $0 \sim 255$,也即 00000000 ～ 11111111。位就是里面的 0 和 1。

char c＝100;

实际上 c 应该是 01100100,正好是 64H。其中高位在前,低位在后。

2. 位逻辑运算符

& 位逻辑与; | 位逻辑或; ^ 位逻辑异或; ～ 取补

除去最后一个运算符是单目运算符,其他都是双目运算符。这些运算符只能用于整型表达式。位逻辑运算符通常用于对整型变量进行位的设置,清零、取反以及对某些选定的位进行检测。在程序中一般被程序员用来作为开关标志。较低层次的硬件设备驱动程序,经常需要对输入输出设备进行位操作。

& 运算的规则是当两个位都为 1 时,结果为 1,否则为 0;

| 运算的规则是当两个位都为 0 时,结果为 0,否则为 1;

^ 运算的规则是当两个位相同时,结果为 0,否则为 1;

～ 运算的规则是当为 1 时结果为 0,当为 0 时,结果为 1。

设置位:设置某位为 1,而其他位保持不变,可以使用位逻辑或运算。

char c;c＝c|0x40;

这样不论 c 原先是多少,和 01000000 或以后,总能使第 6 位为 1,而其他位不变。

清除位:设置某位为 0,而其他位保持不变。可以使用位逻辑与运算。

c＝c&0xBF;

这样 c 和 10111111 与以后,总能使第 6 位为 0,其他位保持不变。

3. 位移运算符

＜＜左移; ＞＞右移;

位移运算符作用于其左侧的变量,其右侧表达式的值就是移动的位数,运算结果就是移动后的变量结果。

b＝a＜＜2;

就是将 a 的值左移两位并赋值给 b。a 本身的值并没有改变。向左移位就是在低位补 0,向右移位就是在高位上补 0。右移时可以保持结果的符号位,也就是右移时,如果最高位为 1,是符号位,则补 1 而不是补 0。程序员常常用右移运算符来实现整数除法运算,用左移运算符来实现整数乘法运算。其中用来实现乘法和除法的因子必须是 2 的幂次。

1.2.5　C 编程基本规则

程序设计方法:

（1）从问题的全局出发，写出一个概括性的抽象描述；

（2）定义变量，选取函数，确定算法，算法这个东西不好说，遇到的问题多了，自然就会形成自己一整套的算法；

（3）按照解决问题的顺序把语句和函数在 main() 里面堆砌起来。

一个好的 C 程序员应该做到：

（1）在运行程序之前存盘；

（2）所有在程序中用到的常量都用预处理语句在程序开头定义；

（3）所有在程序中用到的函数都在程序开头声明；

（4）头文件的 ♯ifndef；

（5）变量名和函数名使用有实际含义的英文单词或汉语拼音；

（6）尽量少用全局变量或不用全局变量；

（7）采用层次的书写程序格式，对 for，while，if-else，do-while，switch-case 等控制语句或它们的多重嵌套，采用缩格结构；

（8）所有对应的{}都对齐；

（9）尽量用 for，而不用 while 做记数循环；

（10）尽量不用 goto 语句；

（11）一个函数不宜处理太多的功能，保持函数的小型化，功能单一化；

（12）一个函数要保持自己的独立性，如同黑匣子一样，单进单出；

（13）函数的返回类型不要省略；

（14）用 malloc() 分配内存空间后，一定要用 free() 释放；

（15）打开文件后，在退出程序前记住要保存并关闭文件；

（16）出错情况的处理；

（17）写上必要的注释。

1.3　ARM Cortex-M3 概述

1.3.1　ARM——Advanced RISC Machines

ARM 在 1990 年成立，当初的名字是"Advanced RISC Machines Ltd."。当时它是三家公司的合资——它们分别是苹果电脑公司、Acorn 电脑公司以及 VLSI 技术公司。在 1991 年，ARM 推出了 ARM6 处理器家族，VLSI 则是第一个吃螃蟹的人。后来，陆续有其他巨头，包括 TI、NEC、Sharp 和 ST 等，获取了 ARM 授权，它们真正地把 ARM 处理器大面积地辅开，使得 ARM 处理器在手机、硬盘控制器、PDA、家庭娱乐系统以及其他消费电子中大展雄才。

现如今，ARM 芯片的出货量每年都比上一年多 20 亿片以上。1991 年 ARM 公司成立于英国剑桥，不像许多其他的半导体公司，其主要出售芯片设计技术的授权。ARM 从不制造和销售具体的处理器芯片。取而代之的是 ARM 把处理器的设计授权给相关的商务合作伙伴，让他们去根据自己的强项设计具体的芯片。基于 ARM 低成本和高效的处理器设计方案，得到授权的厂商生产了多种多样的处理器、单片机以及片上系统（SoC）。这种商业模式就是所谓的知识产权授权。除了设计处理器,ARM 也设计系统级 IP 和软件 IP,为了支持 IP 核的设计,ARM 开发了许多配套的基础开发工具、硬件以及软件产品。使用这些工具,合作伙伴可以更加舒心地开发他们自己的产品。

如今的 ARM(Advanced RISC Machines),既可以认为是一个公司的名字,也可以认为是对一类微处理器的通称,更可以认为是一种技术的名字。

1.3.2　Cortex-M3 简介

ARM 十几年如一日地开发新的处理器内核和系统功能块。这些包括流行的 ARM7TDMI 处理器,还有更新的高档产品 ARM1176TZ(F)-S 处理器,后者能拿去做高档手机。功能的不断进化,处理水平的持续提高,造就了一系列的 ARM 架构。要说明的是,架构版本号和名字中的数字并不是一码事。例如,ARM7TDMI 是基于 ARMv4T 架构的 (T 表示支持"Thumb 指令");ARMv5TE 架构则是伴随着 ARM9E 处理器家族亮相的。 ARM9E 家族成员包括 ARM926E-S 和 ARM946E-S。ARMv5TE 架构添加了"服务于多媒体应用增强的 DSP 指令"。后来又出现的 ARM11,ARM11 是基于 ARMv6 架构建成的。 基于 ARMv6 架构的处理器包括 ARM1136J(F)-S、ARM1156T2(F)-S 以及 ARM1176JZ (F)-S。ARMv6 是 ARM 进化史上的一个重要里程碑。从那时候起,许多突破性的新技术被引进,存储器系统加入了很多崭新的特性,单指令流多数据流(SIMD)指令也是从 v6 开始首次引入的。而最前卫的新技术,就是经过优化的 Thumb-2 指令集,它专为低成本的单片机及汽车组建市场。ARM 处理器架构的进化史如图 1-3 所示。

ARMv6 的设计中还有另一个重要的考虑因素。虽然这个架构能上能下,从最低端的 MCU 到最高端的"应用处理器"都通吃,但就是都不精。ARM 处理器仍须定位准确,使它的架构能胜任每个应用领域。结果就是,要使 ARMv6 能够灵活地配置和剪裁。对于成本敏感市场,要设计一个低门数的架构,让它有极强的确定性;另一方面,在高端市场上,不管是要有丰富功能的还是要有高性能的,都要有拿得出手的好东西。

最近的几年,基于 ARMv6 的新设计理念,ARM 进一步扩展了它的 CPU 设计,成果就是 ARMv7 架构的闪亮登场。在这个版本中,内核架构首次从单一款式变成 3 种款式。

- 款式 A:设计用于高性能的"开放应用平台"——越来越接近电脑了。
- 款式 R:用于高端的嵌入式系统,尤其是那些带有实时要求的——又要快又要实时。
- 款式 M:用于深度嵌入的,单片机风格的系统中——本书的主角。

再近距离地考察这 3 种款式。

- 款式 A(ARMv7-A):需要运行复杂应用程序的"应用处理器"。支持大型嵌入式操作系统(不一定实时),例如 Symbian(诺基亚智能手机用)、Linux、微软的 Windows CE、智能手机操作系统 Windows Mobile 和流行的 Android 系统。这些系统需要强大的处理性能,并且需要硬件 MMU 实现完整而强大的虚拟内存机制,还基本上会配有 Java 支持,有时还要求一个安全程序执行环境(用于电子商务)。典型的产品包括高端手机、手持仪器、电子钱包以及金融事务处理机。
- 款式 R(ARMv7-R):硬实时且高性能的处理器。瞄准的是高端实时市场。那些高级的设备,像高档轿车的组件、大型发电机控制器和机器手臂控制器等,它们使用的处理器不但要很好很强大,还要极其可靠,对事件的反应也要极其敏捷。

- 款式 M(ARMv7-M)：针对旧时代单片机的应用而量身定制。在这些应用中，尤其是对于实时控制系统，低成本、低功耗、极速中断反应以及高处理效率都是至关重要的。Cortex 系列是 v7 架构的第一次亮相，其中 Cortex-M3 就是按款式 M 设计的。

本书认准了 Cortex-M3 就一猛子扎下去。到目前为止，Cortex-M3 也是款式 M 中被抚养成人的独苗。其他 Cortex 家族的处理器包括款式 A 的 Cortex-A8(应用处理器)和款式 R 的 Cortex-R4(实时处理器)。

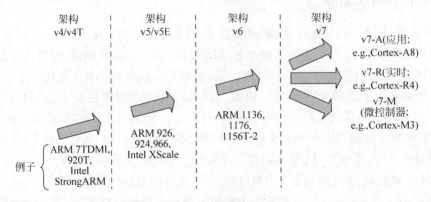

图 1-3　ARM 处理器架构进化史

到了 v7 架构时代，ARM 对一度使用的、冗长的、需要"解码"的数字命名法进行了改革，转到另一种看起来比较整齐的命名法。例如，ARMv7 的三个款式都以 Cortex 作为主名。这不仅澄清并且"精装"了所使用的 ARM 架构，而且也避免了新手对架构号和系列号的混淆。例如，ARM7TDMI 并不是一款 ARMv7 的产品，而是辉煌的起点——v4T 架构的产品。下面重点介绍 Cortex-M3。

Cortex-M3(后面称为 CM3)是一个 32 位处理器内核。内部的数据路径是 32 位的，寄存器是 32 位的，存储器接口也是 32 位的。CM3 采用了哈佛结构，拥有独立的指令总线和数据总线，可以让取址与数据访问并行不悖。这样一来数据访问不再占用指令总线，从而提升了性能。为实现这个特性，CM3 内部含有好几条总线接口，每条都为自己的应用场合优化过，并且它们可以并行工作。但是另一方面，指令总线和数据总线共享同一个存储器空间(一个统一的存储器系统)。比较复杂的应用可能需要更多的存储系统功能，为此 CM3 提供一个可选的 MPU，而且在需要的情况下也可以使用外部的 cache。另外在 CM3 中，Both 小端模式和大端模式都是支持的。Cortex-M3 的简化图如图 1-4 所示。

1. 寄存器组

处理器拥有 R0～R15 的寄存器组，其中 R13 为堆栈指针 SP，SP 有两个，但是同一时刻只能有一个可以被看到，这就是所谓的 banked 寄存器，如图 1-5 所示。

(1) R0～R12 都是 32 位通用寄存器，用于数据操作。注意：绝大多数 16 位 Thumb 指令只能访问 R0～R7，而 32 位 Thumb-2 指令可以访问所有寄存器。

(2) Cortex-M3 拥有两个堆栈指针，主堆栈指针和进程堆栈指针。然而任一时刻只能使用其中的一个。主堆栈指针(MSP)：复位后缺省使用的堆栈指针，用于操作系统内核以及异常处理例程(包括中断服务例程)。

进程堆栈指针(PSP)：由用户的应用程序代码使用。

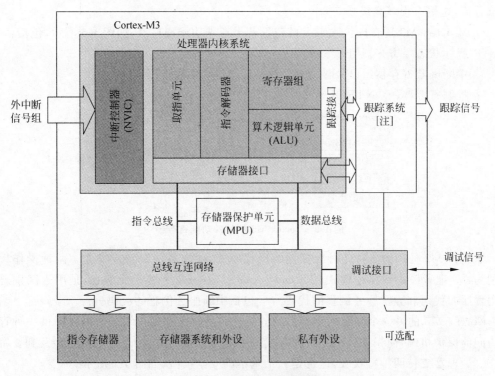

图 1-4 Cortex-M3 的简化图

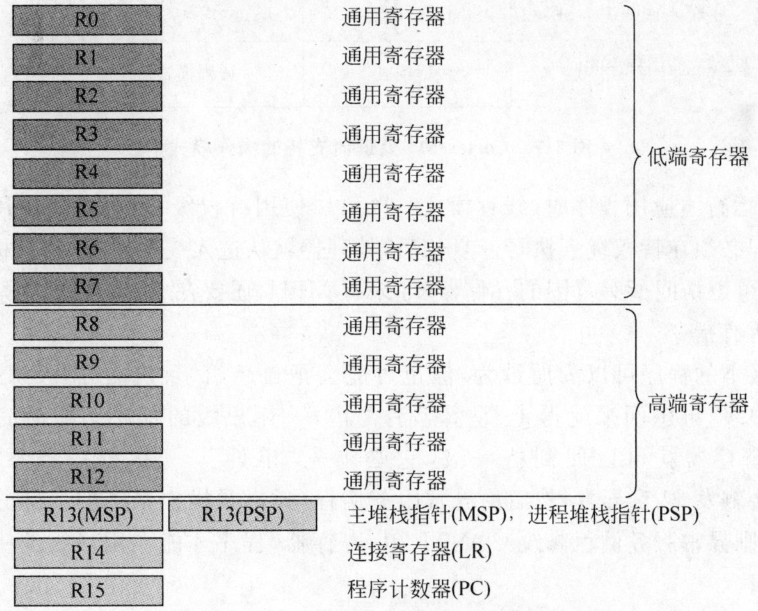

图 1-5 Cortex-M3 处理器的寄存器组

堆栈指针的最低两位永远是 0,这意味着堆栈总是 4 字节对齐的。

(3) R14:连接寄存器——当呼叫一个子程序时,由 R14 存储返回地址。

(4) R15:程序计数寄存器——指向当前的程序地址,如果修改它的值,就能改变程序的执行流(这里有很多高级技巧)。

(5) Cortex-M3 还在内核水平上搭载了若干特殊功能寄存器,如图 1-6 所示,包括:

① 程序状态字寄存器组(PSRs);

② 中断屏蔽寄存器组(PRIMASK,FAULTMASK,BASEPRI);

③ 控制寄存器(CONTROL)。

图 1-6　Cortex-M3 的特殊功能寄存器

Cortex-M3 处理器支持两种处理器的操作模式,还支持两级特权操作。两种操作模式分别为:处理者模式和线程模式(Thread Mode)。引入两个模式的本意,是用于区别普通应用程序的代码和异常服务例程的代码——包括中断服务例程的代码。

Cortex-M3 的另一个侧面则是特权的分级——特权级和用户级。这可以提供一种存储器访问的保护机制,使得普通的用户程序代码不能意外地、甚至是恶意地执行涉及到要害的操作。处理器支持两种特权级,这也是一个基本的安全模型,如图 1-7 所示。

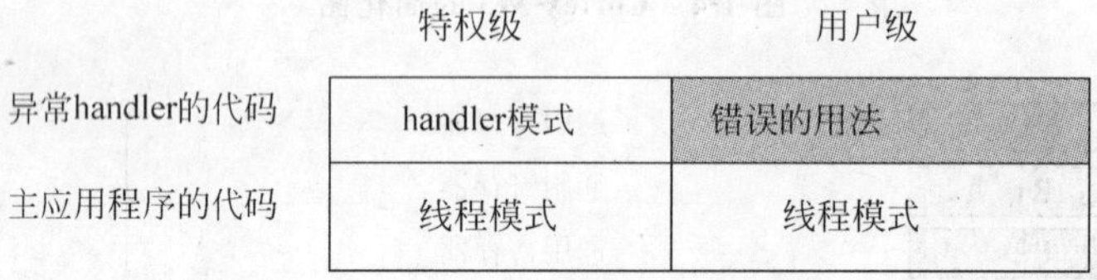

	特权级	用户级
异常handler的代码	handler模式	错误的用法
主应用程序的代码	线程模式	线程模式

图 1-7　Cortex-M3 处理器支持的操作模式

在 CM3 运行主应用程序时(线程模式),既可以使用特权级,也可以使用用户级。但是异常服务例程必须在特权级下执行。复位后,处理器默认进入线程模式,特权极访问。在特权级下,程序可以访问所有范围的存储器(如果有 MPU,还要在 MPU 规定的禁地之外),并且可以执行所有指令。

在特权级下的程序可以为所欲为,但也可能会把自己给"玩进去"——切换到用户级。一旦进入用户级,再想回来就得走"法律程序"了——用户级的程序不能简简单单地改写CONTROL 寄存器就可以回到特权级,它必须先"申诉"——执行一条系统调用指令(SVC)。这会触发 SVC 异常,然后由异常服务例程(通常是操作系统的一部分)接管,如果批准了进入,则异常服务例程修改 CONTROL 寄存器,程序才能在用户级的线程模式下重新进入特权级。

事实上,从用户级到特权级的唯一途径就是异常:如果在程序执行过程中触发了一个异常,处理器总是先切换入特权级,并且在异常服务例程执行完毕退出时,返回先前的状态,如图 1-8 所示。

通过引入特权级和用户级,就能够在硬件水平上限制某些不受信任的或者还没有调试好的程序,不让它们随便地配置涉及要害的寄存器,因而系统的可靠性得到了提高。进一步

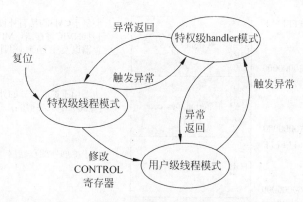

图 1-8　用户模式的选择

地,如果配了 MPU,它还可以作为特权机制的补充——保护关键的存储区域不被破坏,这些区域通常是操作系统的区域。

2. 内建的嵌套向量中断控制器

Cortex-M3 在内核水平上搭载了一颗中断控制器——嵌套向量中断控制器(Nested Vectored Interrupt Controller,NVIC)。它与内核有很深的"亲密接触"——与内核是紧耦合的。NVIC 提供如下的功能:

(1) 可嵌套中断支持;

(2) 向量中断支持;

(3) 动态优先级调整支持;

(4) 中断延迟大大缩短;

(5) 中断可屏蔽。

可嵌套中断支持:可嵌套中断支持的作用范围很广,覆盖了所有的外部中断和绝大多数系统异常。外在表现是,这些异常都可以被赋予不同的优先级。当前优先级被存储在 xPSR 的专用字段中。当一个异常发生时,硬件会自动比较该异常的优先级是否比当前的异常优先级更高。如果发现来了更高优先级的异常,处理器就会中断当前的中断服务例程(或者是普通程序),而服务新来的异常——即立即抢占。

向量中断支持:当开始响应一个中断后,CM3 会自动定位一张向量表,并且根据中断号从表中找出 ISR 的入口地址,然后跳转过去执行。向量中断支持不需要像以前的 ARM 那样,由软件来分辨到底是哪个中断发生了,也无须半导体厂商提供私有的中断控制器来完成这种工作。这么一来,中断延迟时间大为缩短。

3. 存储器映射

Cortex-M3 支持 4GB 存储空间,具体分配如图 1-9 所示。

4. 总线接口

Cortex-M3 内部有若干个总线接口,以使 CM3 能同时取址和访内(访问内存),它们是:

(1) 指令存储区总线(两条);

(2) 系统总线;

(3) 私有外设总线。

有两条代码存储区总线负责对代码存储区进行访问,分别是 I-Code 总线和 D-Code 总

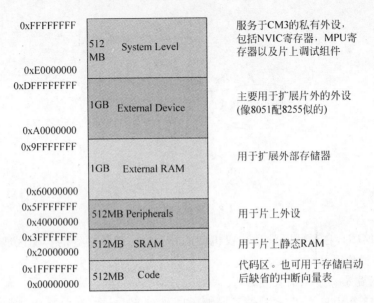

0xFFFFFFFF	512 MB System Level	服务于CM3的私有外设，包括NVIC寄存器，MPU寄存器以及片上调试组件
0xE0000000		
0xDFFFFFFF	1GB External Device	主要用于扩展片外的外设（像8051配8255似的）
0xA0000000		
0x9FFFFFFF	1GB External RAM	用于扩展外部存储器
0x60000000		
0x5FFFFFFF / 0x40000000	512MB Peripherals	用于片上外设
0x3FFFFFFF / 0x20000000	512MB SRAM	用于片上静态RAM
0x1FFFFFFF / 0x00000000	512MB Code	代码区。也可用于存储启动后缺省的中断向量表

图 1-9   存储器映射分配

线。前者用于取址，后者用于查表等操作，它们按最佳执行速度进行优化。

系统总线用于访问内存和外设，覆盖的区域包括 SRAM、片上外设、片外 RAM；片外扩展设备以及系统级存储区的部分空间。

私有外设总线负责一部分私有外设的访问，主要就是访问调试组件。它们也在系统级存储区。

5. 存储器保护单元

Cortex-M3 有一个可选的存储器保护单元（MPU）。配上它之后，就可以对特权级访问和用户级访问分别施加不同的访问限制。当检测到犯规（Violated）时，MPU 就会产生一个 fault 异常，可以由 fault 异常的服务例程来分析该错误，并且在可能时改正它。

MPU 有很多"玩法"。最常见的就是由操作系统使用 MPU，以使特权级代码的数据，包括操作系统本身的数据不被其他用户程序破坏。MPU 在保护内存时是按区管理的。它可以把某些内存 region 设置成只读，从而避免该内存的内容被意外更改。除此之外，MPU 还可以在多任务系统中把不同任务之间的数据区隔离。一句话，它会使嵌入式系统变得更加健壮，更加可靠（很多行业标准，尤其是航空行业方面，就规定了必须使用 MPU 来行使保护职能）。

6. Cortex-M3 的简评

讲了这么多，究竟是拥有了什么，使 Cortex-M3 成为如此具有突破性的新生代处理器？Cortex-M3 到底在哪里先进了？本节就给出一个对 Cortex-M3 的简评。

1）高性能

（1）Cortex-M3 许多指令都是单周期的——包括 32 位乘法相关指令。并且从整体性能上，Cortex-M3 比得过其他绝大多数的架构。Cortex-M3 加入了 32 位除法指令，弥补了以往的 ARM 处理器没有除法指令的缺陷。Cortex-M3 还改进了乘法运算部件，32 位乘法操作仅仅需要一个周期，这样在性能上基本接近 DSP 了。

（2）指令总线和数据总线被分开，取址和访内可以并行不悖。

（3）Thumb-2 指令集的到来告别了状态切换的旧时代，再也不需要花时间来在 32 位 ARM 状态和 16 位 Thumb 状态之间切换。这简化了软件开发和代码维护，使产品更快上市。

（4）Thumb-2 指令集为编程带来了更多的灵活性。许多数据操作现在能用更短的代码搞定，这意味着 Cortex-M3 的代码密度更高，也就是对存储器的需求更少。

（5）取址都按 32 位处理。同一周期最多可以取出两条指令，留下了更多的带宽给数据传输。

（6）Cortex-M3 的设计允许单片机高频运行（现代半导体制造技术能保证 100MHz 以上的速度），即使在相同的速度下运行，CM3 的每指令周期数（CPI）也更低，于是同样的 MHz 下可以做更多的工作，可达到 1.25DMIPS/MHz。另一方面，也使同一个应用在 CM3 上需要更低的主频。

2）先进的中断处理功能

（1）内建的嵌套向量中断控制器支持 240 条外部中断输入。向量化的中断功能大大减少了中断延迟，因为不再需要软件去判断中断源。中断的嵌套也是在硬件水平上实现的，不需要软件代码来实现。

（2）Cortex-M3 在进入异常服务例程时，自动压栈了 R0～R3、R12、LR、PSR 和 PC，并且在返回时自动弹出它们。这样既加速了中断的响应，也不再需要汇编语言代码。

（3）NVIC 支持对每一路中断设置不同的优先级，使得中断管理极富弹性。最"粗线条"的实现也至少要支持 8 级优先级，而且还能动态地被修改。

（4）优化中断响应还有两招，它们分别是"咬尾中断机制"和"晚到中断机制"。

（5）有些需要较多周期才能执行完的指令，是可以被中断—继续的，就好比它们是一串指令一样。这些指令包括加载多个寄存器（LDM），存储多个寄存器（STM），多个寄存器参与的 PUSH，以及多个寄存器参与的 POP。

（6）除非系统被彻底地锁定，NMI（不可屏蔽中断）会在收到请求的第一时间予以响应。对很多安全—关键（Safety-Critical）的应用，NMI 都是必不可少的。

3）低功耗

（1）Cortex-M3 需要的逻辑门数少，所以先天就适合低功耗要求的应用（功率低于0.19mW/MHz）。

（2）在内核水平上支持节能模式（SLEEPING 和 SLEEPDEEP 位）。通过使用"等待中断指令（WFI）"和"等待事件指令（WFE）"，内核可以进入睡眠模式，并且以不同的方式唤醒。另外，模块的时钟是尽可能地分开供应的，所以在睡眠时可以把 CM3 的大多数"官能团"给停掉。

（3）CM3 的设计是全静态的、同步的、可综合的。任何低功耗的或是标准的半导体工艺均可放心使用。

4）系统特性

（1）系统支持"位寻址带"操作（8051 的位寻址机制"威力大幅加强版"），字节不变的大端模式，并且支持非对齐的数据访问。一个地址单元的 32 位变量中的每一位，通过一个简单的变换算法，映射到另一个地址空间，每一位占用一个地址。对此地址空间的操作，只有数据最低一位有效，相当于把一个"横"的 32 位字"竖"起来。这样，对于新的映射空间操作时，就可以不用屏蔽操作，优化了 RAM 和 I/O 寄存器的读/写，提高了位操作的速度。

（2）拥有先进的 fault 处理机制，支持多种类型的异常和 faults，使故障诊断更容易。

（3）通过引入 banked 堆栈指针机制，把系统程序使用的堆栈和用户程序使用的堆栈划清界线。如果再配上可选的 MPU，处理器就能彻底满足对软件可靠性有严格要求的应用。

5）调试支持

（1）在支持传统的 JTAG 基础上，还支持更新更好的串行线调试接口（Serial Wire Debug，SWD），使用 SWD 调试仅仅占用两个引脚。

（2）基于 CoreSight（跟踪宏单元）调试解决方案，使得处理器哪怕是在运行时，也能访问处理器状态和存储器内容。

（3）内建了对多达 6 个断点和 4 个数据观察点的支持。可以选配一个 ETM（Embedded Trace Macrocell），用于指令跟踪。数据的跟踪可以使用 DWT。

（4）在调试方面还加入了以下的新特性，包括 fault 状态寄存器，新的 fault 异常，以及闪存修补（Patch）操作，使得调试大幅简化。

（5）可选测试跟踪宏单元（ITM）模块，测试代码可以通过它输出调试信息，而且"拎包即可入住"般地方便使用。

1.4 典型 Cortex-M3 微控制器简介

1.4.1 Cortex-M3 的微处理器 Stellaris 系列

Stellaris 是基于实现了革命性突破的 ARM® Cortex™-M3 技术之上，业界领先的高可靠性实时微处理器（MCU）产品系列。获奖的 Stellaris 32 位 MCU 将先进灵活的混合信号片上系统集成优势同无与伦比的实时多任务功能进行了完美结合。功能强大、编程便捷的低成本 Stellaris MCU 现在可轻松实现此前使用原有 MCU 所无法实现的复杂应用。Stellaris 系列拥有 160 多种产品，可提供业界最广泛的精确兼容型 MCU 供用户选择。

Stellaris 系列面向需要高级控制处理与连接功能的低成本应用，如运动控制、监控（远程监控和消防/安防监控等）、HVAC 与楼宇控制、电源与能量监控与转换、网络设备与交换机、工厂自动化、电子销售点设备、测量测试设备、医疗仪表以及游戏设备等。Stellaris MCU 广泛用于全世界的许多工业和产品中，包括运动控制、工业自动化、医疗、运输、设备以及安全性和访问。

TI 公司的 Stellaris® 系列实施了业界首个最全面的 Cortex-M3 和 Thumb-2 指令集。具有令人惊叹的快速响应能力，Thumb-2 技术将 16 位和 32 位指令相结合，使代码密度和性能达到了最佳平衡。Thumb-2 比纯 32 位代码使用的内存要少 26%，从而降低了系统成本，同时将性能提高了 25%。

Stellaris MCU 和 ARM Cortex-M3 使开发人员能够直接使用业界最强大的开发工具、软件和知识系统。新型 Stellaris MCU 包含用于运动控制应用的唯一 IP、智能模拟功能和高级扩展连接选项，可以为工业应用提供各种高性价比的解决方案。除了经配置后可用于通用实时系统的 MCU 之外，Stellaris 系列还可针对下列各种应用提供功能独特的解决方案，如高级运动控制与能源转换应用、实时网络与实时网络互连，以及包括互连运动控制与硬实时联网等在内的上述应用组合。

1.4.2　Stellaris 系列处理器的分类

1. Stellaris® X00 系列

1）800 类器件

该类器件具有 64KB 的单周期闪存、8KB 的单周期 SRAM 和 50MHz 的性能，Stellaris LM3S800 微处理器非常适合于要求复杂算法的嵌入式控制应用，同时保持小型封装。LM3S800 系列中的模拟功能包括多达 3 个模拟比较器和多达 8 通道的 10 位 ADC，采样速度高达 1MB/s。运动控制功能包括多达 6 个适用于精密运动控制和正交编码器输入的 PWM 发生器。

2）600 类器件

该类器件具有 32KB 的单周期闪存、8KB 的单周期 SRAM 和 50MHz 的性能。LM3S600 系列中的运动控制功能包括多达 6 个适用于精密运动控制和正交编码器输入的 PWM 发生器。模拟功能包括多达 3 个模拟比较器和多达 8 通道的 10 位 ADC，采样速度高达 1Mb/s。

3）300 类器件

该类器件具有 16KB 的单周期闪存和高达 4KB 的单周期 SRAM，速度高达 25MHz。此外，还包括多达 6 个适用于运动控制的 PWM 发生器。模拟功能包括多达 3 个模拟比较器和多达 8 通道的 10 位 ADC，采样速度高达 500Kb/s。

4）100 类器件

该类器件具有 8KB 的单周期闪存、2KB 的单周期 SRAM、模拟比较器以及经济高效的 48 引脚 LQFP 和 48 引脚 QFN 封装中 20MHz 的性能，Stellaris LM3S100 系列入门级微处理器非常适合于基础嵌入式应用和 8/16 位升级。

2. Stellaris® 1000 系列

LM3S1000 系列具有新组合的扩展通用 I/O、更大容量的片上存储器和电池备份应用的低功耗优化。Stellaris LM3S1000 系列的每个微处理器都采用了电池备份休眠模块，该模块包括实时时钟、大量 256B 的非易失性电池备份存储器、低电量检测、信令、中断检测以及一个能够激活实时时钟匹配、外部中断引脚或低电量事件的休眠模式。具有包括可消耗大约 $16\mu A$ 待机电流的实时时钟的休眠模式，标准 CR2032 手表电池可以支持处于休眠模式的 Stellaris 系统超过 3 年。此外，LM3S1000 系列的多个 MCU 都提供了已预先编入节省内存的 ROM。

3. Stellaris® 2000 系列 MCU

LM3S2000 系列（主要针对控制器局域网（CAN）应用）使用 Bosch CAN 联网技术（短距离工业网络中的金标准）扩展了 Stellaris 系列。此次推出产品标志着具有革命性的 ARM® Cortex™-M3 内核的 CAN 功能的首次集成。此外，LM3S2000 系列的多个 MCU 都提供了已预先编入节省内存的 ROM。

4. Stellaris® 3000 系列 MCU

LM3S3000 系列使用 USB 2.0 全速 OTG，主机和器件扩展了 Stellaris 系列。此次推出产品标志着具有革命性的 ARM® Cortex™-M3 内核的 USB OTG 功能的首次集成。此外，LM3S3000 系列的每个 MCU 都提供了多个已预先编入节省内存的 ROM。

5. Stellaris® 5000 系列 MCU

LM3S5000 系列(主要针对控制器局域网(CAN)应用)结合了全速 USB OTG、Bosch CAN 联网技术。此次推出的产品标志着 CAN 和 USB OTG 功能的首次集成。此外，LM3S5000 系列的每个 MCU 都提供了多个已预先编入节省内存的 ROM。

6. Stellaris® 6000 系列 MCU

LM3S6000 系列提供世界首款 MCU，该款 MCU 采用具有完全与 ARM 兼容并集成 10～100Mb/s 以太网解决方案的 ARM 架构。LM3S6000 器件将媒体接入控制器(MAC)，实现了和物理层(PHY)的完美结合。标志着 ARM® Cortex™-M3 MCU 首次提供集成连接，而且在 ARM 架构的 MCU 中唯一提供集成 10～100Mb/s 以太网解决方案。

7. Stellaris® 8000 系列 MCU

LM3S8000 系列将控制器局域网(CAN)与 ARM 架构的 MCU 中的全面集成的 10～100Mb/s 以太网解决方案完美结合。而且 LM3S8000 器件最多将三个 CAN 接口与以太网媒体接入控制器(MAC)和物理层(PHY)完美结合，标志着集成 CAN 和以太网连接首次在 ARM® Cortex™-M3 MCU 中可同时供使用，而且在 ARM 架构的 MCU 中提供唯一的集成 CAN 和 10～100Mb/s 以太网。

8. Stellaris® 9000 系列 MCU

德州仪器(TI)的 LM3S9000 系列具有片上组合的 10～100Mb/s 以太网 MAC/PHY、USB OTG/主机/器件以及控制器局域网(CAN)。除了几个产品增强性能以外，LM3S9000 系列还增加了新功能，例如拥有支持 SDRAM、SRAM/闪存、主机总线和 M2M 的模式的多用途外围设备接口(EPI)、I²S(Integrated Interchip Sound)接口、同步双路 ADC、适用于安全关键型应用的具有独立时钟的秒表看门狗定时器(除了 StellarisWare® 库以外，还支持 IEC 60730 库)和 16MHz 软件微调 1‰精密振荡器。此外，LM3S9000 系列的每个 MCU 都提供了多个已预先编入节省内存的 ROM。

表 1-1 总结 Stellaris 处理器的特点。

表 1-1　各系列处理器互联接口表

系列	CAN 接口	以太网接口	USB 接口
LM3S×××	无	无	无
LM3S1×××	无	无	无
LM3S2×××	有	无	无
LM3S3×××	无	无	有
LM3S5×××	有	无	有
LM3S6×××	无	有	无
LM3S8×××	有	有	无
LM3S9×××	有	有	有

1.4.3　LM3S8962 引脚功能和硬件电路

LM3S8962 是第二代集成实时以太网(支持 IEEE 1588，带 PHY)和 CAN 总线芯片。下面看看它的资源。

LM3S8962 微控制器包括下列产品特性。

1. 32 位 RISC 性能

(1) 采用为小封装应用方案而优化的 32 位 ARM® Cortex™-M3 v7M 架构。

(2) 提供系统时钟、包括一个简单的 24 位写清零、递减、自装载计数器 SysTick，同时具有灵活的控制机制。

(3) 仅采用与 Thumb® 兼容的 Thumb-2 指令集以获取更高的代码密度。

(4) 工作频率为 50MHz。

(5) 硬件除法和单周期乘法。

(6) 集成嵌套向量中断控制器(NVIC)，使中断的处理更为简捷。

(7) 36 中断具有 8 个优先等级。

(8) 带存储器保护单元(MPU)，提供特权模式来保护操作系统的功能。

(9) 非对齐式数据访问，使数据能够更为有效地安置到存储器中。

(10) 精确的位操作(Bit Banding)，不仅最大限度地利用了存储器空间而且还改良了对外设的控制。

2. 内部存储器

(1) 256KB 单周期 Flash。

- 可由用户管理对 Flash 块的保护，以 2KB 为单位。
- 可由用户管理对 Flash 的编程。
- 可由用户定义和管理的 Flash 保护块。

(2) 64KB 单周期访问的 SRAM。

3. 通用定时器

(1) 4 个通用定时器模块(GPTM)，每个提供 2 个 16 位定时器。每个 GPTM 可被独立配置进行操作。

- 作为一个 32 位定时器。
- 作为一个 32 位的实时时钟(RTC)来捕获事件。
- 用于脉宽调解器(PWM)。
- 触发模数转换。

(2) 32 位定时器模式。

- 可编程单次触发定时器。
- 可编程周期定时器。
- 当接入 32.768kHz 外部时钟输入时可作为实时时钟使用。
- 在调试期间，当控制器发出 CPU 暂停标志时，在周期和单次触发模式中用户可以使能中止。
- ADC 事件触发器。

(3) 16 位定时器模式。

- 通用定时器功能，并带一个 8 位的预分频器。
- 可编程单次触发定时器。
- 可编程周期定时器。
- 在调试的时候，当控制器发出 CPU 暂停标志时，用户可设定暂停周期或者单次模式下的计数。

- ADC 事件触发器。

（4）16 位输入捕获模式。

- 提供输入边沿计数捕获功能。
- 提供输入边沿时间捕获功能。

（5）16 位 PWM 模式。

- 简单的 PWM 模式,对 PWM 信号输出的取反可由软件编程决定。

4. 兼容 ARM FiRM 的看门狗定时器

（1）32 位向下计数器,带可编程的装载寄存器。

（2）带使能功能的独立看门狗时钟。

（3）带中断屏蔽功能的可编程中断产生逻辑。

（4）软件跑飞时可锁定寄存器以提供保护。

（5）带使能/禁能的复位产生逻辑。

（6）在调试的时候,当控制器发出 CPU 暂停标志时,用户可以设定暂停定时器的周期。

5. CAN

（1）支持 CAN 协议版本 2.0 part A/B。

（2）传输位速率可达 1Mb/s。

（3）32 个消息对象,每个都带有独立的标识符屏蔽。

（4）可屏蔽的中断。

（5）可禁止 TTCAN 的自动重发模式。

（6）可编程设定的自循环自检操作。

6. 10/100 以太网控制器

（1）符合 IEEE 802.3—2002 规范。

（2）遵循 IEEE 1588—2002 精确时间协议(PTP)。

（3）在 100Mb/s 和 10Mb/s 速率运作下支持全双工和半双工的运作方式。

（4）集成 10/100Mb/s 收发器(PHY 物理层)。

（5）自动 MDI/MDI-X 交叉校验。

（6）可编程 MAC 地址。

（7）节能和断电模式。

7. 同步串行接口(SSI)

（1）主机或者从机方式运作。

（2）可编程控制的时钟位速率和预分频。

（3）独立的发送和接收 FIFO,8×16 位宽的深度。

（4）可编程控制的接口,可与 Freescale 的 SPI 接口,MICROWIRE 或者 TI 器件的同步串行接口相连。

（5）可编程决定数据帧大小,范围为 4~16 位。

（6）内部循环自检模式可用于诊断/调试。

8. UART

（1）两个完全可编程的 16C550-type UART,支持 IrDA。

（2）带有独立的 16×8 发送(Tx)以及 16×12 接收(Rx)FIFO,可减轻 CPU 中断服务的负担。

（3）可编程的波特率产生器，并带有分频器。

（4）可编程设置 FIFO 长度，包括 1 字节深度的操作，以提供传统的双缓冲接口。

（5）FIFO 触发水平可设为 1/8，1/4，1/2，3/4 和 7/8。

（6）标准异步通信位：开始位、停止位、奇偶位。

（7）无效起始位检测。

（8）行中止的产生和检测。

9．ADC

（1）独立和差分输入配置。

（2）用作单端输入时有 4 个 10 位的通道（输入）。

（3）采样速率为 500 000 次/秒。

（4）灵活、可配置的模数转换。

（5）4 个可编程的采样转换序列，1 到 8 个入口长，每个序列均带有相应的转换结果 FIFO。

（6）每个序列都可以由软件或者内部事件（定时器，模拟比较器，PWM 或 GPIO）触发。

（7）片上温度传感器。

10．模拟比较器

（1）1 个集成的模拟比较器。

（2）可以把输出配置为：驱动输出引脚、产生中断或启动 ADC 采样序列。

（3）比较两个外部引脚输入或者将外部引脚输入与内部可编程参考电压相比较。

11．I^2C

（1）在标准模式下主机和从机接收和发送操作的速度可达 100Kb/s，在快速模式下可达 400Kb/s。

（2）中断的产生。

（3）主机带有仲裁和时钟同步功能，支持多个主机以及 7 位寻址模式。

12．PWM

（1）3 个 PWM 信号发生模块，每个模块都带有 1 个 16 位的计数器、2 个比较器、1 个 PWM 信号发生器以及一个死区发生器。

（2）1 个 16 位的计数器。

• 运行在递减或递增/递减模式。

• 输出频率由一个 16 位的装载值控制。

• 可同步更新装载值。

• 当计数器的值到达零或者装载值的时候生成输出信号。

（3）两个 PWM 比较器。

• 比较器值的更新可以同步。

• 在匹配的时候产生输出信号。

（4）PWM 信号发生器。

• 根据计数器和 PWM 比较器的输出信号来产生 PWM 输出信号。

• 可产生两个独立的 PWM 信号。

（5）死区发生器。

- 产生两个带有可编程死区延时的 PWM 信号,适合驱动半—H 桥(Half-H Bridge)。
- 可以被旁路,不修改输入 PWM 信号。

（6）灵活的输出控制模块,每个 PWM 信号都具有 PWM 输出使能。

- 每个 PWM 信号都具有 PWM 输出使能。
- 每个 PWM 信号都可以选择将输出反相(极性控制)。
- 每个 PWM 信号都可以选择进行故障处理。
- PWM 发生器模块的定时器同步。
- PWM 发生器模块的定时器/比较器更新同步。
- PWM 发生器模块中断状态被汇总。

（7）可启动一个 ADC 采样序列。

13. QEI

（1）两个 QEI 模块。

（2）硬件位置积分器追踪编码器的位置。

（3）使用内置的定时器进行速率捕获。

（4）在出现索引脉冲、计时到速度定时器设定的时间、方向改变以及检测到正交错误等状态时产生中断。

14. GPIO

（1）高达 5~42 个 GPIO,具体数目取决于配置。

（2）输入输出可承受 5V。

（3）中断产生可编程为边沿触发或电平检测。

（4）在读和写操作中通过地址线进行位屏蔽。

（5）可启动一个 ADC 采样序列。

（6）GPIO 端口配置的可编程控制。

- 弱上拉或下拉电阻。
- 2mA、4mA 和 8mA 端口驱动。
- 8mA 驱动的斜率控制。
- 开漏使能。
- 数字输入使能。

15. 功率

（1）片内低压差(LDO)稳压器,具有可编程的输出电压,用户可调节的范围为 2.25~2.75V。

（2）休眠模块处理 3.3V 通电/断电序列,并控制内核的数字逻辑和模拟电路。

（3）控制器的低功耗模式:睡眠模式和深度睡眠模式。

（4）外设的低功耗模式:软件控制单个外设的关断。

（5）LDO 带有检测不可调整电压和自动复位的功能,可由用户控制使能。

（6）3.3V 电源掉电检测,可通过中断或复位来报告。

16. 灵活的复位源

（1）上电复位。

（2）复位引脚有效。

（3）掉电（BOR）检测器向系统发出电源下降的警报。

（4）软件复位。

（5）看门狗定时器复位。

（6）内部低压差（LDO）稳压器输出变为不可调整。

17．其他特性

（1）6 个复位源。

（2）可编程的时钟源控制。

（3）可对单个外设的时钟进行选通以节省功耗。

（4）遵循 IEEE 1149.1—1990 标准的测试访问端口（TAP）控制器。

（5）通过 JTAG 和串行线接口进行调试访问。

（6）完整的 JTAG 边界扫描。

18．工业范围内遵循 RoHS 标准的 100 脚 LQFP 封装

图 1-10 为 LM3S8962 处理器的结构简图。

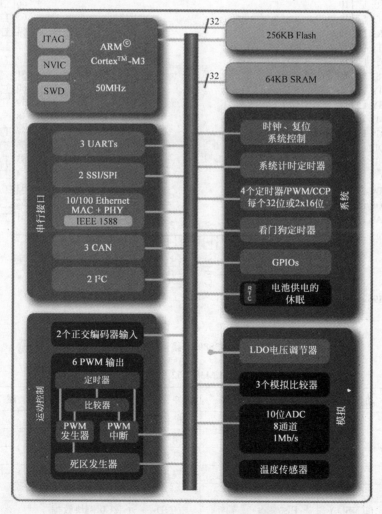

图 1-10　LM3S8962 处理器结构简图

图 1-11 显示了 LM3S8962 处理器封装及引脚。表 1-2 为 LM3S8962 处理器引脚的描述。

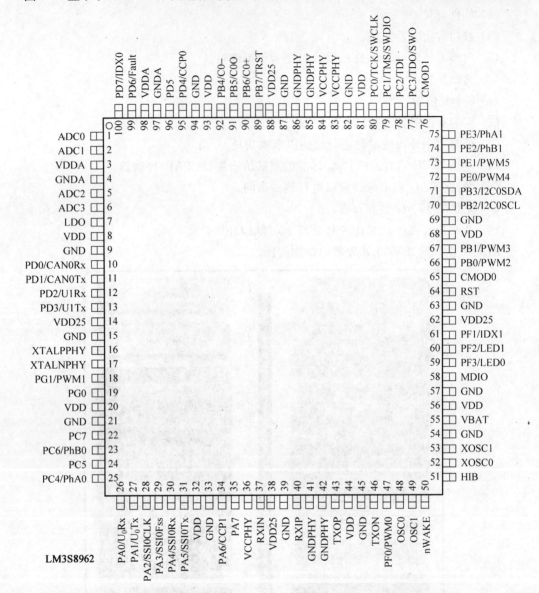

图 1-11　LM3S8962 器件封装及引脚

表 1-2　LM3S8962 引脚描述

功能模块	功能名称	GPIO	编号	缓冲区类型	描　述
ADC	ADC0		1	模拟量	模数转换输入 0
	ADC1		2	模拟量	模数转换输入 1
	ADC2		5	模拟量	模数转换输入 2
	ADC3		6	模拟量	模数转换输入 3
I^2C	I2C0SCL	PB2	70	OD	I2C0 模块时钟
	I2C0SDA	PB3	71	OD	I2C0 模块数据

续表

功能模块	功能名称	GPIO	编号	缓冲区类型	描 述
JTAG、SWD、SWO	SWCLK	PC0	80	TTL	JTAG/SWD
	SWDIO	PC1	79	TTL	JTAG
	SWO	PC3	77	TTL	JTAG
	TCK	PC0	80	TTL	JTAG
	TDI	PC2	78	TTL	JTAG
	TDO	PC3	77	TTL	JTAG
	TMS	PC1	79	TTL	JTAG
PWM	PWM0	PF0	47	TTL	PWM0
	PWM1	PG1	18	TTL	PWM1
	PWM2	PB0	66	TTL	PWM2
	PWM3	PB1	67	TTL	PWM3
	PWM4	PE0	72	TTL	PWM4
	PWM5	PE1	73	TTL	PWM5
	Fault	PD6	99	TTL	PWM 错误
QEI	IDX0	PD7	100	TTL	QEI 模块 0 索引
	IDX1	PF1	61	TTL	QEI 模块 1 索引
	PhA0	PC4	25	TTL	QEI 模块 0 相位 A
	PhA1	PE3	75	TTL	QEI 模块 1 相位 A
	PhB0	PC6	23	TTL	QEI 模块 0 相位 B
	PhB1	PE2	74	TTL	QEI 模块 1 相位 B
SSI	SSI0CLK	PA2	28	TTL	SSI 模块 0 时钟
	SSI0Fss	PA3	29	TTL	SSI 模块 0 帧
	SSI0Rx	PA4	30	TTL	SSI 模块 0 接收
	SSI0Tx	PA5	31	TTL	SSI 模块 0 发送
UART	U0Rx	PA0	26	TTL	UART 模块 0 接收。在 IrDA 模式下,该信号具有 IrDA 调制
	U0Tx	PA1	27	TTL	UART 模块 1 发送。在 IrDA 模式下,该信号具有 IrDA 调制
	U1Rx	PD2	12	TTL	UART 模块 1 接收。在 IrDA 模式下,该信号具有 IrDA 调制
	U1Tx	PD3	13	TTL	UART 模块 1 发送。在 IrDA 模式下,该信号具有 IrDA 调制
CAN	CAN0Rx	PD0	10	TTL	CAN 模块 0 接收
	CAN0Tx	PD1	11	TTL	CAN 模块 0 发送
以太网 PHY	GNDPHY		41、42、85、86	TTL	以太网 PHY 的 GND
	LED0	PF3	59	TTL	MII LED0
	LED1	PF2	60	TTL	MII LED1
	MDIO		58	TTL	以太网 PHY 的 MDIO
	RXIN		37	模拟量	以太网 PHY 的 RXIN
	RXIP		40	模拟量	以太网 PHY 的 RXIP
	TXON		46	模拟量	以太网 PHY 的 RXON
	TXOP		43	模拟量	以太网 PHY 的 RXOP
	VCCPHY		36、83、84	TTL	以太网 PHY 的 VCC
	XTALNPHY		17	TTL	以太网 PHY 的 XTALN
	XTALPPHY		16	TTL	以太网 PHY 的 XTALP

功能模块	功能名称	GPIO	编号	缓冲区类型	描　　　述
模拟比较器	C0＋	PB6	90	模拟量	模拟比较器 0 正极输入
	C0－	PB4	92	模拟量	模拟比较器 0 负极输入
	C0O	PB5	91	TTL	模拟比较器 0 输出
电源	GND		9、15、21、33、39、45、54、57、63、69、82、87、94	电源	逻辑和 I/O 引脚的地参考
	GNDA		4、97	电源	模拟电路(ADC、模拟比较器等)的地参考。这些电源与 GND 独立,以最大限度减少 VDD 上的电气噪声,使其不影响模拟功能
	HIB		51	TTL	该输出表示处理器在水面模式下
	LDO		7	电源	低压差稳压器输出电压。这个引脚在引脚和 GND 之间需要一个 1μF 或更大的外部电容。当使用片内 LDO 给逻辑电路提供电源时,除了去耦电容(Decoupling Capacitor)外,LDO 引脚还必须连接到板极的 VDD25 引脚
	VBAT		55	电源	休眠模块的电源供应源。它通常连接到电池的正极端并用做备用电池/休眠模块电源
	VDD		8、20、32、44、56、68、81、93	电源	I/O 和某些逻辑的正极电源
	VDD25		14、38、62、88	电源	大多数逻辑功能(包括处理器内核和大部分外设)的电源正极
	VDDA		3、98	电源	模拟电路(ADC、模拟比较器等)的电源正极(3.3V)。这些电源与 VDD 独立,以最大限度减少 VDD 上的电气噪声,使其不影响模拟功能
	nWAKE		50	OD	当有效时外部输入将处理器从休眠模式中唤醒
系统控制 & 时钟控制	CMOD0		65	TTL	CPU 模式为 0。输入必须设为逻辑 0(地);其他编码保留
	CMOD1		76	TTL	CPU 模式为 1。输入必须设为逻辑 0(地);其他编码保留
	OSC0		48	模拟	主振荡器晶体输入或外部时钟参考输入
	OSC1		49	模拟	主振荡器晶体输出
	RST		64	TTL	系统复位输入
	TRST	PB7	89	TTL	JTAG TRSTn
	XOSC0		52	模拟	休眠模块振荡器晶体输入或外部时钟参考输入。注意这是用于休眠模块 RTC 的 4.19MHz 晶体或 32.768kHz 振荡器
	XOSC1		53	模拟	休眠模块振荡器晶体输出
通用定时器	CCP0	PD4	95	TTL	捕获/比较/PWM 0
	CCP1	PA6	34	TTL	捕获/比较/PWM 1

本书主要以 LM3S8962 处理器为例进行分析,下面分别给出典型接口电路的电路图。

(1) 主处理器电路,如图 1-12 所示。

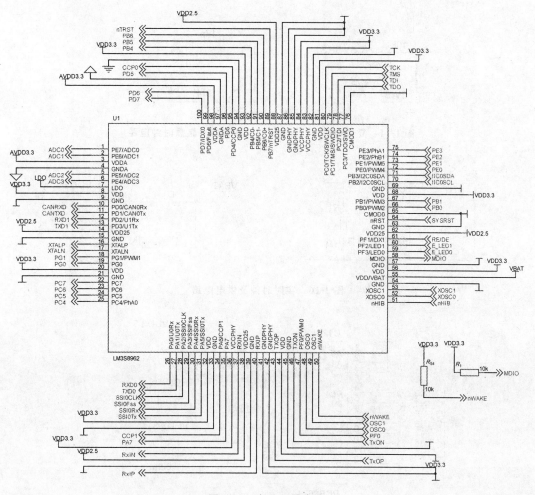

图 1-12　主处理器电路

(2) 处理器滤波电路,如图 1-13 所示。

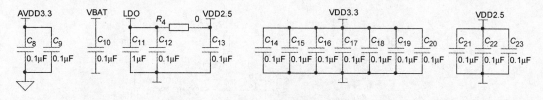

图 1-13　处理器滤波电路

(3) 复位电路,如图 1-14 所示。

(4) 主处理器时钟电路,如图 1-15 所示。

(5) 实时时钟及供电电路,如图 1-16 所示。

(6) I²C 扩展开关量输入电路,如图 1-17 所示。

(7) I²C 扩展开关量输出电路,如图 1-18 所示。

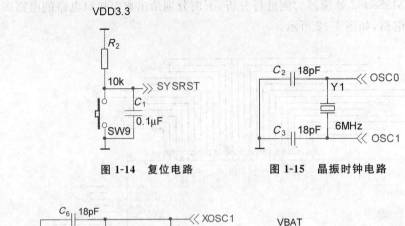

图 1-14　复位电路　　　　　图 1-15　晶振时钟电路

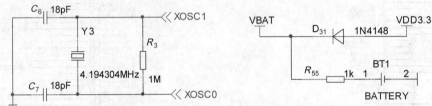

图 1-16　实时时钟及供电电路

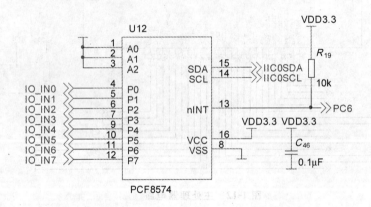

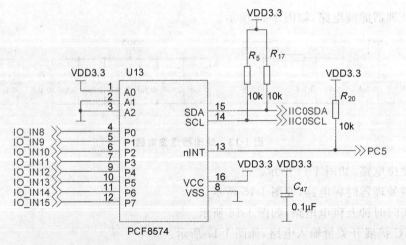

图 1-17　I^2C 扩展开关量输入电路

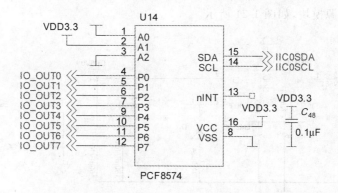

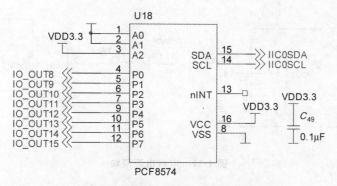

图 1-18　I²C 扩展开关量输出电路

（8）UART 串行 RS-232 电路，如图 1-19 所示。

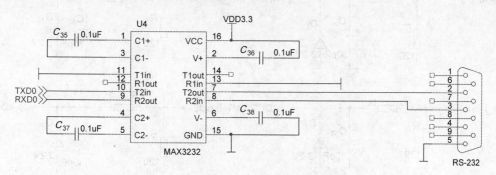

图 1-19　UART 串行 RS-232 电路

（9）CAN 总线接口电路，如图 1-20 所示。

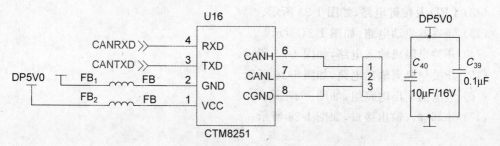

图 1-20　CAN 总线接口电路

（10）电路电源模块，如图 1-21 所示。

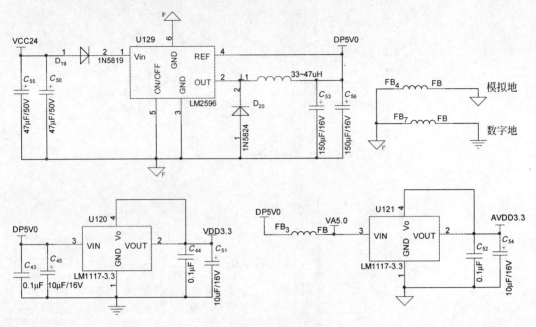

图 1-21　电路电源模块

（11）ADC 采样电路，如图 1-22 所示。

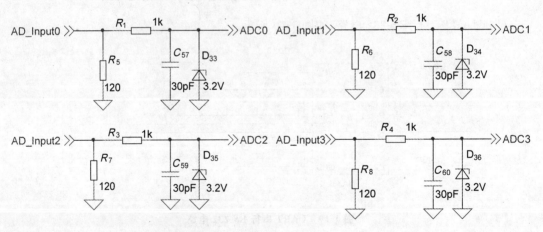

图 1-22　ADC 采样电路

（12）LED 及按键电路，如图 1-23 所示。

（13）蜂鸣器驱动电路，如图 1-24 所示。

（14）开关量隔离输入电路，如图 1-25 所示。

（15）开关量隔离输出电路，如图 1-26 所示。

（16）继电器输出电路组，如图 1-27 所示。

（17）外部输入输出接口，如图 1-28 所示。

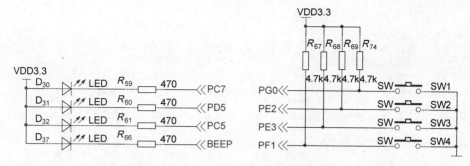

图 1-23　LED 及按键电路

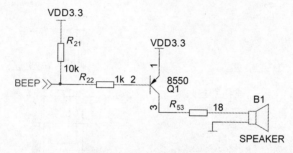

图 1-24　蜂鸣器驱动电路

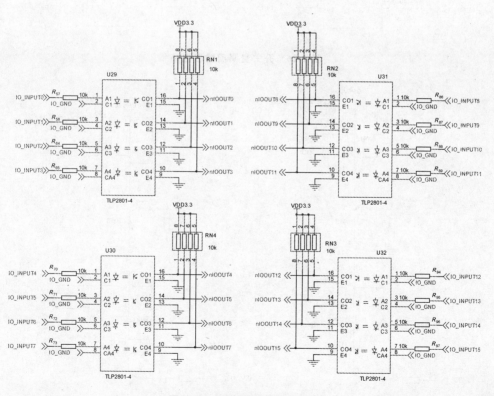

图 1-25　开关量隔离输入电路

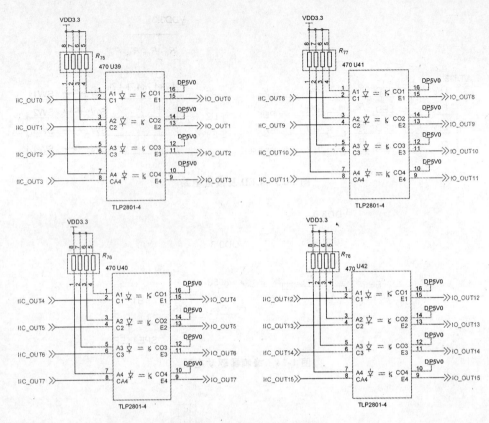

图1-26　开关量隔离输出电路

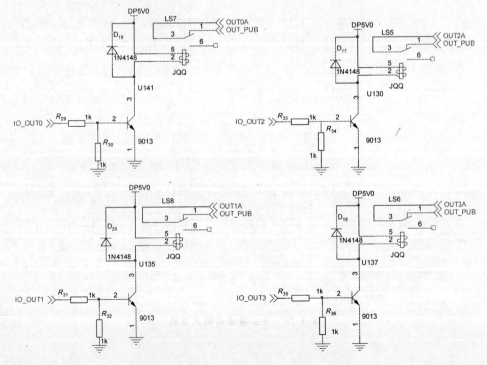

图1-27　继电器输出电路组1

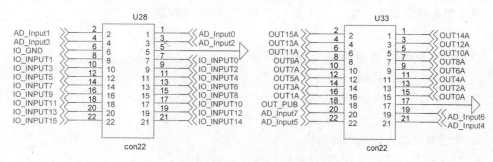

图 1-28　外部输入输出接口

小　结

本章首先介绍了嵌入式系统的概念。嵌入式系统的组成包括嵌入式平台的硬件构架、板级支持包、嵌入式操作系统和嵌入式系统上的应用程序。然后介绍了嵌入式 C 语言编程的一些基本知识点，包括预处理、位处理、嵌入式 C 语言编程规则等。最后介绍了 Stellaris 处理器的结构和接口特性，并以 LM3S8962 处理器为例介绍了基本电路。

思　考　题

一、填空题

1. ARM Cortex 系统的处理器分为：_____、_____、_____三种类型。

2. ARM Cortex-M3 属于_____指令集，采用了_____指令集，将 16 位指令和 32 位指融为一体。

3. ARM Cortex-M3 为 32 位微控制器，请问 32 位指的是_____。

4. ARM Cortex-M3 采用_____结构，拥有独立的指令总线和数据总线，可以让取指与数据访问并行进行。

5. CM3 寄存器分为_____寄存器，包括_____和_____寄存器，包括_____。

6. 寄存器 R13 的作用是_____。

7. 寄存器 R14 的作用是_____。

8. 寄存器 R15 的作用是_____。

CM3 的堆栈指针分为_____、_____。存储器堆栈分为：向上生长（即向高地址方向生长）的递增堆栈；向下生长（即向低地址方向生长）的递减堆栈。堆栈指针指向最后压入堆栈的有效数据项，称为满堆栈；堆栈指针指向下一个数据项放入的空位置，称为空堆栈。

9. CM3 拥有两个模式和两个特权级，它们分别是_____和_____模式；_____和_____级。

10. 处理器运行应用程序时，属于_____模式，既可以使用特权级，也可以使用用户级。异常服务程序必在_____下执行。复位后,处理器默认进入_____,_____特权级。

11. CM3 支持的 4GB 存储空间被划分成:_____、_____、_____、_____、_____、_____个区域。

二、简答题

1. 给出自己的关于嵌入式的定义,思考嵌入式系统与通用 PC 的区别。

2. 阐述典型嵌入式系统的组成。

3. "ARM 是一个微处理器"这种说法是否正确,为什么?

4. 讲述 ARM 微处理器的分类、用途。

5. 列举几种常用的嵌入式系统,并说明各自的特点。

6. 讲述一下嵌入式系统的开发流程以及与裸机开发相比的优势。

7. 讲述嵌入式操作系统的选型规则。

8. 列举 2~3 个嵌入式系统应用的例子。

9. 简述 Cortex-M3 内核的寄存器的种类,及各自的用途。

10. 阐述一下 ARM v7 版本的几种系列内核,并说明其用途。

11. Cortex-M3 内核处理器支持的操作模式有哪几种? 这几种的工作方式如何?

12. 阐述 Cortex-M3 内核处理器支持的存储器分配方式。

13. 阐述继电器输出电路中继电器线圈中二极管的作用。

14. 试分析开关量隔离输入电路的工作原理,并说明其中光耦的作用。

15. 在电源模块中的开关电源电路中,试分析其两个二极管 D_{19}、D_{20} 的作用。

16. 试说明开关电源和线性电源的区别、各自的优缺点,并列举几种常用开关电源器件和线性电源器件。

第 2 章　集成开发环境

集成开发环境(Integrated Development Environment,IDE)是用于提供程序开发环境的应用程序,一般包括代码编辑器、编译器、调试器和图形用户界面工具。集成了代码编写功能、分析功能、编译功能和调试功能等一体化的开发软件服务套。所有具备这一特性的软件或者软件套(组)都可以叫集成开发环境。本章主要介绍嵌入式 ARM 的集成开发环境的使用。

2.1　嵌入式软件开发过程

2.1.1　创建过程

当目标平台选定之后软件开发工具可以自动做很多的事情。这个自动过程是可能的,因为这些工具可以发掘程序运行的硬件和操作系统平台的特性。例如,如果所有程序将在运行 DOS 的 IBM 兼容 PC 上执行,那么编译器就可以自动处理(因此也使你无法得知)软件创建过程的某些方面。而在另一方面,嵌入式软件开发工具很少在目标平台做出假定。

相反,用户必须给出更清晰的指令来告知这些工具有关系统的具体知识。把嵌入式软件的源代码表述转换为可执行的二进制映像的过程,包括三个截然不同的步骤。首先,每一个源文件都必须被编译或汇编到一个目标文件(Object File)中。然后,第一步产生的所有目标文件要被链接成一个目标文件,它叫做可重定位程序(Relocatable Program)。最后,在一个称为重定址(Relocation)的过程中,要把物理存储器地址指定给可重定位程序里的每个相对偏移处。第三步的结果就是一个可以运行在嵌入式系统上的包含可执行二进制映像的文件生成了。图 2-1 说明了上述的嵌入式软件开发过程。

在图 2-1 中,三个步骤是由上至下表示的,在圆角矩形框里说明了执行该步骤所用到的工具。每一个开发工具都以一个或多个文件作为输入产生一个输出文件。本章接下来的部分会说明关于这些工具和文件更详细的内容。

嵌入式软件开发过程的每一个步骤都是一个在通用计算机上被执行的软件的转换过程。为了区别这台开发计算机(通常会是一台 PC 或 UNIX 工作站)和目标嵌入式系统,称它为主机。换句话说,编译器、汇编器、链接器和定址器都是运行在主机上的软件,而不是在嵌入式系统上运行。可是,尽管事实上它们在不同的计算机平台上运行,这些工具综合作用的结果是产生了可以在目标嵌入式系统上正确运行的可执行二进制映像。图 2-2 显示了这种功能的划分。

2.1.2　编译

编译器的工作主要是把可读的语言所书写的程序,翻译为特定的处理器上等效的一系

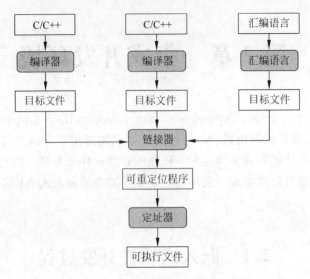

图 2-1　嵌入式软件开发过程

图 2-2　嵌入式软件开发功能的划分

列操作码。在这种意义上,一个汇编器也是编译器(可以称之为"汇编语言编译器"),但是它只执行了一个简单地逐行把人可阅读的助记符翻译到对应操作码的过程。

不管输入文件是 C/C++、汇编还是什么别的,交叉编译器的输出总是一个目标文件。这是语言翻译过程产生的包含指令集和数据的特定格式的二进制文件。尽管目标文件包含了一部分可执行代码,但它是不能直接运行的。实际上,目标文件的内部结构正强调了更大程序的不完备性。

2.1.3　链接

在程序能被执行前,所有第一步产生的目标文件都要以一种特殊的方式组合起来。目标文件分开来看是不完整的,特别是那些有未解决的内部变量和函数引用的目标文件。链接器的工作就是把这些目标文件组合到一起,同时解决所有未解决的符号问题。

链接器的输出是同样格式的一个目标文件,其中包含了来自输入目标文件的所有代码和数据。它通过合对输入文件里的 text、data 和 bss 段来完成这一点。这样,当链接器运行结束以后,所有输入目标文件里的机器语言代码将出现在新文件的 text 段里,所有初始化变量和未初始化变量分别在 data 和 bss 段里面。

在合并了所有代码和数据段并且解决了所有符号引用之后,链接器产生程序的一个特殊的可重定位的拷贝。换句话说,程序要说完整还差一件事:给其内部的代码和数据指定存储区地址。如果不是在为了一个嵌入式系统而工作,那么现在就可以结束软件创建过程了。

但是嵌入式程序员一般在这个时候还没有结束整个创建过程。即使嵌入式系统包括一个操作系统,可能仍然需要一个绝对定址的二进制映像。实际上,如果有一个操作系统,它包含的代码和数据很可能也在可重定位的程序里。整个嵌入式应用——包括操作系统——几乎总是静态地链接在一起并作为一个二进制映像来运行。

2.1.4　定址

把可重定址程序转换到可执行二进制映像的工具叫定址器。它负责三个步骤中最容易的部分。实际上,这一步将不得不自己做大部分工作来为定址器提供关于目标电路板上的存储器的信息。定址器将用这个信息来为可重定址程序里的每一个代码和数据段指定物理内存地址。然后它将产生一个包含二进制内存映像的输出文件。这个文件就可以被调入目标 ROM 中执行。

2.1.5　调试过程

受限于嵌入式系统自身的软硬件资源,嵌入式软件开发一般都采用如图 2-3 所示的宿主机/目标板开发模式,即利用宿主机(PC)上丰富的软硬件资源及良好的开发环境和调试工具来开发目标板上的软件,然后通过交叉编译环境生成目标代码和可执行文件,通过串口、USB、以太网等方式下载到目标板上,利用交叉调试器监控程序运行,实时分析,最后,将程序下载固化到目标机上,完成整个开发过程。

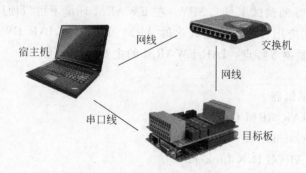

图 2-3　嵌入式软件开发示意图—宿主机/目标板开发模式

在软件设计上,整个开发过程基本包括以下几个步骤。

(1) 源代码编写:编写源 C/C++ 及汇编程序。

(2) 程序编译:通过专用的编译器编译程序。

(3) 软件仿真调试:在 EWARM 中仿真软件运行情况。

(4) 程序下载:通过 JTAG、USB 或 UART 方式下载到目标板上。

(5) 软硬件测试、调试:通过 JTAG 等方式联合调试程序。

(6) 下载固化:程序无误,下载到产品上运行。

如图 2-4 所示为结合 ARM 硬件环境及 EWARM 软件开发环境的嵌入式系统软件开发流程图。

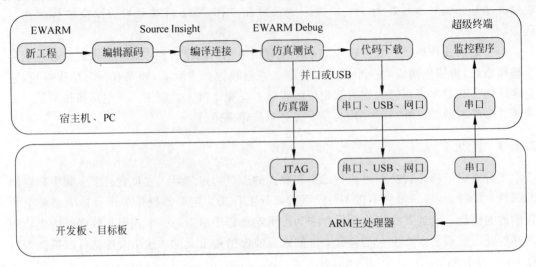

图 2-4　嵌入式软件开发流程图

2.2　IAR EWARM 安装

IAR Embedded Workbench for ARM(下面简称 IAR EWARM)是一个针对 ARM 处理器的集成开发环境,它包含项目管理器、编辑器、C/C++编译器和 ARM 汇编器、连接器 XLINK 和支持 RTOS 的调试工具 C-SPY。在 EWARM 环境下可以使用 C/C++和汇编语言方便地开发嵌入式应用程序。比较其他的 ARM 开发环境,IAR EWARM 具有入门容易、使用方便和代码紧凑等特点。IAR EWARM 的主要模块如下。

- 项目管理器。
- 功能强大的编辑器。
- 高度优化的 IAR ARM C/C++Compiler。
- IAR ARM Assembler。
- 1 个通用的 IAR XLINK Linker。
- IAR XAR 和 XLIB 建库程序和 IAR DLIB C/C++运行库。
- IAR C-SPY 调试器(先进的高级语言调试器)。
- 命令行实用程序。
- IAR C-SPY 调试器(先进的高级语言调试器)。

目前 IAR EWARM 支持 ARM Cortex-M3 内核的最新版本 6.2a,该版本支持 TI 全系列的 MCU。为了方便用户学习评估,IAR 提供一个限制 32K 代码的免费试用版本。用户可以到 IAR 公司的网站 www.iar.com/ewarm 下载。

(1) 从 IAR 的官方网站上 www.iar.com/ewarm 下载 IAR 4.42a 的 32K 代码试用评估版本,文件名为:EWARM-KS-WEB-442A.exe。

（2）运行 EWARM-EV-WEB-442A.exe。

（3）单击 Install the IAR Embedded Workbench，开始安装，如图 2-5 所示。

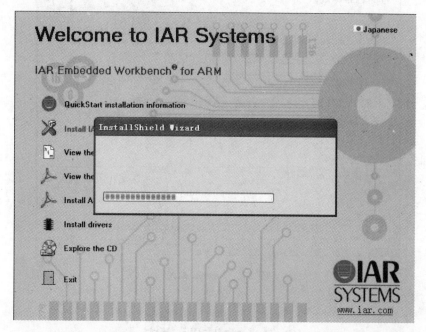

图 2-5　IAR 开始安装

（4）输入许可证号（License）和密钥（License Key）。

用户从下载的软件包中的文本文件中提取许可证号（License）和密钥（License Key），其分别在如图 2-6 和图 2-7 所示的两个窗口中的相应栏中。许可接受后建议按默认设置安装。

（5）一直单击 Next 直到软件安装完成。

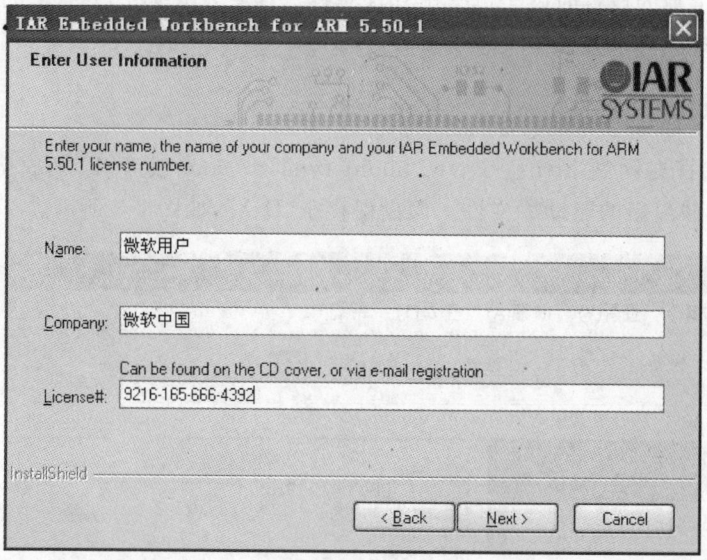

图 2-6　安装 License

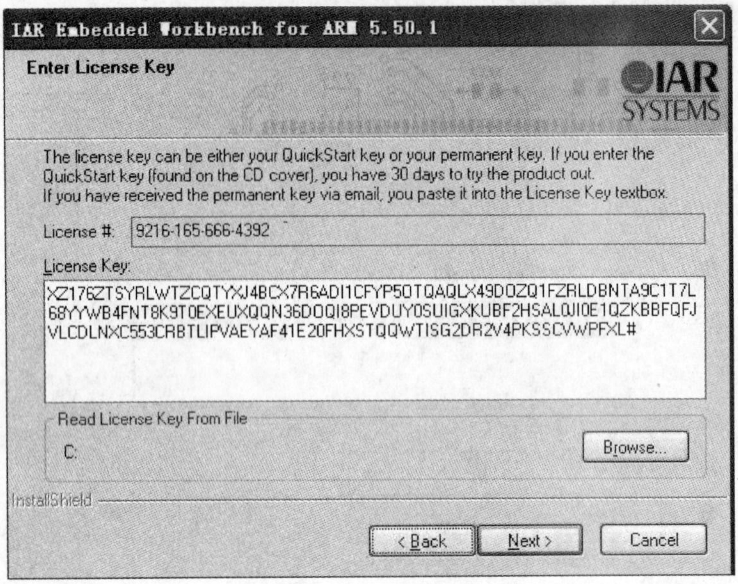

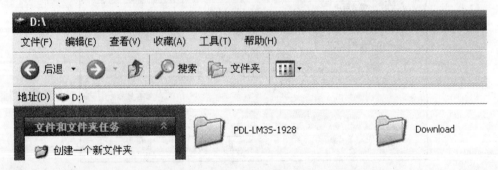

图 2-7　License 输入

2.3　安装驱动库

在安装好 EWARM 集成开发环境后，就可在该环境下新建工程了。但在新建工程之前，为了使以后的工程更便于管理，工程中的设置应该更加简单化，在这里就需要一些准备工作，将某些文件拷贝到指定路径下，具体的操作方式将在随后介绍。至于为什么要这样做，读者以后在工程的设置时就会体会出其优越性。注意：本文是以 32K 的试用版为例做讲解，如果用正式版可以参照本文进行设置。

2.3.1　下载最新库文件

从流明诺瑞官方网站 http://www.luminarymicro.com 或者 TI 的官方网站 http://www.ti.com 下载最新的驱动库文件。假设保存于"D:\"，如图 2-8 所示。

图 2-8　驱动库文件存放目录

2.3.2　拷贝连接器命令文件

这一步是将连接器命令文件复制到 IAR 的默认路径下面,节省了每次在选择连接器命令文件时的查找步骤。

(1) 打开目录 D:\PDL-LM3S-1928\DriverLib\ewarm,如图 2-9 所示。

图 2-9　原连接器命令文件

(2) 将图 2-9 中所示的 standalone. xcl 文件复制一份,然后粘贴到 C:\Program Files\ IAR Systems\Embedded Workbench 6.0\arm\config 目录下。并改名为 lnk_LM3. xcl,如图 2-10 所示。

注意:这里 Embedded Workbench 6.0 Kickstart 是版本号,若安装的是不同的版本将有不同的表示。读者通过一般的记事本软件就可以打开 * . xcl 文件,读者会发现全是定义关于 Flash 和 SRAM 存储空间的,是的,这是一个定址的文件,后面还会有详细解析。

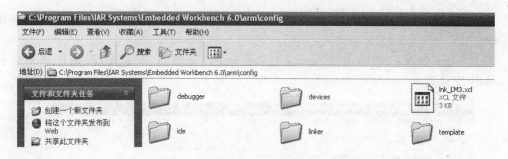

图 2-10　连接器命令文件存放的目录

2.3.3　拷贝驱动库头文件

这一步是将库文件复制到 IAR 的默认路径下面,减轻了每次在选择库文件时的添加库文件步骤。

(1) 打开目录 D:\PDL-LM3S-1928\DriverLib,如图 2-11 所示。

(2) 在 C:\Program Files\IAR Systems\Embedded Workbench 6.0\arm\inc 下,新建一个 Luminary 文件夹,如图 2-12 所示。

(3) 复制驱动库头文件,然后粘贴到新建的 Luminary 文件夹下,即 C:\Program Files\ IAR Systems\Embedded Workbench 6.0\arm\inc\luminary 目录,如图 2-13 所示。这里包括三个步骤。

第一步是:将图 2-13 中的所有.h 文件拷贝到新建的 Luminary 文件夹下。

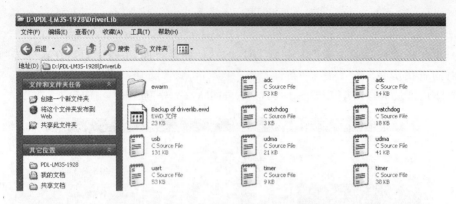

图 2-11　原驱动库头文件目录

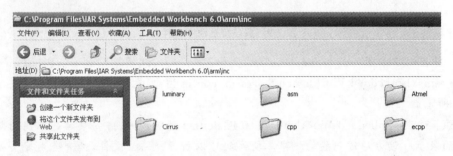

图 2-12　新建 Luminary 文件夹

第二步是：打开图 2-13 中的 src 文件，将该文件下的所有 .h 文件和 .c 文件拷贝到新建的 Luminary 文件夹下。

第三步是：打开图 2-13 中的 inc 文件，将该文件下的所有 .h 文件，拷贝到新建的 Luminary 文件夹下。

图 2-13　驱动库头文件存放目录

注：这样把所有的外围设备的库函数全部放置在安装目录下，这样做好像比较麻烦，实际上在工程编译时的 option 设置时较为方便，仅仅设置一项即可。

2.3.4 拷贝底层驱动函数库

(1) 打开目录 D:\PDL-LM3S-1928\DriverLib\src\ewarm\Exe，如图 2-14 所示。

图 2-14 底层驱动函数库目录

(2) 在 C:\Program Files\IAR Systems\Embedded Workbench 6.0\arm\lib 下，新建一个 Luminary 文件夹，如图 2-15 所示。

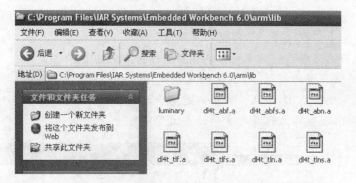

图 2-15 新建 Luminary 文件夹

(3) 将图 2-14 中的 driverlib.a 复制一份，然后粘贴到新建的 Luminary 文件夹下，即 C:\Program Files\IAR Systems\Embedded Workbench 6.0\arm\lib\luminary 目录下，如图 2-16 所示。

图 2-16 底层驱动函数库存放目录

到此，要做的准备工作已经完成。

2.4　EWARM 新建项目

要为某个目标系统开发一个新应用程序,必须先新建一个项目(当然很多做软件的人员叫"工程"——project)。新建项目具体步骤下面做详细介绍。

2.4.1　建立一个项目文件目录

首先应该为新项目创建一个目录,用来存放与项目有关的各种文件。项目开发过程中生成的一系列文件,例如,工作区文件和开发环境的配置,编译、连接和调试选项配置,各种列表文件和输出文件等都将被存放在这个目录下。用户也可以选择把各种源文件也放在这个目录下。在下面的例子中生成一个 D:\DEMO 目录。

2.4.2　新建工作区

EWARM 虽然是按项目进行管理,但是要求把所有的项目都放在工作区内(Workspace)。用户如果是第一次使用 EWARM 开发一个新项目,必须先创建一个新工作区,然后才能在工作区中创建新项目。一个工作区中允许存放一个或多个项目。如果用户过去已经建立了一个工作区并且希望把目前要建的新项目放在原工作区内,则可以直接打开原工作区并执行第三步生成新项目。创建新工作区方法如下。

启动 EWARM 开发环境,如图 2-17 所示。

注:可以这样理解,工作区 Workspace 是属于某个用户的工作区,在这个工作区内可以建立很多工程项目,但这些工程项目必须放在工作区内。

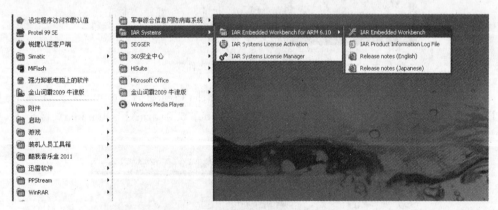

图 2-17　启动 EWARM 开发环境

选择 File→New→Workspace,然后开启一个空白工作区窗口,如图 2-18 所示。

2.4.3　生成新项目

下一步就是在工作区中创建新项目,方法如下。

(1) 选择 Project→Create New Project,弹出 Creat New Project 窗口。EWARM 提供几种应用程序和库程序的项目模板。如果选择 Empty project,表示采用默认的项目选项设

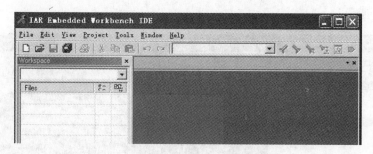

图 2-18　空白工作区窗口

置,为一个空工程。在本例中选择 Empty project,如图 2-19 所示。

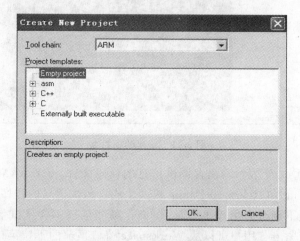

图 2-19　生成新项目窗口

(2) 在 Tool chain 栏中选择 ARM,单击 OK 按钮,弹出“另存为”窗口,如图 2-20 所示。

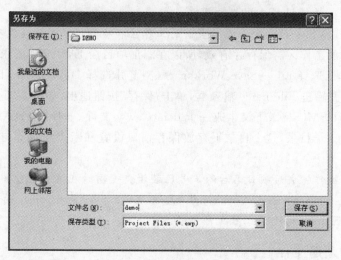

图 2-20　“另存为”窗口

(3) 在“另存为”窗口中浏览和选择新建的 D:\DEMO 目录,输入新项目的文件名为 demo,然后保存。这时在屏幕左边的 Workspace 窗口中将显示新建的项目名和输出代码模式,如图 2-21 所示。

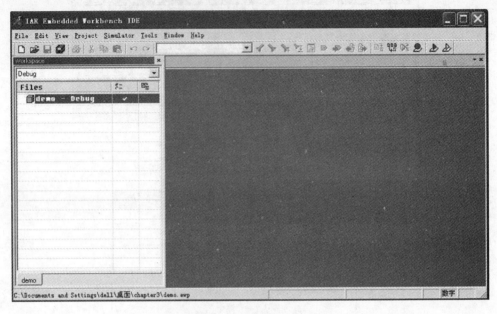

图 2-21　新建的项目名

项目名后面的 Debug 表示输出含调试信息的代码文件。EWARM 能为项目提供两种输出代码模式：Debug 和 Release。Debug 模式生成含调试信息的程序代码,用户利用它可以在 EWARM 环境下调试应用程序。而 Release 模式生成不含调试信息的发行版本的程序代码,其代码比较紧凑。用户可以从 Workspace 窗口顶部的下拉菜单中选择两种项目配置之一,本例选择 Debug。

现在 DEMO 目录下已生成一个 demo.ewp 文件,该文件中将包含与 demo 项目设置有关的信息,如编译、连接(build)的选项等。

注意：demo-Debug 后的 ★ 号表示当前的工作区和项目经修改后还没有被保存。

(4) 新生成的工作区需保存才有效,所以在添加项目后 EWARM 要求执行保存工作区操作。保存工作区选择 File→Save Workspace,浏览并选择 D:\DEMO 目录。然后将工作区命名为 demo 并输进 File name 输入框,单击"保存"按钮退出,如图 2-22 所示。

这时在 D:\DEMO 目录下又生成一个 demo.eww 文件。同时在 D:\DEMO 目录下还生成一个 settings 子目录,这个目录下存放保存窗口设置和断点设置等与当前操作有关信息的其他文件。

注意：保存操作完成后项目名后的 ★ 号已经消失。同时在这里区分 *.eww 文件和 *.ewp 文件,ew 表示 Embedded Workbench,通过 Workspace 和 Project 的首字母自然分清楚,哪个是工作区文件,哪个是工程文件了。

2.4.4　添加/新建文件

保存工作区后,下一步就是在项目中新建文件或添加已有文件。项目中的文件允许分组,用户可以根据项目的需要和自己的习惯来组织源文件。为举例说明,这里新建以下几个文件组：一个 startup 文件组,一个 Src 文件组,一个 Lib 文件组。

图 2-22 保存工作区

注意：往项目中添加文件时只需添加汇编语言和 C 语言的源程序，不需要添加头文件（即.h 头文件）。但是用户必须在配置项目的编译器、连接器选项时指明包含头文件的路径和目录。关于项目配置选项的设定会在后面详细介绍。同时读者仔细体会 2.5.3 节所做的工作。

1．建立文件组

右击 demo-Debug，然后选择 Add→Add Group…，如图 2-23 所示。

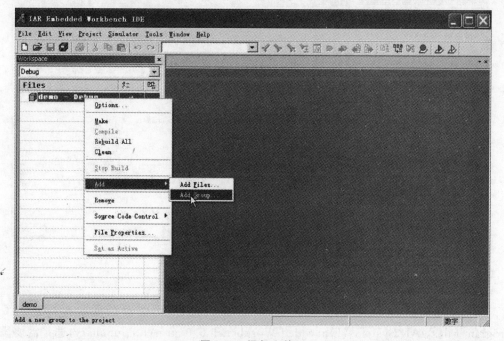

图 2-23 添加文件组

新建 3 个文件组：Start 文件组，Src 文件组和 Lib 文件组，如图 2-24 所示。

注：开发者当然可以建立其他的文件组，这里建 3 个文件只是给开发者一个参考。

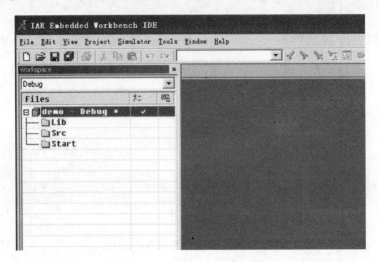

图 2-24　新建 3 个文件组

2. 添加对应文件

向文件组中添加对应文件，如图 2-25 所示。

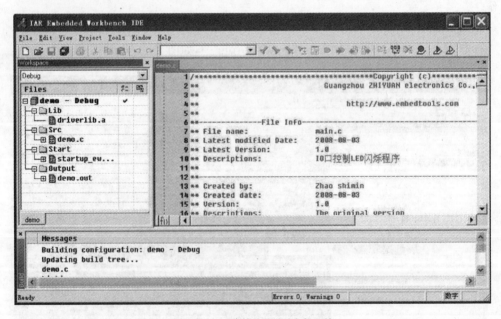

图 2-25　向文件组添加对应文件

（1）在 Lib 组中添加 driverlib. a 文件。

添加方法。右击 Lib，选择 Add→ Add Files…，在弹出的对话框中选择目录 C：\ Program Files\IAR Systems\Embedded Workbench 6.0\arm\lib\luminary，选择需要添加的库文件 driverlib. a，如图 2-26 所示。

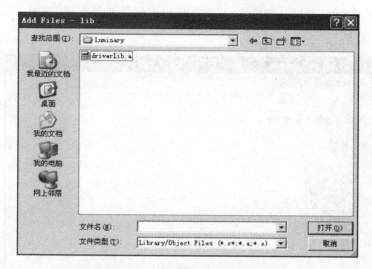

图 2-26　选择需要添加的库文件

（2）在 startup 组添加 startup.c 文件。

将 D:\PDL-LM3S-1928\DriverLib\ewarm 下的 startup.c 文件复制到工程目录 D:\DEMO 下面。然后右击 startup，选择 Add→Add Files…，在弹出的对话框中选择目录 D:\DEMO，添加 startup.c 文件，如图 2-27 所示。

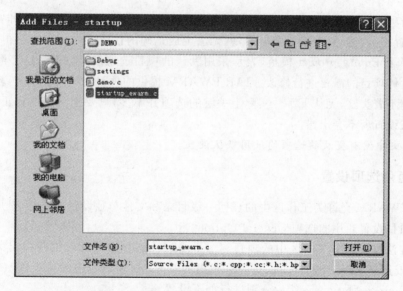

图 2-27　添加 startup.c 文件

（3）在 Src 组中新建需要的 main.c 文件（或添加已有的 main.c 文件，即主程序在这里编辑）。

这里新建一个 main.c，首先单击 Src 组，选择 File→New→File（也可以选择 New document），将在窗口中出现一个空白页，再选择 File→Save，弹出另存为对话框，保存在 D:\DEMO，保存为 main.c，如图 2-28 所示。

然后右击 Src 组，选择 Add→Add Files…，在弹出的对话框中选择目录 D:\DEMO，添加 main. c 文件。此时,便可以在该 main. c 文件中编辑需要的程序,例如编写一个 LED 灯闪烁的示例程序。

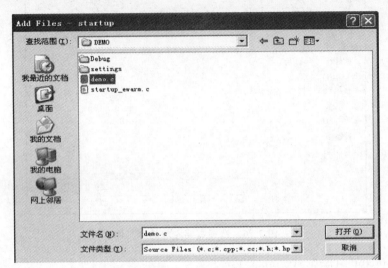

图 2-28　"另存为"对话框

2.4.5　项目选项设置

生成新项目和添加文件后的下一步是为项目设置选项。设置项目选项是非常重要的一步,如果设置不当,编译、连接就会出错,就无法生成正确的代码文件。大家记得,在创建新项目时选择了 Empty project 模板,表示采用默认的项目选项设置。但是这些默认的设置还要根据具体项目的需要进行修改。IAR EWARM 提供的项目选项内容繁多,初学者可能会感觉到摸不着头脑、无从下手。实际上关键的选项并不多,只要把它们设置正确了,其他的采用默认设置就不会出错。

注意：文中没有提及的选项项均采用默认设置。

2.4.6　通用选项设置

IAR EWARM 允许为工作区中的任何一级目录和文件单独设置选项,但是用户必须首先为整个项目设置通用的选项 General Option。

设置方法是：选中工作区中的项目名 demo-Debug,单击鼠标右键在弹出菜单中选择 Options…或选择 Project→Options…。在弹出的 Options 窗口左边的目录(Category)中选择第一项 General Options。然后分别进行如下设置。

(1) Target 设置。在 Processor Variant 框中选择 Device。并单击右边的器件选择按钮,选择芯片型号 Luminary LM3S×9××。同时 Endian mode 框中选择 Little,Stack align 框中选择 4 byte,如图 2-29 所示。

(2) 其他选项采用默认值。

2.4.7　C/C++编译器选项设置

在 Options 窗口的目录 Category 中选择第二项 C/C++Compiler。C/C++编译器的选项

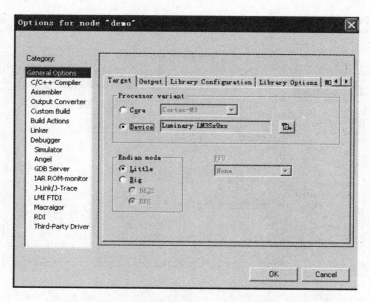

图 2-29　**General Option** 选项设置

设置如下。

Preprocessor 设置 Preprocessor 页面中,列有标准的 include 文件的目录。如果用户的 include 文件不在标准目录下时,必须在 Additional include directories 框中输入包含该项目 include 文件的目录。一个目录用一行描述,有多个目录时允许用多行。在 Preprocessor 框中的 Additional include directories(one per line)项目中输入 $ TOOLKIT_DIR $ \INC\ Luminary,如图 2-30 所示,前面的拷贝库文件目的就在此,不然需要多写几个,并且时间长了开发者可能都忘记库文件地址了。

注:"$ TOOLKIT_DIR $ 表示软件的安装目录,$ TOOLKIT_DIR $ \ 这个语法表示包含文件的路径在 IAR 安装路径的 ARM 文件夹下,也就是说如果 IAR 安装在 C 盘中,那么它就表示 C: \ Program Files \ IAR Systems \ Embedded Workbench XXX XXXXXXXXXXXXXXX\ARM 这个路径。还有一种表示是工程目录,即为 $ PROJ_DIR $, $ PROJ_DIR $ 就是工程文件 * . ewp 所在目录。\…为目录向上一层的。

其他的选项采用默认值。

2.4.8　**Assembler** 选项设置

在 Options 窗口的目录 Category 中选择第三项 Assembler。汇编器的选项设置采用默认设置。

2.4.9　**Linker** 选项设置

在 Options 窗口的目录 Category 中选择第六项 Linker。连接器的选项中的设置主要有以下几个。

1. Output 设置

选择合适的输出格式十分重要。如果需要将输出文件送给一个调试器进行调试,则要

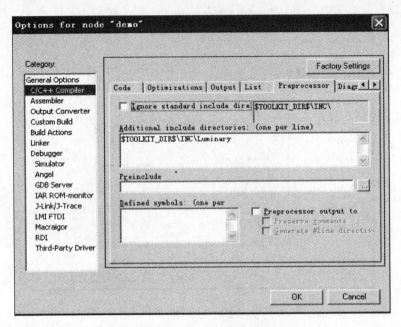

图 2-30　C/C++ 编译器选项设置

求输出格式带有调试信息。本例选择 Debug information for C-SPY 以及此选项下的选项
With runtime control modules，With I/O emulation modules 和 Allow C-SPY-specific
extra output file，如图 2-31 所示。

　　注意：I/O emulation modules 指示连接器将 stdin 和 stdout 指向 C-SPY 的 I/O 窗口的
低级例程。在没有真实硬件采用模拟仿真时应选择此项选项。

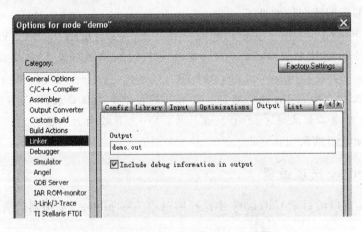

图 2-31　Linker 选项的 Output 设置

　　2．Extra Output 设置

　　选择 Generate extra output file。输出格式选择 simple-code 和 None，如图 2-32 所示。

　　3．List 设置

　　选择 Generate linker listing 和 Segment map，允许生成存储器分配 MAP 文件，
如图 2-33 所示。

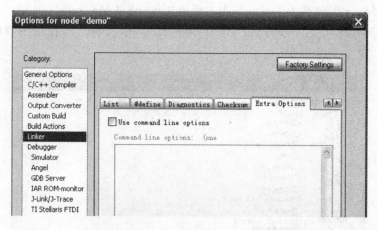

图 2-32　Linker 选项的 Extra Options 设置

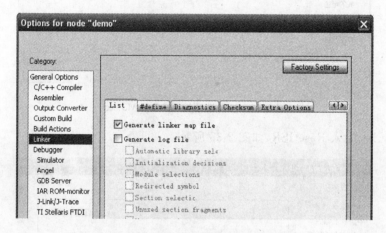

图 2-33　Linker 选项的 List 设置

4. Config 设置

主要是定义连接器命令文件(Linker Command File)。这是连接器选项中最重要同时也是最复杂的设置。连接器命令文件中包含连接器的各项命令行参数,主要用于控制程序各种代码段和数据段在存储器中如何分布。用户一定要吃透和掌握如何生成正确的连接器命令文件。为了帮助初学者理解,我们增加了下面一段介绍。

用户会采用不同半导体厂家的产品,每种芯片内部 SRAM 和 FLASH 的大小和地址分布都不同,另外用户目标系统配置的外部存储器也不同,用户应用软件要求的存储器分配也不相同。以上所有的不同最后落实到在运行时不同的代码段和数据段的存储器地址分配方案。而这种运行时存储器分配必须在连接器命令文件中说明,并由连接器 IAR XLINK 生成。经 XLINK 连接生成的代码文件下载到目标板时的地址,由 FlashLoader 执行,后面将介绍 FlashLoader 执行下载方式。

IAR EWAR 提供默认的连接器命令文件,它在 IAR EWAR 安装目录的 ARM\config 目录下,名字叫 lnkarm. xcl。但是默认的连接器命令文件 lnkarm. xcl 不能完全适用特定的目标系统,必须加以修改。standalone. xcl 为 LM3S 系列 MCU 在 EWARM 集成开发环境下的连接器命令文件。之前把 standalone. xcl 文件拷贝到默认的 ARM\config 目录下,并命名为 lnk_LM3. xcl,就是为了这一步很方便地选择 lnk_LM3. xcl。

在 Link Comamnd File 中,选中 Override default,单击右边选择按钮,打开选项选择 lnk_LM3. xcl,如图 2-34 所示。

图 2-34　打开选项选择 lnk_LM3. xcl

在 Entry lab 输入 ResetISR,如图 2-35 所示。

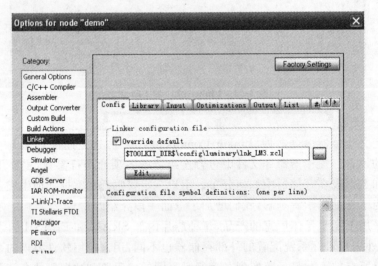

图 2-35　Linker 选项的 Config 设置

注:ResetISR 为启动文件 startup_ewarm. c 中程序复位时的入口。

2.4.10　Debugger 选项设置

在 Options 窗口的目录 Category 中选择第七项 Debugger。调试器的选项设置如下。

1. Setup 页面设置

本项选择所用的调试工具,我们选择的是 J-link,若有的读者选择 LM-link,那么选择

Luminary 的 LM FTDI,如图 2-36 所示。

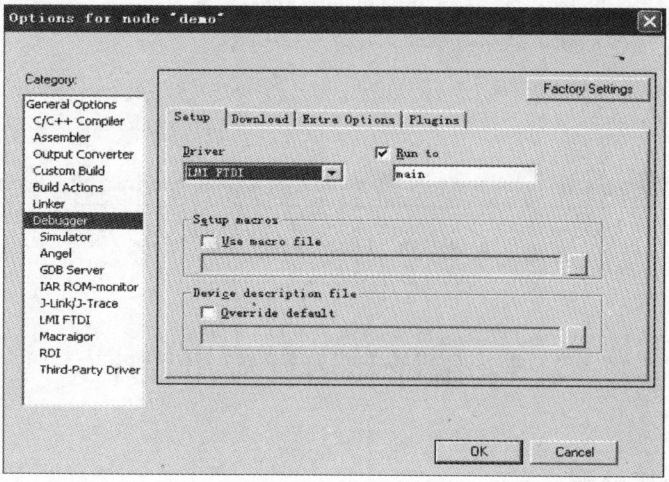

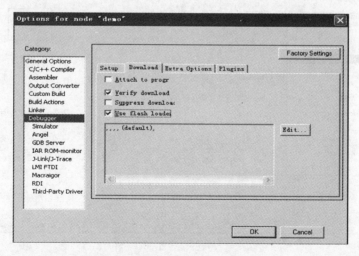

图 2-36　调试工具选择

2. Download 页面设置

选择 Verify download 和 Use flash load,如图 2-37 所示。要进行应用程序的调试,必须将生成的 demo.d79 文件下载到目标系统 MCU 的 Flash 或 RAM 中。调试器 C-SPY 是通过一个叫做 Flash Loader 的程序完成下载任务的。Flash Loader 的详细工作原理以及它和 C-SPY 的互动机理不在这里介绍,用户可以参阅 IAR 的 Flash Loader Guide。前面在设置 General Options 选项时,已经指定目标 MCU 是 LM3SX9XX。所以 EWARM 已经提供了该芯片默认的 Flash Loader。如果用户选用的 MCU 不在 EWARM 的 Device 清单中,那就必须自己去编写该芯片的 Flash Loader 了。由于 EWARM 提供 LM3SXXXX 芯片默认的 Flash Loader,单击 Download 页面(图 2-37)中的 Edit 按钮,在弹出的 Flash Loader Overview 对话框(如图 2-38 所示),选中 default,单击 OK 按钮即可。

图 2-37　下载程序选项设置

注:到此,工程已经建好,各项设置也完成了。

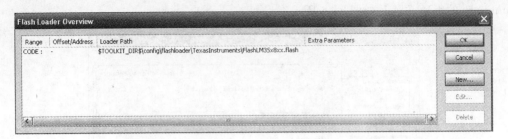

图 2-38　Flash Loader 设置

2.5　编译和运行应用程序

2.5.1　编译连接处理

按上述步骤完成所有的工程设置以后就可以开始编译程序了。选择 Project→Make,或选中工作区中的项目名 demo-Debug,单击鼠标右键在弹出菜单中选择 Make。如果想重新编译所有的文件,选择主菜单 Project→Rebuild All,或选中工作区中的项目名 demo-Debug,单击鼠标右键在弹出菜单中选择 Rebuild All,如图 2-39 所示。EWARM 将执行编译连接处理,生成可调试代码文件。Build 消息窗口中将显示连接处理的消息。连接的结果将生成一个带调试信息的代码文件 demo. d79 和一个存储器分配(MAP)文件 demo. map。

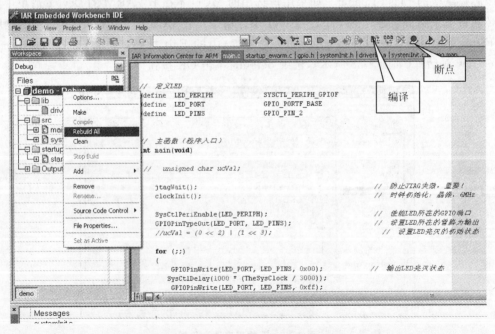

图 2-39　EWARM 的编译连接窗口

从编译连接后的工作区窗口中的树结构中,可以看到每个源文件访问关联了哪些头文件,同时生成了哪些输出文件。因为在建立新项目时选择 Debug 配置,所以在 DEMO 目录下自动生成一个 Debug 子目录。Debug 子目录下又包含另 3 个子目录,名字分别为 List、Obj 和 Exe。

在 Obj 目录下后缀为 .r79 的文件,用作 IAR XLINK 连接器的输入文件。在 Exe 目录下后缀为 .d79 的文件,用作 IAR C-SPY 调试器的输入文件,注意在执行连接处理之前这个目录是空的。

2.5.2　查看 MAP 文件

双击 Workspace 中的 demo.map 文件名,编辑器窗口中将显示该 MAP 文件。从 MAP 文件中可以了解以下内容。

（1）文件头中显示连接器版本、输出文件名以及连接命令使用的选项。

（2）CROSS REFERENCE 部分显示程序入口地址。

（3）RUNTIME MODEL 部分显示运行时模块的属性。

（4）MODULE MAP 部分显示所有被连接的文件。每个文件中,作为应用程序一部分加载的有关模块的信息,包括各段和每个段中声明的全局符号都列出来。

（5）SEGMENTS IN ADDRESS ORDER 部分列出了组成应用程序的所有段的起始地址、结束地址、字节数、类型和对齐标准等。

（6）END OF CROSS REFERENCE 部分显示总的代码和数据字节数。如果编译连接没有任何错误,则生成 demo.d79 应用程序代码,并可以在 IAR C-SPY 中调试。

2.5.3　加载应用程序

选择 Project→Debug 或工具条上的 Debugger 按钮或者按键 Ctrl+D,C-SPY 将开始装载 demo.d79。屏幕上将显示 PC 通过 J-LINK 加载的过程。屏幕上除了原先已经打开的窗口外,将显示一组 C-SPY 专用窗口。如 Debug Log 和 Disassembly 窗口,如图 2-40 所示。

注意:如果在下载程序时,有提示信息出现,直接选择"否"就可以了。

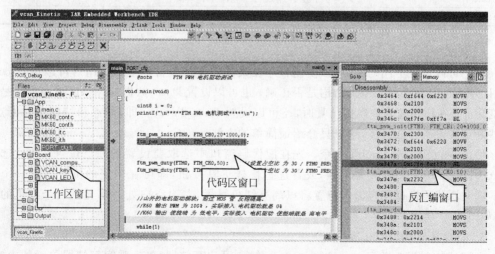

图 2-40　EWARM 的 Debug 窗口

注：到此，程序已经下载到 Flash，也可以进行程序的调试了。

2.5.4　应用程序的相关调试

EWARM 调试应用程序时，允许用户采用源代码调试和反汇编调试模式。在源代码调试模式下，编辑器窗口中显示 C 语言源代码程序，用户可以单步运行程序，同时监控变量和数据的值，这是应用程序开发最快捷的方式。在反汇编调试模式下，可以打开一个反汇编窗口，显示应用程序的助记符和汇编指令，每次准确地执行一条汇编指令，从而可以关注程序的关键部分，并对硬件进行精确控制。也可以采用混合调试模式，即在调试过程中，同时打开源代码窗口和反汇编窗口，以便于观察 C 语言语句与汇编语言指令代码之间的关系。不管采用哪种模式，调试过程中都可以随时显示或修改寄存器和存储器的内容，下面将一一呈献调试给你带来的"乐趣"。

1. 程序的执行方式

IAR 调试器在 Debug 菜单中提供了八种程序运行命令：Step Over、Step Into、Step Out、Next Statement、Run to Cursor、Go、Stop Debugging 和 Break。其对应的快捷键、工具按钮和功能说明见表 2-1 所示。

表 2-1　程序运行命令表

命 令 选 项	快 捷 键	功 能 说 明
Step Over	F10	在同一函数中将运行至下一步点，而不会跟踪进入调用函数内部
Step Into	F11	控制程序从当前位置运行至正常控制流中的下一个步点，不论它是否在同一函数内
Step Out	Shift+F11	使用 Step Into 单步运行进入一个函数体内之后，如不想一直跟踪到该函数末尾，运用此命令可执行完整个函数调用并返回到调用语句的下一条语句
Next Statement		直接运行到下一条语句
Run to Cursor		使程序运行到用户光标所在的源代码处，也可在反汇编窗口以及堆栈调用窗口使用
Go	F5	从当前位置开始，一直运行到一个断点或是程序末尾
Break		中止程序运行
Stop Debugging		退出调试器，返回 IAR EWARM 环境

2. 设置断点

用户可以设置不同的断点，以便使程序在某些关键位置暂停运行。用户可以设置 code（代码）断点，以检查程序逻辑结构是否正确；也可以设置 Data（数据）断点，以观察数据是如何变化的；在使用纯软件模拟仿真时，还可以设置 Immediate（立即）断点和特殊条件断点。这些断点的设置方法很多，这里只介绍最简单的方法。

使用 Toggle Breakpoint 命令。先在源代码窗口中选取要设置的断点位置；然后选择 Edit→Toggle Breakpoint 菜单项，或者选择快捷工具按钮，即可在制定的位置设置一个断点。同时源代码窗口相应语句位置将以高亮红色显示，左边空白处还将显示一个红色的标记，如图 2-41 所示。

3. 查看存储器和寄存器

在调试状态下选择 View→Memory 菜单项，开启存储器窗口，观察存储器单元的内容，

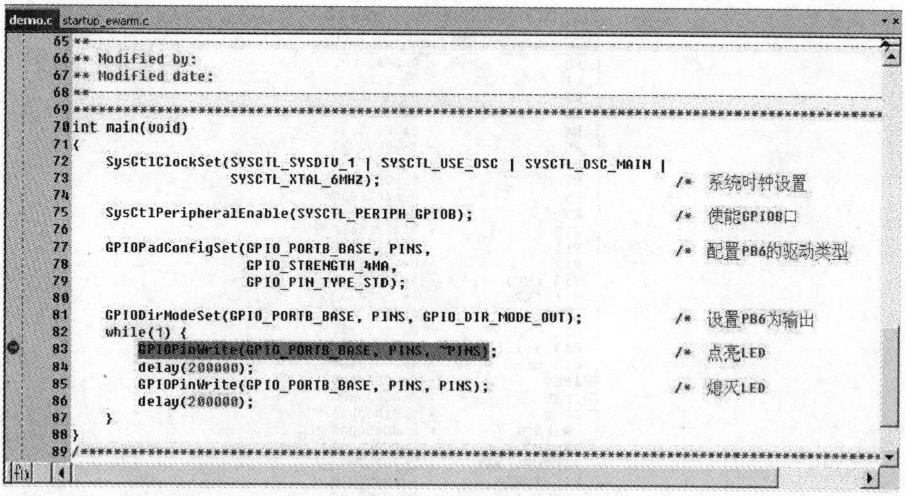

图 2-41 断点设置效果图

如图 2-42 所示。在 Go to 下拉文本框中输入地址后按 Enter 键,立即跳到指定的地址。在 Memory 右侧的下拉列表框中可以选择不同的存储器区域。可以同时打开多个窗口,指定显示存储器区域并允许进行编辑,从而可方便地监控不同存储器区域。窗口显示内容分为 3 列,最左边一列显示目前查看的地址,中间一列以用户待定的格式显示存储器内容,最右边一列以 ASCII 码显示存储器内容。将一个指定变量拖到存储器窗口,将立即显示其对应的存储器内容。

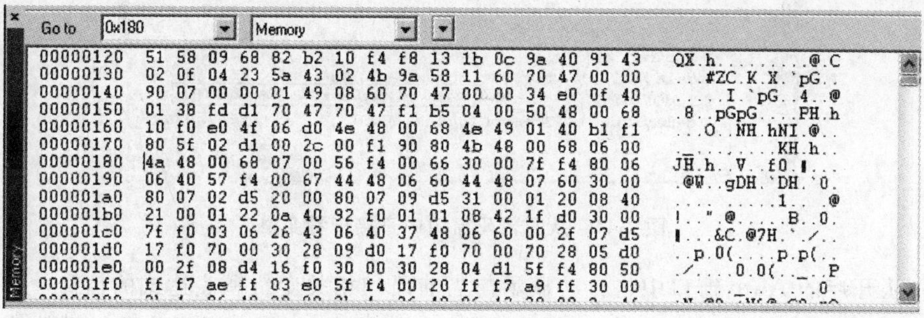

图 2-42 存储器口窗口

在调试状态下选择 View→Register 菜单项,开启寄存器窗口,可观察相关寄存器的内容,如图 2-43 所示。每当程序暂停执行时,寄存器窗口将以高亮方式显示当前被改变的寄存器内容。双击某个寄存器可以进行编辑修改。

默认状态下,显示的是 CPU Registers 寄存器组。用户可以在寄存器下拉文本框中选择其他相应寄存器组。

4. 查看变量和表达式

可以通过以下几种方式来查看变量和表达式的值。

(1) 在源代码窗口中将鼠标指向希望查看的变量,对应的值将显示在该变量旁边,如图 2-44 所示。

(2) 图 2-44 中小矩形框所示内容就是对应变量 TheSysClock 的值。选择 View→Auto

Register
CPU Registers
R0 = 0x00000000
R1 = 0x000007C4
R2 = 0x00000000
R3 = 0x00B71B00
R4 = 0x20000384
R5 = 0x20000F34
R6 = 0x00000003
R7 = 0x00000000
R8 = 0x6401E030
R9 = 0x258001A0
R10 = 0x4102844B
R11 = 0x04190140
R12 = 0x53455247
R13 (SP) = 0x20000100
R14 (LR) = 0x0000076B
xPSR = 0x61000000
PC = 0x00000674
R13_main (MSP) = 0x20000100
R13_proc (PSP) = 0x00028460
APSR = 0x60000000
IPSR = 0x00000000
EPSR = 0x01000000
PRIMASK = 0x00000000
BASEPRI = 0x00000000
BASEPRI_MAX = 0x00000000
FAULTMASK = 0x00000000
CONTROL = 0x00000000
IAPSR = 0x60000000
EAPSR = 0x61000000
IEPSR = 0x01000000

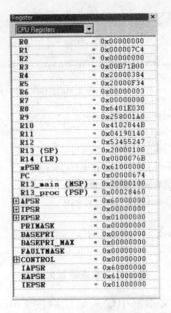

图 2-43　寄存器窗口

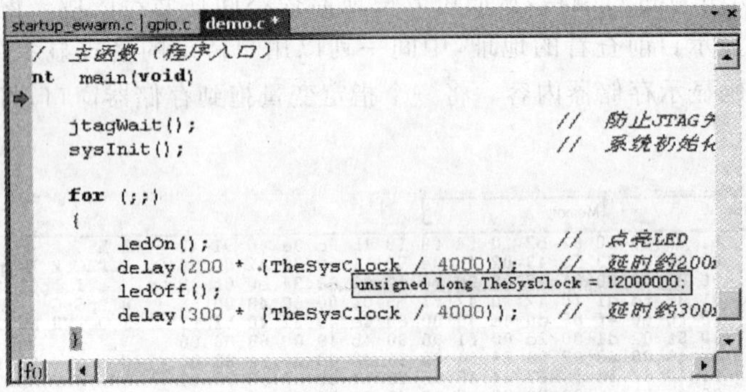

startup_ewarm.c | gpio.c | demo.c *
/ 主函数（程序入口）
nt main(void)
jtagWait(); // 防止JTAG
sysInit(); // 系统初始
for (;;)
{
ledOn(); // 点亮LED
delay(200 * (TheSysClock / 4000)); // 延时约200
ledOff();
unsigned long TheSysClock = 12000000;
delay(300 * (TheSysClock / 4000)); // 延时约300
}

图 2-44　从源代码窗口中直接查看变量

菜单项，从开启的 Auto 窗口中将自动显示与当前语句相关变量和表达式的值。

(3) 选择 View→Locals 菜单项，从开启的 Locals 窗口中将显示当前运行函数的局部变量和函数参数值，如图 2-45 所示。

(4) 选择 View→Watch 菜单项，开启 Watch 窗口。在窗口的 Expression 栏中定义用户希望查看的变量和表达式，也可以直接从源代码窗口将变量和表达式拖到 Expression 栏中，对应变量和表达式的值将随程序执行而不断更新显示，如图 2-46 所示。

Locals
Expression | Value | Location | Type
ulVal | 27155 | R0 | unsigned long

图 2-45　利用 Locals 窗口查看变量

Watch
Expression | Value | Location | Type
TheSysClock | 6000000 | 0x20000100 | unsigned long
ulVal | 27155 | R0 | unsigned long

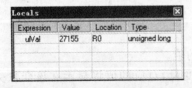

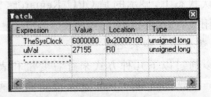

图 2-46　利用 Watch 窗口查看变量

到此为止,对一个工程的操作就基本结束了,用户还可以根据自己的需要进行一些细节上的设置和操作。

2.5.5 生成 hex 文件

在有些场合需要生成.hex 文件,因此,这里介绍在 IAR 中如何生成.hex 文件。

1. 生成方法

在 Options 窗口的目录 Category 中选择 Linker。在 Output 选项中,选中 Format 复选框的 Other,然后在 Output 下拉菜单中选择 msd-i,如图 2-47 所示。

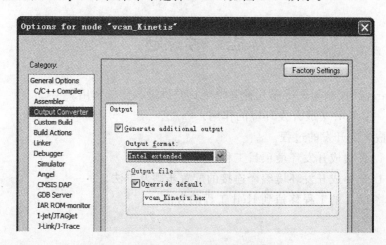

图 2-47 hex 生成选项设置

注意:在选择了 Format 复选框的 Other 后,在 C-SPY 调试器下的 Debug information for C-SPY 的调试信息不可用,在这里只生成了.hex 的输出文件。在 Output 下选择 msd-i 还会生成第二输出文件.sym 文件,如果需要生成其他输出文件,则可以选择 Output 下的其他选项。其选项内容的解释可以参见 C:\Program Files\IAR Systems\Embedded Workbench 4.0 Kickstart\common\doc 下的 xlink.ENU.pdf 文档。

2. 生成结果

生成的.hex 文件在工程目录下的 Debug\Exe,如图 2-48 所示。

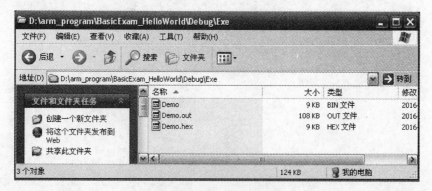

图 2-48 生成的.hex 文件

小　　结

本章介绍了嵌入式开发过程，包括目标平台创建、编译、链接和定址过程。然后介绍了
Stellaris 微控制器的 RVMDK 集成开发环境的使用、测试示例、调试器和指令模拟器；最后
介绍了本书主要使用的开发工具链 IAR，主要包括 IAR EWARM 的安装、驱动库的安装、
WARM 中新建项目、编译运行程序以及将 IAR 的工程移植到 RVMDK 工程的方法。

思　考　题

1. Stellaris 微控制器支持哪几种开发工具？试进行比较选用。
2. 简述一下 IDE 集成开发环境的作用。
3. 简述嵌入式开发的过程。
4. 简述 IAR 集成开发环境项目工程的建立步骤。
5. 简述 IAR 集成开发环境编译连接的配置步骤及方法。
6. 简述将 IAR 的工程移植到 Keil 工程的方法。

第3章 系统控制

Cortex-M3 处理器系控制部分看起来是由诸多功能杂乱的函数组成的,但是经过仔细分析后,大体上可以划分为 8 个比较清晰的部分:LDO 控制、时钟控制、复位控制、外设控制、睡眠与深度睡眠和杂项功能。

3.1 电源结构与 LDO 控制

1. 电源结构

图 3-1 为 Fury 和 DustDevil 家族电源结构示意图,这是通常的电路接法。3.3V 和 GND 是总电源。VDDA 和 GNDA 是模拟电源,为了减小数字电源对模拟电源的干扰,一般的 PCB 设计方法是:所有 VDDA 就近连接在一起,最后用 1 根导线连接到总电源 3.3V 上;所有的 GNDA 就近连接在一起,最后用 1 根导线连接到总地线 GND 上(俗称"一点接地")。VDD25 是内核电源,额定工作电压为 2.5V,一般直接由内置的 LDO 提供电源,如果有必要也可以由外部的 2.5V 电源供电。对外的 GPIO 接口采用 VDD 作为驱动电源。

图 3-2 为 Sandstorm 家族的电源结构,相对比较简单。模拟电源没有独立出来,LDO 输出在内部已经连接到内核。

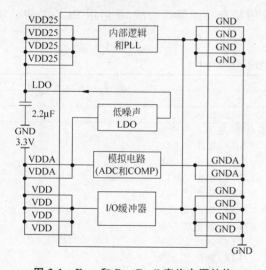

图 3-1　Fury 和 DustDevil 家族电源结构

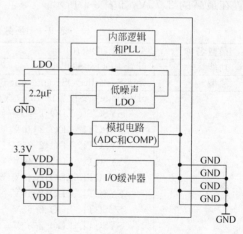

图 3-2　Sandstorm 家族电源结构

注意:这里一直提到的关于 Stellaris 的几个系列。

(1) Sandstorm 家族:LM3S100、LM3S300、LM3S600、LM3S800 系列。

(2) Fury 家族:LM3S1000、LM3S2000、LM3S6000、LM3S8000 系列。

(3) DustDevil 家族:改进集成 USB OTG,可选择主机或设备方式,增加 DMA 和

PWM 输出。

2. 内置的 LDO

LDO 是"Low Drop-Out"的缩写,是一种线性直流电源稳压器。LDO 的显著特点是输入与输出之间的低压差能达到数百毫伏,而传统线性稳压器(如 7805)一般在 1.5V 以上。例如,Exar(原 Sipex)公司的 LDO 芯片 SP6205,当额定的输出为 3.3V/500mA 时,典型压差仅为 0.3V,因此输入电压只要不低于 3.6V 就能满足要求,而效率可高达 90%。这种低压差特性可以带来降低功耗、缩小体积等好处。

Stellaris 系列 ARM 集成有一个内部的 LDO 稳压器,为处理器内核及片内外设提供稳定的电源。这样,只需要为整颗芯片提供单一的 3.3V 电源就能够使其正常工作,简化了系统电源设计并节省了成本。LDO 输出电压默认值是 2.50V,通过软件可以在 2.25～2.75V 之间调节,步进 50mV。降低 LDO 输出电压可以节省功耗。LDO 引脚除了给处理器内核供电以外,还可以为芯片以外的电路供电,但是要注意控制电流大小和电压波动,以免干扰处理器内核的正常运行。

片内 LDO 输入电压是芯片电源 VDDA(额定 3.3V),LDO 输出到一个名为"LDO"的引脚。对于 Fury 和 DustDevil 家族(LM3S1000 以上型号),LDO 引脚要连接到内核电源 VDD25 引脚上,对于 Sandstorm 家族(LM3S1000 以下型号),VDD25 引脚是内置的,因此不必从外部连接。参考图 3-1 和图 3-2。

注意:在 LDO 引脚和 GND 之间必须接一个 1～3.3μF 的瓷片电容,推荐值是 2.2μF。在启用片内锁相环 PLL 之前,必须要将 LDO 电压设置在最高的 2.75V,否则可能造成系统工作异常。

3. LDO 控制库函数

控制 LDO 的库函数有 3 个。函数 SysCtlLDOSet()用来设置 LDO 的输出电压,在需要节省功耗时可以调得低一些,在耗电较大的应用场合要调得高一些,在启用 PLL 之前必须设置在最高的 2.75V,如表 3-1 所示。

表 3-1　函数 SysCtlLDOSet()

函数名称	SysCtlLDOSet()
功能	设置 LDO 的输出电压
原型	void SysCtlLDOSet(unsigned long ulVoltage)
参数	ulVoltage:要设置的 LDO 输出电压,应当取下列值之一: 　　SYSCTL_LDO_2_25V　　//LDO 输出 2.25V 　　SYSCTL_LDO_2_30V　　//LDO 输出 2.30V 　　SYSCTL_LDO_2_35V　　//LDO 输出 2.35V 　　SYSCTL_LDO_2_40V　　//LDO 输出 2.40V 　　SYSCTL_LDO_2_45V　　//LDO 输出 2.45V 　　SYSCTL_LDO_2_50V　　//LDO 输出 2.50V 　　SYSCTL_LDO_2_55V　　//LDO 输出 2.55V 　　SYSCTL_LDO_2_60V　　//LDO 输出 2.60V 　　SYSCTL_LDO_2_65V　　//LDO 输出 2.65V 　　SYSCTL_LDO_2_70V　　//LDO 输出 2.70V 　　SYSCTL_LDO_2_75V　　//LDO 输出 2.75V
返回	无
备注	复位后,默认的 LDO 输出电压是 2.50V。在启用 PLL 之前,必须将 LDO 输出设置在最高的 2.75V,否则可能造成系统工作异常

函数 SysCtlLDOGet( )用来获取 LDO 当前的输出电压值。获取的电压值为 2.25～2.75V,步长为 50mV,如表 3-2 所示。

表 3-2　函数 SysCtlLDOGet( )

函数名称	SysCtlLDOGet( )
功能	获取 LDO 的电压输出值
原型	unsigned long SysCtlLDOGet(void)
参数	无
返回	LDO 当前电压值,与表 3-1 当中参数 ulVoltage 的取值相同

函数 SysCtlLDOConfigSet( )用来管理 LDO 故障,主要用于在 LDO 出现故障时,是否允许处理器产生复位信号,如表 3-3 所示。这个函数通常用不到。

表 3-3　函数 SysCtlLDOConfigSet( )

函数名称	SysCtlLDOConfigSet( )
功能	配置 LDO 失效控制
原型	void SysCtlLDOConfigSet(unsigned long ulConfig)
参数	ulConfig:所需 LDO 故障控制的配置,应当取下列值之一: 　　SYSCTL_LDOCFG_ARST　　　//允许 LDO 故障时产生复位 　　SYSCTL_LDOCFG_NORST　　　//禁止 LDO 故障时产生复位
返回	无

4. LDO 控制例程

程序清单 3-1 是控制 LDO 输出电压的示例。在程序中,数组 ulTab[ ]保存所有 LDO 可能的设置电压,在主循环里,每隔 3.5 秒利用 SysCtlLDOSet( )函数修改一次 LDO 输出电压值,同时发送到 UART 显示。在 3.5 秒间隔里,可以拿万用表来测量 LDO 引脚的实际电压值大小。

程序清单 3-1　SysCtl 例程:控制 LDO 输出电压

```
文件: main.c
#include "systemInit.h"
#include "uartGetPut.h"
#include <stdio.h>
//主函数(程序入口)
int main(void)
{
  const unsigned long ulTab[11] =                  //定义 LDO 电压数值表
  {
      SYSCTL_LDO_2_25V,
      SYSCTL_LDO_2_30V,
      SYSCTL_LDO_2_35V,
      SYSCTL_LDO_2_40V,
      SYSCTL_LDO_2_45V,
      SYSCTL_LDO_2_50V,
      SYSCTL_LDO_2_55V,
      SYSCTL_LDO_2_60V,
      SYSCTL_LDO_2_65V,
```

```
            SYSCTL_LDO_2_70V,
            SYSCTL_LDO_2_75V
            };
    int i;
      char s[40];
      clockInit();                                      //时钟初始化：晶振,6MHz
      uartInit();                                       //UART 初始化
      for(;;)
      {
          for(i=0; i < 11; i++)
          {
          SysCtlLDOSet(ulTab[i]);                       //设置 LDO 输出电压
          sprintf(s,"LDO=2.%d(V)\r\n",25 + 5 * i);      //显示 LDO 电压值
          uartPuts(s);
          SysCtlDelay(3500 * (TheSysClock / 3000));     //延时约 3500ms,以便观察 LDO 输出
          }
          uartPuts("\r\n");
      }
    }
```

例程分析：这个例程中主要使用了 SysCtlLDOSet()函数来实现 LDO 电压的设置,同时将 LDO 电压值通过串口输出,读者可以尝试使用 SysCtlLDOGet()函数来读取 LDO 电压值。

3.2 时钟控制

1. 时钟系统框图

图 3-3 为 Sandstorm 家族(以 LM3S615 为典型)的时钟系统结构图。时钟来源是主振荡器(MOSC)或 12MHz 内部振荡器(IOSC),最终产生的系统时钟(System Clock)用于 Cortex-M3 处理器内核以及大多数片内外设,PWM(脉宽调制)时钟在系统时钟基础上进一步分频获得, ADC(模—数转换)时钟是恒定分频的 16.667MHz 输出(一般要求启用锁相环 PLL)。

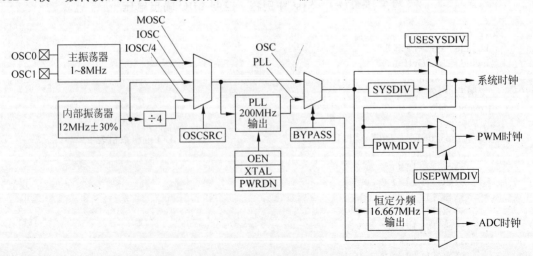

图 3-3 Sandstorm 家族时钟系统

图 3-4 为 Fury 家族(以 LM3S8962 为典型)的时钟系统结构图,要比 LM3S615 复杂些。时钟来源除了 MOSC 和 IOSC 以外,还可以是 30kHz 内部振荡器(INT30),以及来自冬眠模块的 32.768kHz 外部有源振荡器(EXT32)。ADC 时钟有两个来源可以选择。

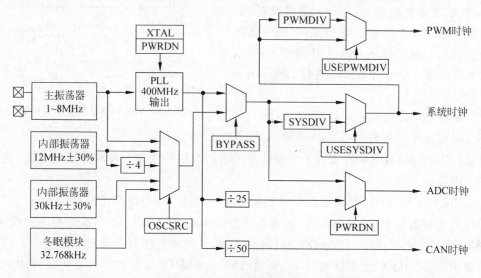

图 3-4 Fury 家族时钟系统

图 3-5 为 DustDevil 家族(以 LM3S5749 为典型)的时钟系统结构图,新增了一个 USB 模块专用的 PLL 单元,输出 240MHz,经 4 分频后作为 USB 时钟。

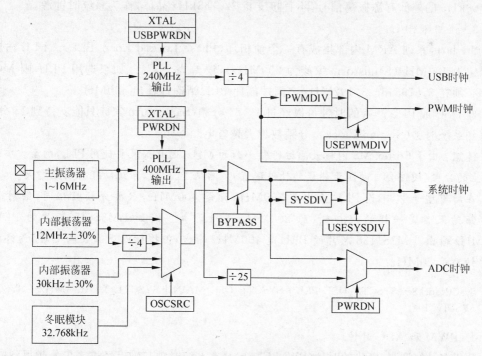

图 3-5 DustDevil 家族时钟系统

2. 振荡器

主振荡器 MOSC 可以连接一个 1～8.192MHz 的外部晶体（DustDevil 家族可以支持到
16.384MHz）。典型接法如图 3-6 所示，电阻
R_1 可以加速起振过程，C_1 和 C_2 取值要适当，
不宜过大或过小。如果不使用晶体，则外部的
有源振荡信号也可以从 OSC0 引脚输入，要求
信号幅度介于 0～3.3V 之间，此时 OSC1 引脚
应当悬空。

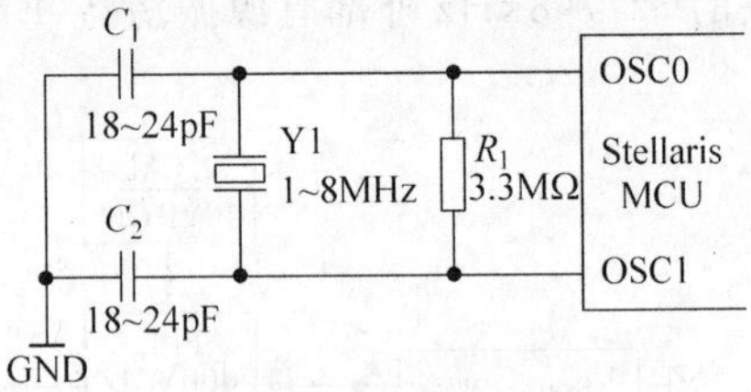

Sandstorm 家族上电默认采用 MOSC，如
果不接晶振也不提供外部振荡信号输入，则无
法启动。Fury 和 DustDevil 家族上电默认采用 IOSC，如果软件上没有配置 MOSC，则外部
晶振不会起振。

图 3-6　MOSC 外接晶振典型用法

Stellaris 系列 ARM 集成有两个内部振荡器，一个是 12MHz 高速振荡器 IOSC，一个是
30kHz 低速振荡器 INT30（Sandstorm 家族没有 30kHz 振荡器）。内部振荡器误差较大，约
±30%，这是由于 IC 制造工艺的特点形成的，因此对时钟精度有严格要求的场合不适宜采
用内部振荡器。IOSC 经 4 分频后（IOSC/4）标称为 3MHz，也可以作为系统时钟的一个来
源。芯片在较低的时钟速率下运行能够明显节省功耗。

对于集成有冬眠模块（Hibernation Module）的型号（Sandstorm 家族都没有冬眠模块），
在冬眠备用电源引脚 VBAT 正常供电的情况下，可以从冬眠专用的晶振引脚 XOSC0 输入
32.768kHz 的外部有源振荡信号（不直接支持 32.768kHz 晶体）作为系统时钟源。

3. 锁相环 PLL

Stellaris 系列 ARM 内部集成有一个锁相环（Phase Locked Loop，PLL）。PLL 输出频
率固定为 400MHz（Sandstorm 家族为 200MHz），误差为 ±1%。如果选用 PLL，则 MOSC
频率必须在 3.579545～8.192MHz 之间才能使 PLL 精确地输出 400MHz。

经 OSC 或 PLL 产生的时钟可以经过 1～64 分频（Sandstorm 家族只能支持到 16 分频）
后得到系统时钟（System Clock），分频数越大越省电。

注意：由于 Cortex-M3 内核最高运行频率为 50MHz，因此如果要使用 PLL，则至少要进行
4 以上的分频（硬件会自动阻止错误的软件配置）。启用 PLL 后，系统功耗将明显增大。

在所有型号中，不论 PLL 输出是 200MHz 还是 400MHz，只要分频数相同，则对 PLL
的分频结果都是一样的，统一按照 200MHz 进行计算。例如 LM3S615 芯片的 PLL 是
200MHz 输出，LM3S1138 芯片的 PLL 是 400MHz 输出，但执行以下函数调用后，最终的系
统时钟都是 20MHz：

```
SysCtlClockSet(SYSCTL_USE_PLL | SYSCTL_OSC_MAIN | SYSCTL_XTAL_6MHZ | SYSCTL_
SYSDIV_10);
```

4. PWM 和 ADC 时钟

PWM（脉宽调制）模块的时钟（PWM Clock）是在系统时钟基础上经进一步分频得到的，允
许的分频数是：1、2、4、8、16、32、64，参见表 3-6 对函数 SysCtlPWMClockSet() 的描述。

Stellaris 系列 ARM 内部集成有 10 位 ADC 模块，不同型号的采样速率也不同：125K、

250K、500K、1M。单位：sps(次采样/秒)。例如 LM3S8938 的 ADC 采样速率是 1Msps。ADC 模块要求工作在额定的 16MHz 时钟下才能保证±1LSB 的精度(IC 工艺原因)，而每采样一次需要 16 个时钟周期。对于实际采样速率达不到 1M 的型号，ADC 模块还可以对输入的 16MHz 时钟进行分频以获得恰当的工作时钟速率，参见表 3-8 对函数 SysCtlADCSpeedSet()的描述。

　　针对 ADC 时钟有 16MHz 额定输入的这一要求，可以采用两种方法提供：一是启用 PLL 单元，固定的分频数可以保证 ADC 时钟在 16MHz 左右(参见图 3-3 和图 3-4)，可能存在的问题是功耗比较大；二是采用 16MHz 或 16.384MHz 晶振，好处是功耗较低。当然，有很多型号直接支持的晶振只能达到 8.192MHz，对于这种情况可以考虑从 OSC0 引脚直接输入 16MHz 的有源振荡信号。

　　5. 时钟控制库函数

　　SysCtlClockSet()是个功能复杂的库函数，负责系统时钟功能的设置。SysCtlClockGet() 函数用来获取已设置的系统时钟频率，参见表 3-4 和表 3-5 的描述。

表 3-4　函数 SysCtlClockSet()

函数名称	SysCtlClockSet()
功能	系统时钟设置
原型	void SysCtlClockSet(unsigned long ulConfig)
参数	ulConfig：时钟配置字，应当取下列各组数值之间的"或运算"组合形式。 　　• 系统时钟分频值 　　SYSCTL_SYSDIV_1　　　//振荡器不分频(不可用于 PLL) 　　SYSCTL_SYSDIV_2　　　//振荡器 2 分频(不可用于 PLL) 　　SYSCTL_SYSDIV_3　　　//振荡器 3 分频(不可用于 PLL) 　　SYSCTL_SYSDIV_4　　　//振荡器 4 分频，或对 PLL 的分频结果为 50MHz 　　SYSCTL_SYSDIV_5　　　//振荡器 5 分频，或对 PLL 的分频结果为 40MHz 　　　　　　　　： 　　SYSCTL_SYSDIV_64　//振荡器 64 分频，或对 PLL 的分频结果为 3.125MHz 　　注：对 Sandstorm 家族最大分频数只能取到 16。不同型号 PLL 输出为 200MHz 或 400MHz，但分频时都按 200MHz 进行计算，这保持了软件上的兼容性。由于 Cortex-M3 内核最高工作频率为 50MHz，因此启用 PLL 时必须进行 4 以上的分频(硬件会自动阻止错误的软件配置)。 　　• 使用 OSC 还是 PLL 　　SYSCTL_USE_PLL　//采用锁相环 PLL 作为系统时钟源 　　SYSCTL_USE_OSC　//采用 OSC(主振荡器或内部振荡器)作为系统时钟源 　　注：如果选用 PLL 作为系统时钟，则本函数将询问 PLL 锁定中断状态位来确定 PLL 是何时锁定的，PLL 锁定时间最多不会超过 0.5ms。由于启用 PLL 时会消耗较大的功率，因此在启用 PLL 之前，要求必须先将 LDO 电压设置在 2.75V，否则可能造成芯片工作不稳定。 　　• OSC 时钟源选择 　　SYSCTL_OSC_MAIN　　//主振荡器作为 OSC 　　SYSCTL_OSC_INT　　　//内部 12MHz 振荡器作为 OSC 　　SYSCTL_OSC_INT4　　//内部 12MHz 振荡器 4 分频后作为 OSC

参数	SYSCTL_OSC_INT30　　　　//内部 30kHz 振荡器作为 OSC SYSCTL_OSC_EXT32　　　　//外接 32.768kHz 有源振荡器作为 OSC **注**：内部 12MHz、30kHz 振荡器有±30%的误差，对时钟精度有严格要求的场合不适宜采用。采用内部 30kHz 和外部 32.768kHz 振荡器，能够明显节省功耗，但是 Sandstorm 家族不支持这两种低频振荡器。采用外部 32.768kHz 振荡器时，不能直接用晶体而必须是从 XOSC0 引脚输入的有源振荡信号，并且要保证冬眠模块（Hibernation Module）VBAT 引脚的正常供电。 　• 外接晶体频率 SYSCTL_XTAL_1MHZ　　　　//外接晶体 1MHz SYSCTL_XTAL_1_84MHZ　　　//外接晶体 1.8432MHz SYSCTL_XTAL_2MHZ　　　　//外接晶体 2MHz SYSCTL_XTAL_2_45MHZ　　　//外接晶体 2.4576MHz SYSCTL_XTAL_3_57MHZ　　　//外接晶体 3.579545MHz SYSCTL_XTAL_3_68MHZ　　　//外接晶体 3.6864MHz SYSCTL_XTAL_4MHZ　　　　//外接晶体 4MHz SYSCTL_XTAL_4_09MHZ　　　//外接晶体 4.096MHz SYSCTL_XTAL_4_91MHZ　　　//外接晶体 4.9152MHz SYSCTL_XTAL_5MHZ　　　　//外接晶体 5MHz SYSCTL_XTAL_5_12MHZ　　　//外接晶体 5.12MHz SYSCTL_XTAL_6MHZ　　　　//外接晶体 6MHz SYSCTL_XTAL_6_14MHZ　　　//外接晶体 6.144MHz SYSCTL_XTAL_7_37MHZ　　　//外接晶体 7.3728MHz SYSCTL_XTAL_8MHZ　　　　//外接晶体 8MHz SYSCTL_XTAL_8_19MHZ　　　//外接晶体 8.192MHz SYSCTL_XTAL_10MHZ　　　　//外接晶体 10MHz SYSCTL_XTAL_12MHZ　　　　//外接晶体 12MHz SYSCTL_XTAL_12_2MHZ　　　//外接晶体 12.288MHz SYSCTL_XTAL_13_5MHZ　　　//外接晶体 13.56MHz SYSCTL_XTAL_14_3MHZ　　　//外接晶体 14.31818MHz SYSCTL_XTAL_16MHZ　　　　//外接晶体 16MHz SYSCTL_XTAL_16_3MHZ　　　//外接晶体 16.384MHz **注**：对于 2008 年新推出的 DustDevil 家族，如 LM3S9B96，外接晶体频率可以达到 16.384MHz，以前的型号只能达到 8.192MHz，详细情况请以具体型号的数据手册为准。启用 PLL 时，所支持的晶振频率必须在（3.57～8.192）MHz 之间，否则可能造成失锁。 　• 振荡源禁止 SYSCTL_INT_OSC_DIS　　　//禁止内部振荡器 SYSCTL_MAIN_OSC_DIS　　　//禁止主振荡器 **注**：禁止不用的振荡器可以节省功耗。为了能够使用外部时钟源，主振荡器必须被使能，试图禁止正在为芯片提供时钟的振荡器会被硬件阻止。
返回	无

例程分析。

（1）采用 6MHz 晶振作为系统时钟：

SysCtlClockSet(SYSCTL_USE_OSC | SYSCTL_OSC_MAIN | SYSCTL_XTAL_6MHZ |
         SYSCTL_SYSDIV_1)；

（2）采用 16MHz 晶振 4 分频作为系统时钟：

SysCtlClockSet(SYSCTL_USE_OSC | SYSCTL_OSC_MAIN | SYSCTL_XTAL_16MHZ |
         SYSCTL_SYSDIV_4)；

（3）采用内部 12MHz 振荡器作为系统时钟：

SysCtlClockSet(SYSCTL_USE_OSC | SYSCTL_OSC_INT | SYSCTL_SYSDIV_1)；

（4）采用内部 12MHz 振荡器 4 分频作为系统时钟：

SysCtlClockSet(SYSCTL_USE_OSC | SYSCTL_OSC_INT4 | SYSCTL_SYSDIV_1)；

（5）采用内部 30kHz 振荡器作为系统时钟：

SysCtlClockSet(SYSCTL_USE_OSC | SYSCTL_OSC_INT30 | SYSCTL_SYSDIV_1)；

（6）外接 6MHz 晶体，采用 PLL 作为系统时钟，分频结果为 20MHz：

SysCtlLDOSet(SYSCTL_LDO_2_75V)；
SysCtlClockSet(SYSCTL_USE_PLL | SYSCTL_OSC_MAIN | SYSCTL_XTAL_6MHZ |
         SYSCTL_SYSDIV_10)；

表 3-5　函数 SysCtlClockGet()

函数名称	SysCtlClockGet()
功能	获取系统时钟速率
原型	unsigned long SysCtlClockGet(void)
参数	无
返回	返回当前配置的系统时钟速率，单位：Hz
备注	如果在调用本函数之前，从没有通过调用函数 SysCtlClockSet() 来配置时钟，或者时钟直接由一个晶体（或外部时钟源）来提供而该晶体（或外部时钟源）并不属于支持的标准晶体频率，则不会返回精确的结果

函数 SysCtlPWMClockSet() 和 SysCtlPWMClockGet() 用来管理 PWM 模块的时钟，参见表 3-6 和表 3-7 的描述。

表 3-6　函数 SysCtlPWMClockSet()

函数名称	SysCtlPWMClockSet()
功能	设置 PWM 时钟的预分频数
原型	void SysCtlPWMClockSet(unsigned long ulConfig)

参数	ulConfig：PWM 时钟配置，应当取下列值之一：
	    SYSCTL_PWMDIV_1 //PWM 时钟预先进行 1 分频(不分频)
	    SYSCTL_PWMDIV_2 //PWM 时钟预先进行 2 分频
	    SYSCTL_PWMDIV_4 //PWM 时钟预先进行 4 分频

参数	SYSCTL_PWMDIV_8	//PWM 时钟预先进行 8 分频
	SYSCTL_PWMDIV_16	//PWM 时钟预先进行 16 分频
	SYSCTL_PWMDIV_32	//PWM 时钟预先进行 32 分频
	SYSCTL_PWMDIV_64	//PWM 时钟预先进行 64 分频
返回	无	

表 3-7　函数 SysCtlPWMClockGet( )

函数名称	SysCtlPWMClockGet( )
功能	获取 PWM 时钟的预分频数
原型	unsigned long SysCtlPWMClockGet(void)
参数	无
返回	返回 PWM 时钟的预分频数,与表 3-6 当中参数 ulConfig 的取值相同

函数 SysCtlADCSpeedSet( )和 SysCtlADCSpeedGet( )用来管理 ADC 模块的时钟(速度),参见表 3-8 和表 3-9 的描述。

表 3-8　函数 SysCtlADCSpeedSet( )

函数名称	SysCtlADCSpeedSet( )	
功能	设置 ADC 的采样速度	
原型	void SysCtlADCSpeedSet(unsigned long ulSpeed)	
参数	ulSpeed:采样速度,取下列值之一:	
	SYSCTL_ADCSPEED_1MSPS	//采样速率:1M 次采样/秒
	SYSCTL_ADCSPEED_500KSPS	//采样速率:500K 次采样/秒
	SYSCTL_ADCSPEED_250KSPS	//采样速率:250K 次采样/秒
	SYSCTL_ADCSPEED_125KSPS	//采样速率:125K 次采样/秒
返回	无	

表 3-9　函数 SysCtlADCSpeedGet( )

函数名称	SysCtlADCSpeedGet( )
功能	获取 ADC 的采样速度
原型	unsigned long SysCtlADCSpeedGet(void)
参数	无
返回	返回 ADC 的采样速度,与表 3-8 当中参数 ulSpeed 的取值相同

6. 时钟控制例程

程序清单 3-2 演示了系统时钟设置函数 SysCtlClockSet( )函数的用法。在程序中,函数 ledFlash( )可以设 LED 指示灯闪烁数次,采用固定周期数的延时函数 delay( )。在主循环里,系统时钟采用不同的配置,结果 LED 闪烁速度随着变快或者变慢。要注意设置 PLL 的要点:必须首先将 LDO 的输出电压设置在 2.75V。这是因为启用 PLL 后系统功耗会立即增大许多,如果 LDO 电压不够高则容易造成芯片工作不稳定。

程序清单 3-2 SysCtl 例程：系统时钟设置

```
#include "systemInit.h"
//定义 LED
#define LED_PERIPH        SYSCTL_PERIPH_GPIOF
#define LED_PORT          GPIO_PORTF_BASE
#define LED_PIN           GPIO_PIN_2

//延时
void delay(unsigned long ulVal)
{
    while(--ulVal != 0);
}


//LED 闪烁 usN 次
void ledFlash(unsigned short usN)
{
    do
    {
        GPIOPinWrite(LED_PORT,LED_PIN,0x00);       //点亮 LED
        delay(200000UL);

        GPIOPinWrite(LED_PORT,LED_PIN,1 << 2);     //熄灭 LED
        delay(300000UL);
    } while(--usN != 0);
}


//主函数(程序入口)
int main(void)
{
    SysCtlPeriEnable(LED_PERIPH);                  //使能 LED 所在的 GPIO 端口
    GPIOPinTypeOut(LED_PORT,LED_PIN);              //设置 LED 所在引脚为输出
    for(;;)
    {
        SysCtlLDOSet(SYSCTL_LDO_2_50V);            //设置 LDO 输出电压
        SysCtlClockSet(SYSCTL_USE_OSC |            //系统时钟设置
                       SYSCTL_OSC_MAIN |           //采用主振荡器
                       SYSCTL_XTAL_6MHZ |          //外接 6MHz 晶体
                       SYSCTL_SYSDIV_3);           //3 分频
        ledFlash(5);                               //2MHz 系统时钟,缓慢闪烁
        SysCtlClockSet(SYSCTL_USE_OSC |            //系统时钟设置
                       SYSCTL_OSC_INT |            //内部振荡器(12MHz±30%)
                       SYSCTL_SYSDIV_2);           //2 分频
        ledFlash(8);                               //6MHz 系统时钟,较快闪烁
        SysCtlLDOSet(SYSCTL_LDO_2_75V);            //配置 PLL 前须将 LDO 设为 2.75V
        SysCtlClockSet(SYSCTL_USE_PLL |            //系统时钟设置,采用 PLL
                       SYSCTL_OSC_MAIN |           //主振荡器
```

```
        SYSCTL_XTAL_6MHZ |         //外接 6MHz 晶振
        SYSCTL_SYSDIV_10);         //分频结果为 20MHz
    ledFlash(12);                  //20MHz 系统时钟,快速闪烁
    }
}
```

代码分析:通过设置 SysCtlClockSet()的参数设置当前处理器主运行时钟,从而改变时钟周期,延时的时间也有改变,从而导致 LED 闪烁的间隔发生改变。SysCtlClockSet()这个函数非常重要,基本上处理器在初始化时都要用到这个函数。

3.3　复位控制

1. 复位源

在 Stellaris 系列 ARM 有多种复位源,所有复位标志都集中保存在一个复位原因寄存器(RSTC)里。

Stellaris 系列一共有 6 个复位源:

(1) 外部复位输入引脚(RST)有效(Assertion);

(2) 上电复位(POR)上电时,芯片自动复位,称为"上电复位"(Power On Reset),上电复位后,POR 标志置位;

(3) 内部掉电 BOR(Brown-Out Reset);

(4) 由软件启动的复位 SW(利用软件复位寄存器);

(5) 看门狗定时器复位 WDT;

(6) LDO 复位。

- 外部复位(EXT)芯片正在工作时,如果复位引脚/RST 被拉低、延迟、再拉高,则芯片产生复位。这种复位称为"外部复位"(External Reset)。外部复位后,EXT 标志置位,其他标志(POR 除外)都被清零。

图 3-7 为实用的 RC 复位电路。R_1 和 C_1 构成基本的 RC 电路,上电瞬间会输出一个 RC 充电信号(e 指数曲线),$\overline{RST}$ 引脚在内部是一个施密特输入结构,能把缓慢变化的 RC 曲线整形成为一个负脉冲,作为内部逻辑的 Reset 信号。按下复位键 KEY 可以强制 C_1 放电,形成手动复位。R_2 起的作用是限制放电电流,如果没有 R_2 则按键时由于 C_1 正负极瞬间短路会形成很大的冲击电流。断电再上电时,二极管 D_1 可以加速 C_1 上的放电速度,改善复位响应速度。图 3-8 为 CAT811 集成复位电路,S 型复位门槛电压是 2.93V,建议在 $\overline{RST}$ 引脚接一个下拉电阻。在上电时或按下 KEY 时,CAT811 会自动输出一个宽度为 240ms(典型值)的低电平复位脉冲。

外部复位引脚(nRST)可将微控制器复位。该复位信号使内核及所有外设复位,JTAG TAP 控制器除外,复位序列如下。

(1) 外部复位引脚 nRST 有效(输出低电平),然后失效(输出高电平)。

(2) 在 nRST 失效之后,必须给晶体振荡器一定的时间允许它稳定下来,控制器内部有一个主振荡器对这段时间 t7 计数(15~30ms)。在此期间,控制器其余部分的内部复位保

持有效。

（3）内部复位释放，微控制器加载初始堆栈指针和初始程序计数器，并取出由程序计数器指定的第一条指令，然后开始执行，复位时序见图 3-9。

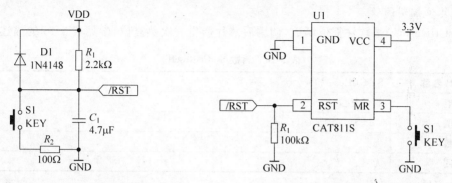

图 3-7 实用的 RC 复位电路 　　　图 3-8 CAT811 集成复位电路

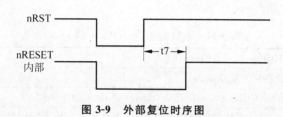

图 3-9 外部复位时序图

① 软件复位（SW）

芯片正在工作时，执行函数 SysCtlReset() 会产生软件复位（Software Reset），效果跟外部复位相同。软件复位后，SW 标志置位，其他复位标志不变。

② 看门狗复位（WDT）

如果使能了看门狗模块的复位功能，若因为没有及时"喂狗"而产生的复位称为"看门狗复位"（WatchDog Reset）。看门狗复位后，WDT 标志置位，其他复位标志不变。

③ 掉电复位（BOR）

掉电检测的结果可以用来触发中断或产生复位，如果用于产生复位，则这种复位称为掉电复位（Brown Out Reset）。掉电复位后，BOR 标志被置位，其他复位标志不变。

注意：掉电不是"断电"。掉电一词的英文是 Brown Out，其本意是"把灯火弄暗"（不是"弄灭"）。"断电"指芯片的供电被彻底切断，没有了电源，芯片的一切功能都谈不上了；掉电指芯片原先供电正常，后来供电跌落到某个较低的电压值时的工作状态。掉电检测功能能够自动查知掉电过程（门槛电压标称值为 2.9V）。

④ LDO 复位（LDO）

当 LDO 供电不可调整时，例如 LDO 输出引脚在短时间内被强制接到 GND，芯片所产生的复位称为 LDO 供电不可调整复位（LDO Power Not OK Reset），简称 LDO 复位。LDO 复位后，LDO 标志置位，其他标志不变。

⑤ 上电复位

上电 POR 电路检测电源是否上升，并在检测到电压上升到阈值（V_{TH}）时，产生片内复位脉冲。为使用片内电路，nRST 输入需要连接一个上拉电阻（$(1\sim10)$ kΩ）。在片内上电复位脉冲结束时,器件必须在指定的工作范围内操作。指定的工作参数包括电源电压、频率和温度等。如果在 POR 结束时没有满足工作条件,则处理器不能正常工作。

2. 复位控制函数

SysCtlReset()是软件复位函数,调用后芯片产生一次热复位,参见表 3-10 的描述。

表 3-10 函数 **SysCtlReset**()

函数名称	SysCtlReset()
功能	软件复位
原型	void SysCtlReset(void)
参数	无
返回	无

函数 SysCtlResetCauseClear()和 SysCtlResetCauseGet()用来管理复位原因,参见表 3-11 和表 3-12 的描述。

表 3-11 函数 **SysCtlResetCauseClear**()

函数名称	SysCtlResetCauseClear()
功能	清除芯片的复位原因
原型	void SysCtlResetCauseClear(unsigned long ulCauses)
参数	ulCauses:要清除的复位源,应当取下列值之一或者它们之间的任意"或运算"组合形式。 SYSCTL_CAUSE_LDO　　//LDO 供电不可调整引起的复位 SYSCTL_CAUSE_SW　　　//软件复位 SYSCTL_CAUSE_WDOG　//看门狗复位 SYSCTL_CAUSE_BOR　　//掉电复位 SYSCTL_CAUSE_POR　　//上电复位 SYSCTL_CAUSE_EXT　　//外部复位
返回	无

表 3-12 函数 **SysCtlResetCauseGet**()

函数名称	SysCtlResetCauseGet()
功能	获取芯片复位的原因
原型	unsigned long SysCtlResetCauseGet(void)
参数	无
返回	复位的原因,与表 3-11 当中参数 ulCauses 的取值相同

函数 SysCtlBrownOutConfigSet()用来管理掉电时的动作,可以产生一次复位或中断,参见表 3-13 的描述。

表 3-13 函数 **SysCtlBrownOutConfigSet**()

函数名称	SysCtlBrownOutConfigSet()
功能	配置掉电控制

续表

原型	void SysCtlBrownOutConfigSet(unsigned long ulConfig, unsigned long ulDelay)
参数	ulConfig：希望的掉电控制的配置,应当取下列值之间的任意"或运算"组合形式。 　　SYSCTL_BOR_RESET　　　//复位代替中断 　　SYSCTL_BOR_RESAMPLE　//在生效之前重新采样 BOR ulDelay：重新采样一个有效的掉电信号之前要等待内部振荡器周期数,该值只在 SYSCTL_BOR_RESAMPLE 被设置后并且小于 8192 时才有意义
返回	无

3. 复位控制例程

程序清单 3-3 演示了几个系统复位控制函数的用法。首次上电时,通过 UART 显示"Power on reset"和"External reset";如果按下"复位"按钮,则显示"External reset";不去按键,稍等一会儿会自动执行软件复位,显示"Software reset"。如果还存在其他可能的复位方式,也会正确显示出来。

程序清单 3-3　SysCtl 例程：系统复位控制

```
# include "systemInit.h"
# include "uartGetPut.h"
# include <stdio.h>
//主函数(程序入口)
int main(void)
{
    unsigned long ulCauses;
        clockInit();                                    //时钟初始化：晶振,6MHz
        uartInit();                                     //UART 初始化
        ulCauses＝SysCtlResetCauseGet();                 //读取复位原因
        //判断具体是哪个复位源
        if(ulCauses & SYSCTL_CAUSE_LDO)      uartPuts("LDO power not OK reset\r\n");
        if(ulCauses & SYSCTL_CAUSE_SW)       uartPuts("Software reset\r\n");
        if(ulCauses & SYSCTL_CAUSE_WDOG)     uartPuts("Watchdog reset\r\n");
        if(ulCauses & SYSCTL_CAUSE_BOR)      uartPuts("Brown-out reset\r\n");
        if(ulCauses & SYSCTL_CAUSE_POR)      uartPuts("Power on reset\r\n");
        if(ulCauses & SYSCTL_CAUSE_EXT)      uartPuts("External reset\r\n");
                                             uartPuts("\r\n");
        SysCtlResetCauseClear(SYSCTL_CAUSE_LDO |          //清除所有复位源
                        SYSCTL_CAUSE_SW |
                        SYSCTL_CAUSE_WDOG |
                        SYSCTL_CAUSE_BOR |
                        SYSCTL_CAUSE_POR |
                        SYSCTL_CAUSE_EXT);
        SysCtlDelay(4500 * (TheSysClock / 3000));         //延时约 4500ms
        SysCtlReset();                                    //软件复位
        for(;;)                                           //不会执行到这里
        {
        }
}
```

代码分析：SysCtlResetCauseGet()可以读出复位源，所以程序开发者利用这个函数读取复位源，进行判断，通过串口输出。

3.4 外设控制

Stellaris 系列 ARM 所有片内外设只有在使能后才可以工作，如果直接对一个尚未使能的外设进行操作，则会进入硬故障中断(Fault ISR)。

SysCtlPeripheralEnable()是使能片内外设的库函数，我们已经非常熟悉了。如果一个片内外设暂时不被使用，则可以用库函数 SysCtlPeripheralDisable()将其禁止，以节省功耗，参见表 3-14 和表 3-15 的描述。

表 3-14　函数 SysCtlPeripheralEnable()

函数名称	SysCtlPeripheralEnable()
功能	使能一个片内外设
原型	void SysCtlPeripheralEnable(unsigned long ulPeripheral)
参数	ulPeripheral：要使能的片内外设，应当取下列值之一： SYSCTL_PERIPH_PWM　　　　//PWM(脉宽调制) SYSCTL_PERIPH_ADC　　　　//ADC(模—数转换) SYSCTL_PERIPH_HIBERNATE　//Hibernation module(冬眠模块) SYSCTL_PERIPH_WDOG　　　//Watchdog(看门狗) SYSCTL_PERIPH_UART0　　　//UART 0(串行异步收发器 0) SYSCTL_PERIPH_UART1　　　//UART 1(串行异步收发器 1) SYSCTL_PERIPH_UART2　　　//UART 2(串行异步收发器 2) SYSCTL_PERIPH_SSI　　　　//SSI(同步串行接口) SYSCTL_PERIPH_SSI0　　　　//SSI 0(同步串行接口 0,与 SSI 等同) SYSCTL_PERIPH_SSI1　　　　//SSI 1(同步串行接口 1) SYSCTL_PERIPH_QEI　　　　//QEI(正交编码接口) SYSCTL_PERIPH_QEI0　　　　//QEI 0(正交编码接口 0,与 QEI 等同) SYSCTL_PERIPH_QEI1　　　　//QEI 1(正交编码接口 1) SYSCTL_PERIPH_I2C　　　　//I^2C(互联 I^2C 总线) SYSCTL_PERIPH_I2C0　　　　//I^2C 0(互联 I^2C 总线 0,与 I^2C 等同) SYSCTL_PERIPH_I2C1　　　　//I^2C 1(互联 I^2C 总线 1) SYSCTL_PERIPH_TIMER0　　//Timer 0(定时器 0) SYSCTL_PERIPH_TIMER1　　//Timer 1(定时器 1) SYSCTL_PERIPH_TIMER2　　//Timer 2(定时器 2) SYSCTL_PERIPH_TIMER3　　//Timer 3(定时器 3) SYSCTL_PERIPH_COMP0　　//Analog comparator 0(模拟比较器 0) SYSCTL_PERIPH_COMP1　　//Analog comparator 1(模拟比较器 1) SYSCTL_PERIPH_COMP2　　//Analog comparator 2(模拟比较器 2) SYSCTL_PERIPH_GPIOA　　//GPIO A(通用输入输出端口 A) SYSCTL_PERIPH_GPIOB　　//GPIO B(通用输入输出端口 B) SYSCTL_PERIPH_GPIOC　　//GPIO C(通用输入输出端口 C)

参数	SYSCTL_PERIPH_GPIOD	//GPIO D(通用输入输出端口 D)
	SYSCTL_PERIPH_GPIOE	//GPIO E(通用输入输出端口 E)
	SYSCTL_PERIPH_GPIOF	//GPIO F(通用输入输出端口 F)
	SYSCTL_PERIPH_GPIOG	//GPIO G(通用输入输出端口 G)
	SYSCTL_PERIPH_GPIOH	//GPIO H(通用输入输出端口 H)
	SYSCTL_PERIPH_CAN0	//CAN 0(控制局域网总线 0)
	SYSCTL_PERIPH_CAN1	//CAN 1(控制局域网总线 1)
	SYSCTL_PERIPH_CAN2	//CAN 2(控制局域网总线 2)
	SYSCTL_PERIPH_ETH	//ETH(以太网)
	SYSCTL_PERIPH_IEEE 1588	//IEEE 1588
	SYSCTL_PERIPH_UDMA	//uDMA controller(μDMA 控制器)
	SYSCTL_PERIPH_USB0	//USB0 controller(USB0 控制器)
返回	无	

表 3-15　函数 **SysCtlPeripheralDisable**()

函数名称	SysCtlPeripheralDisable()
功能	禁止一个片内外设
原型	void SysCtlPeripheralDisable(unsigned long ulPeripheral)
参数	ulPeripheral：要禁止的片内外设,与表 3-14 当中参数 ulPeripheral 的取值相同
返回	无

其他外设控制还包括外设复位、确认外设是否存在、睡眠与深度睡眠等,参见表 3-16~表 3-22 的描述。

表 3-16　函数 **SysCtlPeripheralReset**()

函数名称	SysCtlPeripheralReset()
功能	复位一个片内外设
原型	void SysCtlPeripheralReset(unsigned long ulPeripheral)
参数	ulPeripheral：要复位的片内外设,与表 3-14 当中参数 ulPeripheral 的取值相同
返回	无

表 3-17　函数 **SysCtlPeripheralPresent**()

函数名称	SysCtlPeripheralPresent()
功能	确认某个片内外设是否存在
原型	tBoolean SysCtlPeripheralPresent(unsigned long ulPeripheral)
参数	ulPeripheral：要确认的片内外设,与表 3-14 当中参数 ulPeripheral 的取值相同,并增加以下几个。 SYSCTL_PERIPH_PLL　　//PLL(锁相环) SYSCTL_PERIPH_TEMP　//Temperature sensor(温度传感器) SYSCTL_PERIPH_MPU　//Cortex-M3 MPU(Cotex-M3 存储器保护单元)
返回	要确认的外设如果实际存在则返回 true,如果不存在则返回 false

表 3-18　函数 SysCtlPeripheralSleepEnable()

函数名称	SysCtlPeripheralSleepEnable()
功能	使能一个在睡眠模式下工作的片内外设
原型	void SysCtlPeripheralSleepEnable(unsigned long ulPeripheral)
参数	ulPeripheral：要使能的片内外设，与表 3-14 当中参数 ulPeripheral 的取值相同
返回	无

表 3-19　函数 SysCtlPeripheralSleepDisable()

函数名称	SysCtlPeripheralSleepDisable()
功能	禁止一个在睡眠模式下工作的片内外设
原型	void SysCtlPeripheralSleepDisable(unsigned long ulPeripheral)
参数	ulPeripheral：要禁止的片内外设，与表 3-14 当中参数 ulPeripheral 的取值相同
返回	无

表 3-20　函数 SysCtlPeripheralDeepSleepEnable()

函数名称	SysCtlPeripheralDeepSleepEnable()
功能	使能一个在深度睡眠模式下工作的片内外设
原型	void SysCtlPeripheralDeepSleepEnable(unsigned long ulPeripheral)
参数	ulPeripheral：要使能的片内外设，与表 3-14 当中参数 ulPeripheral 的取值相同
返回	无

表 3-21　函数 SysCtlPeripheralDeepSleepDisable()

函数名称	SysCtlPeripheralDeepSleepDisable()
功能	禁止一个在深度睡眠模式下工作的片内外设
原型	void SysCtlPeripheralDeepSleepDisable(unsigned long ulPeripheral)
参数	ulPeripheral：要禁止的片内外设，与表 3-14 当中参数 ulPeripheral 的取值相同
返回	无

表 3-22　函数 SysCtlPeripheralClockGating()

函数名称	SysCtlPeripheralClockGating()
功能	控制睡眠或深度睡眠模式中的外设时钟选择
原型	void SysCtlPeripheralClockGating(tBoolean bEnable)
参数	bEnable：如果在睡眠或深度睡眠下的外设被配置为该使用时取值 true 否则取值 false
返回	无

3.5　睡眠与深度睡眠

1. 睡眠与深度睡眠模式

Stellaris 系列 ARM 主要有 3 种工作模式：运行模式（Run Mode）、睡眠模式（Sleep Mode）、深度睡眠模式（Deep Sleep Mode）。有许多型号还单独具有极为省电的冬眠模块

（Hibernation Module）。而对各个模式下的外设时钟选通以及系统时钟源的控制主要由表 3-23 中的寄存器来完成。

表 3-23　运行模式控制寄存器

名　称	描　述
RCC、RCC2	运行模式时钟配置
RCGC0～RCGC2	运行模式时钟选通控制
SCGC0～SCGC2	睡眠模式时钟选通控制
DCGC0～DCGC2	深度睡眠模式时钟选通控制
DSLPCLKCFG	深度睡眠模式时钟配置

运行模式是正常的工作模式,处理器内核将积极地执行代码。在睡眠模式下,系统时钟不变,但处理器内核不再执行代码(内核因不需要时钟而省电)。在深度睡眠模式下,系统时钟可变,处理器内核同样也不再执行代码。深度睡眠模式比睡眠模式更为省电。有关这 3 种工作模式的具体区别请参见表 3-24 的描述。

表 3-24　运行、睡眠和深度睡眠对照表

处理器模式 比较项目	运行模式 （Run Mode）	睡眠模式 （Sleep Mode）	深度睡眠模式 （Deep Sleep Mode）
处理器、存储器	活动	停止(存储器内容保持不变)	停止(存储器内容保持不变)
功耗大小	大	大	很小
外设时钟源	所有时钟源都可用,包括晶振、内部 12MHz 振荡器、内部 30kHz 振荡器、PLL 以及外部 32.768kHz 有源时钟信号	由运行模式进入睡眠模式时,系统时钟的配置保持不变	在进入深度睡眠后可自动关闭功耗较高的主振荡器,改用功耗较低的内部振荡器。若使用 PLL,则进入深度睡眠后 PLL 可以被自动断电,改用 OSC 的 16 或 64 分频作为系统时钟。处理器被唤醒后,首先恢复原先的时钟配置,再执行代码

调用函数 SysCtlSleep()可以使处理器进入睡眠模式,调用函数 SysCtlDeepSleep()可以使处理器进入深度睡眠模式,参见表 3-25 和表 3-26 的描述。

表 3-25　函数 SysCtlSleep()

函数名称	SysCtlSleep()
功能	使处理器进入睡眠模式
原型	void SysCtlSleep(void)
参数	无
返回	无(在处理器未被唤醒前不会返回)

表 3-26　函数 SysCtlDeepSleep( )

函数名称	SysCtlDeepSleep( )
功能	使处理器进入深度睡眠模式
原型	void SysCtlDeepSleep(void)
参数	无
返回	无(在处理器未被唤醒前不会返回)

处理器进入睡眠或深度睡眠后,就停止活动。当出现一个中断时,可以唤醒处理器,使其从睡眠或深度睡眠模式返回到正常的运行模式。因此在进入睡眠或深度睡眠之前,必须配置某个片内外设的中断并允许其在睡眠或深度睡眠模式下继续工作,如果不这样,则只有复位或重新上电才能结束睡眠/深度睡眠状态。处理器唤醒后首先执行中断服务程序,退出后接着执行主程序当中后续的代码。

函数 SysCtlSleep( )是使用 WFI 汇编指令,使处理器立即进入睡眠模式,并等待中断异常发生唤醒处理器。

函数 SysCtlDeepSleep( )先使能系统控制寄存器(NVICSC)的深度睡眠位,然后再使用 WFI 汇编指令,使处理器立即进入深度睡眠模式,并等待中断异常发生唤醒处理器。

2. 基础时钟源

LM3S 系列单片机的系统时钟可由下列的基础时钟源转换而来。

(1) 主振荡器(MOSC):由外部晶体振荡器或单端时钟源来驱动。

(2) 12MHz 内部振荡器(IOSC):内部振荡器是片内时钟源。它不需要使用任何外部元件便可工作。内部振荡器的频率是 12MHz±30%。

(3) 30kHz 内部振荡器:内部 30kHz 振荡器与内部 12MHz 振荡器类似,它提供 30kHz±30%的工作频率,主要用于在深度睡眠的节电模式中。

(4) 外部实时振荡器:外部实时振荡器提供一个低频率、精确的时钟基准。它的目的是给系统提供一个实时时钟源。实时振荡器是休眠模块的一部分,它也可为深度睡眠和休眠模式提供一个精确的时钟源。

3. 睡眠模式配置操作

睡眠模式下,处理器内核和存储器子系统都不使用时钟。外设仅在相应的时钟选通位使能时,才使用时钟。睡眠模式下,系统时钟源和频率均与运行模式下的相同。其配置流程如图 3-10 所示。

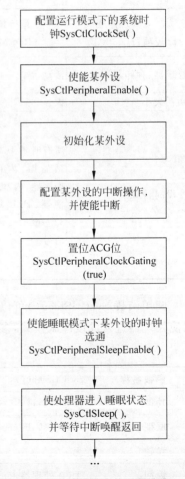

图 3-10　睡眠模式的配置流程

4. 睡眠与深度睡眠例程

程序清单 3-4 是睡眠模式的实例。程序在初始化时点亮 LED,表明处于运行模式;此后进入睡眠模式,处理器暂停运行,并以熄灭 LED 来指示;当出现 KEY 中断时,处理器被唤醒,先执行中断服务函数,退出中断后接着执行主程序当中的后续代码;按照程序的安排,唤醒后点亮 LED,延时一段时间后再次进入睡眠模式,等待 KEY 中断唤醒,如此反复。

程序清单 3-4 SysCtl 例程:睡眠省电模式

```
文件: main.c
#include "config.h"

/* SleepMode 为睡眠方式控制 */
/* 0 : 深度睡眠方式 */
/* 1 : 普通睡眠方式 */
#define SleepMode 0                                   //睡眠方式
#define SleepCLK 30000   //睡眠时的时钟频率——深度睡眠时本例为 30kHz,普通睡眠时本例为 6MHz
#define SleepTime (SleepCLK)                          //睡眠时间 10s

#define LED2 GPIO_PIN_2
#define LED3 GPIO_PIN_3
#define LED4 GPIO_PIN_4

#define Start (1 << 0)
#define Write (1 << 1)
#define Read (0 << 1)

volatile unsigned long RegVal;

int main(void)
{
    /* 设置系统时钟——6MHz */
    SysCtlClockSet(SYSCTL_SYSDIV_1 | SYSCTL_USE_OSC |
                    SYSCTL_XTAL_6MHZ| SYSCTL_OSC_MAIN);

    /* 使能外设 GPIOA */
    SysCtlPeripheralEnable(SYSCTL_PERIPH_GPIOA);
    SysCtlPeripheralEnable(SYSCTL_PERIPH_ETH);

    /* 配置引脚驱动 */
    GPIOPadConfigSet(GPIO_PORTA_BASE,LED2|LED3|LED4,
                    GPIO_STRENGTH_2MA,GPIO_PIN_TYPE_STD_WPU);
    GPIODirModeSet(GPIO_PORTA_BASE,LED2|LED3|LED4,
                    GPIO_DIR_MODE_OUT);

    HWREG(0x40048020)=Start | Read | (1<<3);     //MR1
    RegVal=HWREG(0x40048030);
    HWREG(0x40048020)=Start | Read | (0<<3);     //MR0
    RegVal=HWREG(0x40048030);

    HWREG(0x40048020)=Start | Write | (0<<3);     //写 MR0
```

```
HWREG(0x4004802C)=RegVal | (1<<11);

/* 测试引脚功能 */
GPIOPinWrite(GPIO_PORTA_BASE,LED2|LED3|LED4,~(LED2|LED3|LED4));
                                                                //亮 LED
TimeDelay(500000);
GPIOPinWrite(GPIO_PORTA_BASE,LED2|LED3|LED4,LED2|LED3|LED4);    //灭 LED

SysCtlPeripheralDisable(SYSCTL_PERIPH_ETH);
//SysCtlPeripheralDisable(SYSCTL_PERIPH_GPIOA);

/* 设置 SysTick 的加载值 */
SysTickPeriodSet(SleepTime);

/* 使能 SysTick 的中断 */
SysTickIntEnable();

/* 使能总中断 */
IntMasterEnable();

/* 启动 SysTick */


/* 使用 DCGCn 寄存器或 SCGCn 寄存器进行控制睡眠时的外设使能,需置位 RCC 寄存器的
ACG 位,以开启自动时钟门控 */
SysCtlPeripheralClockGating(true);

/* 选择深度睡眠时的系统时钟源——本例选择 30kHz 内部时钟振荡器 */
HWREG(SYSCTL_DSLPCLKCFG)=(3 << 4);


#if SleepMode==0

/* 在深度睡眠的情况下使能外设 TIMER0,使得 TIMER0 在系统时钟的情况下继续运行 */
HWREG(SYSCTL_DCGC0)=0x00000000;
HWREG(SYSCTL_DCGC1)=0x00000000;
HWREG(SYSCTL_DCGC2)=0x00000000;
//SysCtlPeripheralDeepSleepEnable(SYSCTL_PERIPH_GPIOA);
//SysCtlPeripheralDeepSleepEnable(SYSCTL_PERIPH_TIMER0);
/* 使 CM3 进入深度睡眠模式——内核停止运行,程序停止运行,必须由中断唤醒内核 */
SysTickEnable();
SysCtlDeepSleep();
#endif

#if SleepMode==1

HWREG(SYSCTL_SCGC0)=0x00000000;
HWREG(SYSCTL_SCGC1)=0x00000000;
HWREG(SYSCTL_SCGC2)=0x00000000;
SysCtlPeripheralSleepEnable(SYSCTL_PERIPH_GPIOA);
SysCtlPeripheralSleepEnable(SYSCTL_PERIPH_TIMER0);
```

```
    /* 在普通睡眠的情况下使能外设 TIMER0,使得 TIMER0 在系统时钟的情况下继续运行 */

    /* 使 CM3 进入普通睡眠模式——内核停止运行,程序停止运行,必须由中断唤醒内核 */
    SysCtlSleep();
#endif
    /* 中断唤醒后,继续运行程序 */
    while(1)
    {
      TimeDelay(500000);
      GPIOPinWrite(GPIO_PORTA_BASE,LED3 | LED4,~(LED3 | LED4));
      TimeDelay(500000);
      GPIOPinWrite(GPIO_PORTA_BASE,LED3 | LED4,(LED3 | LED4));
    }
}

void SysTick_ISR(void)
{
  /* LED 取反输出 */
  GPIOPinWrite(GPIO_PORTA_BASE,LED2,~GPIOPinRead(GPIO_PORTA_BASE,LED2));
}
```

程序清单 3-5 是深度睡眠模式的实例。为了便于演示深度睡眠模式下系统时钟的变化,在例程中增加了蜂鸣器的驱动函数 sound()。在这里采用的是交流蜂鸣器,也称无源蜂鸣器,发声频率等于驱动它的方波频率。产生方波的方法是利用 Timer 的 16 位 PWM 功能。有关 Timer 模块的用法将在后续章节里详细讨论。

在程序清单 3-5 里,初始化时 Timer 模块的时钟(等同于系统时钟)设置为 PLL 输出 12.5MHz(请修改 systemInit.c 里的 clockInit()函数),蜂鸣器发声频率为 2500Hz,表现为尖叫。在进入深度睡眠模式后,PLL 被自动禁止,Timer 模块的时钟改由 IOSC 的 16 分频来提供,此时蜂鸣器的发声频率变成约 150Hz,表现为低沉的叫声。按下 KEY 以后,处理器会被唤醒,Timer 模块的时钟恢复为原来的配置,于是蜂鸣器重新尖叫。

程序清单 3-5 SysCtl 例程：深度睡眠省电模式

```
文件: main.c
#include "config.h"

/* SleepMode 为睡眠方式控制 */
/* 0 : 深度睡眠方式 */
/* 1 : 普通睡眠方式 */
#define SleepMode 0                    //睡眠方式
#define SleepCLK 30000 //睡眠时的时钟频率——深度睡眠时本例为 30kHz,普通睡眠时本例为 6MHz
#define SleepTime (SleepCLK)           //睡眠时间 10s

#define LED2 GPIO_PIN_2
#define LED3 GPIO_PIN_3
#define LED4 GPIO_PIN_4

#define Start (1 << 0)
```

```c
#define Write (1 << 1)
#define Read (0 << 1)

volatile unsigned long RegVal;

int main(void)
{
    /* 设置系统时钟——6MHz */
    SysCtlClockSet(SYSCTL_SYSDIV_1 | SYSCTL_USE_OSC |
                   SYSCTL_XTAL_6MHZ| SYSCTL_OSC_MAIN);

    /* 使能外设 GPIOA */
    SysCtlPeripheralEnable(SYSCTL_PERIPH_GPIOA);
    SysCtlPeripheralEnable(SYSCTL_PERIPH_ETH);

    /* 配置引脚驱动 */
    GPIOPadConfigSet(GPIO_PORTA_BASE,LED2|LED3|LED4,
                     GPIO_STRENGTH_2MA, GPIO_PIN_TYPE_STD_WPU);
    GPIODirModeSet(GPIO_PORTA_BASE,LED2|LED3|LED4,
                   GPIO_DIR_MODE_OUT);


    HWREG(0x40048020)=Start | Read | (1<<3);      //MR1
    RegVal=HWREG(0x40048030);

    HWREG(0x40048020)=Start | Read | (0<<3);      //MR0
    RegVal=HWREG(0x40048030);


    HWREG(0x40048020)=Start | Write | (0<<3);     //写 MR0
    HWREG(0x4004802C)=RegVal | (1<<11);

    /* 测试引脚功能 */
    GPIOPinWrite(GPIO_PORTA_BASE,LED2|LED3|LED4,~(LED2|LED3|LED4)); //亮 LED
    TimeDelay(500000);
    GPIOPinWrite(GPIO_PORTA_BASE,LED2|LED3|LED4,LED2|LED3|LED4);      //灭 LED

    SysCtlPeripheralDisable(SYSCTL_PERIPH_ETH);
    //SysCtlPeripheralDisable(SYSCTL_PERIPH_GPIOA);

    /* 设置 SysTick 的加载值 */
    SysTickPeriodSet(SleepTime);

    /* 使能 SysTick 的中断 */
    SysTickIntEnable();

    /* 使能总中断 */
```

```
    IntMasterEnable();

    /* 启动 SysTick */


    /* 使用 DCGCn 寄存器或 SCGCn 寄存器进行控制睡眠时的外设使能,需置位 RCC 寄存器的
ACG 位,以开启自动时钟门控 */
    SysCtlPeripheralClockGating(true);

    /* 选择深度睡眠时的系统时钟源——本例选择 30kHz 内部时钟振荡器 */
    HWREG(SYSCTL_DSLPCLKCFG)=(3 << 4);


#if SleepMode==0

    /* 在深度睡眠的情况下使能外设 TIMER0,使得 TIMER0 在系统时钟的情况下继续运行 */
    HWREG(SYSCTL_DCGC0)=0x00000000;
    HWREG(SYSCTL_DCGC1)=0x00000000;
    HWREG(SYSCTL_DCGC2)=0x00000000;
    //SysCtlPeripheralDeepSleepEnable(SYSCTL_PERIPH_GPIOA);
    //SysCtlPeripheralDeepSleepEnable(SYSCTL_PERIPH_TIMER0);
    /* 使 CM3 进入深度睡眠模式——内核停止运行,程序停止运行,必须由中断唤醒内核 */
    SysTickEnable();
    SysCtlDeepSleep();
#endif

#if SleepMode==1

    HWREG(SYSCTL_SCGC0)=0x00000000;
    HWREG(SYSCTL_SCGC1)=0x00000000;
    HWREG(SYSCTL_SCGC2)=0x00000000;
    SysCtlPeripheralSleepEnable(SYSCTL_PERIPH_GPIOA);
    SysCtlPeripheralSleepEnable(SYSCTL_PERIPH_TIMER0);
    /* 在普通睡眠的情况下使能外设 TIMER0,使得 TIMER0 在系统时钟的情况下继续运行 */

    /* 使 CM3 进入普通睡眠模式——内核停止运行,程序停止运行,必须由中断唤醒内核 */
    SysCtlSleep();
#endif
    /* 中断唤醒后,继续运行程序 */
    while(1)
    {
      TimeDelay(500000);
      GPIOPinWrite(GPIO_PORTA_BASE,LED3 | LED4,~(LED3 | LED4));
      TimeDelay(500000);
      GPIOPinWrite(GPIO_PORTA_BASE,LED3 | LED4,(LED3 | LED4));
    }
}


void SysTick_ISR(void)
{
```

```
/* LED 取反输出 */
GPIOPinWrite(GPIO_PORTA_BASE, LED2, ~GPIOPinRead(GPIO_PORTA_BASE, LED2));
}
```

3.6 杂 项 功 能

这是一组杂项功能的函数,包括延时、存储器大小、特定引脚是否存在以及高速 GPIO 等。函数 SysCtlDelay()提供一个产生固定长度延时的方法,参见表 3-27 的描述。它是用内嵌汇编语言的方式来编写的,可以在使用不同软件开发工具情况下而让程序的延时保持一致,具有较好的可移植性。以下是实现 SysCtlDelay()函数的汇编源代码,每个循环花费 3 个系统时钟周期:

```
SysCtlDelay
    SUBS R0, #1              ;R0 减 1,R0 实际上就是参数 ulCount
    BNE SysCtlDelay         ;如果结果不为 0 则跳转到 SysCtlDelay
    BX LR                   ;子程序返回
```

表 3-27　函数 SysCtlDelay()

函数名称	SysCtlDelay()	
功能	延时	
原型	void SysCtlDelay(unsigned long ulCount)	
参数	ulCount:延时周期计数值,延时长度＝3×ulCount×系统时钟周期	
返回	无	
备注	SysCtlDelay(20);	//延时 60 个系统时钟周期
	SysCtlDelay(150 * (SysCtlClockGet() / 3000));	//延时 150ms

函数 SysCtlFlashSizeGet()和函数 SysCtlSRAMSizeGet()用来获取当前芯片的 Flash 和 SRAM 存储器大小,返回的单位是 byte(字节),参见表 3-28 和表 3-29 的描述。

表 3-28　函数 SysCtlFlashSizeGet()

函数名称	SysCtlFlashSizeGet()
功能	获取片内 Flash 的大小
原型	unsigned long SysCtlFlashSizeGet(void)
参数	无
返回	Flash 的大小(单位:字节)

表 3-29　函数 SysCtlSRAMSizeGet()

函数名称	SysCtlSRAMSizeGet()
功能	获取片内 SRAM 的大小
原型	unsigned long SysCtlSRAMSizeGet(void)
参数	无
返回	SRAM 的大小(单位:字节)

函数 SysCtlPinPresent()用来确认非 GPIO 片内外设的特定功能引脚是否存在,参见表 3-30 的描述。

表 3-30 函数 SysCtlPinPresent()

函数名称	SysCtlPinPresent()
功能	确认非 GPIO 片内外设的特定功能引脚是否存在
原型	tBoolean SysCtlPinPresent(unsigned long ulPin)
参数	ulPin:待断定的引脚,应当取下列值之一: SYSCTL_PIN_PWM0 //PWM0 引脚 SYSCTL_PIN_PWM1 //PWM1 引脚 SYSCTL_PIN_PWM2 //PWM2 引脚 SYSCTL_PIN_PWM3 //PWM3 引脚 SYSCTL_PIN_PWM4 //PWM4 引脚 SYSCTL_PIN_PWM5 //PWM5 引脚 SYSCTL_PIN_PWM6 //PWM6 引脚 SYSCTL_PIN_PWM7 //PWM7 引脚 SYSCTL_PIN_C0MINUS //C0− 引脚 SYSCTL_PIN_C0PLUS //C0+ 引脚 SYSCTL_PIN_C0O //C0O 引脚 SYSCTL_PIN_C1MINUS //C1− 引脚 SYSCTL_PIN_C1PLUS //C1+ 引脚 SYSCTL_PIN_C1O //C1O 引脚 SYSCTL_PIN_C2MINUS //C2− 引脚 SYSCTL_PIN_C2PLUS //C2+ 引脚 SYSCTL_PIN_C2O //C2O 引脚 SYSCTL_PIN_MC_FAULT0 //MC0 Fault 引脚 SYSCTL_PIN_ADC0 //ADC0 引脚 SYSCTL_PIN_ADC1 //ADC1 引脚 SYSCTL_PIN_ADC2 //ADC2 引脚 SYSCTL_PIN_ADC3 //ADC3 引脚 SYSCTL_PIN_ADC4 //ADC4 引脚 SYSCTL_PIN_ADC5 //ADC5 引脚 SYSCTL_PIN_ADC6 //ADC6 引脚 SYSCTL_PIN_ADC7 //ADC7 引脚 SYSCTL_PIN_CCP0 //CCP0 引脚 SYSCTL_PIN_CCP1 //CCP1 引脚 SYSCTL_PIN_CCP2 //CCP2 引脚 SYSCTL_PIN_CCP3 //CCP3 引脚 SYSCTL_PIN_CCP4 //CCP4 引脚 SYSCTL_PIN_CCP5 //CCP5 引脚 SYSCTL_PIN_32KHZ //32kHz 引脚
返回	如果要确认的外设引脚存在则返回 true,否则返回 false

函数 SysCtlGPIOAHBEnable()和 SysCtlGPIOAHBDisable()用来管理 GPIO 高速访问总线的使用,参见表 3-31 和表 3-32 的描述。

在 2008 年新推出的 DustDevil 家族(LM3S3×××/5×××系列,以及部分 LM3S1×××/2×××型号)里,新增了一项 GPIO 高速总线访问(GPIO peripheral for Access from the High speed Bus,AHB)的功能。在原来的型号里,访问一次外设需要花费 2 个系统时钟,在 50MHz 的主频下采用执行汇编指令的方法不断翻转 GPIO,获得的方波频率最高为 $50MHz \div 4 = 12.5MHz$。而通过 AHB,访问一次 GPIO 仅需花费 1 个系统时钟周期,此时通过汇编指令翻转 GPIO 获得的方波频率最高可达 25MHz。

复位时 GPIO 高速总线访问功能是禁止的,可以通过调用函数 SysCtlGPIOAHBEnable() 来使能。原来操作 GPIO 时,在相关函数里采用的 GPIO 端口基址是 GPIO_PORTA_BASE 和 GPIO_PORTB_BASE 等,在使能 AHB 功能后要相应地换成 GPIO_PORTA_AHB_BASE 和 GPIO_PORTB_AHB_BASE 等,才能正确地使用 AHB 功能。

表 3-31　函数 **SysCtlGPIOAHBEnable**()

函数名称	SysCtlGPIOAHBEnable()
功能	使能 GPIO 模块通过高速总线来访问
原型	void SysCtlGPIOAHBEnable(unsigned long ulGPIOPeripheral)
参数	ulGPIOPeripheral:要使能的 GPIO 模块,应当取下列值之一: 　SYSCTL_PERIPH_GPIOA　　　//GPIO A(通用输入输出端口 A) 　SYSCTL_PERIPH_GPIOB　　　//GPIO B(通用输入输出端口 B) 　SYSCTL_PERIPH_GPIOC　　　//GPIO C(通用输入输出端口 C) 　SYSCTL_PERIPH_GPIOD　　　//GPIO D(通用输入输出端口 D) 　SYSCTL_PERIPH_GPIOE　　　//GPIO E(通用输入输出端口 E) 　SYSCTL_PERIPH_GPIOF　　　//GPIO F(通用输入输出端口 F) 　SYSCTL_PERIPH_GPIOG　　　//GPIO G(通用输入输出端口 G) 　SYSCTL_PERIPH_GPIOH　　　//GPIO H(通用输入输出端口 H)
返回	无

表 3-32　函数 **SysCtlGPIOAHBDisable**()

函数名称	SysCtlGPIOAHBDisable()
功能	禁止 GPIO 模块通过高速总线来访问
原型	void SysCtlGPIOAHBDisable(unsigned long ulGPIOPeripheral)
参数	ulGPIOPeripheral:要禁止的 GPIO 模块
返回	无

3.7　中　断　控　制

3.7.1　中断基本概念

中断(Interrupt)是 MCU 实时地处理内部或外部事件的一种机制。当某种内部或外部事件发生时,MCU 的中断系统将迫使 CPU 暂停正在执行的程序,转而去进行中断事件的处理,中断处理完毕后,又返回被中断的程序处,继续执行下去。

图 3-11 给出了中断过程的示意图。主程序正在执行,当遇到中断请求(Interrupt Request)时,暂停主程序的执行转而去执行中断服务例程(Interrupt Service Routine,ISR),称为响应,中断服务例程执行完毕后返回到主程序断点处并继续执行主程序。

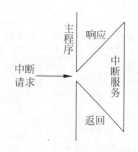

图 3-11　中断过程示意图

3.7.2　Stellaris 中断基本编程方法

利用 Stellaris 外设驱动库编写一个中断程序的基本方法流程如下。

1. 使能相关片内外设,并进行基本的配置

对于中断源所涉及的片内外设首先必须要使能,使能的方法是调用头文件<sysctl.h>中的函数 SysCtlPeripheralEnable()。使能该片内外设以后,还要进行必要的基本配置。

2. 设置具体中断的类型或触发方式

不同片内外设具体中断的类型或触发方式也各不相同。在使能中断之前,必须对其进行正确的设置。以 GPIO 为例,分为边沿触发、电平触发两大类,为此需要通过调用函数 GPIOIntTypeSet()来进行设置。

3. 使能中断

对于 Stellaris 系列 ARM,使能一个片内外设的具体中断,通常要采取 3 步走的方法:

(1) 调用片内外设具体中断的使能函数;

(2) 调用函数 IntEnable(),使能片内外设的总中断;

(3) 调用函数 IntMasterEnable(),使能处理器总中断。

4. 编写中断服务函数

C 语言是函数式语言,ISR 可以称为"中断服务函数"。中断服务函数从形式上跟普通函数类似,但在命名及具体的处理上有所不同。

中断服务函数命名　在 Keil 或 IAR 开发环境下,中断服务函数的名称可以由程序员自行指定,但是为了提高程序的可移植性,建议采用标准的中断服务函数名称,参见表 3-33。例如,GPIOB 端口的中断服务函数名称是 GPIO_Port_B_ISR,对应的函数头应当是 void GPIO_Port_B_ISR(void)。

注意:参数和返回值都必须是 void 类型。

表 3-33　中断服务函数标准名称

向量号	中断服务函数名	向量号	中断服务函数名	向量号	中断服务函数名
0	(堆栈初值)	22	UART1_ISR	44	System_Control_ISR
1	reset_handler	23	SSI_ISR 或 SSI0_ISR	45	FLASH_Control_ISR
2	Nmi_ISR	24	I2C_ISR 或 I2C0_ISR	46	GPIO_Port_F_ISR
3	Fault_ISR	25	PWM_Fault_ISR	47	GPIO_Port_G_ISR
4	(MPU)	26	PWM_Generator_0_ISR	48	GPIO_Port_H_ISR
5	(Bus fault)	27	PWM_Generator_1_ISR	49	UART2_ISR
6	(Usage fault)	28	PWM_Generator_2_ISR	50	SSI1_ISR
7	(Reserved)	29	QEI_ISR 或 QEI0_ISR	51	Timer3A_ISR

向量号	中断服务函数名	向量号	中断服务函数名	向量号	中断服务函数名
8	(Reserved)	30	ADC_Sequence_0_ISR	52	Timer3B_ISR
9	(Reserved)	31	ADC_Sequence_1_ISR	53	I2C1_ISR
10	(Reserved)	32	ADC_Sequence_2_ISR	54	QEI1_ISR
11	SVCall_ISR	33	ADC_Sequence_3_ISR	55	CAN0_ISR
12	(Debug monitor)	34	Watchdog_Timer_ISR	56	CAN1_ISR
13	(Reserved)	35	Timer0A_ISR	57	CAN2_ISR
14	PendSV_ISR	36	Timer0B_ISR	58	ETHERNET_ISR
15	SysTick_ISR	37	Timer1A_ISR	59	HIBERNATE_ISR
16	GPIO_Port_A_ISR	38	Timer1B_ISR	60	USB0_ISR
17	GPIO_Port_B_ISR	39	Timer2A_ISR	61	PWM_Generator_3_ISR
18	GPIO_Port_C_ISR	40	Timer2B_ISR	62	uDMA_ISR
19	GPIO_Port_D_ISR	41	Analog_Comparator_0_ISR	63	uDMA_Error_ISR
20	GPIO_Port_E_ISR	42	Analog_Comparator_1_ISR		
21	UART0_ISR	43	Analog_Comparator_2_ISR		

中断状态查询　一个具体的片内外设可能存在多个子中断源,但是都共用同一个中断向量。例如 GPIOA 有 8 个引脚,每个引脚都可以产生中断,但是都共用同一个中断向量号 16,任一引脚发生中断时都会进入同一个中断服务函数。为了能够准确区分每一个子中断源,就需要利用中断状态查询函数,例如 GPIO 的中断状态查询函数是 GPIOPinIntStatus()。如果不使能中断,而采取纯粹的"轮询"编程方式,也是利用中断状态查询函数来确定是否发生了中断以及具体是哪个子中断源产生的中断。

中断清除　对于 Stellaris 系列 ARM 的所有片内外设,在进入其中断服务函数后,中断状态并不能自动清除,而必须采用软件清除(但是属于 Cortex-M3 内核的中断源例外,因为它们不属于"外设")。如果中断未被及时清除,则在退出中断服务函数时会立即再次触发中断而造成混乱。清除中断的方法是调用相应片内外设的中断清除函数。例如 GPIO 端口的中断清除函数是 GPIOPinIntClear()。

程序清单 3-6 以 GPIOA 中断为例,给出了外设中断服务函数的经典编写方法。关键是先将外设的中断状态读到变量 ulStatus 里,然后及时地清除全部中断状态,剩下的工作就是排列多个 if 语句分别进行处理了。

程序清单 3-6　典型的中断服务函数编写方法

```
//GPIOA 的中断服务函数
void GPIO_Port_A_ISR(void)
{
    unsigned long ulStatus;

    ulStatus=GPIOPinIntStatus(GPIO_PORTA_BASE,true);        //读取中断状态
    GPIOPinIntClear(GPIO_PORTA_BASE,ulStatus);              //清除中断状态,重要

    if (ulStatus & GPIO_PIN_0)                              //如果 PA0 的中断状态有效
    {
```

```
        //在这里添加 PA0 的中断处理代码
    }
    if (ulStatus & GPIO_PIN_1)                           //如果 PA1 的中断状态有效
    {
        //在这里添加 PA1 的中断处理代码
    }
    //如果还有其他引脚的中断需要处理,请继续并列类似的 if 语句
}
```

5. 注册中断服务函数

现在,中断服务函数虽然已经编写完成,但是当中断事件产生时程序还无法找到它,因为还缺少最后一个步骤——注册中断服务函数。注册方法有两种:一是直接利用中断注册函数,好处是操作简单、可移植性好,缺点是由于把中断向量表重新映射到 SRAM 中而导致执行效率下降;另一种方法需要修改启动文件,好处是执行效率很高,缺点是可移植性不够好。经过权衡考虑后,我们还是推荐大家采用后一种方法,因为效率优先、操作也并不复杂。在不同的软件开发环境下,通过修改启动文件注册中断服务函数的方法也各不相同。

1) Keil 开发环境下的操作

在 Keil 开发环境下,启动文件 Startup. s 是用汇编写的,以中断服务函数 void I2C_ISR(void)为例,找到 Vectors 表格,在其前面插入声明:

EXTERN　I2C_ISR

再根据 Vectors 表格的注释内容找到外设 I2C0 的位置,把相应的 IntDefaultHandler 替换为 I2C_ISR,完成。

2) IAR 开发环境下的操作

在 IAR 开发环境下,启动文件 startup_ewarm. c 是用 C 语言写的,很好理解。仍以中断服务函数 void I2C_ISR(void)为例,先在向量表的前面插入函数声明:

void I2C_ISR(void);

然后在向量表里,根据注释内容找到外设 I2C0 的位置,把相应的 IntDefaultHandler 替换为 I2C_ISR,完成。

在上述几个步骤完成后,就可以等待中断事件的到来了。当中断事件产生时,程序就会自动跳转到对应的中断服务函数去处理。

3.7.3　中断库函数

1. 中断使能与禁止

调用库函数 IntMasterEnable()将使能 ARM Cortex-M3 处理器内核的总中断,调用库函数 IntMasterDisable()将禁止 ARM Cortex-M3 处理器内核响应所有中断。例外情况是复位中断(Reset ISR)、不可屏蔽中断(NMI ISR)和硬故障中断(Fault ISR),它们可能随时发生而无法通过软件禁止,参见表 3-34 和表 3-35 的描述。

库函数 IntEnable()和库函数 IntDisable()是对某个片内功能模块的中断进行总体上的使能控制。中断分为两大类:一类是属于 ARM Cortex-M3 内核的,如 NMI 和 SysTick 等,中断向量号在 15 以内;另一类是 Stellaris 系列 ARM 特有的,如 GPIO、UART 和 PWM

等,中断向量号在 16 以上,参见表 3-36、表 3-37 和表 3-38 的描述。

表 3-34　函数 IntMasterEnable()

函数名称	IntMasterEnable()
功能	使能处理器中断
原型	tBoolean IntMasterEnable(void)
参数	无
返回	如果在调用该函数之前处理器中断是使能的,则返回 false 如果在调用该函数之前处理器中断是禁止的,则返回 true
备注	对复位 Reset、不可屏蔽中断 NMI、硬故障 Fault 无效

表 3-35　函数 IntMasterDisable()

函数名称	IntMasterDisable()
功能	禁止处理器中断
原型	tBoolean IntMasterDisable(void)
参数	无
返回	如果在调用该函数之前处理器中断是使能的,则返回 false 如果在调用该函数之前处理器中断是禁止的,则返回 true

表 3-36　函数 IntEnable()

函数名称	IntEnable()
功能	使能一个片内外设的中断
原型	void IntEnable(unsigned long ulInterrupt)
参数	ulInterrupt:指定被使能的片内外设中断
返回	无

表 3-37　函数 IntDisable()

函数名称	IntDisable()
功能	禁止一个片内外设的中断
原型	void IntDisable(unsigned long ulInterrupt)
参数	ulInterrupt:指定被使能的片内外设中断
返回	无

表 3-38　Stellaris 系列 ARM 的中断源

中 断 名 称	中断向量号	功 能 描 述
FAULT_NMI	2	NMI fault(不可屏蔽中断故障)
FAULT_HARD	3	Hard fault(硬故障)
FAULT_MPU	4	MPU fault(存储器保护单元故障)
FAULT_BUS	5	Bus fault(总线故障)
FAULT_USAGE	6	Usage fault(使用故障)
FAULT_SVCALL	11	SVCall(软件中断)
FAULT_DEBUG	12	Debug monitor(调试监控)

中 断 名 称	中断向量号	功 能 描 述
FAULT_PENDSV	14	PendSV(系统服务请求)
FAULT_SYSTICK	15	System Tick(系统节拍定时器)
INT_GPIOA	16	GPIO Port A(GPIO 端口 A)
INT_GPIOB	17	GPIO Port B(GPIO 端口 B)
INT_GPIOC	18	GPIO Port C(GPIO 端口 C)
INT_GPIOD	19	GPIO Port D(GPIO 端口 D)
INT_GPIOE	20	GPIO Port E(GPIO 端口 E)
INT_UART0	21	UART0 Rx and Tx(UART0 收发)
INT_UART1	22	UART1 Rx and Tx(UART1 收发)
INT_SSI	23	SSI0 Rx and Tx(SSI0 收发,与 INT_SSI 相同)
INT_SSI0	23	SSI0 Rx and Tx(SSI0 收发,与 INT_SSI 相同)
INT_I2C	24	I2C Master and Slave(I2C 主从)
INT_I2C0	24	I2C0 Master and Slave(I2C0 主从,与 INT_I2C 相同)
INT_PWM_FAULT	25	PWM Fault(PWM 故障)
INT_PWM0	26	PWM Generator 0(PWM 发生器 0)
INT_PWM1	27	PWM Generator 1(PWM 发生器 1)
INT_PWM2	28	PWM Generator 2(PWM 发生器 2)
INT_QEI	29	Quadrature Encoder(正交编码器)
INT_QEI0	29	Quadrature Encoder 0(正交编码器 0,与 INT_QEI 相同)
INT_ADC0	30	ADC Sequence 0(ADC 采样序列 0)
INT_ADC1	31	ADC Sequence 1(ADC 采样序列 1)
INT_ADC2	32	ADC Sequence 2(ADC 采样序列 2)
INT_ADC3	33	ADC Sequence 3(ADC 采样序列 3)
INT_WATCHDOG	34	Watchdog timer(看门狗定时器)
INT_TIMER0A	35	Timer 0 subtimer A(定时器 0 子定时器 A)
INT_TIMER0B	36	Timer 0 subtimer B(定时器 0 子定时器 B)
INT_TIMER1A	37	Timer 1 subtimer B(定时器 1 子定时器 B)
INT_TIMER1B	38	Timer 1 subtimer B(定时器 1 子定时器 B)
INT_TIMER2A	39	Timer 2 subtimer A(定时器 2 子定时器 A)
INT_TIMER2B	40	Timer 2 subtimer B(定时器 2 子定时器 B)
INT_COMP0	41	Analog Comparator 0(模拟比较器 0)
INT_COMP1	42	Analog Comparator 1(模拟比较器 1)
INT_COMP2	43	Analog Comparator 2(模拟比较器 2)
INT_SYSCTL	44	System Control(PLL,OSC,BO)(系统控制,PLL,OSC,BO)
INT_FLASH	45	Flash Control(闪存控制)
INT_GPIOF	46	Flash Control(闪存控制)
INT_GPIOG	47	GPIO Port G(GPIO 端口 G)
INT_GPIOH	48	GPIO Port H(GPIO 端口 H)
INT_UART2	49	UART2 Rx and Tx(UART2 收发)
INT_SSI1	50	SSI1 Rx and Tx(SSI1 收发)
INT_TIMER3A	51	Timer 3 subtimer A(定时器 3 子定时器 A)
INT_TIMER3B	52	Timer 3 subtimer B(定时器 3 子定时器 B)

中 断 名 称	中断向量号	功 能 描 述
INT_I2C1	53	I2C1 Master and Slave(I2C1 主从)
INT_QEI1	54	Quadrature Encoder 1(正交编码器 1)
INT_CAN0	55	CAN0(CAN 总线 0)
INT_CAN1	56	CAN1(CAN 总线 1)
INT_CAN2	57	CAN2(CAN 总线 2)
INT_ETH	58	Ethernet(以太网)
INT_HIBERNATE	59	Hibernation module(冬眠模块)
INT_USB0	60	USB 0 Controller(USB0 控制器)
INT_PWM3	61	PWM Generator 3(PWM 发生器 3)
INT_UDMA	62	uDMA controller(μDMA 控制器)
INT_UDMAERR	63	uDMA Error(μDMA 错误)

2. 中断优先级

ARM Cortex-M3 处理器内核可以配置的中断优先级最多可以有 256 级。虽然 Stellaris 系列 ARM 只实现了 8 个中断优先级,但对于一个实际的应用来说已经足够了。在较为复杂的控制系统中,中断优先级的设置会显得非常重要。

函数 IntPrioritySet()和函数 IntPriorityGet()用来管理一个片内外设的优先级,参见表 3-39 和表 3-40 的描述。当多个中断源同时产生时,优先级最高的中断首先被处理器响应并得到处理。正在处理较低优先级中断时,如果有较高优先级的中断产生,则处理器立即转去处理较高优先级的中断。正在处理的中断不能被同级或较低优先级的中断所打断。

表 3-39　函数 IntPrioritySet()

函数名称	IntPrioritySet()
功能	设置一个中断的优先级
原型	void IntPrioritySet(unsigned long ulInterrupt,unsigned char ucPriority)
参数	ulInterrupt:指定的中断源 ucPriority:要设定的优先级,应当取值 0~7,数值越小优先级越高
返回	无

表 3-40　函数 IntPriorityGet()

函数名称	IntPriorityGet()
功能	获取一个中断的优先级
原型	long IntPriorityGet(unsigned long ulInterrupt)
参数	ulInterrupt:指定的中断源
返回	返回中断优先级数值,该返回值除以 32(即右移 5 位)后才能得到优先级数 0~7。 如果指定了一个无效的中断,则返回—1

函数 IntPriorityGroupingSet()和函数 IntPriorityGroupingGet()用来管理抢占式优先级和子优先级的分组设置,参见表 3-41 和表 3-42 的描述。

表 3-41　函数 IntPriorityGroupingSet( )

函数名称	IntPriorityGroupingSet( )
功能	设置中断控制器的优先级分组
原型	void IntPriorityGroupingSet(unsigned long ulBits)
参数	ulBits：指定抢占式优先级位的数目，取值 0～7，但对 Stellaris 系列 ARM 取值 3～7 效果等同
返回	无

表 3-42　函数 IntPriorityGroupingGet( )

函数名称	IntPriorityGroupingGet( )
功能	获取中断控制器的优先级分组
原型	unsigned long IntPriorityGroupingGet(void)
参数	无
返回	抢占式优先级位的数目，范围 0～7，但对 Stellaris 系列 ARM 返回值 3～7 效果等同

　　重要规则：多个中断源在它们的抢占式优先级相同的情况下，子优先级不论是否相同，如果某个中断已经在服务当中，则其他中断源都不能打断它（可以末尾连锁）；只有抢占式优先级高的中断才可以打断其他抢占式优先级低的中断。

　　由于 Stellaris 系列 ARM 只实现了 3 个优先级位，因此实际有效的抢占式优先级位数只能设为 0～3 位。如果抢占式优先级位数为 3，则子优先级都是 0，实际上可嵌套的中断层数是 8 层；如果抢占式优先级位数为 2，则子优先级为 0 级和 1 级，实际可嵌套的层数为 4 层；依次类推，当抢占式优先级位数为 0 时，实际可嵌套的层数为 1 层，即不允许中断嵌套。

3.7.4　GPIO 中断控制例程

　　程序清单 3-7 是 GPIO 中断的例子。在程序中，用按键 KEY 作为外部中断输入，先使能 KEY 所在的 GPIO 端口并把相应的引脚设置为输入，然后配置中断触发类型并使能中断。

程序清单 3-7　GPIO 中断

```
文件: main.c
# include "systemInit.h"
//定义 LED
# define LED_PERIPH          SYSCTL_PERIPH_GPIOF
# define LED_PORT            GPIO_PORTF_BASE
# define LED_PIN             GPIO_PIN_2

//定义 KEY
# define KEY_PERIPH          SYSCTL_PERIPH_GPIOD
# define KEY_PORT            GPIO_PORTD_BASE
# define KEY_PIN             GPIO_PIN_7

//主函数(程序入口)
int main(void)
```

```
{
    clockInit();                                          //时钟初始化:晶振,6MHz
    SysCtlPeriEnable(LED_PERIPH);                         //使能 LED 所在的 GPIO 端口
    GPIOPinTypeOut(LED_PORT,LED_PIN);                     //设置 LED 所在引脚为输出
    SysCtlPeriEnable(KEY_PERIPH);                         //使能 KEY 所在的 GPIO 端口
    GPIOPinTypeIn(KEY_PORT,KEY_PIN);                      //设置 KEY 所在引脚为输入
    GPIOIntTypeSet(KEY_PORT,KEY_PIN,GPIO_LOW_LEVEL); //设置 KEY 引脚的中断类型
    GPIOPinIntEnable(KEY_PORT,KEY_PIN);                   //使能 KEY 所在引脚的中断
    IntEnable(INT_GPIOD);                                 //使能 GPIOD 端口中断
    IntMasterEnable();                                    //使能处理器中断

    for (;;)                                              //等待 KEY 中断
    {
    }
}


//GPIOD 的中断服务函数
void GPIO_Port_D_ISR(void)
{
    unsigned char ucVal;
    unsigned long ulStatus;
    ulStatus=GPIOPinIntStatus(KEY_PORT,true);             //读取中断状态
    GPIOPinIntClear(KEY_PORT,ulStatus);                   //清除中断状态,重要
    if (ulStatus & KEY_PIN)                               //如果 KEY 的中断状态有效
    {
        ucVal=GPIOPinRead(LED_PORT,LED_PIN);             //翻转 LED
        GPIOPinWrite(LED_PORT,LED_PIN,~ucVal);
        SysCtlDelay(10 * (TheSysClock / 3000));          //延时约 10ms,消除按键抖动
        while (GPIOPinRead(KEY_PORT,KEY_PIN)==0x00);     //等待 KEY 抬起
        SysCtlDelay(10 * (TheSysClock / 3000));          //延时约 10ms,消除松键抖动
    }
}
```

小　结

　　本章主要介绍了系统控制部分,包括电源结构、LDO 控制、时钟控制、复位控制、外设控制、睡眠与深度睡眠、杂项功能和中断操作。

思　考　题

一、填空题

1. Standstorm 家族的处理器的时钟来源＿＿＿＿＿、＿＿＿＿＿。

2. Fury、DustDeril 家族的处理器的时钟来源＿＿＿＿＿、＿＿＿＿＿、＿＿＿＿＿。

3. Stellaris 微控制器提供一个集成的 LDO 稳压电源,电压调节范围是:＿＿＿＿＿。

4. 睡眠模式指的是_____。

5. 深度睡眠模式指的是_____。

6. Stellaris 微控制器系统需要_____ V 的电源供电。

二、问答题

1. 简述 Stellaris 处理器 Fury、DustDevil 和 Sandstorm 家族电源结构的特点。

2. 简述 Stellaris 处理器 Fury、DustDevil 和 Sandstorm 家族时钟的特点。

3. 在 Stellaris 系列 ARM 中有多种复位源，所有复位标志都集中保存在一个复位原因寄存器(RSTC)里，其复位源的种类有哪些？

4. Stellaris 系列 ARM 中有多种复位源，分别简述复位源其复位条件。

5. 大功率设备往往也是具有一定危险性的设备，如电梯系统。如果系统意外产生某种故障，应当立即使电机停止运行(即令 PWM 输出无效)，以避免其长时间处于危险的运行状态。在 Stellaris 系列处理器上做了哪些有效的措施防止事故发生？

6. 简述 Standstorm 家族中 LM3S101 处理器电源结构，包括模拟电源、数字电源及 LDO。

7. 简述 Standstorm 家族中 LM3S8962 处理器电源结构，包括模拟电源、数字电源及 LDO。

8. 简述 LDO 控制库函数 SysCtlLDOSet() 和 SysCtlLDOGet() 的作用。

9. LDO 控制库函数 SysCtlLDOSet() 可以用来设置处理器 LDO 电压，设置范围是多少？步长为多少？

10. Stellaris 微控制器内部和外部的晶振频率范围是多少？使用 PLL 功能时的工作频率是多少？

11. 请利用库函数设置外部晶振 8MHz，利用 PLL 后，让系统内核时钟为 20MHz。

12. 请利用库函数设置处理器进入睡眠模式，并说明如何退出睡眠模式？

第4章 通用输入输出

本节主要介绍处理器的通用 I/O 接口,包括通用 I/O 接口的应用电路,I/O 接口的高阻输入、推挽输出、开漏输出、钳位二极管和准双向输入特性,GPIO 库函数以及 I/O 控制端口的应用例程。

4.1 通用 I/O 口两种应用电路

1. 无须上拉电阻的 GPIO

这类 GPIO 典型电路如图 4-1 所示,采用灌电流方式驱动 LED,只需加一定值(如470Ω)的限流电阻即可。

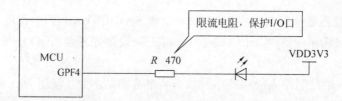

图 4-1 GPIO 通过灌电流驱动 LED

在这种应用中,需要将相应端口(这里为 GPF4)设置为输出口,当 GPF4 输出为 0 时,LED 点亮;当 GPF4 输出 1 时,LED 熄灭。

接在 LED 和端口 GPF4 之间的电阻 R 称为限流电阻,用来防止电流过大而损坏 LED,限流电阻 R 阻值计算须结合 LED 的特性和处理器端口特性(参考各自手册的 DC 特性部分)。当 LED 内流过 10mA 的电流时,两端压降约为 1.7V;而普通 I/O 口推荐的输出输入电流为 4mA,由此,R 的阻值可以这样计算:

$$R = \frac{U(\text{电源}) - U(\text{LED 压降})}{\text{I/O 口推荐电流}} = \frac{3.3 - 1.7}{0.004} = 400\Omega$$

为了保护 I/O 引脚,设计可保守一些,选取的阻值稍大一些为好,一般情况下,选取470Ω~1kΩ 都可以。

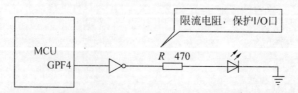

图 4-2 GPIO 通过拉电流驱动 LED(一般不推荐使用)

例如在使用反向器作输出显示时,图 4-2 是拉电流,即当输出端为高电平时才符合发光二极管正向连接的要求,但对于只能输出零点几毫安电流的反向器用这种方法想驱动二极管发光是不合理的(因发光二极管正常工作电流为 5～10mA)。

同时经过近些年的一些处理器的电气特性可见,新处理器的 I/O 口的特性与早期的TTL 接口不一样,其拉电流不一定比灌电流小很多。使用的时候请注意查看处理器手册有关 I/O 口的驱动电流大小。处理器的 GPF 端口的拉电流与灌电流能力是接近的。因此也可以直接驱动 LED。

但是也有例外,当 GPIO 口用于输入时,例如用于检测按键,由于 GPF0 口做 GPIO 输入,内部无上拉电阻,所以需要加 10kΩ 左右的上拉电阻,把 I/O 口拉到高电平。

在这种应用中,需要将相应端口(这里是 GPF0)设置为输入状态,然后读取 GPF0 端口的状态,当按键 S_0 按下时,GPF0 端口接地,将会读到 0;当松开按键 S_0 时,GPF0 接高电平,将读到 1,如图 4-3 所示。

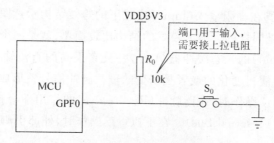

图 4-3　按键输入电路设计

2. 需要上拉电阻的 GPIO

这里所说的上拉电阻是因为 I/O 口自身结构要求上拉电阻,具有 I^2C 总线功能的 I/O口(GPE15(I^2CSDA)、GPE14(I^2CSCL))为开漏输出,在用作 I^2C 总线以及其他功能时,需要加(1～10)kΩ 的上拉电阻。

注意:选择最常用的 5% 的精度电阻。这里使用 0805 封装(功率一般为 1/10W)或0603 封装的(功率一般为 1/16W)贴片电阻。0805、0603 是封装的定义,设计印刷电路板时需要考虑元件的选择问题。0805 指的是长边为 8/100in、短边为 5/100in 大小的电阻;类似地,0603 指的是长边为 6/100in、短边为 3/100in 大小的电阻(1in=25.4mm)。

4.2　GPIO 概述

I/O(Input/Output)接口是一颗微控制器必须具备的最基本外设功能。在 Stellaris 系列 ARM 里,所有 I/O 都是通用的,称为 GPIO(General Purpose Input/Output)。GPIO 模块由 3～8 个物理 GPIO 块组成,一块对应一个 GPIO 端口(PA、PB、PC、PD、PE、PF、PG、PH)。每个 GPIO 端口包含 8 个引脚,如 PA 端口是 PA0～PA7。GPIO 模块遵循 FiRM(Foundation IP for Real-Time Microcontrollers)规范,并且支持多达 60 个可编程输入输出引脚(具体取决于与 GPIO 复用的外设的使用情况)。GPIO 模块包含以下特性。

- 可编程控制 GPIO 中断
- 屏蔽中断发生

- 边沿触发(上升沿、下降沿、双边沿)
- 电平触发(高电平、低电平)
- 输入输出可承受 5V
- 在读和写操作中通过地址线进行位屏蔽
- 可编程控制 GPIO 引脚配置
- 弱上拉或弱下拉电阻
- 2mA、4mA、8mA 驱动,以及带驱动转换速率(Slew Rate)控制的 8mA 驱动
- 开漏使能
- 数字输入使能
- 高速总线访问 AHB(可单周期反转 GPIO 输出状态)

1. 高阻输入

图 4-4 为 GPIO 引脚在高阻输入(Input)模式下的等效结构示意图。这是一个引脚的情况,其他引脚的结构也是同样的。输入模式的结构比较简单,就是一个带有施密特触发输入(Schmitt-Triggered Input)的三态缓冲器(U_1),并具有很高的直流输入等效阻抗。施密特触发输入的作用是能将缓慢变化的或者是畸变的输入脉冲信号整形成比较理想的矩形脉冲信号。执行 GPIO 引脚读操作时,在读脉冲(Read Pulse)的作用下会把引脚(Pin)的当前电平状态读到内部总线上(Internal Bus)。在不执行读操作时,外部引脚与内部总线之间是断开的。

2. 推挽输出

图 4-5 为 GPIO 引脚在推挽输出(Output)模式下的等效结构示意图。U_1 是输出锁存器,执行 GPIO 引脚写操作时,在写脉冲(Write Pulse)的作用下,数据被锁存到 Q 和 $\overline{Q}$。T_1 和 T_2 构成 CMOS 反相器,T_1 导通或 T_2 导通时都表现出较低的阻抗,但 T_1 和 T_2 不会同时导通或同时关闭,最后形成的是推挽输出。在 Stellaris 系列 ARM 里,T_1 和 T_2 实际上是多组可编程选择的晶体管,驱动能力可配置为 2mA、4mA、8mA 以及带转换速率(Slew Rate)控制的 8mA 驱动。在推挽输出模式下,GPIO 还具有回读功能,实现回读功能的是一个简单的三态门 U_2。注意:执行回读功能时,读到的是引脚的输出锁存状态,而不是外部引脚 Pin 的状态。

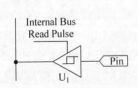

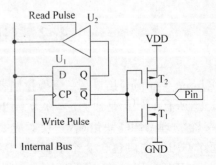

图 4-4　GPIO 高阻输入模式结构示意图　　　　**图 4-5　GPIO 推挽输出模式结构示意图**

3. 开漏输出

图 4-6 为 GPIO 引脚在开漏输出(OutputOD)模式下的等效结构示意图。开漏输出和

推挽输出的结构基本相同,但只有下拉晶体管 T_1 而没有上拉晶体管。同样,T_1 实际上也是多组可编程选择的晶体管。开漏输出的实际作用就是一个开关,输出"1"时断开、输出"0"时连接到 GND(有一定等效内阻)。回读功能:读到的仍是输出锁存器的状态,而不是外部引脚 Pin 的状态,因此开漏输出模式是不能用来输入的。开漏输出结构没有内部上拉,因此在实际应用时通常都要外接合适的上拉电阻(通常采用 $(4.7\sim 10)\text{k}\Omega$)。开漏输出能够方便地实现"线与"逻辑功能,即多个开漏的引脚可以直接接在一起(不需要缓冲隔离)使用,并统一外接一个合适的上拉电阻,就自然形成"逻辑与"关系。开漏输出的另一种用途是能够方便地实现不同逻辑电平之间的转换(如 $3.3\sim 5\text{V}$ 之间),只需外接一个上拉电阻,而不需要额外的转换电路。典型的应用例子就是基于开漏电气连接的 I^2C 总线。

4. 钳位二极管

GPIO 内部具有钳位保护二极管,如图 4-7 所示。其作用是防止从外部引脚 Pin 输入的电压过高或者过低。VDD 正常供电是 3.3V,如果从 Pin 输入的信号(假设任何输入信号都有一定的内阻)电压超过 VDD 加上二极管 D_1 的导通压降(假定在 0.6V 左右),则二极管 D_1 导通,多余的电流流到 VDD,而真正输入到内部的信号电压不会超过 3.9V。同理,如果从 Pin 输入的信号电压比 GND 还低,则由于二极管 D_2 的作用,会把实际输入内部的信号电压钳制在 -0.6V 左右。

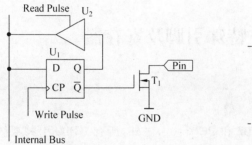

图 4-6　GPIO 开漏输出结构示意图　　图 4-7　GPIO 钳位二极管示意图

假设 $VDD=3.3\text{V}$,GPIO 设置在开漏模式下,外接 $10\text{k}\Omega$ 上拉电阻连接到 5V 电源,在输出"1"时,通过测量发现:GPIO 引脚上的电压并不会达到 5V,而是在 4V 上下,这正是内部钳位二极管在起作用。虽然输出电压达不到满幅的 5V,但对于实际的数字逻辑电路 3.5V 以上就算是高电平了。

如果确实想进一步提高输出电压,一种简单的做法是先在 GPIO 引脚上串联一只二极管(如 1N4148),然后再接上拉电阻。参见图 4-8,框内是芯片内部电路。向引脚写"1"时,T_1 关闭,在 Pin 处得到的电压是 $3.3+V_{D_1}+V_{D_3}=4.5\text{V}$,电压提升效果明显;向引脚写"0"时,$T_1$ 导通,在 Pin 处得到的电压是 $V_{D_3}=0.6\text{V}$,仍属低电平。

5. 上拉电阻

(1) 当 TTL 电路驱动 COMS 电路时,如果 TTL 电路输出的高电平低于 COMS 电路的最低高电平(一般为 3.5V),这时就需要在 TTL 电路的输出端接上拉电阻,以提高输出高电平的值。

(2) OC(集电极开路)门电路必须加上拉电阻,才能使用。

(3) 为加大输出引脚的驱动能力,有的单片机引脚上也常使用上拉电阻。

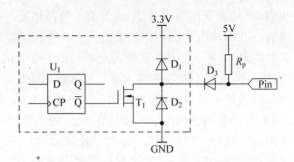

图 4-8　解决开漏模式上拉电压不足的方法

（4）在 COMS 芯片上，为了防止静电造成损坏，不用的引脚不能悬空，一般接上拉电阻产生降低输入阻抗、提供泄荷的通路。

（5）芯片的引脚加上拉电阻来提高输出电平，从而提高芯片输入信号的噪声容限，增强抗干扰能力。

（6）提高总线的抗电磁干扰能力。引脚悬空就比较容易受到外界的电磁干扰。

（7）长线传输中电阻不匹配容易引起反射波干扰，加上拉电阻是电阻匹配、有效地抑制反射波干扰的手段。

4.3　特殊引脚及寄存器

图 4-9 为 GPIO 引脚结构。

1. 特殊功能引脚描述

除了 5 个 JTAG/SWD 引脚（PB7 和 PC[3：0]）之外，所有 GPIO 引脚默认都是三态引脚（GPIOAFSEL=0，GPIODEN=0，GPIOPDR=0，且 GPIOPUR=0）。

JTAG/SWD 引脚默认为 JTAG/SWD 功能（GPIOAFSEL = 1，GPIODEN = 1 且 GPIOPUR=1）。通过上电复位（POR）或外部复位（RST），可以让这两组引脚都回到其默认状态。

2. 数据方向操作

GPIO 方向（GPIODIR）寄存器用来将每个独立的引脚配置为输入或输出。当数据方向位设为 0 时，GPIO 配置为输入，并且对应的数据寄存器位将捕获和存储 GPIO 端口上的值。当数据方向位设为 1 时，GPIO 配置为输出，并且对应的数据寄存器位将在 GPIO 端口上输出。

3. 数据寄存器操作

为了提高软件的效率，通过将地址总线的[9：2]位用作屏蔽位，GPIO 端口允许对 GPIO 数据（GPIODATA）寄存器中的各个位进行修改。这样，软件驱动程序仅使用一条指令就可以对各个 GPIO 引脚进行修改，而不会影响其他引脚的状态。

这点与通过执行"读—修改—写"操作来置位或清零单独的 GPIO 引脚做法不同。为了提供这种特性，GPIODATA 寄存器包含了存储器映射中的 256 个单元。

在写操作过程中，如果与数据位相关联的地址位被设为 1，那么 GPIODATA 寄存器的

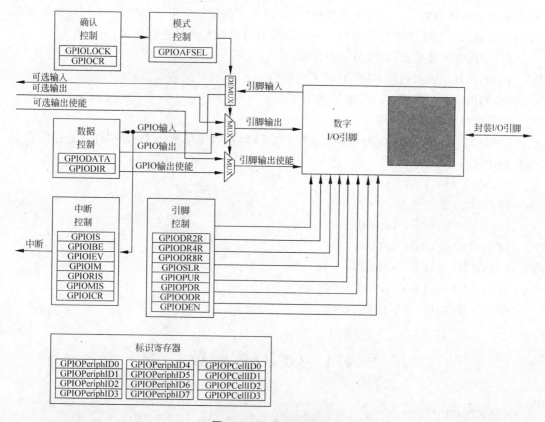

图 4-9　GPIO 引脚结构

值将发生变化。如果被清零，那么该寄存器的值将保持不变。

　　GPIODATA 写实例：将 0xEB 的值写入地址 GPIODATA＋0x098 处，其中，u 表示没有被写操作改变的数据，如图 4-10 所示。

　　GPIODATA 读实例：在读操作过程中，如果与数据位相关联的地址位被设为 1，那么读取该值；如果与数据位相关联的地址位被设为 0，那么不管它的实际值是什么，都将该值读作 0，例如，读取地址 GPIODATA＋0x0C4 处的值，如图 4-11 所示。

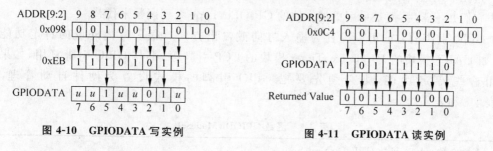

图 4-10　GPIODATA 写实例　　　　　　　　图 4-11　GPIODATA 读实例

4. 中断控制

　　每个 GPIO 端口的中断能力都由 7 个一组的寄存器控制。通过这些寄存器可以选择中断源、中断极性以及边沿属性。当一个或多于一个的 GPIO 输入产生中断时，只将一个中断输出发送到供所有 GPIO 端口使用的中断控制器。对于边沿触发中断，为了使能其他中断，软件必须清除该中断。对于电平触发中断,假设外部源保持电平不发生变化,以便中断能被控制器识别。使用 3 个寄存器来对产生中断的边沿或触发信号进行定义:

(1) GPIO 中断检测(GPIOIS)寄存器;

(2) GPIO 中断双边沿(GPIOIBE)寄存器;

(3) GPIO 中断事件(GPIOIEV)寄存器。

5. GPIO 寄存器

GPIO 寄存器与 GPIO 端口对应的基址如下(所列的偏移量是十六进制的,并按照寄存器地址递增):

(1) GPIO 端口 A:0x4000.4000;

(2) GPIO 端口 B:0x4000.5000;

(3) GPIO 端口 C:0x4000.6000;

(4) GPIO 端口 D:0x4000.7000;

(5) GPIO 端口 E:0x4002.4000;

(6) GPIO 端口 F:0x4002.5000;

(7) GPIO 端口 G:0x4002.6000。

4.4　GPIO 库函数

1. 使能 GPIO

通常,Stellaris 系列 ARM 所有片内外设只有在使能以后才可以工作,否则被禁止。暂时不用的片内外设被禁止后可以节省功耗。GPIO 也不例外,复位时所有 GPIO 模块都被禁止,在使用 GPIO 模块之前首先必须要使能。例如:

```
SysCtlPeripheralEnable(SYSCTL_PERIPH_GPIOB);        //使能 GPIOB 模块
SysCtlPeripheralEnable(SYSCTL_PERIPH_GPIOG);        //使能 GPIOG 模块
```

2. GPIO 基本设置

这几个函数用来设置 GPIO 引脚的方向、模式、电流驱动强度和类型。但是在实际编程当中它们并不常用,而是采用更加方便的 GPIOPinType 系列函数来代替。

GPIO 引脚的方向可以设置为输入方向或输出方向。很多片内外设的特定功能引脚,如 UART 模块的 Rx 和 Tx、Timer 模块的 CCP 引脚等,都与 GPIO 引脚复用,如果要使用这些特定功能,则必须先要把 GPIO 引脚的模式设置为硬件自动管理,参见表 4-1 和表 4-2。

表 4-1　函数 GPIODirModeSet()

函数名称	函数 GPIODirModeSet()
功能	设置所选 GPIO 端口指定引脚的方向和模式
原型	void GPIODirModeSet(unsigned long ulPort, unsigned char ucPins, unsigned long ulPinIO)

续表

参数	ulPort：所选 GPIO 端口的基址，应当取下列值之一： GPIO_PORTA_BASE　　　　//GPIOA 的基址（0x40004000） GPIO_PORTB_BASE　　　　//GPIOB 的基址（0x40005000） GPIO_PORTC_BASE　　　　//GPIOC 的基址（0x40006000） GPIO_PORTD_BASE　　　　//GPIOD 的基址（0x40007000） GPIO_PORTE_BASE　　　　//GPIOE 的基址（0x40024000） GPIO_PORTF_BASE　　　　//GPIOF 的基址（0x40025000） GPIO_PORTG_BASE　　　　//GPIOG 的基址（0x40026000） GPIO_PORTH_BASE　　　　//GPIOH 的基址（0x40027000） 在 2008 年新推出的 DustDevil 家族（LM3S3×××/5××× 系列，以及部分 LM3S1×××/2××× 型号）里新增了一项 AHB 功能（GPIO 高速总线访问）。如果已经用函数 SysCtlGPIOAHBEnable()使能了 AHB 功能，则参数 ulPort 应当取下列值之一： GPIO_PORTA_AHB_BASE　　//GPIOA 的 AHB 基址 GPIO_PORTB_AHB_BASE　　//GPIOB 的 AHB 基址 GPIO_PORTC_AHB_BASE　　//GPIOC 的 AHB 基址 GPIO_PORTD_AHB_BASE　　//GPIOD 的 AHB 基址 GPIO_PORTE_AHB_BASE　　//GPIOE 的 AHB 基址 GPIO_PORTF_AHB_BASE　　//GPIOF 的 AHB 基址 GPIO_PORTG_AHB_BASE　　//GPIOG 的 AHB 基址 GPIO_PORTH_AHB_BASE　　//GPIOH 的 AHB 基址 ucPins：指定引脚的位组合表示，应当取下列值之一或者它们之间的任意"或运算"组合形式。 GPIO_PIN_0　　　　　//GPIO 引脚 0 的位表示（0x01） GPIO_PIN_1　　　　　//GPIO 引脚 1 的位表示（0x02） GPIO_PIN_2　　　　　//GPIO 引脚 2 的位表示（0x04） GPIO_PIN_3　　　　　//GPIO 引脚 3 的位表示（0x08） GPIO_PIN_4　　　　　//GPIO 引脚 4 的位表示（0x10） GPIO_PIN_5　　　　　//GPIO 引脚 5 的位表示（0x20） GPIO_PIN_6　　　　　//GPIO 引脚 6 的位表示（0x40） GPIO_PIN_7　　　　　//GPIO 引脚 7 的位表示（0x80） ulPinIO：引脚的方向或模式，应当取下列值之一： GPIO_DIR_MODE_IN　　　//输入方向 GPIO_DIR_MODE_OUT　　 //输出方向 GPIO_DIR_MODE_HW　　　//硬件控制
返回	无

表 4-2　函数 GPIODirModeGet()

函数名称	函数 GPIODirModeGet()
功能	获取所选 GPIO 端口指定引脚的方向和模式
原型	unsigned long GPIODirModeGet(unsigned long ulPort, unsigned char ucPin)
参数	与表 4-1 相同
返回	无

　　GPIO 引脚的电流驱动强度可以选择 2mA、4mA、8mA 或者带转换速率(Slew Rate)控制的 8mA 驱动。驱动强度越大表明负载能力越强，但功耗也越高。对绝大多数应用场合选择 2mA 驱动即可满足要求。GPIO 引脚类型可以配置成输入、推挽和开漏三大类，每一类当中还有上拉、下拉的区别。对于配置为输入端口的引脚，端口可按照要求设置，但是对输入唯一真正有影响的是上拉或下拉终端的配置，参见表 4-3 和表 4-4。

表 4-3　函数 GPIOPadConfigSet()

函数名称	函数 GPIOPadConfigSet()
功能	设置所选 GPIO 端口指定引脚的驱动强度和类型
原型	void GPIOPadConfigSet(unsigned long ulPort, unsigned char ucPins, unsigned long ulStrength, unsigned long ulPadType)
参数	ulPort：所选 GPIO 端口的基址 ucPins：指定引脚的位组合表示 ulStrength：指定输出驱动强度，应当取下列值之一： 　　GPIO_STRENGTH_2MA　　　　//2mA 驱动强度 　　GPIO_STRENGTH_4MA　　　　//4mA 驱动强度 　　GPIO_STRENGTH_8MA　　　　//8mA 驱动强度 　　GPIO_STRENGTH_8MA_SC　　//带转换速率(Slew Rate)控制的 8mA 驱动 ulPadType：指定引脚类型，应当取下列值之一： 　　GPIO_PIN_TYPE_STD　　　　//推挽 　　GPIO_PIN_TYPE_STD_WPU　//带弱上拉的推挽 　　GPIO_PIN_TYPE_STD_WPD　//带弱下拉的推挽 　　GPIO_PIN_TYPE_OD　　　　//开漏 　　GPIO_PIN_TYPE_OD_WPU　　//带弱上拉的开漏 　　GPIO_PIN_TYPE_OD_WPD　　//带弱下拉的开漏 　　GPIO_PIN_TYPE_ANALOG　　//模拟比较器
返回	无

表 4-4　函数 GPIOPadConfigGet()

函数名称	函数 GPIOPadConfigGet()
功能	获取所选 GPIO 端口指定引脚的驱动强度和类型
原型	void GPIOPadConfigGet(unsigned long ulPort, unsigned char ucPins, unsigned long ulStrength, unsigned long ulPadType)
参数	ulPort：所选 GPIO 端口的基址 ucPins：指定引脚的位组合表示 pulStrength：指针，指向保存输出驱动强度信息的存储单元 pulPadType：指针，指向保存输出驱动类型信息的存储单元
返回	无

　　关于转换速率(Slew Rate)。对输出信号采取适当舒缓的转换速率控制，对抑制信号在传输线上的反射和电磁干扰非常有效。按照 Stellaris 系列 ARM 数据手册里给出的数据：在 2mA 驱动下 GPIO 输出的上升和下降时间为 17ns(典型值，下同)；而在 8mA 驱动下加快到 6ns，电磁干扰现象可能比较突出；但在使能 8mA 转换速率控制以后上升和下降时间

分别为 10ns 和 11ns,有了明显的延缓。8mA 驱动在使能其转换速率控制后,并不影响其直流驱动能力,仍然是 8mA。

3. GPIO 引脚类型设置

这是一系列以 GPIOPinType 开头的函数。其中前 3 个函数(表 4-5、表 4-6 和表 4-7)用来配置 GPIO 引脚的类型,很常用,其他函数(表 4-8～表 4-11)用于将 GPIO 引脚配置为其他外设模块的硬件功能。

表 4-5　函数 **GPIOPinTypeGPIOInput( )**

函数名称	函数 GPIOPinTypeGPIOInput( )
功能	设置所选 GPIO 端口指定的引脚为高阻输入模式
原型	void GPIOPinTypeGPIOInput(unsigned long ulPort,unsigned char ucPins)
参数	ulPort:所选 GPIO 端口的基址 ucPins:指定引脚的位组合表示
返回	无

表 4-6　函数 **GPIOPinTypeGPIOOutput( )**

函数名称	函数 GPIOPinTypeGPIOOutput( )
功能	设置所选 GPIO 端口指定的引脚为推挽输出模式
原型	GPIOPinTypeGPIOOutput(unsigned long ulPort,unsigned char ucPins)
参数	ulPort:所选 GPIO 端口的基址 ucPins:指定引脚的位组合表示
返回	无
备注	

表 4-7　函数 **GPIOPinTypeGPIOOutputOD( )**

函数名称	函数 GPIOPinTypeGPIOOutputOD( )
功能	设置所选 GPIO 端口指定的引脚为开漏输出模式
原型	GPIOPinTypeGPIOOutputOD(unsigned long ulPort,unsigned char ucPins)
参数	ulPort:所选 GPIO 端口的基址 ucPins:指定引脚的位组合表示
返回	无
备注	

表 4-8　函数 **GPIOPinTypeADC( )**

函数名称	函数 GPIOPinTypeADC( )
功能	设置所选 GPIO 端口指定的引脚为 ADC 功能
原型	void GPIOPinTypeADC(unsigned long ulPort,unsigned char ucPins)
参数	ulPort:所选 GPIO 端口的基址 ucPins:指定引脚的位组合表示
返回	无
备注	对于 Sandstorm 和 Fury 家族,ADC 引脚是独立存在的,没有与任何 GPIO 引脚复用,因此使用 ADC 功能时不需要调用本函数。对于 2008 年新推出的 DustDevil 家族,ADC 引脚与 GPIO 引脚是复用的,因此使用 ADC 功能时就必须要调用本函数进行配置

表　4-9

函数名称	函数 GPIOPinTypeCAN()；函数 GPIOPinTypeComparator()；函数 GPIOPinTypeI2C()；函数 GPIOPinTypePWM()；函数 GPIOPinTypeQEI()；函数 GPIOPinTypeSSI()；函数 GPIOPinTypeTimer()；函数 GPIOPinTypeUART()；函数 GPIOPinTypeUSBDigital()；
功能	设置所选 GPIO 端口指定的引脚为 CAN、Comparator、I^2C、PWM、QEI、SSI、Timer、UART、USBDigital 功能
原型	void GPIOPinTypeCAN/ Comparator/ I2C/PWM/QEI/SSI/Timer/UART/USBDigital(unsigned long ulPort,unsigned char ucPins)
参数	ulPort：所选 GPIO 端口的基址 ucPins：指定引脚的位组合表示
返回	无
备注	这些功能都大同小异,在此就不一一列出

对于前 3 个函数,名称太长,所以在实际编程当中常常采用简短的定义:

```
# define GPIOPinTypeIn        GPIOPinTypeGPIOInput
# define GPIOPinTypeOut       GPIOPinTypeGPIOOutput
# define GPIOPinTypeOD        GPIOPinTypeGPIOOutputOD
```

4. GPIO 引脚读写

对 GPIO 引脚的读写操作是通过函数 GPIOPinWrite() 和 GPIOPinRead() 实现的,这是两个非常重要而且很常用的库函数,参见表 4-10 和表 4-11 的描述。

表 4-10　函数 GPIOPinWrite()

函数名称	函数 GPIOPinWrite()
功能	向所选 GPIO 端口的指定引脚写入一个值,以更新引脚状态
原型	void GPIOPinWrite (unsigned long ulPort, unsigned char ucPins, unsigned char ucVal);
参数	ulPort：所选 GPIO 端口的基址 ucPins：指定引脚的位组合表示 ucVal：写入指定引脚的值 注：ucPins 指定的引脚对应的 ucVal 当中的位如果是 1,则置位相应的引脚,如果是 0,则清零相应的引脚;ucPins 未指定的引脚不受影响
返回	无

函数使用示例如下。

(1) 清除 PA3:

```
GPIOPinWrite(GPIO_PORTA_BASE,GPIO_PIN_3,0x00);
```

（2）置位 PB5：

GPIOPinWrite(GPIO_PORTB_BASE,GPIO_PIN_5,0xFF);

（3）置位 PD2、PD6：

GPIOPinWrite(GPIO_PORTD_BASE,GPIO_PIN_2 | GPIO_PIN_6,0xFF);

（4）变量 ucData 输出到 PA0～PA7：

GPIOPinWrite(GPIO_PORTA_BASE,0xFF,ucData);

表 4-11　函数 **GPIOPinRead()**

函数名称	函数 GPIOPinRead()
功能	读取所选 GPIO 端口指定引脚的值
原型	long GPIOPinRead(unsigned long ulPort,unsigned char ucPins)
参数	ulPort：所选 GPIO 端口的基址 ucPins：指定引脚的位组合表示
返回	返回 1 个位组合的字节。该字节提供了由 ucPins 指定引脚的状态，对应的位值表示 GPIO 引脚的高低状态。ucPins 未指定的引脚位值是 0。返回值已强制转换为 long 型，因此位(31:8)应该忽略

函数使用示例如下。

（1）读取 PA4，返回值保存在 ucData 里，可能的值是 0x00 或 0x10：

ucData＝GPIOPinRead(GPIO_PORTA_BASE,GPIO_PIN_4);

（2）同时读取 PB1、PB2 和 PB6，返回 PB1、PB2 和 PB6 的位组合保存在 ucData 里：

ucData＝GPIOPinRead(GPIO_PORTB_BASE,GPIO_PIN_1 | GPIO_PIN_2 | GPIO_PIN_6);

（3）读取整个 PF 端口：

ucData＝GPIOPinRead(GPIO_PORTF_BASE,0xFF);

5. GPIO 中断

在 Stellaris 系列 ARM 里，每个 GPIO 引脚都可以作为外部中断输入。中断的触发类型分为边沿触发和电平触发两大类，用起来非常灵活。配置 GPIO 引脚的中断触发方式可以通过调用函数 GPIOIntTypeSet()来实现，函数 GPIOIntTypeGet()用来获取配置情况，参见表 4-12 和表 4-13 的描述。

表 4-12　函数 **GPIOIntTypeSet()**

函数名称	函数 GPIOIntTypeSet()
功能	设置所选 GPIO 端口指定引脚的中断触发类型
原型	void GPIOIntTypeSet(unsigned long ulPort,unsigned char ucPins,unsigned long ulIntType)

参数	ulPort：所选 GPIO 端口的基址 ucPins：指定引脚的位组合表示 ulIntType：指定中断触发机制的类型，应当取下列值之一： 　　GPIO_FALLING_EDGE //下降沿触发中断 　　GPIO_RISING_EDGE　　//上升沿触发中断 　　GPIO_BOTH_EDGES　　//双边沿触发中断(上升沿和下降沿都会触发中断) 　　GPIO_LOW_LEVEL　　//低电平触发中断 　　GPIO_HIGH_LEVEL　　//高电平触发中断
返回	无

表 4-13　函数 GPIOIntTypeGet()

函数名称	函数 GPIOIntTypeGet()
功能	获取所选 GPIO 端口指定引脚的中断触发类型
原型	unsigned long GPIOIntTypeGet(unsigned long ulPort,unsigned char ucPin)
参数	ulPort：所选 GPIO 端口的基址 ucPins：指定引脚的位组合表示
返回	ulIntType：指定中断触发机制的类型，应当取下列值之一： 　　GPIO_FALLING_EDGE //下降沿触发中断 　　GPIO_RISING_EDGE　　//上升沿触发中断 　　GPIO_BOTH_EDGES　　//双边沿触发中断(上升沿和下降沿都会触发中断) 　　GPIO_LOW_LEVEL　　//低电平触发中断 　　GPIO_HIGH_LEVEL　　//高电平触发中断

函数 GPIOPinIntEnable()和 GPIOPinIntDisable()用来使能和禁止 GPIO 引脚中断，参见表 4-14 和表 4-15 描述。

表 4-14　函数 GPIOPinIntEnable()

函数名称	函数 GPIOPinIntEnable()
功能	使能所选 GPIO 端口指定引脚的中断
原型	void GPIOPinIntEnable(unsigned long ulPort,unsigned char ucPins)
参数	ulPort：所选 GPIO 端口的基址 ucPins：指定引脚的位组合表示
返回	无

表 4-15　函数 GPIOPinIntDisable()

函数名称	函数 GPIOPinIntDisable()
功能	禁止所选 GPIO 端口指定引脚的中断
原型	void GPIOPinIntDisable(unsigned long ulPort,unsigned char ucPins)
参数	ulPort：所选 GPIO 端口的基址 ucPins：指定引脚的位组合表示
返回	无

　　函数 GPIOPinIntStatus()用来获取 GPIO 引脚的中断状态。在同一个 GPIO 端口上,8
个 GPIO 引脚的中断向量都是共用的。如果同时配置了同一端口上的多个引脚中断,则可
以先利用函数 GPIOPinIntStatus()读取中断状态,再进一步确认具体是哪个引脚产生的中
断请求。函数 GPIOPinIntClear()用来及时清除 GPIO 引脚的中断状态,参见表 4-16 和
表 4-17 的描述。

表 4-16　函数 GPIOPinIntStatus()

函数名称	函数 GPIOPinIntStatus()
功能	获取所选 GPIO 端口所有引脚的中断状态
原型	long GPIOPinIntStatus(unsigned long ulPort,tBoolean bMasked)
参数	ulPort:所选 GPIO 端口的基址 bMasked:屏蔽标志,如果是 true 则返回屏蔽的中断状态,如果是 false 则返回原始的中断状态
返回	1 个位组合字节。在该字节中置位的位用来识别一个有效的屏蔽中断或原始中断。字节的位 0 代表 GPIO 端口引脚 0、位 1 代表 GPIO 端口引脚 1,等等。返回值已被强制转换为 long 型,因此位(31:8)应该忽略

表 4-17　函数 GPIOPinIntClear()

函数名称	函数 GPIOPinIntClear()
功能	清除所选 GPIO 端口指定引脚的中断
原型	void GPIOPinIntClear(unsigned long ulPort,unsigned char ucPins)
参数	ulPort:所选 GPIO 端口的基址 ucPins:指定引脚的位组合表示
返回	无

　　函数 GPIOPortIntRegister()用来注册一个 GPIO 端口中断服务函数,而注销的方法是
调用函数 GPIOPortIntUnregister(),参见表 4-18 和表 4-19 的描述。GPIO 中断例程将在
"中断控制(Interrupt)"部分给出。

表 4-18　函数 GPIOPortIntRegister()

函数名称	函数 GPIOPortIntRegister()
功能	注册所选 GPIO 端口的一个中断处理程序
原型	void GPIOPortIntRegister(unsigned long ulPort,void(* pfnIntHandler)(void))
参数	ulPort:所选 GPIO 端口的基址 pfnIntHandler:函数指针,指向 GPIO 端口中断处理函数
返回	无

表 4-19　GPIOPortIntUnregister()

函数名称	函数 GPIOPortIntUnregister()
功能	注销所选 GPIO 端口的中断处理程序
原型	void GPIOPortIntUnregister(unsigned long ulPort)
参数	ulPort:所选 GPIO 端口的基址
返回	无

4.5 两只 LED 交替闪烁控制实例

　　程序清单 4-1 是 GPIO 引脚写操作的例子。在程序当中，PF2 和 PF3 引脚分别要接低电平点亮的 LED 指示灯。在程序中里定义有一个 ucVal 变量，用来保存 PF2 和 PF3 的电平状态，初始状态是 PF2 低电平、PF3 高电平。在主循环里，ucVal 不断反转，并且通过函数 GPIOPinWrite() 将其记录的状态写到 PF2 和 PF3 引脚，于是会观察到两只 LED 在不断交替闪烁。

程序清单 4-1　GPIO 例程：两只 LED 交替闪烁

```
文件：main.c
#include "systemInit.h"

//定义 LED
#define    LED_PERIPH        SYSCTL_PERIPH_GPIOF
#define    LED_PORT          GPIO_PORTF_BASE
#define    LED_PINS          GPIO_PIN_2 | GPIO_PIN_3

//主函数(程序入口)
int main(void)
{
  unsigned char ucVal;
  clockInit();                                      //时钟初始化：晶振,6MHz
  SysCtlPeriEnable(LED_PERIPH);                      //使能 LED 所在的 GPIO 端口
  GPIOPinTypeOut(LED_PORT, LED_PINS);               //设置 LED 所在的引脚为输出
  ucVal = (0 << 2) | (1 << 3);                       //设置 LED 亮灭的初始状态
  for (;;)
  {
    GPIOPinWrite(LED_PORT, LED_PINS, ucVal);         //输出 LED 亮灭状态
    ucVal ^= (1 << 2) | (1 << 3);                    //反转 LED 亮灭状态
    SysCtlDelay(150 * (TheSysClock / 3000));         //延时约 150ms
  }
}
```

4.6 KEY 控制 LED 实例

1. 采用库函数实现

　　程序清单 4-2 是 GPIO 引脚读写操作的例子。该例程的功能是用按键 KEY 来控制 LED 指示灯。

程序清单 4-2　GPIO 例程：KEY 控制 LED(1)

```
文件：main.c
#include "systemInit.h"
```

```
/ 定义 LED
# define  LED_PERIPH        SYSCTL_PERIPH_GPIOF
# define  LED_PORT          GPIO_PORTF_BASE
# define  LED_PIN           GPIO_PIN_3

//定义 KEY
# define  KEY_PERIPH        SYSCTL_PERIPH_GPIOD
# define  KEY_PORT          GPIO_PORTD_BASE
# define  KEY_PIN           GPIO_PIN_1

//主函数(程序入口)
int main(void)
{
  clockInit();                                        //时钟初始化：晶振,6MHz

  SysCtlPeriEnable(LED_PERIPH);                        //使能 LED 所在的 GPIO 端口
  GPIOPinTypeOut(LED_PORT,LED_PIN);                    //设置 LED 所在的引脚为输出

  SysCtlPeriEnable(KEY_PERIPH);                        //使能 KEY 所在的 GPIO 端口
  GPIOPinTypeIn(KEY_PORT,KEY_PIN);                     //设置 KEY 所在引脚为输入

  for (;;)
  {
    if (GPIOPinRead(KEY_PORT,KEY_PIN)==0x00)           //如果按下 KEY
    GPIOPinWrite(LED_PORT,LED_PIN,0x00);               //点亮 LED
    else
    GPIOPinWrite(LED_PORT,LED_PIN,0xFF);               //熄灭 LED
    SysCtlDelay(10 * (TheSysClock / 3000));            //延时约 10ms
  }
}
```

2. 采用寄存器操作实现

程序清单 4-3 也是 GPIO 引脚读写操作的例子。该例程的功能是用按键 KEY 来控制
LED 指示灯。通过判断 KEY1 有没有按下,按下则点亮 LED3,否则熄灭 LED3。

程序清单 4-3　GPIO 例程：KEY 控制 LED(2)

```
# define HWREG(x)( * ((volatile unsigned long * )(x)))

# define SYSCTL_PERIPH_GPIOD       0x20000008          //GPIO D
# define SYSCTL_PERIPH_GPIOF       0x20000020          //GPIO F
# define SYSCTL_RCGC2              0x400fe108          //运行模式时钟门控寄存器 2

# define GPIO_PORTD_BASE           0x40007000          //GPIO Port D 基地址
# define GPIO_PORTF_BASE           0x40025000          //GPIO Port F 基地址
# define GPIO_O_DIR                0x00000400          //数据方向寄存器地址偏移量
# define GPIO_O_AFSEL              0x00000420          //模式控制寄存器地址偏移量
# define GPIO_O_DATA               0x00000000          //数据寄存器地址偏移量
# define GPIO_O_DR4R               0x00000504          //4mA 驱动选择地址偏移量
# define GPIO_O_DEN                0x0000051C          //数字输入使能地址偏移量
```

```
# define KEY1                          0x00000002        //定义 KEY1,对应 PD1
# define LED3                          0x00000008        //定义 LED3,对应 PF3

//主函数程序入口
int main(void)
{
    unsigned char i;
    HWREG(SYSCTL_RCGC2) |=SYSCTL_PERIPH_GPIOD & 0x0fffffff;
                                                    /* 使能 GPIOPD 口外设 */
    HWREG(SYSCTL_RCGC2) |=SYSCTL_PERIPH_GPIOF & 0x0fffffff;
                                                    /* 使能 GPIO PF 口外设 */
    for (i=0; i< 4; i++) {
        ;
            }
    HWREG(GPIO_PORTD_BASE + GPIO_O_DIR) &=~KEY1;    /* GPIO PD1 为输入 */
    HWREG(GPIO_PORTD_BASE + GPIO_O_AFSEL) &=~KEY1;/* PD1 为 GPIO 功能 */

    HWREG(GPIO_PORTF_BASE + GPIO_O_DIR) |=LED3;      /* GPIO PF3 为输出 */
    HWREG(GPIO_PORTF_BASE + GPIO_O_AFSEL) &=~LED3;/* PF3 为 GPIO 功能 */

HWREG(GPIO_PORTD_BASE + GPIO_O_DR4R)=(HWREG(GPIO_PORTD_BASE + GPIO_O
_DR4R) | KEY1);
                                                    /* 设置为 4mA 驱动 */
HWREG(GPIO_PORTD_BASE + GPIO_O_DEN)=(HWREG(GPIO_PORTD_BASE + GPIO_O_
DEN) | KEY1);
                                                    /* 设置为推挽引脚 */
HWREG(GPIO_PORTF_BASE + GPIO_O_DR4R)=(HWREG(GPIO_PORTF_BASE + GPIO_O_
DR4R) | LED3);
                                                    /* 设置为 4mA 驱动 */
HWREG(GPIO_PORTF_BASE + GPIO_O_DEN)=(HWREG(GPIO_PORTF_BASE + GPIO_O_
DEN) | LED3);
                                                    /* 设置为推挽引脚 */
    while (1) {
      if (HWREG(GPIO_PORTD_BASE + (GPIO_O_DATA + (KEY1 << 2))))
            { /* 读 KEY1 引脚的值,并判断,如果为高,则熄灭 LED3 */
                HWREG(GPIO_PORTF_BASE + (GPIO_O_DATA + (LED3 << 2)))
=LED3;
                }
      else { /* 否则点亮 LED3 */
          HWREG(GPIO_PORTF_BASE + (GPIO_O_DATA + (LED3 << 2)))=~LED3;
      }
    }
}
```

　　读者会发现,若使用寄存器访问,使用最多的函数就是 HWREG(x),这个函数功能是以全字(32 位)方式访问硬件寄存器 x。在定义中读者需要仔细分析不同寄存器的功能,同时其地址分为基地址和偏移量。从比较中使用者也会发现,采集寄存器访问的方式较为麻烦,且容易出现错误,可读性较差,当然从另一个角度讲对于理解芯片内部寄存器的结构有一定益处。寄存器级编程直接、效率高,但不易编写与移植。一般情况下,不使用寄存器级编程。

为了让开发者在最短时间内完成产品设计,Luminary Micro Stellaris 外围驱动程序库是一系列用来访问基于 Cortex-M3 微处理器上 Stellaris 系列外设的驱动程序。尽管从纯粹的操作系统理解上它们不是驱动程序,但这些驱动程序确实提供了一种机制,使器件的外设使用起来很容易。

小　结

本章重点讲解了 LM3S8962 最基本、也是最常用的单元:GPIO。分析了两种通用的应用电路,然后分析了 GPIO 的内部结构、特殊引脚及相应的寄存器,并概括了常用的库函数及使用需要注意的方面,最后结合实例讲解了 GPIO 的应用。

思　考　题

1. 简述通用输入输出接口 GPIO 高阻输入(Input)的特点。
2. 简述输入输出接口 GPIO 推挽输出(Output)的特点。
3. 简述开漏输入输出接口 GPIO 输出(OutputOD)的特点。
4. 编写在某一个 GPIO 引脚输出 50Hz 的方波程序。
5. 控制某一个 GPIO 引脚接一个发光二极管,编写程序控制亮 2s,灭 2s,周而复始。
6. 简述 GPIOF2 引脚作为 2mA 推挽输出的设置方法(使用库函数)。
7. 通过硬件寄存器访问,完成选通其他 I/O 模块,如 GPIOG 模块。
8. 查看 PB7 脚,作为 JTAG 口控制逻辑中的一部分,为什么不能进行直接控制,需要如何设置才能实现对其信号的控制。
9. 思考 GPIO 最高的工作时序是否与主时钟同步? 为什么?
10. 比较在配置 I/O 口时不同模式的区别,例如弱上拉,弱下拉,还有驱动电流大小对外设的影响。
11. 在调试 Stellairs 系列 ARM 中一般使用 JTAG 接口,在调试过程中会出现再也连接不上的情况,一般出现的原因是什么? 应怎样处置?
12. 在 Stellairs 系列 ARM 中,JTAG 引脚一般与 GPIO 共用,公用引脚为哪几个?

第5章 串行通信

通信是芯片与芯片、设备与设备信息沟通的桥梁。通信的关键是通信协议，通信双方只有按照双方约定的协议，才能进行信息的交互。通信协议按时间来分，可以分为同步通信和异步通信；按发送数据位宽来分，可分为串行通信和并行通信。本章主要讲解 UART 串口通信、I²C 串行通信和 SPI 串行通信。

5.1 UART 串口通信

5.1.1 UART 异步串口概述

1. UART 异步串行口的传输格式

异步通信以一个字符为传输单位，通信中两个字符间的时间间隔是不固定的，然而在同一个字符中两个相邻位代码间的时间间隔是固定的。

通信协议（通信规程）：指通信双方约定的一些规则。在使用异步串口传送一个字符的信息时，对数据格式有如下约定，规定有空闲位、起始位、数据位、奇偶校验位和停止位。通信时序如图 5-1 所示。

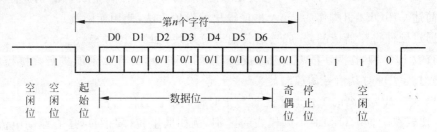

图 5-1 UART 通信时序图

（1）开始前，线路处于空闲状态，送出连续"1"。传送开始时首先发一个"0"作为起始位，然后出现在通信线上的是字符的二进制编码数据。

（2）每个字符的数据位长可以约定为 5 位、6 位、7 位或 8 位，一般采用 ASCII 编码。后面是奇偶校验位，根据约定，用奇偶校验位将所传字符中为"1"的位数凑成奇数个或偶数个。也可以约定不要奇偶校验，这样就取消奇偶校验位。

（3）最后是表示停止位的"1"信号，这个停止位可以约定持续 1 位、1.5 位或 2 位的时间宽度。

（4）至此一个字符传送完毕，线路又进入空闲，持续为"1"。经过一段随机的时间后，下一个字符开始传送才又发出起始位。

（5）每一个数据位的宽度等于传送波特率的倒数。微机异步串行通信中，常用的波特率为 110、150、300、600、1200、2400、4800 和 9600bps 等。

2. 电气特性

RS-232 标准采用的接口是 9 芯或 25 芯的 D 型插头,常用的一般是 9 针插头(DB9),如图 5-2 所示,表 5-1 是 DB9 的引脚说明。

表 5-1　DB9 引脚排序说明

引脚名称	全　称	说　明
FG	Frame Ground	连到机器的接地线
TxD	Transmitted Data	数据输出线
RxD	Received Data	数据输入线
RTS	Request to Send	要求发送数据
CTS	Clear to Send	回应对方发送的 RTS 的发送许可,告诉对方可以发送
DSR	Data Set Ready	告知本机在待命状态
DTR	Data Terminal Ready	告知数据终端处于待命状态
CD	Carrier Detect	载波检出,用以确认是否收到 Modem 的载波
SG	Signal Ground	信号线的接地线(严格地说是信号线的零标准线)
RI	Ring Indcator	Modem 通知计算机有呼叫进来,是否接收由计算机定

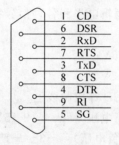

图 5-2　UART DB9 引脚图

5.1.2　UART 总体特性

1. UART 简介

计算机与外部设备的连接,基本上使用了两类接口:串行接口与并行接口,如图 5-3 所示。并行接口是指数据的各个位同时进行传送,其特点是传输速度块,但当传输距离远且位数又多时,通信线路变复杂且成本提高。串行通信是指数据一位一位地顺序传送,其特点是适合于远距离通信,通信线路简单,只要一对传输线就可以实现双向通信,从而大大降低了成本。

串行通信又分为异步与同步两类。通用异步收发器(Universal Asynchronous Receiver/Transmitter,UART)正是设备间进行异步通信的关键模块。它的重要作用如下所示:

- 处理数据总路线和串行口之间的串/并、并/串转换;
- 通信双方只要采用相同的帧格式和波特率,就能在未共享时钟信号的情况下,仅用两根信号线(Rx 和 Tx)就可以完成通信过程;
- 采用异步方式,数据收发完毕后,可通过中断或置位标志位的方式通知微控制器进行处理,大大提高微控制器的工作效率。

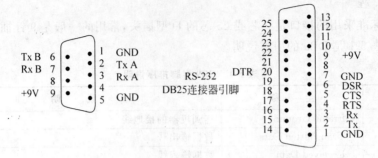

图 5-3　UART 的两种接口方式

若加入一个合适的电平转换器,如 SP3232E、SP3485,UART 还能用于 RS-232、RS-485 通信,或与计算机的端口连接。UART 应用非常广泛,手机、工业控制和 PC 等应用中都要用到 UART。

RS-232C 标准中所提到的"发送"和"接收",都是站在 DTE(Data Terminal Equipment)立场上,而不是站在 DCE(Data Communication Equipment)的立场上来定义的。由于在计算机系统中,往往是 CPU 和 I/O 设备之间传送信息,两者都是 DTE,因此双方都能发送和接收。EIA-RS-232C 对电器特性、逻辑电平和各种信号线功能都做了规定。

在 TxD 和 RxD 上:

- 逻辑 1(MARK)=-3~-15V;
- 逻辑 0(SPACE)=+3~+15V。

在 RTS、CTS、DSR、DTR 和 DCD 等控制线上:

- 信号有效(接通,ON 状态,正电压)=+3~+15V;
- 信号无效(断开,OFF 状态,负电压)=-3~-15V。

以上规定说明了 RS-323C 标准对逻辑电平的定义。对于数据(信息码):逻辑"1"(传号)的电平低于-3V;逻辑"0"(空号)的电平高于+3V。对于控制信号:接通状态(ON)即信号有效的电平高于+3V;断开状态(OFF)即信号无效的电平低于-3V。也就是当传输电平的绝对值大于 3V 时,电路可以有效地检查出来,介于-3~+3V 之间的电压无意义,低于-15V 或高于+15V 的电压也认为无意义,因此,实际工作时,应保证电平在±(3~15)V 之间。

EIA-RS-232C 与 TTL 转换:EIA-RS-232C 是用正负电压来表示逻辑状态,与 TTL 以高低电平表示逻辑状态的规定不同。因此,为了能够同计算机接口或终端的 TTL 器件连接,必须在 EIA-RS-232C 与 TTL 电路之间进行电平和逻辑关系的变换。实现这种变换的方法可用分立元件,也可用集成电路芯片,如 MAX232、MAX3232 等。

由于 RS-232 接口标准出现较早,难免有不足之处,主要有以下四点:

(1)接口的信号电平值较高,易损坏接口电路的芯片,又因为与 TTL 电平不兼容故需使用电平转换电路方能与 TTL 电路连接;

(2)传输速率较低,在异步传输时,波特率为 20kbps;

(3)接口使用一根信号线和一根信号返回线构成共地的传输形式,这种共地传输容易产生共模干扰,所以抗噪声干扰性弱;

(4)传输距离有限,最大传输距离标准值为 50 英尺,实际上也只能用在 50 米左右。

针对 RS-232 的不足,不断出现了一些新的接口标准,RS-485 就是其中之一,作为 20 世纪 80 年代早期批准的一个平衡传输标准,RS-485 似乎已成为工业界永不过时的接口标准。它具有以下特点。

(1) RS-485 的电气特性:逻辑“1”以两线间的电压差为＋(2～6)V 表示;逻辑“0”以两线间的电压差为－(2～6)V 表示。接口信号电平比 RS-232 降低了,就不易损坏接口电路的芯片,且该电平与 TTL 电平兼容,可方便与 TTL 电路连接。

(2) RS-485 的数据最高传输速率为 10Mbps。

(3) RS-485 接口是采用平衡驱动器和差分接收器的组合,抗共模干扰能力强,即抗噪声干扰性好。

(4) RS-485 接口的最大传输距离为 4000 英尺(约 1229 米),实际上可达 3000 米,另外 RS-232 接口在总线上只允许连接 1 个收发器,即单站能力。而 RS-485 接口在总线上是允许连接多达 128 个收发器。即具有多站能力,这样用户可以利用单一的 RS-485 接口方便地建立起设备网络。

因 RS-485 接口具有良好的抗噪声干扰性,长的传输距离和多站能力等优点就使其成为首选的串行接口。因为 RS-485 接口组成的半双工网络一般只需两根连线,所以 RS-485 接口均采用屏蔽双绞线传输。

2. Stellaris 系列 ARM 的 UART 特性

Stellaris 系列 ARM 的 UART 具有完全可编程、16C550 型串行接口的特性(但是并不兼容)。Stellaris 系列 ARM 含有 1～3 个 UART 模块。每个 UART 都具有以下特性。

独立的发送 FIFO 和接收 FIFO(First-In First-Out,先进先出)。

- FIFO 长度可编程,包括提供传统双缓冲接口的 1 字节深的操作。
- FIFO 触发深度为:1/8、1/4、1/2、3/4、7/8。
- 可编程的波特率发生器,允许速率高达 3.125Mbps(兆位每秒)。
- 标准的异步通信:起始位、停止位和奇偶校验位。
- 检测错误的起始位、线中止(Line-break)的产生和检测。
- 完全可编程的串行接口特性。
  - 5、6、7 或 8 个数据位。
  - 偶校验、奇校验、粘着或无奇偶校验位的产生/检测。
  - 产生 1 或 2 个停止位(使用 2 个停止位可以降低误码率)。
- 某些型号集成 IrDA 串行红外(SIR)编码器/解码器,具有以下特性。
  - 用户可以根据需要对 IrDA 串行红外(SIR)或 UART 输入输出端进行编程。
  - IrDA SIR 编码器/解码器功能模块在半双工时其数据速率可高达 115.2kb/s。
  - 位持续时间(Bit Duration)为 3/16(正常)或 1.41～2.23μs(低功耗),图 5-4 为 Stellaris 系列 ARM 的 UART 结构。

图 5-5 为 Stellaris 系列 ARM 芯片 UART 与计算机 COM 端口连接的典型应用电路。CZ1 和 CZ2 是电脑 DB9 形式的 COM 接口,U1 是 Exar(原 Sipex)公司的 UART 转 RS-232C 的接口芯片 SP3232E,可在 3.3V 下工作。

注意:接在 UART 端口的上拉电阻一般不要省略,否则可能会影响到通信的可靠性。

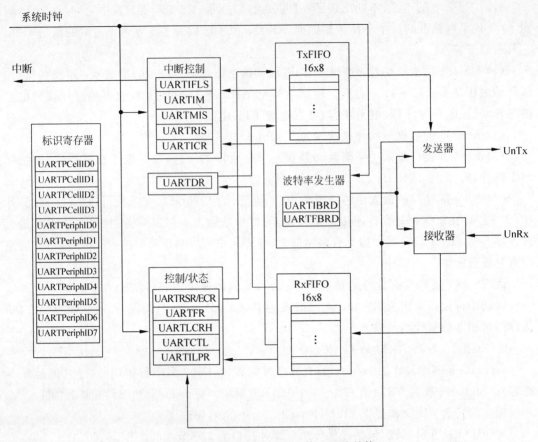

图 5-4 Stellaris 系列 ARM 的 UART 结构

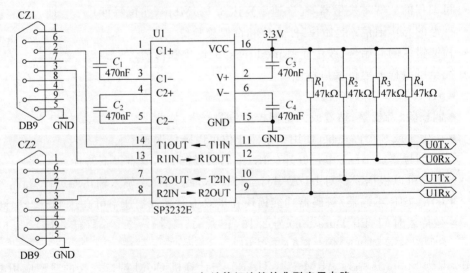

图 5-5 UART 与计算机连接的典型应用电路

5.1.3　UART 功能概述

1. 发送/接收逻辑

发送逻辑对从发送 FIFO 读取的数据执行"并→串"转换。控制逻辑输出起始位在先的串行位流，并且根据控制寄存器中已编程的配置，后面紧跟着数据位（注意：最低位 LSB 先输出）、奇偶校验位和停止位，参见图 5-6 的描述。

在检测到一个有效的起始脉冲后，接收逻辑对接收到的位流执行"串→并"转换。此外还会对溢出错误、奇偶校验错误、帧错误和线中止（Line-break）错误进行检测，并将检测到的状态附加到接收 FIFO 的数据中。

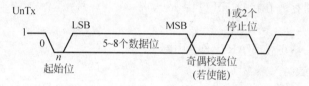

图 5-6　UART 字符帧（LSB 在前）

2. 波特率的产生

波特率除数（Baud-rate Divisor）是一个 22 位数，它由 16 位整数和 6 位小数组成。波特率发生器使用这两个值组成的数字来决定位周期。通过带有小数波特率的除法器，在足够高的系统时钟速率下，UART 可以产生所有标准的波特率，而误差很小。

波特率除数公式：

$$BRD = BRDI.BRDF = SystemClock/(16 \times BaudRate)$$

其中：

BRD 是 22 位的波特率除数，由 16 位整数和 6 位小数组成；

BRDI 是 BRD 的整数部分；

BRDF 是 BRD 的小数部分。

SystemClock 是系统时钟（UART 模块的时钟直接来自 SystemClock）；BaudRate 是波特率（9600、38400、115200bps 等）以 6MHz 晶振作为系统时钟、波特率取 115200bps 为例，误差仅为 0.16%，完全符合要求。

利用 Stellaris 外设驱动库配置 UART 的方法是采用函数 UARTConfigSet()。以 UART0 为例，设置波特率为 9600bps、数据位为 8、停止位为 1、无校验的方法如下：

```
UARTConfigSet(UART0_BASE,              //配置 UART0
              9600,                    //波特率：9600
              UART_CONFIG_WLEN_8 |     //数据位：8 位
              UART_CONFIG_STOP_ONE |   //停止位：1 位
              UART_CONFIG_PAR_NONE);   //校验位：无
```

3. 数据收发

发送时，数据被写入发送 FIFO。如果 UART 被使能，则会按照预先设置好的参数（波特率、数据位、停止位和校验位等）开始发送数据，一直到发送 FIFO 中没有数据。一旦向发送 FIFO 写数据（如果 FIFO 未空），UART 的忙标志位 BUSY 就有效，并且在发送数据期间一直保持有效。BUSY 位仅在发送 FIFO 为空,且已从移位寄存器发送最后一个字符,包括停止位时才变无效。即 UART 不再使能,它也可以指示忙状态。BUSY 位的相关库函数是UARTBusy(),参见表 5-24 的描述。

在 UART 接收器空闲时,如果数据输入变成"低电平",即接收到了起始位,则接收计数器开始运行,并且数据在 Baud16 的第 8 个周期被采样。如果 Rx 在 Baud16 的第 8 周期仍然为低电平,则起始位有效,否则会被认为是错误的起始位并将其忽略。

如果起始位有效,则根据数据字符被编程的长度,在 Baud16 的第 16 个周期对连续的数据位(即一个位周期之后)进行采样。如果奇偶校验模式使能,则还会检测奇偶校验位。

最后,如果 Rx 为高电平,则有效的停止位被确认,否则发生帧错误。当接收到一个完整的字符时,将数据存放在接收 FIFO 中。

4. 中断控制

出现以下情况时,可使 UART 产生中断。

- FIFO 溢出错误。
- 线中止错误(Line-break,即 Rx 信号一直为 0 的状态,包括校验位和停止位在内)。
- 奇偶校验错误。
- 帧错误(停止位不为 1)。
- 接收超时(接收 FIFO 已有数据但未满,而后续数据长时间不来)。
- 发送。
- 接收。

由于所有中断事件在发送到中断控制器之前会一起进行"或运算"操作,所以任意时刻UART 只能向中断产生一个中断请求。通过查询中断状态函数 UARTIntStatus(),软件可以在同一个中断服务函数里处理多个中断事件(多个并列的 if 语句)。

5. FIFO 操作

FIFO 是 First-In First-Out 的缩写,意为先进先出,是一种常见的队列操作。Stellaris 系列ARM 的 UART 模块包含有两个 16 字节的 FIFO:一个用于发送,另一个用于接收。可以将两个 FIFO 分别配置为以不同深度触发中断。可供选择的配置包括:1/8、1/4、1/2、3/4 和 7/8 深度。例如,如果接收 FIFO 选择 1/4,则在 UART 接收到 4 个数据时产生接收中断。

(1) 发送 FIFO 的基本工作过程。只要有数据填充到发送 FIFO 里,就会立即启动发送过程。由于发送本身是个相对缓慢的过程,因此在发送的同时其他待发送的数据还可以继续填充到发送 FIFO 里。当发送 FIFO 被填满时就不能再继续填充了,否则会造成数据丢失,此时只能等待。这个等待并不会很久,以 9600 的波特率为例,等待出现一个空位的时间在 1ms上下。发送 FIFO 会按照填入数据的先后顺序把数据一个个发送出去,直到发送 FIFO 全空时为止。已发送出去的数据会被自动清除,在发送 FIFO 里同时会多出一个空位。

(2) 接收 FIFO 的基本工作过程。当硬件逻辑接收到数据时,就会往接收 FIFO 里填充接收到的数据。程序应当及时取走这些数据,数据被取走也是在接收 FIFO 里被自动删除的过程,因此在接收 FIFO 里同时会多出一个空位。如果在接收 FIFO 里的数据未被及时取走而造成接收 FIFO 已满,则以后再接收到数据时因无空位可以填充而造成数据丢失。

收发 FIFO 主要是为了解决 UART 收发中断过于频繁而导致 CPU 效率不高的问题而引入的。在进行 UART 通信时,中断方式比轮询方式要简便且效率高。但是,如果没有收发

FIFO,则每收发一个数据都要中断处理一次,效率仍然不够高。如果有了收发 FIFO,则可以在连续收发若干个数据(可多至 14 个)后才产生一次中断然后一并处理,这就大大提高了收发效率。

完全不必要担心 FIFO 机制可能带来的数据丢失或得不到及时处理的问题,因为它已经帮你想到了收发过程中存在的任何问题,只要在初始化配置 UART 后,就可以放心收发了,FIFO 和中断例程会自动搞定一切。

(3) 发送 FIFO 中断处理过程。发送数据时,触发 FIFO 中断的条件是当发送 FIFO 里剩余的数据减少到预设的深度时触发中断(发送 FIFO 快空了,请赶紧填充),而不是填充到预设的深度时触发中断。为了减少中断次数提高发送效率,发送 FIFO 中断触发深度级别越浅越好,如 1/8 深度,因为发送速度慢,填充速度快。在需要发送大量数据时,首先要填充 FIFO 以启动发送过程,一定要填充到超过预设的触发深度(最好填满),然后就可以做其他事情了,剩余数据的发送工作会在中断里自动完成。当 FIFO 里剩余的数据减少到预设的触发深度时会自动触发中断。在中断服务函数里,继续填充发送数据,填满时退出。下次中断时继续填充,直到所有待发送数据都填充完毕为止(可以设置一个软标志来通知主程序)。

(4) 接收 FIFO 中断处理过程。接收数据时,触发 FIFO 中断的条件是当接收 FIFO 里累积的数据增加到预设的深度时触发中断(接收 FIFO 快满了,请赶紧取走)。为了减少中断次数提高接收效率,接收 FIFO 中断触发深度级别越深越好,如 7/8 深度,原因是读走的速度快,接收的速度慢。在需要接收大量数据时,接收过程可以完全自动地完成,每次中断产生时都要及时地从接收 FIFO 里取走已接收到的数据(最好全部取走),以免接收 FIFO 溢出。

注意:在使能接收中断的同时一般都还要使能接收超时中断。如果没有接收超时功能,则在接收 FIFO 未填充到预设深度而对方已经发送完毕的情况下并不会触发中断,结果造成最后接收的有效数据得不到处理的问题。另一种情况是对方发送过程中出现间隔,也不会触发中断,已在接收 FIFO 里的数据同样得不到及时处理。如果使能了接收超时中断,则在对方发送过程中出现 3 个数据的传输时间间隔时内就会触发超时中断,从而确保数据能够得到及时的处理。

看来许多人还没有真正理解 FIFO 的作用和优点,仍然停留在每收发一个字符就要中断处理一次的老思路上。UART 收发 FIFO 主要是为了解决收发中断过于频繁而导致 CPU 效率不高的问题。

FIFO 的必要性。在进行 UART 通信时,中断方式比轮询方式要简便且效率高。但是,如果没有收发 FIFO,则每传输一个数据(5～8 位)都要中断处理一次,效率仍然不高。如果有了收发 FIFO,则可以在连续收发若干个数据(可多至 14 个)后才产生一次中断,然后一起处理。这就大大提高了收发效率。

接收超时问题。如果没有接收超时功能,则在对方已经发送完毕而接收 FIFO 未填满时并不会触发中断(FIFO 满才会触发中断),结果造成最后接收的有效数据得不到处理的问题。有了接收超时功能后,如果接收 FIFO 未填满而对方发送已经停止,则在不超过 3 个数据的接收时间内就会触发超时中断,因此数据会得到处理。

总之,FIFO 的设计是优秀而合理的,它已经帮设计者想到了收发过程中存在的任何问题,只要初始化配置 UART 后,就可以放心收发了,FIFO 和中断例程会自动搞定一切!

完全不必要担心 FIFO 大大减少了中断产生的次数而"可能"造成数据丢失的问题!

发送时,只要发送 FIFO 不满,数据只管往里连续放,放完后就直接退出发送子程序。

随后,FIFO 真正发送完成后会自动产生中断,通知主程序说:"我已经完成真正的发送。"

接收时,如果对方是连续不间断发送,则填满 FIFO 后会以中断的方式通知主程序说:现在有一批数据来了,请处理。

如果对方是间断性发送,也不要紧,当间隔时间过长时(2~3 个字符传输时间),也会产生中断,这次是超时中断,通知主程序说:"对方可能已经发送完毕,但 FIFO 未满,也请处理。"

不知大家是否已经明白其中的自动机制?

6. 回环操作

UART 可以进入一个内部回环(Loopback)模式,用于诊断或调试。在回环模式下,从 Tx 上发送的数据将被 Rx 输入端接收。

5.1.4　UART 库函数

1. 配置与控制

函数 UARTConfigSetExpClk()用来对 UART 端口的波特率、数据格式进行配置。函数 UARTConfigGetExpClk()用来获取当前的配置情况,参见表 5-2 和表 5-3 的描述。

表 5-2　函数 UARTConfigSetExpClk()

函数名称	UARTConfigSetExpClk()
功能	UART 配置(要求提供明确的时钟速率)
原型	void UARTConfigSetExpClk(unsigned long ulBase, 　　　　unsigned long ulUARTClk, 　　　　unsigned long ulBaud, 　　　　unsigned long ulConfig)
参数	ulBase:UART 端口的基址,取值 UART0_BASE、UART1_BASE 或 UART2_BASE ulUARTClk:提供给 UART 模块的时钟速率,即系统时钟频率 ulBaud:期望设定的波特率 ulConfig:UART 端口的数据格式,取下列各组数值之间的"或运算"组合形式: 　● 数据字长度 　UART_CONFIG_WLEN_8　　　　//8 位数据 　UART_CONFIG_WLEN_7　　　　//7 位数据 　UART_CONFIG_WLEN_6　　　　//6 位数据 　UART_CONFIG_WLEN_5　　　　//5 位数据 　● 停止位 　UART_CONFIG_STOP_ONE　　　//1 个停止位 　UART_CONFIG_STOP_TWO　　　//2 个停止位(可降低误码率) 　● 校验位 　UART_CONFIG_PAR_NONE　　　//无校验 　UART_CONFIG_PAR_EVEN　　　//偶校验 　UART_CONFIG_PAR_ODD　　　 //奇校验 　UART_CONFIG_PAR_ONE　　　 //校验位恒为 1 　UART_CONFIG_PAR_ZERO　　　//校验位恒为 0
返回	无

表 5-3　函数 **UARTConfigGetExpClk**()

函数名称	UARTConfigGetExpClk()
功能	获取 UART 的配置(要求提供明确的时钟速率)
原型	void UARTConfigGetExpClk(unsigned long ulBase, 　　　　　　　　　　　unsigned long ulUARTClk, 　　　　　　　　　　　unsigned long * pulBaud, 　　　　　　　　　　　unsigned long * pulConfig)
参数	ulBase：UART 端口的基址,取值 UART0_BASE、UART1_BASE 或 UART2_BASE ulUARTClk：提供给 UART 模块的时钟速率,即系统时钟频率 pulBaud：指针,指向保存获取的波特率的缓冲区 pulConfig：指针,指向保存 UART 端口的数据格式的缓冲区,参见表 5-2 参数 ulConfig 的描述
返回	无

在实际编程时,往往用两个形式更简单的宏函数 UARTConfigSet( )和 UARTConfigGet()来代替上述两个库函数,参见表 5-4 和表 5-5 的描述。

表 5-4　宏函数 **UARTConfigSet**()

函数名称	UARTConfigSet()
功能	UART 配置(自动获取时钟速率)
原型	#define UARTConfigSet(a,b,c)UARTConfigSetExpClk(a,SysCtlClockGet(),b,c)
参数	详见表 5-2 的描述
返回	无
备注	本宏函数常常用来代替函数 UARTConfigSetExpClk(),在调用之前应当先调用 SysCtlClockSet()函数设置系统时钟(不要使用误差很大的内部振荡器,如 IOSC、IOSC/4 和 INT30 等)

表 5-5　宏函数 **UARTConfigGet**()

函数名称	UARTConfigGet()
功能	获取 UART 的配置(自动获取时钟速率)
原型	#define UARTConfigGet(a,b,c) UARTConfigGetExpClk(a,SysCtlClockGet(),b,c)
参数	详见表 5-2 的描述
返回	无

函数使用示例如下。

(1) 配置 UART0：波特率 9600,8 个数据位,1 个停止位,无校验。

```
UARTConfigSet(UART0_BASE,9600,UART_CONFIG_WLEN_8 |
        UART_CONFIG_STOP_ONE | UART_CONFIG_PAR_NONE);
```

(2) 配置 UART1：波特率最大,5 个数据位,1 个停止位,无校验。

```
UARTConfigSet(UART1_BASE,SysCtlClockGet() / 16,UART_CONFIG_WLEN_5 |
```

UART_CONFIG_STOP_ONE | UART_CONFIG_PAR_NONE);

（3）配置 UART2：波特率 2400，8 个数据位，2 个停止位，偶校验。

UARTConfigSet(UART2_BASE,2400,UART_CONFIG_WLEN_8 |
            UART_CONFIG_STOP_TWO |UART_CONFIG_PAR_EVEN);

函数 UARTParityModeSet()用来设置校验位的类型，但在实际编程时一般不会用到它，因为在 UARTConfigSet（）的参数里已经包含了对校验位的配置。函数 UARTParityModeGet()用来获取校验位的设置情况，参见表 5-6 和表 5-7 的描述。

表 5-6　函数 **UARTParityModeSet**()

函数名称	UARTParityModeSet()
功能	设置指定 UART 端口的校验类型
原型	void UARTParityModeSet(unsigned long ulBase,unsigned long ulParity)

参数	ulBase：UART 端口的基址，取值 UART0_BASE、UART1_BASE 或 UART2_BASE
	ulParity：指定使用的校验类型，取下列值之一：
	    UART_CONFIG_PAR_NONE　　　　//无校验
	    UART_CONFIG_PAR_EVEN　　　　//偶校验
	    UART_CONFIG_PAR_ODD　　　　 //奇校验
	    UART_CONFIG_PAR_ONE　　　　 //校验位恒为 1
	    UART_CONFIG_PAR_ZERO　　　　//校验位恒为 0

返回	无

表 5-7　函数 **UARTParityModeGet**()

函数名称	UARTParityModeGet()
功能	获取指定 UART 端口正在使用的校验类型
原型	unsigned long UARTParityModeGet(unsigned long ulBase)
参数	ulBase：UART 端口的基址，取值 UART0_BASE、UART1_BASE 或 UART2_BASE
返回	校验类型，与表 5-6 当中参数 ulParity 的取值相同

函数 UARTFIFOLevelSet()和 UARTFIFOLevelGet()用来设置和获取收发 FIFO 触发中断时的深度级别，参见表 5-8 和表 5-9 描述。

表 5-8　函数 **UARTFIFOLevelSet**()

函数名称	UARTFIFOLevelSet()
功能	设置指定 UART 端口产生中断的收发 FIFO 深度级别

原型	void UARTFIFOLevelSet(unsigned long ulBase,
	                unsigned long ulTxLevel,
	                unsigned long ulRxLevel)

续表

参数	ulBase：UART 端口的基址，取值 UART0_BASE、UART1_BASE 或 UART2_BASE ulTxLevel：发送中断 FIFO 的深度级别，取下列值之一： 　　UART_FIFO_TX1_8　　　　　　　//在 1/8 深度时产生发送中断 　　UART_FIFO_TX2_8　　　　　　　//在 1/4 深度时产生发送中断 　　UART_FIFO_TX4_8　　　　　　　//在 1/2 深度时产生发送中断 　　UART_FIFO_TX6_8　　　　　　　//在 3/4 深度时产生发送中断 　　UART_FIFO_TX7_8　　　　　　　//在 7/8 深度时产生发送中断 　　**注**：当发送 FIFO 里剩余的数据减少到预设的深度时触发中断，而非填充到预设深度时触发中断。因此在需要发送大量数据的应用场合，为了减少中断次数提高发送效率，发送 FIFO 中断触发深度级别设置得越浅越好，如设置为 UART_FIFO_TX1_8。 ulRxLevel：接收中断 FIFO 的深度级别，取下列值之一： 　　UART_FIFO_RX1_8　　　　　　　//在 1/8 深度时产生接收中断 　　UART_FIFO_RX2_8　　　　　　　//在 1/4 深度时产生接收中断 　　UART_FIFO_RX4_8　　　　　　　//在 1/2 深度时产生接收中断 　　UART_FIFO_RX6_8　　　　　　　//在 3/4 深度时产生接收中断 　　UART_FIFO_RX7_8　　　　　　　//在 7/8 深度时产生接收中断 　　**注**：当接收 FIFO 里已有的数据累积到预设的深度时触发中断，因此在需要接收大量数据的应用场合，为了减少中断次数提高接收效率，接收 FIFO 中断触发深度级别设置得越深越好，如设置为 UART_FIFO_RX7_8。
返回	无

表 5-9　函数 **UARTFIFOLevelGet()**

函数名称	UARTFIFOLevelGet()
功能	获取使指定 UART 端口产生中断的收发 FIFO 深度级别
原型	void UARTFIFOLevelGet (unsigned long ulBase, unsigned long * pulTxLevel, unsigned long * pulRxLevel)
参数	ulBase：UART 端口的基址，取值 UART0_BASE、UART1_BASE 或 UART2_BASE pulTxLevel：指针，指向保存发送中断 FIFO 的深度级别的缓冲区 pulRxLevel：指针，指向保存接收中断 FIFO 的深度级别的缓冲区
返回	无

2. 使能与禁止

函数 UARTEnable() 和 UARTDisable() 用来使能和禁止 UART 端口的收发功能。一般是先配置 UART，最后使能收发。当需要修改 UART 配置时，应当先禁止，配置完成后再使能，参见表 5-10 和表 5-11 的描述。

表 5-10　函数 **UARTEnable()**

函数名称	UARTEnable()
功能	使能指定 UART 端口的发送和接收操作

原型	void UARTEnable(unsigned long ulBase)
参数	ulBase：UART 端口的基址，取值 UART0＿BASE、UART1＿BASE 或 UART2＿BASE
返回	无

表 5-11　函数 **UARTDisable( )**

函数名称	UARTDisable( )
功能	禁止指定 UART 端口的发送和接收操作
原型	void UARTDisable(unsigned long ulBase)
参数	ulBase：UART 端口的基址，取值 UART0＿BASE、UART1＿BASE 或 UART2＿BASE
返回	无

函数 UARTEnableSIR( )和 UARTDisableSIR( )用来使能和禁止 UART 端口串行红外收发功能(IrDA SIR)，参见表 5-12 和表 5-13 的描述。

表 5-12　函数 **UARTEnableSIR( )**

函数名称	UARTEnableSIR( )
功能	使能指定 UART 端口的串行红外功能(IrDA SIR)，并选择是否采用低功耗模式
原型	void UARTEnableSIR(unsigned long ulBase,tBoolean bLowPower)
参数	ulBase：UART 端口的基址，取值 UART0＿BASE、UART1＿BASE 或 UART2＿BASE bLowPower：取值 false，正常的 IrDA 模式； 　　　　　　取值 true，选择低功耗 IrDA 模式
返回	无

表 5-13　函数 **UARTDisableSIR( )**

函数名称	UARTDisableSIR( )
功能	禁止指定 UART 端口的串行红外功能(IrDA SIR)
原型	void UARTDisableSIR(unsigned long ulBase)
参数	ulBase：UART 端口的基址，取值 UART0＿BASE、UART1＿BASE 或 UART2＿BASE
返回	无

函数 UARTDMAEnable( )和 UARTDMADisable( )用来使能和禁止 UART 端口的直接存储器访问(Direct Memory Access，DMA)操作。在 2008 年新推出的 DustDevil 家族里，新增了一个 μDMA 控制器。UART 端口也支持 DMA 传输，能够提高大批量传输数据的效率，参见表 5-14 和表 5-15 的描述。

表 5-14　函数 UARTDMAEnable()

函数名称	UARTDMAEnable()
功能	使能指定 UART 端口的 DMA 操作
原型	void UARTDMAEnable(unsigned long ulBase, unsigned long ulDMAFlags)
参数	ulBase：UART 端口的基址，取值 UART0_BASE、UART1_BASE 或 UART2_BASE ulDMAFlags：DMA 特性的位屏蔽，请当取下列值之一或者它们之间的任意"或运算"组合形式。 　　UART_DMA_TX　　　　　　　　　//使能 DMA 发送 　　UART_DMA_RX　　　　　　　　　//使能 DMA 接收 　　UART_DMA_ERR_RXSTOP　　　　//当 UART 出现错误时停止
返回	无

表 5-15　函数 UARTDMADisable()

函数名称	UARTDMADisable()
功能	禁止指定 UART 端口 UART 的 DMA 操作
原型	void UARTDMADisable(unsigned long ulBase, unsigned long ulDMAFlags)
参数	ulBase：UART 端口的基址，取值 UART0_BASE、UART1_BASE 或 UART2_BASE ulDMAFlags：DMA 特性的位屏蔽，参见表 5-14 参数 ulDMAFlags 的描述
返回	无

3. 数据收发

函数 UARTCharPut() 以轮询的方式发送数据，如果发送 FIFO 有空位则填充要发送的数据，如果没有空位则一直等待，参见表 5-16 的描述。

表 5-16　函数 UARTCharPut()

函数名称	UARTCharPut()
功能	发送 1 个字符到指定的 UART 端口(等待)
原型	void UARTCharPut(unsigned long ulBase, unsigned char ulData)
参数	ulBase：UART 端口的基址，取值 UART0_BASE、UART1_BASE 或 UART2_BASE ulData：要发送的字符
返回	无(在未发送完毕前不会返回)

函数 UARTCharGet() 以轮询的方式接收数据，如果接收 FIFO 里有数据则读出数据并返回，如果没有数据则一直等待，参见表 5-17 的描述。

表 5-17　函数 UARTCharGet()

函数名称	UARTCharGet()
功能	从指定的 UART 端口接收 1 个字符(等待)
原型	long UARTCharGet(unsigned long ulBase)
参数	ulBase：UART 端口的基址，取值 UART0_BASE、UART1_BASE 或 UART2_BASE
返回	读取到的字符，并自动转换为 long 型(在未收到字符之前会一直等待)

函数 UARTSpaceAvail()用来探测发送 FIFO 里是否有可用的空位。该函数一般用在正式发送之前,以避免长时间的等待,参见表 5-18 的描述。

表 5-18　函数 **UARTSpaceAvail**()

函数名称	UARTSpaceAvail()
功能	确认在指定 UART 端口的发送 FIFO 里是否有可用的空间
原型	tBoolean UARTSpaceAvail(unsigned long ulBase)
参数	ulBase:UART 端口的基址,取值 UART0_BASE、UART1_BASE 或 UART2_BASE
返回	true:在发送 FIFO 里有可用空间 false:在发送 FIFO 里没有可用空间(发送 FIFO 已满)
备注	通常,本函数需要跟函数 UARTCharPutNonBlocking()配合使用

函数 UARTCharsAvail()用来探测接收 FIFO 里是否有接收到的数据。该函数一般用在正式接收之前,以避免长时间的等待,参见表 5-19 的描述。

表 5-19　函数 **UARTCharsAvail**()

函数名称	UARTCharsAvail()
功能	确认在指定 UART 端口的接收 FIFO 里是否有字符
原型	tBoolean UARTCharsAvail(unsigned long ulBase)
参数	ulBase:UART 端口的基址,取值 UART0_BASE、UART1_BASE 或 UART2_BASE
返回	true:在接收 FIFO 里有字符 false:在接收 FIFO 里没有字符(接收 FIFO 为空)
备注	通常,本函数需要跟函数 UARTCharGetNonBlocking()配合使用

函数 UARTCharPutNonBlocking()以“无阻塞”的形式发送数据,即不去探测发送 FIFO 里是否有可用空位。如果有空位则放入数据并立即返回,否则立即返回 false 表示发送失败。因此调用该函数时不会出现任何等待。UARTCharNonBlockingPut()是其等价的宏形式,参见表 5-20 和表 5-22 的描述。

函数 UARTCharGetNonBlocking()以“无阻塞”的形式接收数据,即不去探测接收 FIFO 里是否有接收到的数据。如果有数据则读取并立即返回,否则立即返回−1 表示接收失败。因此调用该函数时不会出现任何等待。UARTCharNonBlockingGet()是其等价的宏形式,参见表 5-21 和表 5-23 的描述。

表 5-20　函数 **UARTCharPutNonBlocking**()

函数名称	UARTCharPutNonBlocking()
功能	发送 1 个字符到指定的 UART 端口(不等待)
原型	tBoolean UARTCharPutNonBlocking(unsigned long ulBase,unsigned char ulData)
参数	ulBase:UART 端口的基址,取值 UART0_BASE、UART1_BASE 或 UART2_BASE ulData:要发送的字符
返回	如果发送 FIFO 里有可用空间,则将数据放入发送 FIFO,并立即返回 true 如果发送 FIFO 里没有可用空间,则立即返回 false(发送失败)
备注	通常,在调用本函数之前应当先调用 UARTSpaceAvail()确认发送 FIFO 里有可用空间

表 5-21　函数 UARTCharGetNonBlocking( )

函数名称	UARTCharGetNonBlocking( )
功能	从指定的 UART 端口接收 1 个字符(不等待)
原型	long UARTCharGetNonBlocking(unsigned long ulBase)
参数	ulBase：UART 端口的基址，取值 UART0_BASE、UART1_BASE 或 UART2_BASE
返回	如果接收 FIFO 里有字符，则立即返回接收到的字符(自动转换为 long 型) 如果接收 FIFO 里没有字符，则立即返回−1(接收失败)
备注	通常，在调用本函数之前应当先调用 UARTCharsAvail( )来确认接收 FIFO 里有字符

表 5-22　宏函数 UARTCharNonBlockingPut( )

函数名称	UARTCharNonBlockingPut( )
功能	发送 1 个字符到指定的 UART 端口(不等待)
原型	#define UARTCharNonBlockingPut(a,b)　　UARTCharPutNonBlocking(a,b)
参数	参见表 5-20 的描述
返回	参见表 5-20 的描述

表 5-23　宏函数 UARTCharNonBlockingGet( )

函数名称	UARTCharNonBlockingGet( )
功能	从指定的 UART 端口接收 1 个字符(不等待)
原型	#define UARTCharNonBlockingGet(a)　　UARTCharGetNonBlocking(a)
参数	参见表 5-21 的描述
返回	参见表 5-21 的描述

不管是函数 UARTCharPut( )还是 UARTCharPutNonBlocking( )，在发送数据时实际上都是把数据往发送 FIFO"一丢"然后就退出，而并非在 UnTx 引脚意义上的真正发送完毕。函数 UARTBusy( )是判断 UART 发送操作是否忙，可用来判定在发送 FIFO 里的数据是否真正发送完毕，这包括最后一个数据的最后停止位。在 UART 转半双工的 RS-485 通信里，需要在发送完一批数据后将传输方向切换为接收，如果此时发送 FIFO 里还有数据未被真正发送出去，则过早的方向切换会破坏发送过程。因此运用函数 UARTBusy( )进行判定是必要的，参见表 5-24 的描述。

表 5-24　函数 UARTBusy( )

函数名称	UARTBusy( )
功能	确认指定 UART 端口的发送操作忙不忙
原型	tBoolean UARTBusy(unsigned long ulBase)
参数	ulBase：UART 端口的基址，取值 UART0_BASE、UART1_BASE 或 UART2_BASE
返回	无
备注	本函数是通过探测发送 FIFO 是否为空来确认在发送 FIFO 里的全部字符是否真正发送完毕，该判定在半双工 UART 转 RS-485 通信里可能比较重要

函数 UARTBreakCtl( )用来控制线中止的产生或撤销。线中止是指 UART 的接收信号 UnRx 一直为 0 的状态(包括校验位和停止位在内)。调用该函数，则会在 UnTx 引脚输

出一个连续的 0 电平状态,使对方的 Rx 产生一个线中止条件,并可以触发中断。线中止是个特殊的状态,在某些情况下有特别的用途,例如可以利用它来激活串口 ISP 下载服务程序、智能化自动握手通信等,参见表 5-25 的描述。

表 5-25 函数 UARTBreakCtl( )

函数名称	UARTBreakCtl( )
功能	控制指定 UART 端口的线中止条件发送或删除
原型	void UARTBreakCtl(unsigned long ulBase,tBoolean bBreakState)
参数	ulBase:UART 端口的基址,取值 UART0 _ BASE、UART1 _ BASE 或 UART2 _BASE bBreakState:取值 true,发送线中止条件到 Tx(使 Tx 一直为低电平) 取值 false,删除线中止状态(使 Tx 恢复到高电平)
返回	无

4. 中断控制

UART 端口在收发过程中可产生多种中断,处理起来比较灵活。函数 UARTIntEnable( )和 UARTIntDisable( )用来使能和禁止 UART 端口的一个或多个中断,参见表 5-26 和表 5-27 的描述。

表 5-26 函数 UARTIntEnable( )

函数名称	UARTIntEnable( )
功能	使能指定 UART 端口的一个或多个中断
原型	void UARTIntEnable(unsigned long ulBase,unsigned long ulIntFlags)
参数	ulBase:UART 端口的基址,取值 UART0_BASE、UART1_BASE 或 UART2_BASE ulIntFlags:指定的中断源,应当取下列值之一或者它们之间的任意"或运算"组合形式。 　　　UART_INT_OE　　　　//FIFO 溢出错误中断 　　　UART_INT_BE　　　　//BREAK 错误中断 　　　UART_INT_PE　　　　//奇偶校验错误中断 　　　UART_INT_FE　　　　//帧错误中断 　　　UART_INT_RT　　　　//接收超时中断 　　　UART_INT_TX　　　　//发送中断 　　　UART_INT_RX　　　　//接收中断 　　　注:接收中断和接收超时中断通常要配合使用,即 UART_INT_RX	UART_INT_RT
返回	无

表 5-27 函数 UARTIntDisable( )

函数名称	UARTIntDisable( )
功能	禁止指定 UART 端口的一个或多个中断
原型	void UARTIntDisable(unsigned long ulBase,unsigned long ulIntFlags)
参数	参见表 5-26 的描述
返回	无

函数 UARTIntClear()用来清除 UART 的中断状态,函数 UARTIntStatus()用来获取 UART 的中断状态,参见表 5-28 和表 5-29 的描述。

表 5-28　函数 UARTIntClear()

函数名称	UARTIntClear()
功能	清除指定 UART 端口的一个或多个中断
原型	void UARTIntClear(unsigned long ulBase,unsigned long ulIntFlags)
参数	参见表 5-26 的描述
返回	无

表 5-29　函数 UARTIntStatus()

函数名称	UARTIntStatus()
功能	获取指定 UART 端口当前的中断状态
原型	unsigned long UARTIntStatus(unsigned long ulBase,tBoolean bMasked)
参数	ulBase:UART 端口的基址,取值 UART0_BASE、UART1_BASE 或 UART2_BASE bMasked:如果需要获取原始的中断状态,则取值 false 如果需要获取屏蔽的中断状态,则取值 true
返回	原始的或屏蔽的中断状态

函数 UARTIntRegister()和 UARTIntUnregister()用来注册或注销 UART 中断服务函数,参见表 5-30 和表 5-31 的描述。

表 5-30　函数 UARTIntRegister()

函数名称	UARTIntRegister()
功能	注册一个指定 UART 端口的中断服务函数
原型	void UARTIntRegister(unsigned long ulBase,void(* pfnHandler)(void))
参数	ulBase:UART 端口的基址,取值 UART0_BASE、UART1_BASE 或 UART2_BASE pfnHandler:函数指针,指向 UART 中断出现时被调用的函数
返回	无

表 5-31　函数 UARTIntUnregister()

函数名称	UARTIntUnregister()
功能	注册指定 UART 端口的中断服务函数
原型	void UARTIntUnregister(unsigned long ulBase)
参数	ulBase:UART 端口的基址,取值 UART0_BASE、UART1_BASE 或 UART2_BASE
返回	无

5.1.5　UART 例程分析

1. UART 简单收发实例

程序清单 5-1 是 UART 端口简单收发的例子,演示了 UART 的基本配置方法,以及库函数 UARTCharPut()和 UARTCharGet()的用法。在主循环里用 UARTCharGet()等待接收一个字符,然后用 UARTCharPut()返回显示,如果遇到回车则多返回显示一个换行。

程序清单 5-1　UART 例程：简单收发

```c
#include "systemInit.h"
#include <uart.h>
//UART 初始化
void uartInit(void)
{
    SysCtlPeripheralEnable(SYSCTL_PERIPH_UART0);      //使能 UART 模块
    SysCtlPeripheralEnable(SYSCTL_PERIPH_GPIOA);      //使能 Rx/Tx 所在的 GPIO 端口

    GPIOPinTypeUART(GPIO_PORTA_BASE,                  //配置 Rx/Tx 所在引脚为
                    GPIO_PIN_0 | GPIO_PIN_1);         //UART 收发功能

    UARTConfigSet(UART0_BASE,                         //配置 UART 端口
                  9600,                               //波特率：9600
                  UART_CONFIG_WLEN_8 |                //数据位：8
                  UART_CONFIG_STOP_ONE |              //停止位：1
                  UART_CONFIG_PAR_NONE);              //校验位：无

    UARTEnable(UART0_BASE);                           //使能 UART 端口
}

//通过 UART 发送字符串
void uartPuts(const char * s)
{
    while ( * s != '\0')
    {
        UARTCharPut(UART0_BASE, * (s++));

    }
}

//主函数(程序入口)
int main(void)
{
    char c;
    clockInit();                                      //时钟初始化：晶振,6MHz
    uartInit();                                       //UART 初始化
    uartPuts("hello, please input a string:\r\n");
    for (;;)
    {
        c=UARTCharGet(UART0_BASE);                    //等待接收字符
        UARTCharPut(UART0_BASE,c);                    //返回显示
        if (c=='\r')                                  //如果遇到回车
        {
            UARTCharPut(UART0_BASE,'\n');             //多返回显示一个换行
        }
    }
```

2. 发送 FIFO 工作原理及实例

用库函数 UARTCharPut() 或 UARTCharPutNonBlocking() 发送字符,实质上是将字符发送到发送 FIFO 里就返回,而不是等待硬件上真正发送完毕后才返回。由于填充 FIFO 的过程极快而真正的硬件发送过程很慢(两者在时间上可相差千倍),因此当发送一个较长字符串时发送 FIFO 很快就会被填满,而最早一个填充的字符可能还在硬件发送当中。

程序清单 5-2 演示了这一工作原理。在程序里,利用系统节拍定时器 SysTick 分别记录填充完发送 FIFO 的时刻和真正发送完毕的时刻,计算出差值并显示。设置的波特率是 9600,即发送一个字符需要 1041.7μs,程序最后运行的结果显示为 17812μs,理论值是 17×1042＝17714μs,基本吻合。

程序清单 5-2　UART 例程:演示发送 FIFO 工作原理

```
# include "systemInit. h"
# include <uart. h>
# include <systick. h>
# include <stdio. h>

//UART 初始化
void uartInit(void)
{
    SysCtlPeriEnable(SYSCTL_PERIPH_UART0);          //使能 UART 模块
    SysCtlPeriEnable(SYSCTL_PERIPH_GPIOA);          //使能 Rx/Tx 所在的 GPIO 端口
    GPIOPinTypeUART(GPIO_PORTA_BASE,                //配置 Rx/Tx 所在引脚为
            GPIO_PIN_0 | GPIO_PIN_1);              //UART 收发功能
    UARTConfigSet(UART0_BASE,                       //配置 UART 端口
            9600,                                  //波特率: 9600
            UART_CONFIG_WLEN_8 |                   //数据位: 8
            UART_CONFIG_STOP_ONE |                 //停止位: 1
            UART_CONFIG_PAR_NONE);                 //校验位: 无

    UARTEnable(UART0_BASE);                         //使能 UART 端口
}

//通过 UART 发送字符串
void uartPuts(const char * s)
{
    while ( * s != '\0')
    {
        UARTCharPut(UART0_BASE, * s++);
    }
}

//主函数(程序入口)
int main(void)
{
    int t1, t2;
    char s[40];
```

```
        clockInit();                                    //时钟初始化:晶振,6MHz
        uartInit();                                     //UART 初始化
        SysTickPeriodSet(256 * 65536);                  //设置 SysTick 初值
        SysTickEnable();                                //使能 SysTick 计数

        uartPuts("0123456789ABCDEFGHIJKLMNOPQRSTUVWXYZ\r\n");
                                                        //发送字符串,隐含使用 FIFO
        t1=SysTickValueGet();                           //记录填充完 FIFO 的时刻
        while (UARTBusy(UART0_BASE));                    //如果发送忙则等待
        t2=SysTickValueGet();                           //记录真正发送完毕的时刻
        sprintf(s,"%d(us)\r\n",(t1-t2) / 6);            //显示间隔时间,单位: μs
        uartPuts(s);
        for (;;)
        {
        }
    }
```

3. 发送 FIFO 中断原理及实例

发送数据时,当发送 FIFO 里剩余的数据减少到预设的深度时会触发中断(发送 FIFO 快空了,请赶紧填充),而不是填充到预设的深度时触发中断。为了减少中断次数提高发送效率,发送 FIFO 中断触发深度级别越浅越好。

程序清单 5-3 演示了发送 FIFO 触发中断的原理。在函数 uartInit()里设置发送 FIFO 触发中断的深度是 2/8,即 4 个字节。在主循环里连续地发送 16 个字符,中间有一定的延迟。在调试例程时,需要在"TxIntFlag=false"一行设置观察断点,如果程序停在这里就表明发生了中断,否则表明没有中断。

以 9600 波特率计算,发送 12 个字符所需要的时间是 12ms 多,因此在延迟函数 SysCtlDelay()里,设置的延迟时间如果在 11ms 以内则不会触发中断,因为不等发送 FIFO 里剩余的字符达到 4 个,FIFO 又开始被填充了。如果延迟时间设在 12ms 以上时,就会触发中断,因为发送 FIFO 里剩余的字符会达到 4 个就触发中断。

程序清单 5-3   UART 例程:发送 FIFO 中断原理

```
#include "systemInit.h"
#include <uart.h>

//UART 初始化
void uartInit(void)
{
    SysCtlPeriEnable(SYSCTL_PERIPH_UART0);              //使能 UART 模块
    SysCtlPeriEnable(SYSCTL_PERIPH_GPIOA);              //使能 Rx/Tx 所在的 GPIO 端口
    GPIOPinTypeUART(GPIO_PORTA_BASE,                    //配置 Rx/Tx 所在引脚为
            GPIO_PIN_0 | GPIO_PIN_1);                   //UART 收发功能

    UARTConfigSet(UART0_BASE,                           //配置 UART 端口
            9600,                                       //波特率: 9600
            UART_CONFIG_WLEN_8 |                        //数据位: 8
            UART_CONFIG_STOP_ONE |                      //停止位: 1
            UART_CONFIG_PAR_NONE);                      //校验位: 无
```

```
        UARTFIFOLevelSet(UART0_BASE,                 //设置收发 FIFO 中断触发深度
                        UART_FIFO_TX2_8,             //发送 FIFO 为 2/8 深度(4B)
                        UART_FIFO_RX6_8);            //接收 FIFO 为 6/8 深度(12B)
        UARTIntEnable(UART0_BASE, UART_INT_TX);      //使能发送中断
        IntEnable(INT_UART0);                        //使能 UART 总中断
        IntMasterEnable();                           //使能处理器中断
        UARTEnable(UART0_BASE);                      //使能 UART 端口
}


//通过 UART 发送字符串
void uartPuts(const char * s)
{
        while ( * s != '\0')
        {
                UARTCharPut(UART0_BASE, * (s++));
        }
}


//定义发送中断标志,如果出现发送中断,则置位 TxIntFlag
volatile tBoolean TxIntFlag = false;
//主函数(程序入口)
int main(void)
{
        clockInit();                                 //时钟初始化:晶振,6MHz
        uartInit();                                  //UART 初始化
        for ( ; ; )
        {
                uartPuts("0123456789ABCDEF");        //一次性填满 FIFO
                SysCtlDelay(11 * (TheSysClock / 3000));  //延迟 11ms 以内不会产生中断
                                                     //延迟 12ms 以上就会产生中断

                if (TxIntFlag)
                {
                        TxIntFlag = false;           //在这里设置观察断点
                }
        }
}


//UART0 中断服务函数
void UART0_ISR(void)
{
        unsigned long ulStatus;
        ulStatus = UARTIntStatus(UART0_BASE, true);  //读取当前中断状态
        UARTIntClear(UART0_BASE, ulStatus);          //清除中断状态
        if (ulStatus & UART_INT_TX)                  //若是发送中断
        {
                TxIntFlag = true;
        }
}
```

4. 以 FIFO 中断方式发送实例

我们知道,为了减少中断次数提高发送效率,发送 FIFO 中断触发深度级别越浅越好。

程序清单 5-4 演示了以 FIFO 中断方式发送批量数据的方法。在程序里定义有一个全局变量 TxIntNum,能够记录中断产生的次数,次数越少表明发送效率越高。在函数 uartInit()里设置的发送 FIFO 中断触发深度是 2/8,即 4 个字节。程序的运行结果是,连续发送 38 个字节的数据(数组 TxData[ ])仅中断处理了 2 次,效率较高。如果把触发深度设置为 6/8,即 12 字节,运行的结果是中断处理了 6 次,效率明显下降。

程序清单 5-4   UART 例程:以 FIFO 中断方式发送数据

```
# include "systemInit. h"
# include <uart. h>
# include <stdio. h>

# define UARTCharPutNB        UARTCharPutNonBlocking

//UART0 初始化
void uartInit(void)
{
    SysCtlPeriEnable(SYSCTL_PERIPH_UART0);          //使能 UART 模块
    SysCtlPeriEnable(SYSCTL_PERIPH_GPIOA);          //使能 Rx/Tx 所在的 GPIO 端口
    GPIOPinTypeUART(GPIO_PORTA_BASE,                //配置 Rx/Tx 所在引脚为
                GPIO_PIN_0 | GPIO_PIN_1);           //UART 收发功能

    UARTConfigSet(UART0_BASE,                       //配置 UART 端口
                9600,                               //波特率:9600
                UART_CONFIG_WLEN_8 |                //数据位:8
                UART_CONFIG_STOP_ONE |              //停止位:1
                UART_CONFIG_PAR_NONE);              //校验位:无

    UARTFIFOLevelSet(UART0_BASE,                    //设置收发 FIFO 中断触发深度
                UART_FIFO_TX2_8,                    //发送 FIFO 为 2/8 深度(4B)
                UART_FIFO_RX6_8);                   //接收 FIFO 为 6/8 深度(12B)

    UARTIntEnable(UART0_BASE, UART_INT_TX);         //使能发送中断
    IntEnable(INT_UART0);                           //使能 UART 总中断
    IntMasterEnable();                              //使能处理器中断

    UARTEnable(UART0_BASE);                         //使能 UART 端口
}


//定义待发送的数据
const char TxData[] = "0123456789ABCDEFGHIJKLMNOPQRSTUVWXYZ\r\n";
volatile int TxIndex=0;                            //数组下标变量
volatile tBoolean TxEndFlag=false;                 //发送结束的标志
volatile int TxIntNum=0;                           //统计发送中断产生的次数

//填充发送 FIFO(填满 FIFO 之后就退出,不会等待)
```

```
void TxFIFOFill(void)
{
    char c;
    for (;;)
    {
        c=TxData[TxIndex];
        if (c=='\0')                            //若填充完毕
        {
            TxEndFlag=true;                     //发送结束标志置位,并跳出
            break;
        }
        if (UARTSpaceAvail(UART0_BASE))         //若发送 FIFO 里有可用空间
        {
            UARTCharPutNB(UART0_BASE,c);        //填充发送 FIFO
            TxIndex++;
        }
        else                                    //若没有空间则跳出,不必等待
        {
            break;
        }
    }
}


//通过 UART 发送字符串
void uartPuts(const char * s)
{
    while ( * s != '\0')
    {
        UARTCharPut(UART0_BASE, * s++);
    }
}


//主函数(程序入口)
int main(void)
{
    char s[40];

    clockInit();                                //时钟初始化:晶振,6MHz
    uartInit();                                 //UART 初始化
    TxFIFOFill();                               //启动发送过程
    for (;;)
    {
        if (TxEndFlag)                          //若发送结束则跳出
        {
            TxEndFlag=false;
            break;
        }
        //对实际的应用,在等待发送的同时,还可以做很多其他事情
    }

    sprintf(s,"TxIntNum=%d\r\n",TxIntNum);      //显示中断产生的次数
```

```
    uartPuts(s);
    for (;;)
    {
    }
}
```

```
//UART0 中断服务函数
void UART0_ISR(void)
{
    unsigned long ulStatus;
    ulStatus=UARTIntStatus(UART0_BASE, true);      //读取当前中断状态
    UARTIntClear(UART0_BASE, ulStatus);            //清除中断状态
    if (ulStatus & UART_INT_TX)                    //若是发送中断
    {
        TxFIFOFill();                              //填充发送 FIFO
        TxIntNum++;
    }
}
```

5. 以 FIFO 中断方式接收实例

程序清单 5-5 演示了以 FIFO 中断方式接收数据的方法。接收数据时，触发 FIFO 中断的条件是当接收 FIFO 里累积的数据增加到预设的深度时触发中断(接收 FIFO 快满了，请赶紧取走)。为了减少中断次数提高接收效率，接收 FIFO 中断触发深度级别越深越好。另外要注意接收超时中断的用法，在使能接收中断的同时一般还要使能接收超时中断。如果没有使能接收超时中断，则在接收 FIFO 里的部分数据就有可能得不到及时处理。

程序清单 5-5　以 FIFO 中断方式接收数据

```
#include "systemInit. h"
#include <uart. h>
#include <ctype. h>
#include <string. h>

#define UARTCharGetNB       UARTCharGetNonBlocking

//UART 初始化
void uartInit(void)
{
    SysCtlPeriEnable(SYSCTL_PERIPH_UART0);      //使能 UART 模块
    SysCtlPeriEnable(SYSCTL_PERIPH_GPIOA);      //使能 Rx/Tx 所在的 GPIO 端口
    GPIOPinTypeUART(GPIO_PORTA_BASE,            //配置 Rx/Tx 所在引脚为
                GPIO_PIN_0 | GPIO_PIN_1);       //UART 收发功能

    UARTConfigSet(UART0_BASE,                   //配置 UART 端口
                9600,                           //波特率：9600
                UART_CONFIG_WLEN_8 |            //数据位：8
                UART_CONFIG_STOP_ONE |          //停止位：1
                UART_CONFIG_PAR_NONE);          //校验位：无
```

```
    UARTFIFOLevelSet(UART0_BASE,              //设置发送和接收 FIFO 深度
                UART_FIFO_TX4_8,              //发送 FIFO 为 1/2 深度(4B)
                UART_FIFO_RX6_8);             //接收 FIFO 为 6/8 深度(12B)

    UARTIntEnable(UART0_BASE, UART_INT_RX | UART_INT_RT);
                                              //使能接收和接收超时中断
    IntEnable(INT_UART0);                     //使能 UART 总中断
    IntMasterEnable();                        //使能处理器中断

    UARTEnable(UART0_BASE);                   //使能 UART 端口
}


//通过 UART 发送字符串
void uartPuts(const char * s)
{
    while ( * s != '\0')
    {
        UARTCharPut(UART0_BASE, * s++);
    }
}


//定义接收缓冲区
#define MAX_SIZE 40                           //缓冲区最大限制长度
char RxBuf[1 + MAX_SIZE];                     //接收缓冲区
int BufP=0;                                   //缓冲区位置变量
tBoolean RxEndFlag=false;                     //接收结束标志

//以 FIFO 中断方式接收一个字符串,不返回显示,返回实际接收到的有效字符数
int uartFIFOGets(char * s, int size)
{
    int n;

    while (!RxEndFlag);
    n=BufP;
    BufP=0;
    RxEndFlag=false;
    strncpy(s, RxBuf, size);
    s[MAX_SIZE] = '\0';
    return(n);
}


//主函数(程序入口)
int main(void)
{
    char s[1 + MAX_SIZE];
    clockInit();                              //时钟初始化:晶振,6MHz
    uartInit();                               //UART 初始化
    for (;;)
    {
        if (uartFIFOGets(s, MAX_SIZE) > 0)
        {
```

```
            uartPuts(s);
            uartPuts("\r\n");
        }
    }
}

//UART0 中断服务函数
void UART0_ISR(void)
{
    char c;
    unsigned long ulStatus;
    ulStatus=UARTIntStatus(UART0_BASE,true);            //读取当前中断状态
    UARTIntClear(UART0_BASE,ulStatus);                  //清除中断状态
    if ((ulStatus & UART_INT_RX) || (ulStatus & UART_INT_RT))      //若是接收中断或者
    {                                                             //接收超时中断
        for (;;)
        {
            if (!UARTCharsAvail(UART0_BASE)) break;      //若接收 FIFO 里无字符则跳出
            c=UARTCharGetNB(UART0_BASE);                 //从接收 FIFO 里读取字符
            if (c=='\r')
            {
                UARTCharPut(UART0_BASE,'\r');            //返回显示回车换行
                UARTCharPut(UART0_BASE,'\n');
                RxEndFlag=true;                          //接收结束标志置位
                break;
            }
            if (isprint(c))                              //若是可打印字符
            {
                if (BufP < MAX_SIZE)
                {
                    UARTCharPut(UART0_BASE,c);           //返回显示
                    RxBuf[BufP++]=c;
                    RxBuf[BufP]='\0';
                }
            }
        }
    }
}
```

5.2 I²C 串行通信

在现代电子系统中,有为数众多的 IC 需要进行相互之间以及与外界的通信。为了提高硬件的效率并简化电路的设计,Philips 开发了一种用于内部 IC 控制的简单的双向两线串行总线 I²C。I²C 总线支持任何一种 IC 制造工艺,并且 Philips 和其他厂商提供了种类非常丰富的 I²C 兼容芯片。作为一个专利的控制总线,I²C 已经成为世界性的工业标准。

5.2.1　I²C 协议基础

I²C(Inter-Integrated Circuit)总线通过两线制设计(串行数据线 SDA 和串行时钟线 SCL)来提供双向的数据传输,可连接到外部 I²C 器件,例如串行存储器(RAM 和 ROM)、网络设备、LCD 和音频发生器等等。I²C 总线也可在产品的开发和生产过程用于系统的测试和诊断。Stellaris 系列 ARM 集成有 1 或 2 个 I²C 模块,提供与总线上其他 I²C 器件互联(发送和接收)的能力。

I²C 总线上的设备可被指定为主机或从机。每个 Stellaris 系列 ARM 的 I²C 模块口支持其作为主机或从机来发送和接收数据,也支持其作为主机和从机的同步操作。总共有 4 种 I²C 模式:主机发送、主机接收、从机发送和从机接收。每个 I²C 模块都可在两种速率下工作:标准(100kbps)和快速(400kbps)。

Stellaris 系列 ARM 的 I²C 模块在作为主机或从机时都可以产生中断。I²C 主机在发送或接收操作完成(或由于错误中止)时产生中断,I²C 从机在主机已向其发送数据或发出请求时产生中断。

1. 什么是 I²C 总线

NXP 半导体(原 Philips 半导体)于二十多年前发明了一种简单的双向二线制串行通信总线,这个总线被称为 Inter-IC 或者 I²C 总线。目前 I²C 总线已经成为业界嵌入式应用的标准解决方案,被广泛地应用在各式各样基于微控器的专业、消费与电信产品中,用作控制、诊断与电源管理总线。多个符合 I²C 总线标准的器件都可以通过同一条 I²C 总线进行通信,而不需要额外的地址译码器。由于 I²C 是一种两线式串行总线,因此简单的操作特性成为它快速崛起并成为业界标准的关键因素。

2. I²C 总线的众多优点

1) 总线仅由 2 根信号线组成

由此带来的好处有:减少芯片 I/O 接口、节省 PCB 面积、节省线材成本等等。

2) 总线协议简单容易实现

协议的基本部分相当简单,初学者能够很快掌握其要领。得益于简单的协议规范,在芯片内部,以硬件的方法实现 I²C 部件的逻辑是很容易的。对应用工程师来讲,即使 MCU 内部没有硬件的 I²C 总线接口,也能够方便地利用开漏的 I/O(如果没有,可用准双向 I/O 代替)来模拟实现。

3) 支持的器件多

NXP 半导体最早提出 I²C 总线协议,目前包括半导体巨头德州仪器(TI)、美国国家半导体(National Semi)、意法半导体(ST)和美信半导体(Maxim-IC)等都有大量器件带有 I²C 总线接口,这为应用工程师设计产品时选择合适的 I²C 器件提供了广阔的空间。在现代微控制器设计当中,I²C 总线接口已经成为标准的重要片内外设之一。

4) 总线上可同时挂接多个器件

同一条 I²C 总线上可以挂接很多个器件,一般可达数十个以上,甚至更多。器件之间是靠不同的编址来区分的,而不需要附加的 I/O 线或地址译码部件。

5) 总线可裁减性好

在原有总线连接的基础上可以随时新增或者删除器件。用软件可以很容易实现 I²C 总线的自检功能，及时发现总线上的变动。

6）总线电气兼容性好

I²C 总线规定器件之间以开漏 I/O 相连接，这样，只要选取适当的上拉电阻就能轻易实现不同逻辑电平之间的互联通信，而不需要额外的转换。

7）支持多种通信方式

一主多从是最常见的通信方式。此外还支持多主机通信以及广播模式等。

8）通信速率高并兼顾低速通信

I²C 总线标准传输速率为 100Kb/s（每秒 100K 位）。在快速模式下为 400Kb/s。按照后来修订的版本，位速率可高达 3.4Mb/s。

I²C 总线的通信速率也可以低至几 Kb/s 以下，用以支持低速器件（例如软件模拟的实现）或者用来延长通信距离。从机也可以在接收和响应一个字节后使 SCL 线保持低电平迫使主机进入等待状态直到从机准备好下一个要传输的字节。

9）有一定的通信距离

一般情况下，I²C 总线通信距离有几米到十几米。通过降低传输速率、屏蔽和中继等办法，通信距离可延长到数十米乃至数百米以上。虽然 I²C 有一定的通信距离，但是 I²C 板上总线的总长度不宜超过 30cm。

3．几个基本概念

（1）发送器：本次传送中发送数据（不包括地址和命令）到总线的器件。

（2）接收器：本次传送中从总线接收数据（不包括地址和命令）的器件。

（3）主机：初始化发送、产生时钟信号和终止发送的器件，它可以是发送器或接收器。主机通常是微控制器。

（4）从机：被主机寻址的器件，它可以是发送器或接收器。

4．信号线与连接方式

I²C 总线仅使用两个信号：SDA 和 SCL。SDA 是双向串行数据线，SCL 是双向串行时钟线。当 SDA 和 SCL 线为高电平时，总线为空闲状态。

I²C 模块必须被连接到双向的开漏引脚上。图 5-7 为 I²C 总线的典型连接方式，要注意主机和各个从机之间要共 GND，而且要在信号线 SCL 和 SDA 上接有适当的上拉电阻 Rp（Pull-Up Resistor）。上拉电阻一般取值（3～10）kΩ（强调低功耗时可以取得更大一些，强调快速通信时可以取得更小一些）。开漏结构的好处是：

（1）当总线空闲时，这两条信号线都保持高电平，不会消耗电流；

（2）电气兼容性好。上拉电阻接 5V 电源就能与 5V 逻辑器件接口，上拉电阻接 3V 电源又能与 3V 逻辑器件接口；

（3）因为是开漏结构，所以不同器件的 SDA 与 SDA 之间、SCL 与 SCL 之间可以直接相连，不需要额外的转换电路。

5．数据有效性

在时钟 SCL 的高电平期间，SDA 线上的数据必须保持稳定。SDA 仅在时钟 SCL 为低电平时改变，如图 5-8 所示。

6．起始和停止条件

I²C 总线的协议定义了两种状态：起始和停止。当 SCL 为高电平时，在 SDA 线上从高

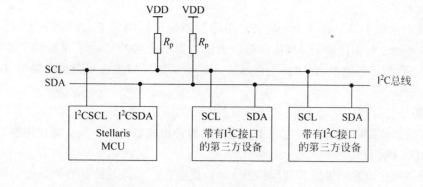

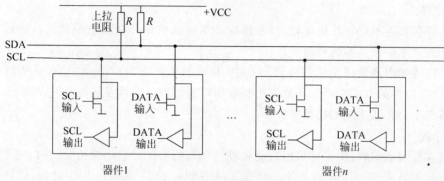

图 5-7　I²C 总线连接形式

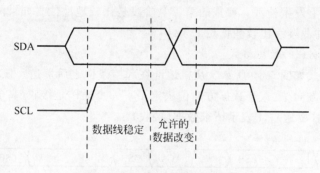

图 5-8　I²C 总线的数据有效性

到低的跳变被定义为起始条件；而当 SCL 为高电平时，在 SDA 线上从低到高的跳变则被定义为停止条件。总线在起始条件之后被看作为忙状态。总线在停止条件之后被看作为空闲，如图 5-9 所示。

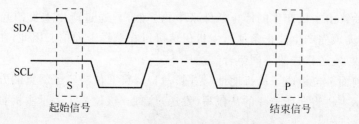

图 5-9　I²C 总线起始条件和停止条件

7. 字节格式

SDA 线上的每个字节必须为 8 位长。不限制每次传输的字节数。每个字节后面必须带有一个应答位。数据传输时 MSB 在前。当接收器不能接收另一个完整的字节时,它可以将时钟线 SC 拉到低电平,以迫使发送器进入等待状态。当接收器释放时钟 SCL 时继续进行数据传输。

8. 应答

数据传输必须带有应答。与应答相关的时钟脉冲由主机产生。发送器在应答时钟脉冲期间释放 SDA 线。

接收器必须在应答时钟脉冲期间拉低 SDA,使得它在应答时钟脉冲的高电平期间保持稳定(低电平)。

当从机接收器不应答从机地址时,数据线必须由从机保持在高电平状态。然后主机可产生停止条件来中止当前的传输。

如果在传输中涉及到主机接收器,则主机接收器通过在最后一个字节(在从机之外计时)上不产生应答的方式来通知从机发送器数据传输结束。从机发送器必须释放 SDA 线来允许主机产生停止或重复的起始条件。

9. 仲裁

只有在总线空闲时,主机才可以启动传输。在起始条件的最小保持时间内,两个或两个以上的主机都有可能产生起始条件。当 SCL 为高电平时在 SDA 上发生仲裁,这种情况下发送高电平的主机(而另一个主机正在发送低电平)将关闭其数据输出状态。

可以在几个位上发生仲裁。仲裁的第一个阶段是比较地址位。如果两个主机都试图寻址相同的器件,则仲裁继续比较数据位。

10. 带有 7 位地址的数据格式

数据传输的格式如图 5-10 所示。从机地址在起始条件之后发送。该地址为 7 位,后面跟的第 8 位是数据方向位,这个数据方向位决定了下一个操作是接收(高电平)还是发送(低电平)。0 表示传输(发送);1 表示请求数据(接收)。

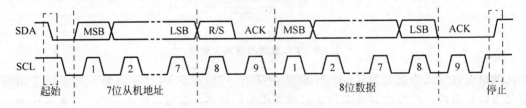

图 5-10 带 7 位地址的完整数据传输

数据传输始终由主机产生的停止条件来中止。然而,通过产生重复的起始条件和寻址另一个从机(而无须先产生停止条件),主机仍然可以在总线上通信。因此,在这种传输过程中可能会有接收/发送格式的不同组合。

首字节的前面 7 位组成了从机地址(见图 5-11)。第 8 位决定了消息的方向。首字节的 R/S 位为 0 表示主机将向所选择的从机写(发送)信息。该位为 1 表示主机将接收来自从机的信息。

图 5-11　在第一个字节的 R/S 位

11. 数据地址(子地址)

带有 I²C 总线的器件除了从机地址(Slave Address)外,还有数据地址(也称子地址)。从机地址是指该器件在 I²C 总线上被主机寻址的地址,而数据地址是指该器件内部不同部件或存储单元的编址。

数据地址实际上也是像普通数据那样进行传输的,传输格式仍然是与数据相统一的,区分传输的到底是地址还是数据要靠收发双方具体的逻辑约定。数据地址的长度必须由整数个字节组成,可能是单字节,也可能是双字节,还可能是 4 字节,这要看具体器件的规定。

5.2.2　I²C 功能概述

1. SCL 时钟速率

I²C 总线时钟速率由以下参数决定。

(1) CLK_PRD:系统时钟周期。

(2) SCL_LP:SCL 低电平时间(固定为 6)。

(3) SCL_HP:SCL 高电平时间(固定为 4)。

(4) TIMER_PRD:位于寄存器 I2CMTPR(I²C Master Timer Period)里的可编程值。

I²C 时钟周期的计算方法如下:

$$SCL\_PERIOD = 2 \times (1 + TIMER\_PRD) \times (SCL\_LP + SCL\_HP) \times CLK\_PRD$$

例如:CLK_PRD=50ns(系统时钟为 20MHz),TIMER_PRD=2,SCL_LP=6,SCL_HP=4,则 SCL_PERIOD 为 3μs,即 333kHz,详见表 5-34 的描述以及程序清单 5-6 对补充函数 I2CMasterSpeedSet() 的实现。

2. 中断控制

I²C 总线能够在观测到以下条件时产生中断:

(1) 主机传输完成;

(2) 主机传输过程中出现错误;

(3) 从机传输时接收到数据;

(4) 从机传输时收到主机的请求。

对 I²C 主机模块和从机模块来说,这是独立的中断信号。但两个模块都能产生多个中断时,仅有单个中断信号被送到中断控制器。

1) I²C 主机中断

当传输结束(发送或接收)或在传输过程中出现错误时,I²C 主机模块产生一个中断。调用 I2CMasterIntEnable() 函数(参见表 5-44)可使能 I²C 主机中断。当符合中断条件时,软件必须通过 I2CMasterErr() 函数(参见表 5-43)检查来确认错误不是在最后一次传输中产生。

如果最后一次传输没有被从机应答或如果主机由于与另一个主机竞争时丢失仲裁而被

强制放弃总线的所有权,那么会发出一个错误条件。如果没有检测到错误,则应用可继续执行传输。可通过 I2CMasterIntClear()函数(参见表 5-47)来清除中断状态。

如果应用不要求使用中断(即基于轮询的设计方法),那么原始中断状态总是可以通过函数调用 I2CMasterIntStatus(false)来观察到(参见表 5-46)。

2) I²C 从机中断

从机模块在它接收到来自 I²C 主机的请求时产生中断。调用 I2CSlaveIntEnable()函数(参见表 5-54)可使能 I²C 主机中断。软件通过调用 I2CSlaveStatus()函数(参见表 5-51)来确定模块是否应该写入(发送)数据或读取(接收)数据。通过调用 I2CSlaveIntClear()函数(参见表 5-57)来清除中断。

如果应用不要求使用中断(即基于轮询的设计方法),那么原始中断状态总是可以调用函数 I2CSlaveIntStatus(false)来观察到(参见表 5-56)。

3. 回环操作(Loopback Operation)

I²C 模块能够被设置到内部的回送模式以用于诊断或调试工作。在回送模式中,主机和从机模块的 SDA 和 SCL 信号结合在一起。

4. 主机命令序列

I²C 模块在主机模式下有多种收发模式。

(1) 主机单次发送:S｜SLA+W｜data｜P。

(2) 主机单次接收:S｜SLA+R｜data｜P。

(3) 主机突发发送:S｜SLA+W｜data｜…｜P。

(4) 主机突发接收:S｜SLA+R｜data｜…｜P。

(5) 主机突发发送后主机接收:S｜SLA+W｜data｜…｜Sr｜SLA+R｜…｜P。

(6) 主机突发接收后主机发送:S｜SLA+R｜data｜…｜Sr｜SLA+W｜…｜P。

在传输格式里,S 为起始条件、P 为停止条件、SLA+W 为从机地址加写操作、SLA+R 为从机地址加读操作、data 为传输的有效数据、Sr 为重复起始条件(在物理波形上等同于S)。在单次模式中每次仅能传输一个字节的有效数据,而在突发模式中一次可以传输多个字节的有效数据。在实际应用当中以主机突发发送和主机突发发送后主机接收这两种模式最为常见。

控制主机收发动作的是 I2CMasterControl()这个函数,参见表 5-40 的描述。

5. 从机状态控制

当 I²C 模块作为总线上的从机时,收发操作仍然是由(另外的)主机控制的。当从机被寻址到时会触发中断,将被要求接收或发送数据。通过调用函数 I2CSlaveStatus(),就能获得主机的操作要求,有以下几种情况。

(1) 主机已经发送了第 1 个字节:该字节应当被视为数据地址(或数据地址首字节);

(2) 主机已经发送了数据:应当及时读取该数据(也可能是数据地址后继字节);

(3) 主机要求接收数据:应当根据数据地址找到存储的数据然后回送给主机。

5.2.3　I²C 库函数

1. 主机模式收发控制

函数 I2CMasterInitExpClk()用来初始化 I²C 模块为主机模式,并选择通信速率为

100kbps 的标准模式还是 400kbps 的快模式,但在实际编程时常常以更方便的宏函数 I2CMasterInit()来代替。为了能够在实际应用当中支持更低或更高的通信速率,还补充了一个实用函数 I2CMasterSpeedSet(),详见表 5-32、表 5-33 和表 5-34 的描述。

表 5-32 函数 I2CMasterInitExpClk()

函数名称	I2CMasterInitExpClk()
功能	I^2C 主机模块初始化(要求提供明确的时钟速率)
原型	void I2CMasterInitExpClk(unsigned long ulBase, unsigned long ulI2CClk, tBoolean bFast)
参数	ulBase:I^2C 主机模块的基址,取下列值之一: 　　I2C0_MASTER_BASE　　　　　　//I^2C0 主机模块的基址 　　I2C1_MASTER_BASE　　　　　　//I^2C1 主机模块的基址 　　I2C_MASTER_BASE　　　　　　 //I^2C 主机模块的基址(等同于 I^2C0) ulI2CClk:提供给 I^2C 模块的时钟速率,即系统时钟频率 bFast:取值 false 以 100kbps 标准位速率传输数据,取值 true 以 400kbps 快模式传输数据
返回	无

表 5-33 宏函数 I2CMasterInit()

函数名称	I2CMasterInit()
功能	I^2C 主机模块初始化
原型	#define I2CMasterInit(a,b)　　I2CMasterInitExpClk(a,SysCtlClockGet(),b)
参数	参见表 5-32 的描述
返回	无

表 5-34 补充函数 I2CMasterSpeedSet()

函数名称	I2CMasterSpeedSet()
功能	I^2C 主机通信速率设置
原型	void I2CMasterSpeedSet(unsigned long ulBase, unsigned long ulSpeed)
参数	ulBase:I^2C 主机模块的基址 ulSpeed:期望设置的速率/(b/s)
返回	无

函数 I2CMasterEnable()和 I2CMasterDisable()用来使能或禁止主机模式下总线的收发,参见表 5-35 和表 5-36 的描述。

表 5-35 函数 I2CMasterEnable()

函数名称	I2CMasterEnable()
功能	使能 I^2C 主机模块
原型	void I2CMasterEnable(unsigned long ulBase)
参数	ulBase:I^2C 主机模块的基址
返回	无

表 5-36　函数 I2CMasterDisable()

函数名称	I2CMasterDisable()
功能	禁止 I^{2}C 主机模块
原型	void I2CMasterDisable(unsigned long ulBase)
参数	ulBase：I^{2}C 主机模块的基址
返回	无

函数 I2CMasterControl()用来控制 I^{2}C 总线在主模式下收发数据的各种总线动作。在控制总线收发数据之前要调用函数 I2CMasterSlaveAddrSet()来设置器件地址和读写控制位,如果是要发送数据,还要调用函数 I2CMasterDataPut()来设置首先发送的数据字节(应当是数据地址)。在总线接收到数据后,要通过函数 I2CMasterDataGet()来及时读取收到的数据,详见表 5-37、表 5-38、表 5-39 和表 5-40 的描述。

表 5-37　函数 I2CMasterSlaveAddrSet()

函数名称	I2CMasterSlaveAddrSet()
功能	设置 I^{2}C 主机将要放到总线上的从机地址
原型	void I2CMasterSlaveAddrSet(unsigned long ulBase, unsigned char ucSlaveAddr, tBoolean bReceive)
参数	ulBase：I^{2}C 主机模块的基址 ucSlaveAddr：7 位从机地址(这是纯地址,不含读/写控制位) bReceive：取值 false 表示主机将要写数据到从机,取值 true 表示主机将要从从机读取数据
返回	无
备注	本函数仅仅是设置将要发送到总线上的从机地址,而并不会真正在总线上产生任何动作

表 5-38　函数 I2CMasterDataPut()

函数名称	I2CMasterDataPut()
功能	从主机发送一个字节
原型	void I2CMasterDataPut(unsigned long ulBase, unsigned char ucData)
参数	ulBase：I^{2}C 主机模块的基址 ucData：要发送的数据
返回	无
备注	本函数实际上并不会真正发送数据到总线上,而是将待发送的数据存放在一个数据寄存器里

表 5-39　函数 I2CMasterDataGet()

函数名称	I2CMasterDataGet()
功能	接收一个已经发送到主机的字节
原型	unsigned long I2CMasterDataGet(unsigned long ulBase)
参数	ulBase：I^{2}C 主机模块的基址
返回	接收到的字节(自动转换为长整型)

表 5-40　函数 I2CMasterControl( )

函数名称	I2CMasterControl( )
功能	控制主机模块在总线上的动作
原型	void I2CMasterControl(unsigned long ulBase,unsigned long ulCmd)

参数	ulBase：I^2C 主机模块的基址
	ulCmd：向主机发出的命令,取下列值之一：
	　　I2C_MASTER_CMD_SINGLE_SEND　　　　　　　　　//单次发送
	　　I2C_MASTER_CMD_SINGLE_RECEIVE　　　　　　　//单次接收
	　　I2C_MASTER_CMD_BURST_SEND_START　　　　　//突发发送起始
	　　I2C_MASTER_CMD_BURST_SEND_CONT　　　　　//突发发送继续
	　　I2C_MASTER_CMD_BURST_SEND_FINISH　　　　//突发发送完成
	　　I2C_MASTER_CMD_BURST_SEND_ERROR_STOP
	　　　　　　　　　　　　　　　　　　　　　　　//突发发送遇错停止
	　　I2C_MASTER_CMD_BURST_RECEIVE_START　　　//突发接收起始
	　　I2C_MASTER_CMD_BURST_RECEIVE_CONT　　　　//突发接收继续
	　　I2C_MASTER_CMD_BURST_RECEIVE_FINISH　　　//突发接收完成
	　　I2C_MASTER_CMD_BURST_RECEIVE_ERROR_STOP
	　　　　　　　　　　　　　　　　　　　　　　　//突发接收遇错误停止

返回	接收到的字节(自动转换为长整型)

函数 I2CMasterBusy( )用来查询主机当前的状态是否忙,而函数 I2CMasterBusBusy( )
用来确认在多机通信当中是否有其他主机正在占用总线,参见表 5-41 和表 5-42 的描述。

表 5-41　函数 I2CMasterBusy( )

函数名称	I2CMasterBusy( )
功能	确认 I^2C 主机是否忙
原型	tBoolean I2CMasterBusy(unsigned long ulBase)
参数	ulBase：I^2C 主机模块的基址
返回	忙返回 true,不忙返回 false
备注	本函数用来确认 I^2C 主机是否正在忙于发送或接收数据

表 5-42　函数 I2CMasterBusBusy( )

函数名称	I2CMasterBusBusy( )
功能	确认 I^2C 总线是否忙
原型	tBoolean I2CMasterBusBusy(unsigned long ulBase)
参数	ulBase：I^2C 主机模块的基址
返回	忙返回 true,不忙返回 false
备注	本函数通常用于多主机通信环境当中,用来确认其他主机是否正在占用总线

在 I^2C 主机通信过程中可能会遇到一些错误情况,如被寻址的器件不存在、发送数据时
从机没有应答等等,都可以通过调用函数 I2CMasterErr( )来查知,详见表 5-43 的描述。

表 5-43　函数 **I2CMasterErr( )**

函数名称	I2CMasterErr( )
功能	获取 I²C 主机模块的错误状态
原型	unsigned long I2CMasterErr(unsigned long ulBase)
参数	ulBase：I²C 主机模块的基址
返回	错误状态,是下列值之一: I2C_MASTER_ERR_NONE　　　//没有错误 I2C_MASTER_ERR_ADDR_ACK　//地址应答错误 I2C_MASTER_ERR_DATA_ACK　//数据应答错误 I2C_MASTER_ERR_ARB_LOST　//丢失仲裁错误(多机通信竞争总线失败)

函数案例分析如下所示。

(1) 6MHz 主频,设置 I²C 主机速率为 15kb/s：

```
SysCtlClockSet(SYSCTL_USE_OSC | SYSCTL_OSC_MAIN |
          SYSCTL_XTAL_6MHZ | SYSCTL_SYSDIV_1);
I2CMasterSpeedSet(I2C0_MASTER_BASE,15000);
```

(2) 50MHz 主频,设置 I²C 主机速率为 1.25Mb/s：

```
SysCtlLDOSet(SYSCTL_LDO_2_75V);
SysCtlClockSet(SYSCTL_USE_PLL | SYSCTL_OSC_MAIN |
          SYSCTL_XTAL_6MHZ | SYSCTL_SYSDIV_4);
I2CMasterSpeedSet(I2C0_MASTER_BASE,1250000);
```

补充函数 I2CMasterSpeedSet( )的实现,见程序清单 5-6。

程序清单 5-6　补充函数 **I2CMasterSpeedSet( )**的实现

```
# include <hw_types.h>
# include <hw_memmap.h>
# include <hw_i2c.h>
# include <sysctl.h>
void I2CMasterSpeedSet(unsigned long ulBase,unsigned long ulSpeed)
{
    unsigned long ulClk,ulTPR;
    ulClk=SysCtlClockGet();                      //获取当前的系统时钟速率
    ulTPR=(ulClk / (2 * 10)) / ulSpeed;
    if (ulTPR < 2)
        ulTPR=2;                                 //防止过高的速率设置请求
    if (ulTPR > 256)
        ulTPR=256;                               //防止过低的速率设置请求
      ulTPR=ulTPR-1;
    HWREG(ulBase + I2C_O_MTPR)=ulTPR;
}
```

2. 主机模式中断控制

I²C 总线主机模式的中断控制函数有中断的使能与禁止控制函数 I2CMasterIntEnable( )和 I2CMasterIntDisable( )、中断状态查询函数 I2CMasterIntStatus( )和中断状态清除函数 I2CMasterIntClear( ),详见表 5-44、表 5-45、表 5-46 和表 5-47 的描述。

表 5-44　函数 **I2CMasterIntEnable**()

函数名称	I2CMasterIntEnable()
功能	使能 I²C 主机中断
原型	void I2CMasterIntEnable(unsigned long ulBase)
参数	ulBase：I²C 主机模块的基址
返回	无

表 5-45　函数 **I2CMasterIntDisable**()

函数名称	I2CMasterIntDisable()
功能	禁止 I²C 主机中断
原型	void I2CMasterIntDisable(unsigned long ulBase)
参数	ulBase：I²C 主机模块的基址
返回	无

表 5-46　函数 **I2CMasterIntStatus**()

函数名称	I2CMasterIntStatus()
功能	获取 I²C 主机的中断状态
原型	tBoolean I2CMasterIntStatus(unsigned long ulBase, tBoolean bMasked)
参数	ulBase：I²C 主机模块的基址 bMasked：取值 false 将获取原始的中断状态，取值 true 将获取屏蔽的中断状态
返回	false——没有中断，true——产生了中断请求
备注	

表 5-47　函数 **I2CMasterIntClear**()

函数名称	I2CMasterIntClear()
功能	清除 I²C 主机的中断状态
原型	void I2CMasterIntClear(unsigned long ulBase)
参数	ulBase：I²C 主机模块的基址
返回	无

3. 从机模式收发控制

函数 I2CSlaveInit()用来初始化 I²C 模块为从机模式，并指定从机地址，参见表 5-48 的描述。

表 5-48　函数 **I2CSlaveInit**()

函数名称	I2CSlaveInit()
功能	初始化 I²C 从机模块
原型	void I2CSlaveInit(unsigned long ulBase, unsigned char ucSlaveAddr)
参数	ulBase：I²C 从机模块的基址，取下列值之一： 　　I2C0_SLAVE_BASE　　　　//I²C0 从机模块的基址 　　I2C1_SLAVE_BASE　　　　//I²C1 从机模块的基址 　　I2C_SLAVE_BASE　　　　//I²C 从机模块的基址（等同于 I²C0） ucSlaveAddr：7 位从机地址（这是纯地址，MSB 应当为 0）
返回	无

函数 I2CSlaveEnable()和 I2CSlaveDisable()用来使能或禁止从机模式下总线的收发,参见表 5-49 和表 5-50 的描述。

表 5-49　函数 **I2CSlaveEnable**()

函数名称	I2CSlaveEnable()
功能	使能 I^2C 从机模块
原型	void I2CSlaveEnable(unsigned long ulBase)
参数	ulBase:I^2C 从机模块的基址
返回	无

表 5-50　函数 **I2CSlaveDisable**()

函数名称	I2CSlaveDisable()
功能	禁止 I^2C 从机模块
原型	void I2CSlaveDisable(unsigned long ulBase)
参数	ulBase:I^2C 从机模块的基址
返回	无

函数 I2CSlaveStatus()用来获取从机的状态,即 I^2C 模块处于从机模式下,当有(其他的)主机寻址到本从机时要求发送或接收数据的状况。该函数在处理从机收发数据过程中起着至关重要的作用,参见表 5-51 的描述。

表 5-51　函数 **I2CSlaveStatus**()

函数名称	I2CSlaveStatus()
功能	获取 I^2C 从机模块的状态
原型	unsigned long I2CSlaveStatus(unsigned long ulBase)
参数	ulBase:I^2C 从机模块的基址
返回	主机请求的动作(如果有的话),可能是下列值之一: 　　I2C_SLAVE_ACT_NONE　　　　//主机没有请求任何动作 　　I2C_SLAVE_ACT_RREQ_FBR　//主机已发送数据到从机,并且 　　　　　　　　　　　　　　　　//收到跟在从机地址后的第 1 个字节 　　I2C_SLAVE_ACT_RREQ　　　　//主机已经发送数据到从机 　　I2C_SLAVE_ACT_TREQ　　　　//主机请求从机发送数据

函数 I2CSlaveDataGet()用来读取从机已经接收到的数据字节,函数 I2CSlaveDataPut()用来发送从机要传输到(其他的)主机上的数据字节,参见表 5-52 和的表 5-53 描述。

表 5-52　函数 **I2CSlaveDataGet**()

函数名称	I2CSlaveDataGet()
功能	获取已经发送到从机模块的数据
原型	unsigned long I2CSlaveDataGet(unsigned long ulBase)
参数	ulBase:I^2C 从机模块的基址
返回	获取到的 1 个字节(自动转换为 unsigned long 型)

表 5-53　函数 **I2CSlaveDataPut**()

函数名称	I2CSlaveDataPut()
功能	从从机模块发送数据
原型	void I2CSlaveDataPut(unsigned long ulBase,unsigned char ucData)
参数	ulBase：I^2C 从机模块的基址 ucData：要发送的数据
返回	无
备注	本函数执行的结果是把将要发送的数据存放到一个寄存器里,而并不能在总线上立即产生什么动作,只有在(其他的)主机控制的 SCL 信号的作用下才能把数据一位一位地发送出去

4. 从机模式中断控制

I^2C 总线从机模式的中断控制函数有中断的使能与禁止控制函数 I2CSlaveIntEnable()和 I2CSlaveIntDisable()、中断状态查询函数 I2CSlaveIntStatus()和中断状态清除函数 I2CSlaveIntClear(),参见表 5-54、表 5-55、表 5-56 和表 5-57 的描述。

表 5-54　函数 **I2CSlaveIntEnable**()

函数名称	I2CSlaveIntEnable()
功能	使能 I^2C 从机模块的中断
原型	void I2CSlaveIntEnable(unsigned long ulBase)
参数	ulBase：I^2C 从机模块的基址
返回	无

表 5-55　函数 **I2CSlaveIntDisable**()

函数名称	I2CSlaveIntDisable()
功能	禁止 I^2C 从机模块的中断
原型	void I2CSlaveIntDisable(unsigned long ulBase)
参数	ulBase：I^2C 从机模块的基址
返回	无

表 5-56　函数 **I2CSlaveIntStatus**()

函数名称	I2CSlaveIntStatus()
功能	获取 I^2C 从机的中断状态
原型	tBoolean I2CSlaveIntStatus(unsigned long ulBase,tBoolean bMasked)
参数	ulBase：I^2C 从机模块的基址 bMasked：取值 false 将获取原始的中断状态,取值 true 将获取屏蔽的中断状态
返回	false——没有中断,true——产生了中断请求

表 5-57　函数 **I2CSlaveIntClear**()

函数名称	I2CSlaveIntClear()
功能	清除 I^2C 从机的中断状态
原型	void I2CSlaveIntClear(unsigned long ulBase)

参数	ulBase：I²C 从机模块的基址
返回	无

5. 中断注册与注销

这两个函数用来注册或注销 I²C 总线在主机(或从机)模式下的中断服务函数,参见表 5-58 和表 5-59 的描述。

表 5-58　函数 I2CIntRegister()

函数名称	I2CIntRegister()
功能	注册一个 I²C 中断服务函数
原型	void I2CIntRegister(unsigned long ulBase,void(∗ pfnHandler)(void))
参数	ulBase：I²C 主机模块的基址 pfnHandler：函数指针,指向 I²C 主机或从机中断出现时调用的函数
返回	无

表 5-59　函数 I2CIntUnregister()

函数名称	I2CIntUnregister()
功能	注销 I²C 中断的服务函数
原型	void I2CIntUnregister(unsigned long ulBase)
参数	ulBase：I²C 主机模块的基址
返回	无

5.2.4　I²C 例程分析

在这一部分里,首先给出了 I²C 模块在主机模式下的通用驱动程序软件包,并对其工作原理做出了较详细的解释。接下来,利用这个驱动程序做了 3 个具体应用:数字温度传感器 LM75A、I/O 扩展芯片 PCA9554 和 EEPROM 存储器 24C02。最后还给出了 I²C 模块在从机模式下的例程:模拟 SRAM 存储器。

1. I²C 主机模式驱动程序

I²C 模块在主机模式下的驱动程序由两个文件组成,分别是头文件 LM3S_I2CM. h 和 C 文件 LM3S_I2CM. c。

头文件 LM3S_I2CM. h 是驱动程序的接口部分。在其中定义了一个重要的结构体类型 tI2CM_DEVICE,可以将其看成是一个模板,将来可以用它定义不同的从机器件。其定义如下:

```
typedef struct
{
    unsigned char ucSLA;        //从机地址(这是 7 位纯地址,不含读写控制位)
    unsigned long ulAddr;       //数据地址
    unsigned int uiLen;         //数据地址长度(取值 1、2 或 4)
    char * pcData;              //指向收发数据缓冲区的指针
```

```
        unsigned int uiSize;          //收发数据长度
} tI2CM_DEVICE;
```

数据成员在定义上是完全按照实际应用的特点来安排的。对于一般的器件,必须要有 I^2C 总线协议规定的从机地址(ucSLA);内部可能存在多个数据编址单元,对一般器件用一个字节就能表示,但对于大容量存储器类器件编址范围可能需要用两个字节来表示,甚至是 4 个字节,因此作为通用驱动程序的一个要求,数据地址必须是长整型(ulAddr),并且附加一个数据地址长度的定义(uiLen);由于收发数据的长度没有限制,因此用一个指针来表示最为合适(*pcData),并附加一个数据长度定义(uiSize)。

为了便于初始化设置或修改 tI2M_DEVICE 类型变量的数据成员,特意安排了两个函数:I2CM_DeviceInitSet()和 I2CM_DeviceDataSet()。

例如,对于 LM75A 这个器件,从机地址规定为 0x90、内部寄存器编址仅有 4 个、温度寄存器编址为 0、温度值由 2 个字节组成,因此初始化时可以写成如下形式:

```
{
  char cBuf[2];
  tI2CM_DEVICE LM75A={0x90 >> 1,0x00,1,cBuf,2};
}
```

也可以利用函数 I2CM_DeviceInitSet()来初始化器件 LM75A:

```
{
  char cBuf[2];
  tI2CM_DEVICE LM75A;
  I2CM_DeviceInitSet(&LM75A,0x90 >> 1,0x00,1,cBuf,2);
}
```

又如,对于 CAT24C256 这个器件,EEPROM 存储单元有 32KB,7 位从机地址可以配置为 1010xxx,数据存储地址就要用两个字节来表示。如果要在数据地址 0x1234 处读取 15 个字节,可以写成:

```
{
  char cBuf[16];
  tI2CM_DEVICE CAT24C256;
  I2CM_DeviceInitSet(&CAT24C256,0xA0 >> 1,0x1234,2,cBuf,15);
}
```

初始化函数 I2CM_Init()是启用 I^2C 总线主模式时必须要首先调用的。函数 I2CM_SendRecv()是关键的数据收发接口,为了方便应用以该函数为基础另外定义了两个宏函数:I2CM_DataSend()和 I2CM_DataRecv()。例如,对器件 CAT24C02 的收发操作就很方便:

```
{
  tI2CM_DEVICE CAT24C02;
  char cBuf[16];                //初始化设置器件 CAT24C02
  I2CM_DeviceInitSet(&CAT24C02,0xA0 >> 1,0x00,1,cBuf,0);
                                //向数据地址 0x20 处写入字符串 abcdef
  strcpy(cBuf,"abcdef");
```

```
I2CM_DeviceDataSet(&CAT24C02,0x20,cBuf,7);
I2CM_DataSend(&CAT24C02);       //从数据地址 0x9B 处读出 12 个字符
I2CM_DeviceDataSet(&CAT24C02,0x9B,cBuf,12);
I2CM_DataRecv(&CAT24C02);
}
```

下面来分析 LM3S_I2CM.c 这个源程序文件。

在文件 LM3S_I2CM.c 里首先是包含必要的头文件,然后是以下定义:

```
# define PART_LM3S1138
# include <pin_map.h>
```

该定义能够提高程序的可移植性。例如,要把这个 I^2C 驱动程序移植到 LM3S8962 上,仅需要把宏定义 PART_LM3S1138 替换成 PART_LM3S8962,而程序的其余部分不需要做任何修改。接下来定义了几个以"STAT_"打头的工作状态,这在中断服务函数 I2C_ISR() 里有妙用。

由于中断服务函数不能直接传递参数,因此需要定义一些必需的全局变量。其中定义变量 I2CM_BASE 的作用是提高程序的兼容性,初值是 I2C0_MASTER_BASE,如果用户想改用 I^2C1 模块,则可以修改成 I2C1_MASTER_BASE(注意,此时中断服务函数 I2C_ISR() 需要重新注册,以便响应 I^2C1 模块的中断)。

函数 I2CM_DeviceInitSet() 和 I2CM_DeviceDataSet() 用来初始化 tI2CM_DEVICE 类型的结构体变量。

函数 I2CM_Init() 对 I^2C 模块的硬件进行必要的初始化配置,并使能中断。

函数 I2CM_SendRecv() 是重要的用户接口函数。器件的数据地址有效长度可能是 1~4 字节,如果在中断服务函数 I2C_ISR() 里直接对长整型的数据成员 ulAddr 进行操作会显得很笨拙,因此在该函数里利用 switch 语句将其转换为一个数组 gcAddr[ ],以多字节形式存储器件的数据地址。

在函数 I2CM_SendRecv() 里,初始化设置从机地址和第 1 个要发送的数据后,利用函数 I2CMasterControl() 执行命令"主机突发发送起始",总线动作是"S | SLA＋W | data",这里的 data 应当是器件的数据存储地址首字节。此时的工作状态是 STAT_ADDR(发送数据地址)。在正式启动总线之前,还利用函数 I2CMasterBusBusy() 来判断总线是否忙,这可以用来支持多主机通信的情况。剩下的数据收发工作可以由中断服务函数 I2C_ISR() 全部自动完成。因此接下来的 while 循环是在等待总线操作完毕。最后返回可能的错误状态,如被寻址的器件不存在、数据无应答或仲裁失败等。

在中断服务函数 I2C_ISR() 里,核心部分是一个长长的 switch 语句,对 3 种工作状态 STAT_ADDR(发送数据地址)、STAT_DATA(接收或发送数据)和 STAT_FINISH(收发完成)分别做出处理。

如果工作状态是 STAT_ADDR,表明正处于发送数据地址的状态。如果未发送完毕则继续发送,利用函数 I2CMasterControl() 执行命令"主机突发发送继续";如果发送完毕则工作状态要转为 STAT_DATA。进入 STAT_DATA 状态时又分为 3 种情况:如果仅接收 1 个字节的数据,则执行命令"主机单次接收",并改变工作状态为 STAT_FINISH;如果要接收多个字节的数据,则执行命令"主机突发发送起始";如果是要发送数据,不论是单字节还是多字节,都直接进入下一条 case 语句,即处理 STAT_DATA 的状态。

如果工作状态是 STAT_DATA,则表明正处于数据接收或发送的状态。如果是接收操作,则用函数 I2CMasterDataGet()读取接收到的数据,然后判断是否准备接收最后 1 个字节的数据,若是则执行命令“主机突发接收完成”,并修改工作状态为 STAT_FINISH,否则执行命令“主机突发接收继续”。如果是发送操作,若未发送完毕则继续发送,执行命令“主机突发发送继续”,否则执行命令“主机突发发送完成”,并修改工作状态为 STAT_FINISH。

如果工作状态是 STAT_FINISH,则表明数据收发工作已经完成,若是接收操作还要读取最后接收到的数据。最后把工作状态变成 STAT_IDLE(空闲),以通知主程序收发工作已经完成。

2. I^2C 芯片 PCF8574 的 I/O 扩展

PCF8574 是 NXP 半导体推出的工业级 I/O 扩展芯片,I^2C 总线接口,带中断功能。以下是其关键特性:

- 操作电压 2.5~6.0V。
- 低备用电流(≤10μA)。
- I^2C 并行口扩展电路。
- 开漏中断输出。
- I^2C 总线实现 8 位远程 I/O 口。
- 与大多数 MCU 兼容。
- 端口输出锁存,具有大电流驱动能力,可直接驱动 LED。
- 通过 3 个硬件地址引脚可寻址 8 个器件(PCF8574A 可多达 16 个)。

PCF8574 是 CMOS 电路。它通过两条双向总线(I^2C)可使大多数 MCU 实现远程 I/O 口扩展。该器件包含一个 8 位准双向口和一个 I^2C 总线接口。PCF8574 电流消耗很低,且端口输出锁存具有大电流驱动能力,可直接驱动 LED。它还带有一条中断接线(INT)可与 MCU 的中断逻辑相连。通过 INT 发送中断信号,远端 I/O 口不必经过 I^2C 总线通信就可通知 MCU 是否有数据从端口输入。这意味着 PCF8574 可以作为一个单独的被控器。

3. I^2C 芯片 PCA9554 的 I/O 扩展

PCA9554 是 NXP 半导体推出的工业级 I/O 扩展芯片,I^2C 总线接口,带中断功能。以下是其关键特性:

- 供电范围 2.3~5.5V。
- I/O 接口 5V 兼容。
- I^2C 总线接口,器件地址 0100xxx,同一总线上可挂接 8 颗。
- 带有中断功能。
- 8 个双向 I/O 引脚(上电默认是输入)。
- 支持 400kb/s 通信速率。
- 驱动电流可高达±50mA。
- 提供多种封装:SO-16、SSOP-16、TSSOP-16 和 HVQFN-16。

如图 5-12 所示,为 PCA9554 的一个应用电路。在 I/O0~I/O3 上接有低电平点亮的 4 只 LED 指示灯,在 I/O4~I/O7 上接有 4 只低电平有效的按键。R_9 和 R_{10} 为必要的 I^2C 总线上拉电阻。

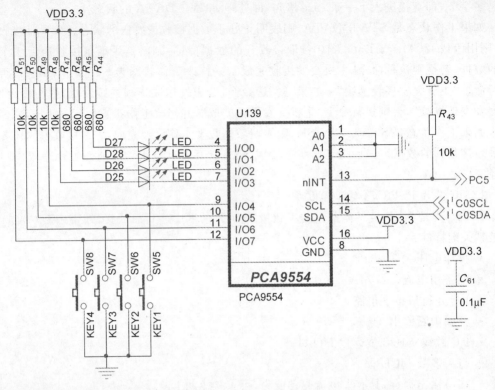

图 5-12　PCA9554 应用电路

　　程序清单 5-7 是操作 PCA9554 的例程。在主循环里,不断读取按键的状态,然后送到 LED 显示,其结果是用 4 只按键来分别控制 4 只 LED。如果总线存在故障,可以通过 UART 接口观察到。

程序清单 5-7　I/O 扩展芯片 PCA9554

文件: main. c

```c
# include "systemInit. h"
# include "uartGetPut. h"
# include "LM3S_I2CM. h"
# include <stdio. h>



//定义 PCA9554(NXP 半导体 I/O 扩展芯片,I²C 接口)
# define PCA9554_SLA (0x44 >> 1)              //定义 PAC9554 的器件地址
# define PCA9554_REG_IN 0x0F                  //定义输入寄存器地址
# define PCA9554_REG_OUT 0x01                 //定义输出寄存器地址
# define PCA9554_REG_POL 0x02                 //定义极性反转寄存器地址
# define PCA9554_REG_CFG 0x03                 //定义方向配置寄存器地址



//定义器件 PCA9554
tI2CM_DEVICE PCA9554={PCA9554_SLA,0x00,1,(void * )0,0};
```

```
//处理出错信息
void I2CM_Error(unsigned long ulStatus)
{
    if (ulStatus != I2C_MASTER_ERR_NONE)                //若有错误
    {
        uartPuts("Error\r\n");
        if (ulStatus & I2C_MASTER_ERR_ADDR_ACK)     //地址应答错误
                { uartPuts("cannot find PCA9554.\r\n"); }
        if (ulStatus & I2C_MASTER_ERR_DATA_ACK)     //数据应答错误
                {uartPuts("cannot access to PCA9554.\r\n"); }
        if (ulStatus & I2C_MASTER_ERR_ARB_LOST)      //多主机通信仲裁失败
                {uartPuts("arbitration lost.\r\n"); }
        for (;;);
    }
}


//初始化 PCA9554: 高 4 位输入,低 4 位输出
void PCA9554_Init(void)
{
    unsigned long ulStatus;
    char cData=0xF0;
    I2CM_DeviceDataSet(&PCA9554,&cData,1);
    ulStatus=I2CM_DataSend(&PCA9554);
    I2CM_Error(ulStatus);
}


//从 PCA9554 读取数据
char PCA9554_Read(void)
{
    unsigned long ulStatus;
    char cData;
    I2CM_DeviceDataSet(&PCA9554,PCA9554_REG_IN,&cData,1);
    ulStatus=I2CM_DataRecv(&PCA9554);
    I2CM_Error(ulStatus);
    return(cData);
}


//写数据到 PCA9554
void PCA9554_Write(char cData)
{
    unsigned long ulStatus;

    I2CM_DeviceDataSet(&PCA9554,&cData,1);
    ulStatus=I2CM_DataSend(&PCA9554);
    I2CM_Error(ulStatus);
}
```

5.3 SSI 串行通信

异步通信中,每一个字符要用到起始位和停止位作为字符开始和结束的标志,以至于占用了时间。所以在数据块传送时,为了提高通信速度,常去掉这些标志,而采用同步传送。同步通信不像异步通信那样,靠起始位在每个字符数据开始时使发送和接收同步,而是通过同步字符在每个数据块传送开始时使收发双方同步。

5.3.1 SSI 总体特性

Stellaris 系列 ARM 的同步串行接口(Synchronous Serial Interface,SSI)是与具有 Freescale SPI(飞思卡尔半导体)、MicroWire(美国国家半导体)和 Texas Instruments(德州仪器,TI)同步串行接口的外设器件进行同步串行通信的主机或从机的接口。SSI 接口是 Stellaris 系列 ARM 支持的标准外设,也是流行的外部串行总线之一,如图 5-13 所示。SSI 具有以下主要特性:

- 主机或从机操作。
- 时钟位速率和预分频可编程。
- 独立的发送和接收 FIFO,16 位宽,8 个单元深。
- 接口操作可编程,以实现 Freescale SPI、MicroWire 或 TI 的串行接口。
- 数据帧大小可编程,范围 4～16 位。
- 内部回环测试模式,可进行诊断/调试测试。

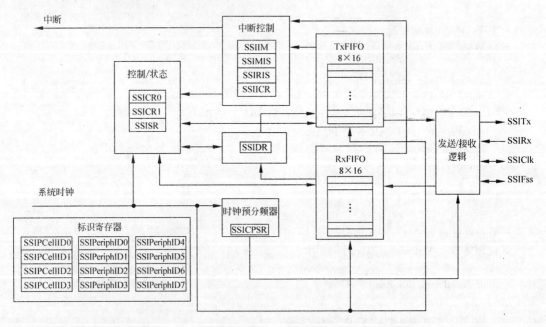

图 5-13 SSI 接口图

5.3.2　SSI 通信协议

对于 Freescale SPI、MicroWire、Texas Instruments 3 种帧格式,当 SSI 空闲时串行时钟(SSICLK)保持不活动状态,只有当数据发送或接收时 SSICLK 才开始活动,并在设置好的频率下工作。利用 SSICLK 的空闲状态可提供接收超时指示。如果一个超时周期之后接收 FIFO 仍含有数据,则产生超时指示。

对于 Freescale SPI 和 MicroWire 这两种帧格式,串行帧(SSIFss)引脚为低电平有效,并在整个帧的传输过程中保持有效(被下拉)。

而对于 Texas Instruments 同步串行帧格式,在发送每帧之前,每遇到 SSICLK 的上升沿开始的串行时钟周期时,SSIFss 引脚就跳动一次。在这种帧格式中,SSI 和片外从器件在 SSICLK 的上升沿驱动各自的输出数据,并在下降沿锁存来自另一个器件的数据。不同于其他两种全双工传输的帧格式,在半双工下工作的 MicroWire 格式使用特殊的主—从消息技术。在该模式中,帧开始时向片外从机发送 8 位控制消息。在发送过程中,SSI 没有接收到输入的数据。在消息已发送之后,片外从机对消息进行译码,并在 8 位控制消息的最后一位也已发送出去之后等待一个串行时钟,之后以请求的数据来响应。返回的数据在长度上可以是 4~16 位,使得在任何地方整个帧长度为 13~25 位。

1. TI 同步串行帧格式

图 5-14 显示了一次传输的 Texas Instruments 同步串行帧格式。在该模式中,任何时候当 SSI 空闲时,SSICLK 和 SSIFss 被强制为低电平,发送数据线 SSITx 为三态。一旦发送 FIFO 的底部入口包含数据,SSIFss 变为高电平并持续一个 SSICLK 周期。即将发送的值也从发送 FIFO 传输到发送逻辑的串行移位寄存器中。在 SSICLK 的下一个上升沿,4~16 位数据帧的 MSB 从 SSITx 引脚移出。同样地,接收数据的 MSB 也通过片外串行从器件移到 SSIRx 引脚上。

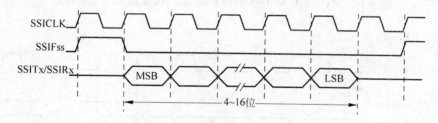

图 5-14　TI 同步串行帧格式(单次传输)

然后,SSI 和片外串行从器件都提供时钟,供每个数据位在每个 SSICLK 的下降沿进入各自的串行移位器中。在已锁存 LSB 之后的第一个 SSICLK 上升沿上,接收数据从串行移位器传输到接收 FIFO。

图 5-15 显示了背对背(Back-to-Back)传输时的 Texas Instruments 同步串行帧格式。

2. Freescale SPI 帧格式

Freescale SPI(Motorala SPI)接口是一个 4 线接口,其中 SSIFss 信号用作从机选择。Freescale SPI 格式的主要特性为:SSICLK 信号的不活动状态和相位可以通过 SSISCR0 控制寄存器中的 SPO 和 SPH 位来设置。

(1) 当 SPO 时钟极性控制位为 0 时,在没有数据传输时 SSICLK 引脚上将产生稳定的低

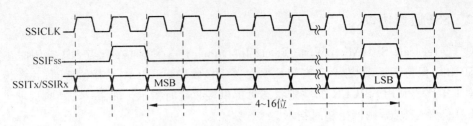

图 5-15　TI 同步串行帧格式（连续传输）

电平。如果 SPO 位为 1,则在没有进行数据传输时在 SSICLK 引脚上产生稳定的高电平。

（2）SPH 相位控制位选择捕获数据以及允许数据改变状态的时钟边沿。通过在第一个数据捕获边沿之前允许（或不允许）时钟转换,从而在第一个被传输的位上产生极大的影响。当 SPH 相位控制位为 0 时,在第一个时钟边沿转换时捕获数据。如果 SPH 位为 1,则在第二个时钟边沿转换时捕获数据。

1）SPO＝0 和 SPH＝0 时的 Freescale SPI 帧格式

SPO＝0 和 SPH＝0 时,Freescale SPI 帧格式的单次和连续传输信号序列如图 5-16 和图 5-17 所示。

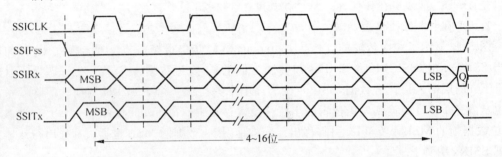

图 5-16　SPO＝0 和 SPH＝0 时的 Freescale SPI 帧格式（单次传输）

（注：Q 表示未定义）

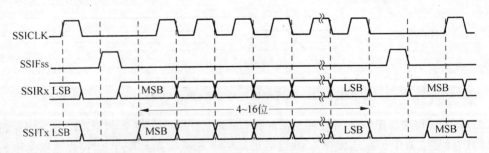

图 5-17　SPO＝0 和 SPH＝0 时的 Freescale SPI 帧格式（连续传输）

在上述配置中,SSI 处于空闲周期时:

（1）SSICLK 强制为低电平;

（2）SSIFss 强制为高电平;

（3）发送数据线 SSITx 强制为低电平;

（4）当 SSI 配置为主机时,使能 SSICLK 端口;

（5）当 SSI 配置为从机时，禁止 SSICLK 端口。

如果 SSI 使能并且在发送 FIFO 中含有有效的数据，则将 SSIFss 主机信号驱动为低电平表示发送操作开始。这使得从机数据能够放在主机的 SSIRx 输入线上，主机 SSITx 输出端口使能。在半个 SSICLK 周期之后，有效的主机数据传输到 SSITx 引脚。既然主机和从机数据都已设置好，则在下面的半个 SSICLK 周期之后，SSICLK 主机时钟引脚变为高电平。在 SSICLK 的上升沿捕获数据，该操作延续到 SSICLK 信号的下降沿。

如果是传输一个字，则在数据字的所有位都已传输完之后，在捕获到最后一个位之后的一个 SSICLK 周期后，SSIFss 线返回到其空闲的高电平状态。

在连续的背对背传输中，数据字的每次传输之间 SSIFss 信号必须变为高电平。这是因为如果 SPH 位为逻辑 0，则从机选择引脚将其串行外设寄存器中的数据固定，不允许修改。因此，主器件必须在每次数据传输之间将从器件的 SSIFss 引脚拉高，来使能串行外设的数据写操作。当连续传输完成时，在捕获到最后一个位之后的一个 SSICLK 周期后，SSIFss 引脚返回到其空闲状态。

2）SPO＝0 和 SPH＝1 时的 Freescale SPI 帧格式

SPO＝0 和 SPH＝1 时，Freescale SPI 帧格式的传输信号序列如图 5-18 所示，图 5-18 涵盖了单次和连续传输这两种情况。

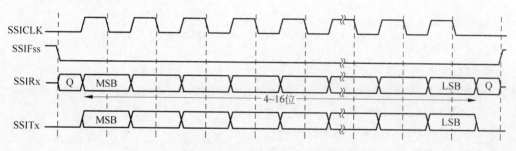

图 5-18　SPO＝0 和 SPH＝1 时的 Freescale SPI 帧格式

在该配置中，SSI 处于空闲周期时：

（1）SSICLK 强制为低电平；

（2）SSIFss 强制为高电平；

（3）发送数据线 SSITx 强制为低电平；

（4）当 SSI 配置为主机时，使能 SSICLK 端口；

（5）当 SSI 配置为从机时，禁止 SSICLK 端口。

如果 SSI 使能并且在发送 FIFO 中含有有效的数据，则将 SSIFss 主机信号驱动为低电平表示发送操作开始。主机 SSITx 输出使能。在下面的半个 SSICLK 周期之后，主机和从机有效数据能够放在各自的传输线上。同时，利用一个上升沿转换来使能 SSICLK。然后，在 SSICLK 的下降沿捕获数据，该操作一直延续到 SSICLK 信号的上升沿。

如果是传输一个字，则在所有位传输完之后，在捕获到最后一个位之后的一个 SSICLK 周期，SSIFss 线返回到其空闲的高电平状态。

如果是背对背传输，则在两次连续的数据字传输之间 SSIFss 引脚保持低电平，连续传输的结束情况与单个字传输相同。

3）SPO＝1 和 SPH＝0 时的 Freescale SPI 帧格式

SPO＝1 和 SPH＝0 时,Freescale SPI 帧格式的单次和连续传输信号序列如图 5-19 和图 5-20 所示。

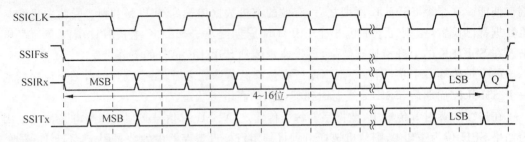

图 5-19　SPO＝1 和 SPH＝0 时的 Freescale SPI 帧格式（单次传输）

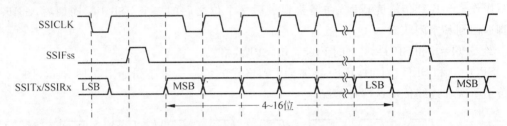

图 5-20　SPO＝1 和 SPH＝0 时的 Frccscale SPI 帧格式（连续传输）

在该配置中,SSI 处于空闲周期时:

（1）SSICLK 强制为高电平;

（2）SSIFss 强制为高电平;

（3）发送数据线 SSITx 强制为低电平;

（4）SSI 配置为主机时,使能 SSICLK 引脚;

（5）SSI 配置为从机时,禁止 SSICLK 引脚。

如果 SSI 使能并且在发送 FIFO 中含有有效的数据,则将 SSIFss 主机信号驱动为低电平表示传输操作开始,这可使从机数据立即传输到主机的 SSIRx 线上。主机 SSITx 输出引脚使能。半个周期之后,有效的主机数据传输到 SSITx 线上。既然主机和从机的有效数据都已设置好,则在下面的半个 SSICLK 周期之后,SSICLK 主机时钟引脚变为低电平。这表示数据在下降沿被捕获并且该操作延续到 SSICLK 信号的上升沿。如果是单个字传输,则在数据字的所有位传输完之后,在最后一个位传输完之后的一个 SSICLK 周期,SSIFss 线返回到其空闲的高电平状态。

而在连续的背对背传输中,每次数据字传输之间 SSIFss 信号必须变为高电平。这是因为如果 SPH 位为逻辑 0,则从机选择引脚使其串行外设寄存器中的数据固定,不允许修改。因此,每次数据传输之间,主器件必须将从器件的 SSIFss 引脚拉为高电平来使能串行外设的数据写操作。在连续传输完成时,最后一个位被捕获之后的一个 SSICLK 周期,SSIFss 引脚返回其空闲状态。

4）SPO＝1 和 SPH＝1 时的 Freescale SPI 帧格式

SPO＝1 和 SPH＝1 时,Freescale SPI 帧格式的传输信号序列如图 5-21 所示。图 5-21

涵盖了单次和连续传输两种情况。

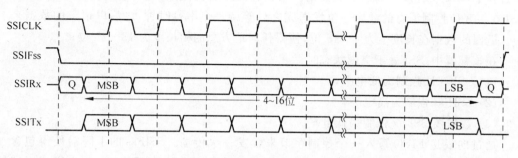

图 5-21 SPO＝1 和 SPH＝1 时的 Freescale SPI 帧格式

在该配置中,SSI 处于空闲周期时:

(1) SSICLK 强制为高电平;

(2) SSIFss 强制为高电平;

(3) 发送数据线 SSIFss 强制为低电平;

(4) 当 SSI 配置为主机时,使能 SSICLK 引脚;

(5) 当 SSI 配置为从机时,禁止 SSICLK 引脚。

如果 SSI 使能并且在发送 FIFO 中含有有效的数据,则通过将 SSIFss 主机信号驱动为低电平表示发送操作开始。主机 SSITx 输出引脚使能。在下面的半个 SSICLK 周期之后,主机和从机数据都能够放在各自的传输线上。同时,利用 SSICLK 的下降沿转换来使能 SSICLK。然后在上升沿捕获数据,并且该操作延续到 SSICLK 信号的下降沿。

在所有位传输完之后,如果是单个字传输,则在最后一个位捕获完之后的一个 SSICLK 周期中,SSIFss 线返回到其空闲的高电平状态。

而对于连续的背对背传输,SSIFss 引脚保持有效的低电平状态,直至最后一个字的最后一位捕获完,再返回其上述的空闲状态。

而对于连续的背对背传输,在两次连续的数据字传输之间 SSIFss 引脚保持低电平,连续传输的结束情况与单个字传输相同。

3. MicroWire 帧格式

图 5-22 显示了单次传输的 MicroWire 帧格式,而图 5-23 为该格式的连续传输情况。

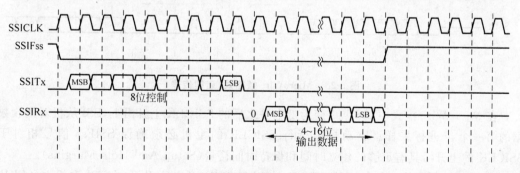

图 5-22 MicroWire 帧格式(单次传输)

MicroWire 格式与 SPI 格式非常类似,只是 MicroWire 为半双工而不是全双工,使用主—从消息传递技术。每次串行传输都由 SSI 向片外从器件发送 8 位控制字开始。在此传输过程中,SSI 没有接收到输入的数据。在消息已发送完之后,片外从机对消息进行译码,SSI 在将 8 位控制消息的最后一位发送完之后等待一个串行时钟,之后以请求的数据来响应。返回的数据在长度上为 4～16 位,使得任何地方总的帧长度为 13～25 位。

在该配置中,SSI 处于空闲状态时:

(1) SSICLK 强制为低电平;

(2) SSIFss 强制为高电平;

(3) 数据线 SSITx 强制为低电平。

通过向发送 FIFO 写入一个控制字节来触发一次传输。SSIFss 的下降沿使得包含在发送 FIFO 底部入口的值能够传输到发送逻辑的串行移位寄存器中,并且 8 位控制帧的 MSB 移出到 SSITx 引脚上。在该控制帧传输期间 SSIFss 保持低电平,SSIRx 引脚保持三态。

片外串行从器件在 SSICLK 的上升沿时将每个控制位锁存到其串行移位器中。在将最后一位锁存之后,从器件在一个时钟的等待状态中对控制字节进行译码,并且从机通过将数据发送回 SSI 来响应。数据的每个位在 SSICLK 的下降沿时被驱动到 SSIRx 线上。SSI 在 SSICLK 的上升沿依次将每个位锁存。在帧传输结束时,对于单次传输,在最后一位已锁存到接收串行移位器之后的一个时钟周期,SSIFss 信号被拉为高电平。这使得数据传输到接收 FIFO 中。

注:在接收移位器已将 LSB 锁存之后的 SSICLK 的下降沿上或在 SSIFss 引脚变为高电平时,片外从器件能够将接收线置为三态。

对于连续传输,数据传输的开始与结束与单次传输相同。但 SSIFss 线持续有效(保持低电平)并且数据传输以背对背方式产生。在接收到当前帧的接收数据的 LSB 之后,立即跟随下一帧的控制字节。在当前帧的 LSB 已锁存到 SSI 之后,接收数据的每个位在 SSICLK 的下降沿从接收移位器中进行传输。

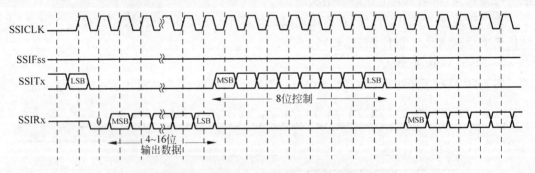

图 5-23　MicroWire 帧格式(连续传输)

在 MicroWire 模式中,SSIFss 变为低电平之后的 SSICLK 上升沿上,SSI 从机对接收数据的第一个位进行采样。驱动自由运行 SSICLK 的主机必须确保 SSIFss 信号相对于 SSICLK 的上升沿具有足够的建立时间和保持时间裕量(Setup And Hold Margins)。

图 5-24 阐明了建立和保持时间要求。相对于 SSICLK 的上升沿(在该上升沿上,SSI 从机将对接收数据的第一个位进行采样),SSIFss 的建立时间至少是 SSI 进行操作的 SSICLK 周期的两倍。相对于该边沿之前的 SSICLK 上升沿,SSIFss 至少具有一个 SSICLK 周期的

保持时间。

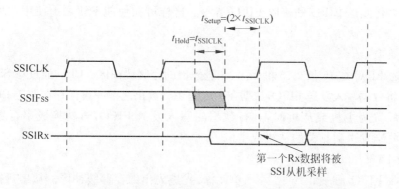

图 5-24 MicroWire 帧格式，SSIFss 输入建立和保持时间要求

5.3.3 SSI 功能概述

SSI 对从外设器件接收到的数据执行串行到并行转换。CPU 可以访问 SSI 数据寄存器来发送和获得数据。发送和接收路径利用内部 FIFO 存储单元进行缓冲，以允许最多 8 个 16 位的值在发送和接收模式中独立地存储。

1. 位速率和帧格式

SSI 包含一个可编程的位速率时钟分频器和预分频器来生成串行输出时钟。尽管最大位速率由外设器件决定，但 1.5MHz 及更高的位速率仍是支持的。

串行位速率是通过对输入的系统时钟进行分频来获得。虽然理论上 SSICLK 发送时钟可达到 25MHz，但模块不能在该速率下工作。发送操作时，系统时钟速率至少是 SSICLK 的两倍。接收操作时，系统时钟速率至少是 SSICLK 的 12 倍。

SSI 通信的帧格式有 3 种：Texas Instruments 同步串行数据帧、Freescale SPI 数据帧和 MicroWire 串行数据帧。

根据已设置的数据大小，每个数据帧长度在 4～16 位之间，并采用 MSB 在前的方式发送。

2. FIFO 操作

对 FIFO 的访问是通过 SSI 数据寄存器（SSIDR）中写入与读出数据来实现的，SSIDR 为 16 位宽的数据寄存器，可以对它进行读写操作，SSIDR 实际对应两个不同的物理地址，以分别完成对发送 FIFO 和接收 FIFO 的操作。

SSIDR 的读操作即是对接收 FIFO 的入口（由当前 FIFO 读指针来指向）进行访问。当 SSI 接收逻辑将数据从输入的数据帧中转移出来后，将它们放入接收 FIFO 的入口（由当前 FIFO 写指针来指向）。

SSIDR 的写操作即是将数据写入发送 FIFO 的入口（由写指针来指向）。每次，发送逻辑将发送 FIFO 中的数值转移出来一个，装入发送串行移位器，然后在设置的位速率下串行溢出到 SSITx 引脚。

当所选的数据长度小于 16 位时，用户必须正确调整写入发送 FIFO 的数据，发送逻辑忽略高位中未使用的位。

当 SSI 设置为 MicroWire 帧格式时，发送数据的默认大小为 8 位（最高有效字节忽略），接收数据的大小由程序员控制。即使当 SSICR1 寄存器的 SSE 位设置为 0 时（禁止 SSI 端口），也可以不将发送 FIFO 和接收 FIFO 清零。这样可在使能 SSI 之前使用软件来填充发送 FIFO。

1）发送 FIFO

通用发送 FIFO 是 16 位宽、8 单元深、先进先出的存储缓冲区。CPU 通过写 SSI 数据寄存器 SSIDR 来将数据写入发送 FIFO，数据在由发送逻辑读出之前一直保存在发送 FIFO 中。

当 SSI 配置为主机或从机时，并行数据先写入发送 FIFO，再转换成串行数据并通过 SSITx 引脚分别发送到相关的从机或主机。

2）接收 FIFO

通用接收 FIFO 是一个 16 位宽、8 单元深、先进先出的存储缓冲区。从串行接口接收到的数据在由 CPU 读出之前一直保存在缓冲区中，CPU 通过读 SSIDR 寄存器来访问读 FIFO。

当 SSI 配置位主机或从机时，通过 SSIRx 引脚接收到的串行数据转换成并行数据后装载到相关的从机或主机接收 FIFO。

3. SSI 中断

SSI 在满足以下条件时能够产生中断。

- 发送 FIFO 服务。
- 接收 FIFO 服务。
- 接收 FIFO 超时。
- 接收 FIFO 溢出。

所有中断事件在发送到嵌套中断向量控制器之前先要执行"或"操作，因此，在任何给定的时刻 SSI 只能向中断控制器产生一个中断请求。通过对 SSI 中断屏蔽寄存器（SSIIM）中的对应位进行设置，可以屏蔽 4 个单独屏蔽中断中的任一个，将适当的屏蔽位置使能中断。

SSI 提供单独的输出和组合的中断输出，这样可允许全局中断服务程序或组合的逻辑驱动程序来处理中断。发送或接收动态数据流的中断已与状态中断分开，这样，根据 FIFO 出发点（Trigger Level）可以对数据执行读和写操作。各个中断源的状态可从 SSI 原始中断状态（SSIRIS）和 SSI 屏蔽后的中断状态寄存器（SSIMIS）中读出。

5.3.4　SSI 库函数参考

1. 配置与控制

（1）SSIConfigSetExpClk()，见表 5-60。

表 5-60　函数 SSIConfigSetExpClk()

函数名称	SSIConfigSetExpClk()
功能	SSI 配置（需要提供明确的时钟速度）
原型	void SSIConfigSetExpClk(unsigned long ulBase, unsigned long ulSSIClk, unsigned long ulProtocol, unsigned long ulMode, unsigned long ulBitRate, unsigned long ulDataWidth)

续表

参数	ulBase：SSI 模块的基址，应取下列值之一： 　SSI_BASE　　　//SSI 模块的基址（用于仅含有 1 个 SSI 模块的芯片） 　SSI0_BASE　　　//SSI0 模块的基址（等同于 SSI_BASE） 　SSI1_BASE　　　//SSI1 模块的基址 ulSSIClk：提供给 SSI 模块的时钟速度 ulProtocol：数据传输的协议，应取下列值之一： 　SSI_FRF_MOTO_MODE_0　//Freescale（飞思卡尔半导体）格式，极性 0，相位 0 　SSI_FRF_MOTO_MODE_1　//Freescale（飞思卡尔半导体）格式，极性 0，相位 1 　SSI_FRF_MOTO_MODE_2　//Freescale（飞思卡尔半导体）格式，极性 1，相位 0 　SSI_FRF_MOTO_MODE_3　//Freescale（飞思卡尔半导体）格式，极性 1，相位 1 　SSI_FRF_TI　　　　　　//TI（德州仪器）格式 　SSI_FRF_NMW　　　　　//National（美国国家半导体）MicroWire 格式 ulMode：SSI 模块的工作模式，应取下列值之一： 　SSI_MODE_MASTER　　//SSI 主模式 　SSI_MODE_SLAVE　　　//SSI 从模式 　SSI_MODE_SLAVE_OD　//SSI 从模式（输出禁止） ulBitRate：SSI 的位速率，这个位速率必须满足下面的时钟比率标准： 　$ulBitRate \leqslant FSSI/2$（主模式） 　$ulBitRate \leqslant FSSI/12$（从模式） 其中 FSSI 是提供给 SSI 模块的时钟速率 ulDataWidth：数据宽度，取值为 4～16
返回	无

（2）SSIConfig() 是个宏函数，为了实际编程的方便，常常用来代替函数 SSIConfigSetExpClk()，见表 5-61。

表 5-61　宏函数 SSIConfig()

函数名称	SSIConfig()
功能	SSI 配置
原型	#define SSIConfig(a,b,c,d,e)SSIConfigSetExpClk(a,SysCtlClockGet(),b,c,d,e)
参数	详见函数 SSIConfigSetExpClk() 的描述
返回	无

（3）SSIEnable()，见表 5-62。

表 5-62　函数 SSIEnable()

函数名称	SSIEnable()
功能	使能 SSI 发送和接收
原型	void SSIEnable(unsigned long ulBase)
参数	ulBase：SSI 模块的基址，取值 SSI_BASE、SSI0_BASE 或 SSI1_BASE
返回	无

(4) SSIDisable(),见表 5-63。

表 5-63　函数 **SSIDisable**()

函数名称	SSIDisable()
功能	禁止 SSI 发送和接收
原型	void SSIDisable(unsigned long ulBase)
参数	ulBase：SSI 模块的基址，取值 SSI_BASE、SSI0_BASE 或 SSI1_BASE
返回	无

2. 数据收发

(1) SSIDataPutNonBlocking(),见表 5-64。

表 5-64　函数 **SSIDataPutNonBlocking**()

函数名称	SSIDataPutNonBlocking()
功能	将一个数据单元放入 SSI 的发送 FIFO 里(不等待)
原型	long SSIDataPutNonBlocking(unsigned long ulBase,unsigned long ulData)
参数	ulBase：SSI 模块的基址，取值 SSI_BASE、SSI0_BASE 或 SSI1_BASE ulData：要发送的数据单元(4～16 个有效位)
返回	返回写入发送 FIFO 的数据单元数量(如果发送 FIFO 里没有可用的空间则返回 0)

(2) SSIDataGetNonBlocking(),见表 5-65。

表 5-65　函数 **SSIDataGetNonBlocking**()

函数名称	SSIDataGetNonBlocking()
功能	从 SSI 的接收 FIFO 里读取一个数据单元(不等待)
原型	long SSIDataGetNonBlocking(unsigned long ulBase,unsigned long * pulData)
参数	ulBase：SSI 模块的基址，取值 SSI_BASE、SSI0_BASE 或 SSI1_BASE pulData：指针,指向保存读取到的数据单元地址
返回	返回从接收 FIFO 里读取到的数据单元数量(如果接收 FIFO 为空,则返回 0)

(3) SSIDataNonBlockingPut(),见表 5-66。

表 5-66　宏函数 **SSIDataNonBlockingPut**()

函数名称	SSIDataNonBlockingPut()
功能	将一个数据单元放入 SSI 的发送 FIFO 里(不等待)
原型	#define SSIDataNonBlockingPut(a,b)SSIDataPutNonBlocking(a,b)
参数	参见函数 SSIDataPutNonBlocking()的描述
返回	参见函数 SSIDataPutNonBlocking()的描述

（4）SSIDataNonBlockingGet()，见表 5-67。

表 5-67　宏函数 SSIDataNonBlockingGet()

函数名称	SSIDataNonBlockingGet()
功能	从 SSI 的接收 FIFO 里读取一个数据单元(不等待)
原型	♯define SSIDataNonBlockingGet(a,b)SSIDataGetNonBlocking(a,b)
参数	参见函数 SSIDataGetNonBlocking()的描述
返回	参见函数 SSIDataGetNonBlocking()的描述

（5）SSIDataPut()，见表 5-68。

表 5-68　函数 SSIDataPut()

函数名称	SSIDataPut()
功能	将一个数据单元放入 SSI 的发送 FIFO 里
原型	void SSIDataPut(unsigned long ulBase,unsigned long ulData)
参数	ulBase：SSI 模块的基址,取值 SSI_BASE、SSI0_BASE 或 SSI1_BASE ulData：要发送数据单元(4～16 个有效位)
返回	无

（6）SSIDataGet()，见表 5-69。

表 5-69　函数 SSIDataGet()

函数名称	SSIDataGet()
功能	从 SSI 的接收 FIFO 里读取一个数据单元
原型	void SSIDataGet(unsigned long ulBase,unsigned long * pulData)
参数	ulBase：SSI 模块的基址,取值 SSI_BASE、SSI0_BASE 或 SSI1_BASE pulData：指针,指向保存读取到的数据单元地址
返回	无

3. 中断控制

（1）SSIIntEnable()，见表 5-70。

表 5-70　函数 SSIIntEnable()

函数名称	SSIIntEnable()
功能	使能单独的(一个或多个)SSI 中断源
原型	void SSIIntEnable(unsigned long ulBase,unsigned long ulIntFlags)
参数	ulBase：SSI 模块的基址,取值 SSI_BASE、SSI0_BASE 或 SSI1_BASE ulIntFlags：指定的中断源,应当取下列值之一或者它们之间的任意"或运算"组合形式： 　　SSI_TXFF　　　　　//发送 FIFO 半空或不足半空 　　SSI_RXFF　　　　　//接收 FIFO 半满或超过半满 　　SSI_RXTO 　　　　　　//接收超时(接收 FIFO 已有数据但未半满,而后续数据长时间不来) 　　SSI_RXOR　　　　　//接收 FIFO 溢出
返回	无

（2）SSIIntDisable()，见表 5-71。

表 5-71   函数 SSIIntDisable()

函数名称	SSIIntDisable()
功能	禁止单独的(一个或多个)SSI 中断源
原型	void SSIIntDisable(unsigned long ulBase,unsigned long ulIntFlags)
参数	参见函数 SSIIntEnable()的描述
返回	无

（3）SSIIntStatus()，见表 5-72。

表 5-72   函数 SSIIntStatus()

函数名称	SSIIntStatus()
功能	获取 SSI 当前的中断状态
原型	unsigned long SSIIntStatus(unsigned long ulBase,tBoolean bMasked)
参数	ulBase：SSI 模块的基址，取值 SSI_BASE、SSI0_BASE 或 SSI1_BASE bMasked：如果需要获取原始的中断状态，则取值 false 　　　　　如果需要获取屏蔽的中断状态，则取值 true
返回	当前中断的状态，参见函数 SSIIntEnable()里参数 ulIntFlags 的描述

（4）SSIIntClear()，见表 5-73。

表 5-73   函数 SSIIntClear()

函数名称	SSIIntClear()
功能	清除 SSI 的中断
原型	void SSIIntClear(unsigned long ulBase,unsigned long ulIntFlags)
参数	参见函数 SSIIntEnable()的描述
返回	无

（5）SSIIntRegister()，见表 5-74。

表 5-74   函数 SSIIntRegister()

函数名称	SSIIntRegister()
功能	注册一个 SSI 中断服务函数
原型	void SSIIntRegister(unsigned long ulBase,void(* pfnHandler)(void))
参数	ulBase：SSI 模块的基址，取值 SSI_BASE、SSI0_BASE 或 SSI1_BASE pfnHandler：指针，指向 SSI 中断出现时被调用的函数
返回	无

（6）SSIIntUnregister()，见表 5-75。

表 5-75   函数 SSIIntUnregister()

函数名称	SSIIntUnregister()
功能	注销 SSI 的中断服务函数
原型	void SSIIntUnregister(unsigned long ulBase)

参数	ulBase：SSI 模块的基址，取值 SSI_BASE、SSI0_BASE 或 SSI1_BASE
返回	无

4. SSI 常用的 API 函数

（1）SSIConfigSetExpClk 配置同步串行接口。

void SSIConfigSetExpClk（unsigned long ulBase, unsigned long ulSSIClk, unsigned long ulProtocol, unsigned long ulMode, unsigned long ulBitRate, unsigned long ulDataWidth）

ulBase 指定 SSI 模块的基址。

ulSSIClk 是提供到 SSI 模块的时钟速率。

ulProtocol 指定数据传输协议。

ulMode 指定工作模式。

ulBitRate 指定时钟速率。

ulDataWidth 指定每帧传输的位数。

例如：//配置 SSI 为 8 位，400kHz 主机 moto 模式 0

```
SSIConfigSetExpClk(SDC_SSI_BASE,
                   SysCtlClockGet(),
                   SSI_FRF_MOTO_MODE_0,
                   SSI_MODE_MASTER,
                   400000,
                   8);
```

（2）SSIDataPut 把一个数据单元放置到 SSI 发送 FIFO 中。

void SSIDataPut(unsigned long ulBase, unsigned long ulData)

ulBase 指定 SSI 模块的基址。

ulData 是通过 SSI 接口发送的数据。

例如：SSIDataPut(SDC_SSI_BASE, dat)；　　　　　　　//写数据 dat

（3）SSIDataGet 从 SSI 接收 FIFO 中获取一个数据单元。

void SSIDataGet(unsigned long ulBase, unsigned long * pulData)

ulBase 指定 SSI 模块的基址。

pulData 是一个存储单元的指针，该单元存放着 SSI 接口上接收到的数据。

例如：SSIDataGet(SDC_SSI_BASE, &rcvdat)；　　//从 FIFO 中读取一个字节到 rcvdat

5.3.5　SSI 驱动例程分析

1. SSI 驱动静态 LED

图 5-25 为 SSI 静态驱动 LED 电路图，运行现象是在 LED 上循环显示数字及字符，见程序 5-8。

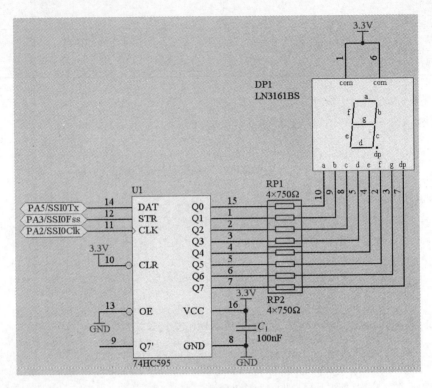

图 5-25 SSI 驱动静态 LED

程序清单 5-8

```
# include "systemInit. h"
# include <ssi. h>

# define PART_LM3S8962
# include <pin_map. h>

//SSI初始化
void ssiInit(void)
{
    unsigned long ulBitRate = TheSysClock / 3;

    SysCtlPeriEnable(SYSCTL_PERIPH_SSI0);               //使能 SSI 模块
    SysCtlPeriEnable(SSI0CLK_PERIPH);                   //使能 SSI0 接口所在的 GPIO 端口
    SysCtlPeriEnable(SSI0FSS_PERIPH);
    SysCtlPeriEnable(SSI0RX_PERIPH);
    SysCtlPeriEnable(SSI0TX_PERIPH);
    GPIOPinTypeSSI(SSI0CLK_PORT, SSI0CLK_PIN);          //将相关 GPIO 设置为 SSI 功能
    GPIOPinTypeSSI(SSI0FSS_PORT, SSI0FSS_PIN);
    GPIOPinTypeSSI(SSI0RX_PORT, SSI0RX_PIN);
    GPIOPinTypeSSI(SSI0TX_PORT, SSI0TX_PIN);
                    //SSI 配置：基址，协议格式，主/从模式，位速率，数据宽度
    SSIConfig(SSI0_BASE, SSI_FRF_MOTO_MODE_0, SSI_MODE_MASTER, ulBitRate, 8);
    SSIEnable(SSI0_BASE);                               //使能 SSI 收发
```

```
    }


//将数据通过静态数码管显示
void dataDisplay(unsigned char ucData)
{
    const unsigned char ucTable[16]=                    //定义数码管显示数据
    {
        0x3F,0x06,0x5B,0x4F,0x66,0x6D,0x7D,0x07,
        0x7F,0x6F,0x77,0x7C,0x39,0x5E,0x79,0x71
    };
    unsigned char t=~ucTable[ucData & 0x0F];            //若是共阴式数码管则不必取反
    SSIDataPut(SSI0_BASE,t);                            //通过 SSI 输出数据到 74HC595
}


//主函数(程序入口)
void main(void)
{
    unsigned char i;
    clockInit();                                        //时钟初始化: 晶振,6MHz
    ssiInit();                                          //SSI 初始化
    for (;;)
    {
        for (i=0; i < 16; i++)                          //在数码管上循环显示数字
        {
            dataDisplay(i);
            SysCtlDelay(500 * (TheSysClock / 3000));
        }
    }
}
```

2. SSI 驱动动态 LED

图 5-26 所示为 SSI 动态显示 LED 的电路图,运行现象是循环显示数字及字符,见程序清单 5-9。

程序清单 5-9

```
# include "systemInit. h"
# include <ssi. h>
# include <timer. h>



# define PART_LM3S8962
# include <pin_map. h>
unsigned char dispBuf[8];                               //定义显示缓冲区

//SSI 初始化
void ssiInit(void)
{
    unsigned long ulBitRate=TheSysClock / 10;
    SysCtlPeriEnable(SYSCTL_PERIPH_SSI0);               //使能 SSI 模块
    SysCtlPeriEnable(SSI0CLK_PERIPH);                   //使能 SSI0 接口所在的 GPIO 端口
```

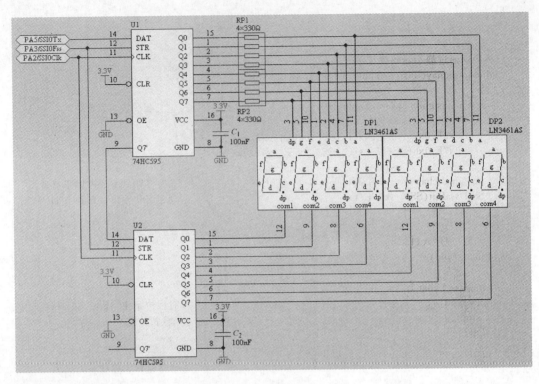

图 5-26　SSI 驱动动态 LED

```
    SysCtlPeriEnable(SSI0FSS_PERIPH);
    SysCtlPeriEnable(SSI0RX_PERIPH);
    SysCtlPeriEnable(SSI0TX_PERIPH);

    GPIOPinTypeSSI(SSI0CLK_PORT, SSI0CLK_PIN);        //将相关 GPIO 设置为 SSI 功能
    GPIOPinTypeSSI(SSI0FSS_PORT, SSI0FSS_PIN);
    GPIOPinTypeSSI(SSI0RX_PORT, SSI0RX_PIN);
    GPIOPinTypeSSI(SSI0TX_PORT, SSI0TX_PIN);

    //SSI 配置：基址，协议格式，主/从模式，位速率，数据宽度
    SSIConfig(SSI0_BASE, SSI_FRF_MOTO_MODE_0, SSI_MODE_MASTER, ulBitRate, 16);
    SSIEnable(SSI0_BASE);                             //使能 SSI 收发
}


//定时器初始化
void timerInit(void)
{
    unsigned long ulClock = TheSysClock / (60 * 8);   //扫描速度在 60Hz 以上时
                                                      //人眼才不会明显感到闪烁

    SysCtlPeriEnable(SYSCTL_PERIPH_TIMER0);           //使能 Timer 模块
    TimerConfigure(TIMER0_BASE, TIMER_CFG_32_BIT_PER);   //配置为 32 位周期定时器
    TimerLoadSet(TIMER0_BASE, TIMER_A, ulClock);      //设置 Timer 初值
    TimerIntEnable(TIMER0_BASE, TIMER_TIMA_TIMEOUT);      //使能 Timer 超时中断
    IntEnable(INT_TIMER0A);                              //使能 Timer 中断
```

```
        IntMasterEnable();                              //使能处理器中断
        TimerEnable(TIMER0_BASE,TIMER_A);               //使能 Timer 计数
    }

//动态数码管显示初始化
void dispInit(void)
{
    unsigned short i;
    for (i=0; i < 8; i++) dispBuf[i]=0x00;
    ssiInit();
    timerInit();
}


//在坐标 ucX 处显示一个数字 ucData
void dispDataPut(unsigned char ucX, unsigned char ucData)
{
    dispBuf[ucX & 0x07]=ucData;
}


//主函数(程序入口)
int main(void)
{
    unsigned char i, x;
    clockInit();                                        //时钟初始化：晶振,6MHz
    dispInit();                                         //动态数码管显示初始化
    for (;;)
    {
        for (i=0; i < 9; i++)                           //在数码管上滚动显示 0~F
        {
            for (x=0; x < 8; x++) dispDataPut(x,i+x);
            SysCtlDelay(2000 * (TheSysClock / 3000));
        }
    }
}


//定时器的中断服务函数
void Timer0A_ISR(void)
{
    const unsigned char SegTab[16]=                     //定义数码管段选数据
    {
        0x3F,0x06,0x5B,0x4F,0x66,0x6D,0x7D,0x07,
        0x7F,0x6F,0x77,0x7C,0x39,0x5E,0x79,0x71
    };
    const unsigned char DigTab[8]=                      //定义数码管位选数据
    {
        0x01,0x02,0x04,0x08,0x10,0x20,0x40,0x80
    };

    static unsigned char n=0;
```

```
        unsigned short t;
        unsigned long ulStatus;
        ulStatus = TimerIntStatus(TIMER0_BASE, true);        //读取中断状态
        TimerIntClear(TIMER0_BASE, ulStatus);                //清除中断状态,重要!
        if (ulStatus & TIMER_TIMA_TIMEOUT)                   //如果是 Timer 超时中断
        {
            t = DigTab[n] ^ 0xFF;                            //获取位选数据
            t <<= 8;                                         //位选数据放在高 8 位
            t |= SegTab[dispBuf[n] & 0x0F];                  //段选数据放在低 8 位
            SSIDataPut(SSI_BASE, t);                         //输出数据,共 16 个有效位
            n++;
            n &= 0x07;
        }
    }
```

程序采用定时器中断的方式动态刷新扫描的方式,采用定时器延时时间为 1/60 秒,这样人眼没有察觉。从 74HC595 的电路图中可以看出位选数据放在高 8 位,段选数据放在低 8 位。

小　　结

本章主要介绍了 UART 异步串口通信的相关知识,包括 UART 异步串行接口的功能和主要的应用库函数。还介绍了 IrDA 收发数据的原理及实现方法,最后通过几个实例程序列举了 UART 串口的使用及实现方法,主要包括:简单收发、发送 FIFO 工作原理、发送 FIFO 中断原理、以 FIFO 中断方式发送和以 FIFO 中断方式接收等。互联 IC 总线的相关设计及应用,首先介绍了 I^2C 协议的基础、功能,其次分析了 I^2C 总线的主要驱动库函数,最后给出了部分例程,主要包括:I^2C 主机模式驱动程序、数字温度传感器 LM75A、I/O 扩展芯片 PCA9554、I^2C 存储器器件 AT24C02 的读取等应用例程。介绍了常用的同步串行通信的相关内容,首先介绍了 TI 的同步串行帧格式、Freescale SPI 帧格式、MicroWier 帧格式,其次介绍了 SSI 通信的位速率帧格式、FIFO 操作、SSI 中断,然后介绍了 SSI 通信的主要库函数,包括配置与控制、数据收发和中断控制等,最后给出了两个 SSI 通信的例程。

思　考　题

1. 给出异步串口通信波特率的定义,并通过库函数进行相关定义。

2. 简述异步串口通信格式。

3. 分析说明异步串口通信 DB9 接口的电气定义及特性。

4. 配置 UART 波特率为 115200,数据位 8、停止位 1、无校验的情况下,编写一段程序每隔 200ms 发送字符串“异步串口通信测试!”的程序。

5. 编写一段程序,运行后,通过超级终端,输入命令“on”会点亮控制板 LED1,输入命令“off”会熄灭 LED1。

6. 简述 I^2C 总线信号连接方式和工作方式。

7. 简述 I^2C 总线的通信规约及数据传输格式。

8. 查询关于 I^2C 总线的 ADC 控制器,设计其连接电路,并编写采集及数据传输程序。

9. 比较 AT24C02 与 AT24C256 两个 EEPROM 存储器其 I^2C 驱动程序编程的不同。

10. 编写 I/O 扩展芯片 PCF8574 的 I/O 量输入 8 路驱动。

11. 编写 I/O 扩展芯片 PCF8574 的 I/O 量输出 8 路驱动。

12. I^2C 总共有几种模式? 标准速率分别为多少?

13. 简述 I^2C 总线数据起始和终止的条件,并用时序图表示。

14. 简述 I^2C 总线数据有效的条件,并用时序表示。

15. 简述同步串行数据通信与异步串口通信的不同,并说明各自的优缺点。

16. 简述 Stellaris 系列 ARM 的 SSI 支持的数据通信格式。

17. 简述 SPI 接口的基本原理和数据传输格式,软件实现 SPI 接口的编程方法。

18. 怎样配置 SPI 接口的位速率和帧格式使其能与 SPI 接口芯片进行通信。

19. 读者通过 SPI 接口的方式实现与 TLC2543 的 ADC 控制器接口电路,编程实现其 ADC 采样。

第6章 时钟模块

6.1 系统节拍定时

系统节拍定时(SysTick)是一个简单的系统时钟节拍计数器,它属于 ARM Cortex-M3 内核嵌套向量中断控制器 NVIC 里的一个功能单元,而非片内外设。SysTick 常用于操作系统(如:μC/OS-Ⅱ、FreeRTOS 等)的系统节拍定时。本节主要介绍了 SysTick 的功能、基本操作函数、SysTick 中断控制函数和应用示例函数。

6.1.1 SysTick 功能简介

由于 SysTick 是属于 ARM Cortex-M3 内核里的一个功能单元,因此使用 SysTick 作为操作系统节拍定时,使得操作系统代码在不同厂家的 ARM Cortex-M3 内核芯片上都能够方便地进行移植。

SysTick 定时器被捆绑在 NVIC 中,用于产生 SysTick 异常(异常号:15)。在传统的方式下,操作系统及所有使用了时基的系统,都必须由硬件定时器来产生需要的滴答中断,作为整个系统的时基。滴答中断对操作系统尤其重要。例如,操作系统可以为多个任务分配不同数目的时间片,确保没有一个任务能霸占系统;或者把每个定时器周期的某个时间范围分配给特定任务;操作系统提供的各种功能,都与滴答定时器有关。因此需要一个定时器来产生周期性中断,最好还要让用户程序不能随意访问它的寄存器,以维持操作系统"心跳"的节律。

Cortex-M3 处理器内部包含了一个简单的定时器。SysTick 是一个 24 位的计数器,采用倒计时方式。SysTick 设定初值并使能后,每经过 1 个系统时钟周期,计数值就减 1。计数到 0 时,SysTick 计数器自动重装初值并继续运行,同时申请中断,以通知系统下一步做何动作。当然,在不采用操作系统的场合下 SysTick 完全可以作为一般的定时/计数器来使用。该计数器有几种使用方法,例如:

(1) 用作 RTOS 时钟节拍定时器,以编程设定的频率启动,调用一个 SysTick 程序;

(2) 用作使用系统时钟的高速报警定时器;

(3) 用作速率可变的报警或信号定时器;

(4) 用作速率可变的报警或信号定时器——它的定时时间取决于使用的参考时钟和计数器的动态范围;

(5) 用作简单计数器。软件可以使用该定时器来测量完成操作的时间;

(6) 根据未到达/到达的时间来控制内部时钟,作为动态时钟管理循环的一个部分,SysTick 控制和状态寄存器中的 COUNTFLAG 域可以用来决定某项操作是否在设定时间内完成。

6.1.2　SysTick 基本操作

利用 Stellaris 外设驱动库操作 SysTick 是非常简单的。无论是配置还是操作，SysTick 的用法比一般片内外设简单。函数 SysTickPeriodSet()用于设置 SysTick 计数器的周期值；函数 SysTickPeriodGet()用于获取当前设定 SysTick 计数器的周期值；函数 SysTickEnable()使能 SysTick 计数器，开始倒计数；函数 SysTickDisable()关闭 SysTick 计数器，停止计数；函数 SysTickValueGet()用于获取 SysTick 计数器的当前值。

这一部分的库函数描述请参考表 6-1～表 6-5。

表 6-1　函数 **SysTickPeriodSet**()

函数名称	SysTickPeriodSet()
功能	设置 SysTick 计数器的周期值
原型	void SysTickPeriodSet(unsigned long ulPeriod)
参数	ulPeriod：SysTick 计数器每个周期的时钟节拍数，取值 1～16777216
返回	无

表 6-2　函数 **SysTickPeriodGet**()

函数名称	SysTickPeriodGet()
功能	获取 SysTick 计数器的周期值
原型	unsigned long SysTickPeriodGet(void)
参数	无
返回	1～16777216

表 6-3　函数 **SysTickEnable**()

函数名称	SysTickEnable()
功能	使能 SysTick 计数器，开始倒计数
原型	void SysTickEnable(void)
参数	无
返回	无

表 6-4　函数 **SysTickDisable**()

函数名称	SysTickDisable()
功能	关闭 SysTick 计数器，停止计数
原型	void SysTickDisable(void)
参数	无
返回	无

表 6-5　函数 **SysTickValueGet**()

函数名称	SysTickValueGet()
功能	获取 SysTick 计数器的当前值
原型	unsigned long SysTickValueGet(void)
参数	无
返回	SysTick 计数器的当前值，该值的范围是：0～函数 SysTickPeriodSet()设定的初值－1

程序清单 6-1 是 SysTick 的一个简单应用,能利用其计算一段程序的执行时间,结果通过 UART 输出。在程序 6-1 中,被计算执行时间的是 SysCtlDelay()这个函数,延时时间为 $50000\mu s$,最终实际运行的结果是 $50004\mu s$,误差很小。

程序清单 6-1　SysTick 例程:计算一段程序的执行时间

```
文件: main.c
# include "systemInit.h"
# include "uartGetPut.h"
# include <systick.h>
# include <stdio.h>
//主函数(程序入口)
int main(void)
{
    unsigned long ulStart, ulStop;
    unsigned long ulInterval;
    char s[40];
    clockInit();                                //时钟初始化:晶振,6MHz
    uartInit();                                 //UART 初始化
    SysTickPeriodSet(6000000UL);                //设置 SysTick 计数器的周期值
    SysTickEnable();                            //使能 SysTick 计数器
    ulStart=SysTickValueGet();                  //读取 SysTick 当前值(初值)
    SysCtlDelay(50 * (TheSysClock / 3000));     //延时一段时间
    ulStop=SysTickValueGet();                   //读取 SysTick 当前值(终值)
    SysTickDisable();                           //关闭 SysTick 计数器
    ulInterval=ulStart-ulStop;                  //计算时间间隔
    sprintf(s, "%ld us\r\n", ulInterval / 6);   //输出结果,单位: μs
    uartPuts(s);
    for (;;)
    {
    }
}
```

6.1.3　SysTick 中断控制

SysTick 的中断控制也非常简单,配置时只需要使能 SysTick 中断和处理器中断,而且进入中断服务函数后硬件会自动清除中断状态,无须手工来清除。

其中函数 SysTickIntEnable()使能 SysTick 中断,函数 SysTickIntDisable()禁止 SysTick 中断;函数 SysTickIntRegister()注册一个 SysTick 中断的中断服务函数;函数 SysTickIntUnregister()注销一个 SysTick 中断的中断服务函数。

这一部分的库函数描述请参考表 6-6~表 6-9。

表 6-6　函数 SysTickIntEnable()

函数名称	SysTickIntEnable()
功能	使能 SysTick 中断
原型	void SysTickIntEnable(void)
参数	无
返回	无

表 6-7　函数 **SysTickIntDisable()**

函数名称	SysTickIntDisable()
功能	禁止 SysTick 中断
原型	void SysTickIntDisable(void)
参数	无
返回	无

表 6-8　函数 **SysTickIntRegister()**

函数名称	SysTickIntRegister()
功能	注册一个 SysTick 中断的中断服务函数
原型	void SysTickIntRegister(void(* pfnHandler)(void))
参数	pfnHandler：指向 SysTick 中断产生时被调用的函数的指针
返回	无

表 6-9　函数 **SysTickIntUnregister()**

函数名称	SysTickIntUnregister()
功能	注销一个 SysTick 中断的中断服务函数
原型	void SysTickIntUnregister(void)
参数	无
返回	无

　　程序清单 6-2 是 SysTick 中断的简单示例。在 SysTick 中断服务函数 SysTick_ISR()里不需要手工清除中断状态，直接执行用户代码即可。程序运行后，LED 会不断闪烁。

　　通过 SysTick 的时钟定时器作为中断，在中断函数内控制 LED 灯的闪烁。编程实现时主要完成时钟初始化，使能 LED 所在的 GPIO 端口，设置 LED 所在引脚为输出，设置 SysTick 计数器的周期值，使能 SysTick 中断，使能处理器中断，使能 SysTick 计数器，然后主程序进入等待中断时间。当中断时间到来时，进入 SysTick 计数器的中断服务函数，在中断函数中实现 LED 翻转，实现闪烁。

程序清单 6-2　SysTick 例程：中断操作

```
文件: main. c
# include "systemInit. h"
# include <systick. h>

//定义 LED
# define LED_PERIPH         SYSCTL_PERIPH_GPIOG
# define LED_PORT           GPIO_PORTG_BASE
# define LED_PIN            GPIO_PIN_2

//主函数(程序入口)
int main(void)
{
    clockInit();                            //时钟初始化: 晶振, 6MHz
    SysCtlPeriEnable(LED_PERIPH);           //使能 LED 所在的 GPIO 端口
```

```
GPIOPinTypeOut(LED_PORT,LED_PIN);          //设置 LED 所在引脚为输出
SysTickPeriodSet(3000000UL);               //设置 SysTick 计数器的周期值
SysTickIntEnable();                        //使能 SysTick 中断
IntMasterEnable();                         //使能处理器中断
SysTickEnable();                           //使能 SysTick 计数器
for (;;)
{
}
}
//SysTick 计数器的中断服务函数
void SysTick_ISR(void)
{                                          //硬件会自动清除 SysTick 中断状态
    unsigned char ucVal;
    ucVal=GPIOPinRead(LED_PORT,LED_PIN);   //反转 LED
    GPIOPinWrite(LED_PORT,LED_PIN,~ucVal);
}
```

6.1.4 模拟 PC 按键重复特性实例

PC 按键具有如下特性：当按下某个键时,系统立即响应,如果未松手,则键值会重复出现,直到松手时才停止。如图 6-1 所示的 Windows 键盘属性设置,有两个重要的按键参数：重复延迟和重复率。重复延迟是指从按下键不松手开始,到第 1 次键值重复开始时的时间间隔；重复率是指以后连续重复的速率,每两次重复之间的时间间隔越短重复越快。

图 6-1 Windows 键盘属性设置对话框

程序清单 6-3 是 SysTick 的一个应用示例,利用其定时中断扫描按键 KEY 的输入,并模拟出 PC 按键的重复特性。在程序里,SysTick 设置的定时中断周期是 10ms,可自动地消除按键抖动,同时还能保证每秒 100 次的按键采样速率。重复延时参数是 KEY_DELAY,即按下 KEY 后若不松手则等待 10×KEY_DELAYms 后开始重复。重复速率参数是 KEY_SPEED,即开始重复后每两次重复之间的时间间隔为 10×KEY_SPEEDms。

在 SysTick 中断服务函数 SysTick_ISR()里,采用状态处理的方法,实现了预定的功能,并没有出现任何无谓的等待。

程序清单 6-3　SysTick 应用:模拟 PC 按键重复特性

文件: main.c

```c
#include "systemInit.h"
#include "uartGetPut.h"
#include <systick.h>

//定义 KEY
#define KEY_PERIPH        SYSCTL_PERIPH_GPIOD
#define KEY_PORT          GPIO_PORTD_BASE
#define KEY_PIN           GPIO_PIN_1

//设置 KEY 重复延迟和重复速率参数
#define KEY_DELAY         75
#define KEY_SPEED         10

//定义按键缓冲区
char KEY_Buf = '\0';

//主函数(程序入口)
int main(void)
{
    clockInit();                                  //时钟初始化: 晶振,6MHz
    uartInit();                                   //UART 初始化
    uartPuts("\r\n");
    SysCtlPeriEnable(KEY_PERIPH);                 //使能 KEY1 所在的 GPIO 端口
    GPIOPinTypeIn(KEY_PORT, KEY_PIN);             //设置 KEY1 所在引脚为输出
    SysTickPeriodSet(10 * (TheSysClock / 1000));  //设置 SysTick 周期,定时 10ms
    SysTickIntEnable();                           //使能 SysTick 中断
    IntMasterEnable();                            //使能处理器中断
    SysTickEnable();                              //使能 SysTick 计数器

    for (;;)
    {
        SysCtlSleep();                            //进入睡眠省电模式
        if (KEY_Buf != '\0')                      //如果 KEY 缓冲区不空
        {
            uartPutc(KEY_Buf);                    //显示 KEY 值
            KEY_Buf = '\0';                       //清空 KEY 缓冲区
        }
    }
}

//SysTick 计数器的中断服务函数
void SysTick_ISR(void)
{
    static tBoolean bStatus = false;              //KEY 状态: false 松开,true 按下
    static unsigned short usDelayCnt = 0;         //重复延时计数器
```

```
        static unsigned short usSpeedCnt=0;              //重复速率计数器

    if (bStatus)                                          //如果原先 KEY 是按下的
    {
        if (GPIOPinRead(KEY_PORT,KEY_PIN)==0x00)              //如果 KEY 仍为按下状态
        {
            if (usDelayCnt==0)                           //如果重复延时已经结束
            {
                if (--usSpeedCnt==0)                     //执行重复动作
                {
                    usSpeedCnt=KEY_SPEED;
                    KEY_Buf='K';
                }
            }
            else
            {
                usDelayCnt--;
            }
        }
        else                                              //如果 KEY 已松开
        {
            bStatus=false;
        }
    }
    else                                                  //如果原先 KEY 是松开的
    {
        if (GPIOPinRead(KEY_PORT,KEY_PIN)==0x00)              //如果 KEY 按下
        {
            bStatus=true;
            KEY_Buf='K';
            usDelayCnt=KEY_DELAY;
            usSpeedCnt=KEY_SPEED;
        }
    }
}
```

6.2　通用定时器

本节主要介绍通用定时器(Timer)总体特性、功能描述、定时器库函数以及应用例程。应用例程包括 32 位单次触发定时、32 位周期定时、32 位 RTC 定时、16 位单次触发定时(预分频)、16 位周期定时(预分频)、16 位输入边沿计数捕获、16 位输入边沿定时捕获、16 位 PWM 和 PWM 应用蜂鸣器发声。

6.2.1　Timer 总体特性

在 Stellaris 系列 ARM 内部通常集成有 2～4 个通用定时器模块(General-Purpose Timer Module,GPTM),分别称为 Timer0、Timer1、Timer2 和 Timer3。它们的用法是相同

的：每个 Timer 模块都可以配置为一个 32 位定时器或一个 32 位 RTC 定时器；也可以拆分为两个 16 位的定时/计数器 TimerA 和 TimerB，它们可以被配置为独立运行的定时器、事件计数器或 PWM。

Timer 模块具有非常丰富的功能。

- 32 位定时器模式。
  - 可编程单次触发(One-shot)定时器。
  - 可编程周期(Periodic)定时器。
  - 实时时钟 RTC(Real Time Clock)。
  - 软件可控的事件暂停(用于单步调试时暂停计数，RTC 模式除外)。
- 16 位定时器模式。
  - 带 8 位预分频器的通用定时器功能。
  - 可编程单次触发定时器。
  - 可编程周期定时器。
  - 软件可控的事件暂停。
- 16 位输入捕获模式。
  - 输入边沿计数捕获。
  - 输入边沿定时捕获。
- 16 位 PWM 模式。
  - 用法简单的脉宽调制(Pulse-Width Modulation，PWM)模式。
  - 可通过软件实现 PWM 信号周期、占空比以及输出反相等的控制。

6.2.2　Timer 功能概述

Timer 模块的功能在总体上可以分成 32 位模式和 16 位模式两大类。在 32 位模式下，TimerA 和 TimerB 被连在一起形成一个完整的 32 位计数器，对 Timer 的各项操作，如装载初值、运行控制和中断控制等，都用对 TimerA 的操作作为总体上的 32 位控制，而对 TimerB 的操作无任何效果。在 16 位模式下，对 TimerA 的操作仅对 TimerA 有效，对 TimerB 的操作仅对 TimerB 有效，即对两者的操控是完全独立进行的。

每一个 Timer 模块对应两个 CCP 引脚。CCP 是"Capture Compare PWM"的缩写，意为"捕获比较脉宽调制"。在 32 位单次触发和周期定时模式下，CCP 功能无效(与之复用的 GPIO 引脚功能仍然正常)。在 32 位 RTC 模式下，偶数 CCP 引脚(CCP0、CCP2 和 CCP4 等)作为 RTC 时钟源的输入，而奇数 CCP 引脚(CCP1、CCP3 和 CCP5 等)无效。在 16 位模式下，计数捕获、定时捕获和 PWM 功能都会用到 CCP 引脚，对应关系是：Timer0A 对应 CCP0、Timer0B 对应 CCP1，Timer1A 对应 CCP2、Timer1B 对应 CCP3，依此类推。例如 LM3S8962 仅有 CCP0 和 CCP1，则对应 Timer0A 和 Timer0B。

1. 32 位单次触发/周期定时器

在这两种模式中，Timer 都被配置成一个 32 位的递减计数器，用法类似，只是单次触发模式只能定时一次，如果需要再次定时则必须重新配置，而周期模式则可以周而复始地定时，除非被关闭。在计数到 0x00000000 时，可以在软件的控制下触发中断或输出一个内部的单时钟周期脉冲信号，该信号可以用来触发 ADC 采样。

2. 32 位 RTC 定时器

在该模式中,Timer 被配置成一个 32 位的递增计数器。

RTC 功能的时钟源来自偶数 CCP 引脚的输入,即 CCP0、CCP2 或 CCP4 引脚。在 LM3S101/102 里,RTC 时钟信号从专门的"32kHz"引脚输入。输入的时钟频率应当为精准的 32.768kHz,在芯片内部有一个 RTC 专用的预分频器,固定为 32768 分频。因此最终输入到 RTC 计数器的时钟频率正好是 1Hz,即每过 1 秒钟 RTC 计数器增 1。

RTC 计数器从 0x00000000 开始计满需要 2^{32} 秒,136 年! 因此 RTC 真正的用法是:初始化后不需要更改配置(调整时间或日期时例外),只需要修改匹配寄存器的值,而且要保证匹配值总是超前于当前计数值。每次匹配时可产生中断(如果中断已被使能),据此可以计算出当前的年月日、时分秒以及星期。在中断服务函数里应当重新设置匹配值,并且匹配值仍要超前于当前的计数值。

注意:在实际应用当中一般不会真正采用 Timer 模块的 RTC 功能来实现一个低功耗万年历系统,因为芯片一旦出现复位或断电的情况就会清除 RTC 计数值。取而代之的是冬眠模块(Hibernation Module)的 RTC 功能,由于采用了后备电池,因此不怕复位和 VDD 断电,并且功耗很低。

3. 16 位单次触发/周期定时器

一个 32 位的 Timer 可以被拆分为两个单独运行的 16 位定时/计数器,每一个都可以被配置成带 8 位预分频(可选功能)的 16 位递减计数器。如果使用 8 位预分频功能,则相当于 24 位定时器。具体用法跟 32 位单次触发/周期定时模式类似,不同的是对 TimerA 和 TimerB 的操作是分别独立进行的。

4. 16 位输入边沿计数捕获

在该模式中,TimerA 或 TimerB 被配置为能够捕获外部输入脉冲边沿事件的递减计数器。共有 3 种边沿事件类型:正边沿、负边沿和双边沿。

该模式的工作过程是:设置装载值,并预设一个匹配值(应当小于装载值);计数使能后,在特定的 CCP 引脚每输入 1 个脉冲(正边沿、负边沿或双边沿有效),计数值就减 1;当计数值与匹配值相等时停止运行并触发中断(如果中断已被使能)。如果需要再次捕获外部脉冲,则要重新进行配置。

5. 16 位输入边沿定时捕获

在该模式中,TimerA 或 TimerB 被配置为自由运行的 16 位递减计数器,允许在输入信号的上升沿或下降沿捕获事件。

该模式的工作过程是:设置装载值(默认为 0xFFFF)、捕获边沿类型;计数器被使能后开始自由运行,从装载值开始递减计数,计数到 0 时重装初值,继续计数;如果从 CCP 引脚上出现有效的输入脉冲边沿事件,则当前计数值被自动复制到一个特定的寄存器里,该值会一直保存不变,直至遇到下一个有效输入边沿时才被刷新。为了能够及时读取捕获到的计数值,应当使能边沿事件捕获中断,并在中断服务函数里读取。

6. 16 位 PWM

Timer 模块还可以用来产生简单的 PWM 信号。在 Stellaris 系列 ARM 众多型号当中,对于片内未集成专用 PWM 模块的,可以利用 Timer 模块的 16 位 PWM 功能来产生 PWM 信号,只不过功能较为简单。对于片内已集成专用 PWM 模块的,但仍然不够用时,则可以从 Timer 模块借用。

在 PWM 模式中,TimerA 或 TimerB 被配置为 16 位的递减计数器,通过设置适当的装载值(决定 PWM 周期)和匹配值(决定 PWM 占空比)来自动地产生 PWM 方波信号从相应的 CCP 引脚输出。在软件上,还可以控制输出反相,参见函数 TimerControlLevel()。

6.2.3　Timer 库函数

在使用某个 Timer 模块之前,应当首先将其使能,方法为:

```
# define SysCtlPeriEnable      SysCtlPeripheralEnable
SysCtlPeriEnable(SYSCTL_PERIPH_TIMERn);      //末尾的 n 取 0、1、2 或 3
```

对于 RTC、计数捕获、定时捕获和 PWM 等功能,需要用到相应的 CCP 引脚作为信号的输入或输出。因此还必须对 CCP 所在的 GPIO 端口进行配置。以 CCP0 为例,假设在 PD4 引脚上,则配置方法为:

```
# define CCP0_PERIPH      SYSCTL_PERIPH_GPIOD
# define CCP0_PORT        GPIO_PORTD_BASE
# define CCP0_PIN         GPIO_PIN_4
SysCtlPeripheralEnable(CCP0_PERIPH);          //使能 CCP0 引脚所在的 GPIOD
GPIOPinTypeTimer(CCP0_PORT,CCP0_PIN);         //配置 CCP0 引脚为 Timer 功能
```

读者可以在后面的例程中看到相关的 CCPx 的应用。

1. 配置与控制

函数 TimerConfigure()用来配置 Timer 的工作模式,这些模式包括: 32 位单次触发定时器、32 位周期定时器、32 位 RTC 定时器、16 位输入边沿计数捕获、16 位输入边沿定时捕获和 16 位 PWM。对 16 位模式,Timer 被拆分为两个独立的定时/计数器 TimerA 和 TimerB,该函数能够分别对它们进行配置。详见表 6-10 的描述。

表 6-10　函数 TimerConfigure()

函数名称	TimerConfigure()
功能	配置 Timer 模块的工作模式
原型	void TimerConfigure(unsigned long ulBase,unsigned long ulConfig)
参数	ulBase:Timer 模块的基址,取值 TIMERn_BASE(n 为 0、1、2 或 3) ulConfig:Timer 模块的配置 在 32 位模式下应当取下列值之一: 　　TIMER_CFG_32_BIT_OS　　//32 位单次触发定时器 　　TIMER_CFG_32_BIT_PER　　//32 位周期定时器 　　TIMER_CFG_32_RTC　　//32 位 RTC 定时器 在 16 位模式下,一个 32 位的 Timer 被拆分成两个独立运行的子定时器 TimerA 和 TimerB。 配置 TimerA 的方法是参数 ulConfig 先取值 TIMER_CFG_16_BIT_PAIR,再与下列值之一进行"或运算"的组合形式: 　　TIMER_CFG_A_ONE_SHOT　　//TimerA 为单次触发定时器 　　TIMER_CFG_A_PERIODIC　　//TimerA 为周期定时器 　　TIMER_CFG_A_CAP_COUNT　　//TimerA 为边沿事件计数器

参数	TIMER_CFG_A_CAP_TIME　　　　//TimerA 为边沿事件定时器 TIMER_CFG_A_PWM　　　　　　//TimerA 为 PWM 输出 配置 TimerB 的方法是参数 ulConfig 先取值 TIMER_CFG_16_BIT_PAIR,再与下列值之一进行"或运算"的组合形式: TIMER_CFG_B_ONE_SHOT　　　//TimerB 为单次触发定时器 TIMER_CFG_B_PERIODIC　　　　//TimerB 为周期定时器 TIMER_CFG_B_CAP_COUNT　　　//TimerB 为边沿事件计数器 TIMER_CFG_B_CAP_TIME　　　　//TimerB 为边沿事件定时器 TIMER_CFG_B_PWM　　　　　　//TimerB 为 PWM 输出
返回	无
备注	

函数使用示例如下所示。

(1) 配置 Timer0 为 32 位单次触发定时器:

TimerConfigure(TIMER0_BASE,TIMER_CFG_32_BIT_OS);

(2) 配置 Timer1 为 32 位周期定时器:

TimerConfigure(TIMER1_BASE,TIMER_CFG_32_BIT_PER);

(3) 配置 Timer2 为 32 位 RTC 定时器:

TimerConfigure(TIMER2_BASE,TIMER_CFG_32_RTC);

(4) 在 Timer0 当中,配置 TimerA 为单次触发定时器(不配置 TimerB):

TimerConfigure(TIMER0_BASE,TIMER_CFG_16_BIT_PAIR | TIMER_CFG_A_ONE_SHOT);

(5) 在 Timer0 当中,配置 TimerB 为周期定时器(不配置 TimerA):

TimerConfigure(TIMER0_BASE,TIMER_CFG_16_BIT_PAIR | TIMER_CFG_B_PERIODIC);

(6) 在 Timer0 当中,配置 TimerA 为单次触发定时器,同时配置 TimerB 为周期定时器:

TimerConfigure(TIMER0_BASE,TIMER_CFG_16_BIT_PAIR |
　　　　　　TIMER_CFG_A_ONE_SHOT | TIMER_CFG_B_PERIODIC);

(7) 在 Timer1 当中,配置 TimerA 为边沿事件计数器、TimerB 为边沿事件定时器:

TimerConfigure(TIMER1_BASE,TIMER_CFG_16_BIT_PAIR |
　　　　　　TIMER_CFG_A_CAP_COUNT | TIMER_CFG_B_CAP_TIME);

(8) 在 Timer2 当中,TimerA、TimerB 都配置为 PWM 输出:

TimerConfigure(TIMER2_BASE,TIMER_CFG_16_BIT_PAIR |
　　　　　　TIMER_CFG_A_PWM | TIMER_CFG_B_PWM);

函数 TimerControlStall()可以控制 Timer 在程序单步调试时暂停运行,这为用户随时观察相关寄存器的内容提供了方便,否则在单步调试时 Timer 可能还在飞速运行,从而影响互动的调试效果。但是该函数对 32 位 RTC 定时器模式无效,即 RTC 定时器一旦使能就会独立地运行,除非被禁止计数,参见表 6-11 的描述。

表 6-11　函数 TimerControlStall()

函数名称	TimerControlStall()
功能	控制 Timer 暂停运行(对 32 位 RTC 模式无效)
原型	void TimerControlStall(unsigned long ulBase, unsigned long ulTimer, tBoolean bStall)
参数	ulBase:Timer 模块的基址,取值 TIMER*n*_BASE(*n* 为 0、1、2 或 3) ulTimer:指定的 Timer,取值 TIMER_A、TIMER_B 或 TIMER_BOTH 在 32 位模式下只能取值 TIMER_A 作为总体上的控制,而取值 TIMER_B 或 TIMER_BOTH 都无效。在 16 位模式下取值 TIMER_A 只对 TimerA 有效,取值 TIMER_B 只对 TimerB 有效,取值 TIMER_BOTH 同时对 TimerA 和 TimerB 有效 bStall:如果取值 true,则在单步调试模式下暂停计数 　　　　如果取值 false,则在单步调试模式下继续计数
返回	无

函数 TimerControlTrigger()可以控制 Timer 在单次触发/周期定时器溢出时产生一个内部的单时钟周期脉冲信号,该信号可以用来触发 ADC 采样,参见表 6-12 的描述。

表 6-12　函数 TimerControlTrigger()

函数名称	TimerControlTrigger()
功能	控制 Timer 的输出触发功能使能或禁止
原型	void TimerControlTrigger(unsigned long ulBase, unsigned long ulTimer, tBoolean bEnable)
参数	ulBase:Timer 模块的基址,取值 TIMER*n*_BASE(*n* 为 0、1、2 或 3) ulTimer:指定的 Timer,取值 TIMER_A、TIMER_B 或 TIMER_BOTH bEnable:如果取值 true,则使能输出触发 　　　　如果取值 false,则禁止输出触发
返回	无

函数 TimerControlEvent()用于两种 16 位输入边沿捕获模式,可以控制有效的输入边沿,输入边沿有 3 种情况:正边沿、负边沿和双边沿。详见表 6-13 的描述。

表 6-13　函数 TimerControlEvent()

函数名称	TimerControlEvent()
功能	控制 Timer 在捕获模式中的边沿事件类型
原型	void TimerControlEvent(unsigned long ulBase, unsigned long ulTimer, unsigned long ulEvent)

参数	ulBase：Timer 模块的基址，取值 TIMER*n*_BASE(*n* 为 0、1、2 或 3) ulTimer：指定的 Timer，取值 TIMER_A、TIMER_B 或 TIMER_BOTH ulEvent：指定的边沿事件类型，应当取下列值之一： 　　　TIMER_EVENT_POS_EDGE　　　//正边沿事件 　　　TIMER_EVENT_NEG_EDGE　　　//负边沿事件 　　　TIMER_EVENT_BOTH_EDGES　　//双边沿事件（正边沿和负边沿都有效） 　　**注**：在 16 位输入边沿计数捕获模式下，可以取值 3 种边沿事件的任何一种，但在 16 位输入边沿定时模式下仅支持正边沿和负边沿，不能支持双边沿
返回	无

函数 TimerControlLevel()可以控制 Timer 在 16 位 PWM 模式下的方波有效输出电平是高电平还是低电平，即可以控制 PWM 方波反相输出，参见表 6-14 的描述。

表 6-14　函数 **TimerControlLevel**()

函数名称	TimerControlLevel()
功能	控制 Timer 在 PWM 模式下的有效输出电平
原型	void TimerControlLevel (unsigned long ulBase, unsigned long ulTimer, tBoolean bInvert)
参数	ulBase：Timer 模块的基址，取值 TIMER*n*_BASE(*n* 为 0、1、2 或 3) ulTimer：指定的 Timer，取值 TIMER_A、TIMER_B 或 TIMER_BOTH bInvert：当取值 false 时 PWM 输出为高电平有效（默认） 　　　　当取值 true 时输出低电平有效（即输出反相）
返回	无

2. 计数值的装载与获取

函数 TimerLoadSet()用来设置 Timer 的装载值。装载寄存器与计数器不同，它是独立存在的。在调用 TimerEnable()时会自动把装载值加载到计数器里，以后每输入一个脉冲计数器值就加 1 或减 1（取决于配置的工作模式），而装载寄存器不变。另外，除了单次触发定时器模式以外，在计数器溢出时会自动重新加载装载值。函数 TimerLoadGet()用来获取装载寄存器的值，参见表 6-15 和表 6-16 的描述。

表 6-15　函数 **TimerLoadSet**()

函数名称	TimerLoadSet()
功能	设置 Timer 的装载值
原型	void TimerLoadSet (unsigned long ulBase, unsigned long ulTimer, unsigned long ulValue)
参数	ulBase：Timer 模块的基址，取值 TIMER*n*_BASE(*n* 为 0、1、2 或 3) ulTimer：指定的 Timer，取值 TIMER_A、TIMER_B 或 TIMER_BOTH ulValue：32 位装载值（32 位模式）或 16 位装载值（16 位模式）
返回	无

表 6-16　函数 **TimerLoadGet**()

函数名称	TimerLoadGet()
功能	获取 Timer 的装载值
原型	unsigned long TimerLoadGet(unsigned long ulBase,unsigned long ulTimer)
参数	ulBase：Timer 模块的基址，取值 TIMER*n*_BASE(*n* 为 0、1、2 或 3) ulTimer：指定的 Timer，取值 TIMER_A、TIMER_B 或 TIMER_BOTH
返回	32 位装载值(32 位模式)或 16 位装载值(16 位模式)
备注	

注意：函数 TimerValueGet()用来获取当前 Timer 计数器的值。但在 16 位输入边沿定时捕获模式里，获取的是捕获寄存器的值，而非计数器值，参见表 6-17 的描述。

表 6-17　函数 **TimerValueGet**()

函数名称	TimerValueGet()
功能	获取当前的 Timer 计数值(在 16 位输入边沿定时捕获模式下，获取的是捕获值)
原型	unsigned long TimerValueGet(unsigned long ulBase,unsigned long ulTimer)
参数	ulBase：Timer 模块的基址，取值 TIMER*n*_BASE(*n* 为 0、1、2 或 3) ulTimer：指定的 Timer，取值 TIMER_A、TIMER_B 或 TIMER_BOTH
返回	当前 Timer 计数值(在 16 位输入边沿定时捕获模式下，返回的是捕获值)

3. 运行控制

函数 TimerEnable()用来使能 Timer 计数器开始计数，而函数 TimerDisable()用来禁止计数，参见表 6-18 和表 6-19 的描述。

表 6-18　函数 **TimerEnable**()

函数名称	TimerEnable()
功能	使能 Timer 计数(即启动 Timer)
原型	void TimerEnable(unsigned long ulBase,unsigned long ulTimer)
参数	ulBase：Timer 模块的基址，取值 TIMER*n*_BASE(*n* 为 0、1、2 或 3) ulTimer：指定的 Timer，取值 TIMER_A、TIMER_B 或 TIMER_BOTH
返回	无

表 6-19　函数 **TimerDisable**()

函数名称	TimerDisable()
功能	禁止 Timer 计数(即关闭 Timer)
原型	void TimerDisable(unsigned long ulBase,unsigned long ulTimer)
参数	ulBase：Timer 模块的基址，取值 TIMER*n*_BASE(*n* 为 0、1、2 或 3) ulTimer：指定的 Timer，取值 TIMER_A、TIMER_B 或 TIMER_BOTH
返回	无

在 32 位 RTC 定时器模式下，为了能够使 RTC 开始计数，需要同时调用函数 TimerEnable()和 TimerRTCEnable()。函数 TimerRTCDisable()用于禁止 RTC 计数，参见表 6-20 和表 6-21 的描述。

表 6-20　函数 **TimerRTCEnable**()

函数名称	TimerRTCEnable()
功能	使能 RTC 计数
原型	void TimerRTCEnable(unsigned long ulBase)
参数	ulBase：Timer 模块的基址，取值 TIMERn_BASE(n 为 0、1、2 或 3)
返回	无
备注	启动 RTC 时，除了要调用本函数外，还必须要调用函数 TimerEnable()

表 6-21　函数 **TimerRTCDisable**()

函数名称	TimerRTCDisable()
功能	禁止 RTC 计数
原型	void TimerRTCDisable(unsigned long ulBase)
参数	ulBase：Timer 模块的基址，取值 TIMERn_BASE(n 为 0、1、2 或 3)
返回	无

调用函数 TimerQuiesce()可以复位 Timer 模块的所有配置。这为快速停止 Timer 工作或重新配置 Timer 为另外的工作模式提供了一种简便的手段，参见表 6-22 的描述。

表 6-22　函数 **TimerQuiesce**()

函数名称	TimerQuiesce()
功能	使 Timer 进入复位状态
原型	void TimerQuiesce(unsigned long ulBase)
参数	ulBase：Timer 模块的基址，取值 TIMERn_BASE(n 为 0、1、2 或 3)
返回	无

4. 匹配与预分频

函数 TimerMatchSet()和 TimerMatchGet()用来设置和获取 Timer 匹配寄存器的值。Timer 开始运行后，当计数器的值与预设的匹配值相等时可以触发某种动作，如中断、捕获和 PWM 等，参见表 6-23 和表 6-24 的描述。

表 6-23　函数 **TimerMatchSet**()

函数名称	TimerMatchSet()
功能	设置 Timer 的匹配值
原型	void TimerMatchSet(unsigned long ulBase, unsigned long ulTimer, unsigned long ulValue)
参数	ulBase：Timer 模块的基址，取值 TIMERn_BASE(n 为 0、1、2 或 3) ulTimer：指定的 Timer，取值 TIMER_A、TIMER_B 或 TIMER_BOTH ulValue：32 位匹配值(32 位 RTC 模式)或 16 位匹配值(16 位模式)
返回	无

表 6-24　函数 **TimerMatchGet**()

函数名称	TimerMatchGet()
功能	获取 Timer 的匹配值

续表

原型	unsigned long TimerMatchGet(unsigned long ulBase,unsigned long ulTimer)
参数	ulBase：Timer 模块的基址,取值 TIMER*n*_BASE(*n* 为 0、1、2 或 3) ulTimer：指定的 Timer,取值 TIMER_A、TIMER_B 或 TIMER_BOTH
返回	32 位匹配值(32 位 RTC 模式)或 16 位匹配值(16 位模式)

在 Timer 的 16 位单次触发/周期定时器模式下,输入到计数器的脉冲可以先经 8 位预分频器进行 1～256 分频,这样,16 位的定时器就被扩展成了 24 位。该功能是可选的,预分频器默认值是 0,即不分频。函数 TimerPrescaleSet()和 TimerPrescaleGet()用来设置和获取 8 位预分频器的值,参见表 6-25 和表 6-26 的描述。

表 6-25　函数 **TimerPrescaleSet**()

函数名称	TimerPrescaleSet()
功能	设置 Timer 预分频值(仅对 16 位单次触发/周期定时模式有效)
原型	void TimerPrescaleSet(unsigned long ulBase,unsigned long ulTimer,unsigned long ulValue)
参数	ulBase：Timer 模块的基址,取值 TIMER*n*_BASE(*n* 为 0、1、2 或 3) ulTimer：指定的 Timer,取值 TIMER_A、TIMER_B 或 TIMER_BOTH ulValue：8 位预分频值(高 24 位无效),取值 0～255,对应的分频数是 1～256
返回	无

表 6-26　函数 **TimerPrescaleGet**()

函数名称	TimerPrescaleGet()
功能	获取 Timer 预分频值(仅对 16 位单次触发/周期定时模式有效)
原型	unsigned long TimerPrescaleGet(unsigned long ulBase,unsigned long ulTimer)
参数	ulBase：Timer 模块的基址,取值 TIMER*n*_BASE(*n* 为 0、1、2 或 3) ulTimer：指定的 Timer,取值 TIMER_A、TIMER_B 或 TIMER_BOTH
返回	8 位预分频值(高 24 位总是为 0)

5. 中断控制

Timer 模块有多个中断源,有超时中断、匹配中断和捕获中断 3 大类,这 3 大类又细分为 7 种。

函数 TimerIntEnable()和 TimerIntDisable()用来使能或禁止一个或多个 Timer 中断源。详见表 6-27 和表 6-28 的描述。

表 6-27　函数 **TimerIntEnable**()

函数名称	TimerIntEnable()
功能	使能 Timer 的中断
原型	void TimerIntEnable(unsigned long ulBase,unsigned long ulIntFlags)
参数	ulBase：Timer 模块的基址,取值 TIMER*n*_BASE(*n* 为 0、1、2 或 3) ulIntFlags：被使能的中断源,应当取下列值之一或者它们之间的任意"或运算"组合形式:

参数	TIMER_TIMA_TIMEOUT	//TimerA 超时中断
	TIMER_CAPA_MATCH	//TimerA 捕获模式匹配中断
	TIMER_CAPA_EVENT	//TimerA 捕获模式边沿事件中断
	TIMER_TIMB_TIMEOUT	//TimerB 超时中断
	TIMER_CAPB_MATCH	//TimerB 捕获模式匹配中断
	TIMER_CAPB_EVENT	//TimerB 捕获模式边沿事件中断
	TIMER_RTC_MATCH	//RTC 匹配中断
返回	无	

表 6-28　函数 **TimerIntDisable**()

函数名称	TimerIntDisable()
功能	禁止 Timer 的中断使能 I^2C 从机模块
原型	void TimerIntDisable(unsigned long ulBase,unsigned long ulIntFlags)
参数	ulBase：Timer 模块的基址，取值 TIMERn_BASE(n 为 0、1、2 或 3) ulIntFlags：被禁止的中断源，取值与表 6-27 当中的参数 ulIntFlags 相同
返回	无

函数 TimerIntClear()用来清除一个或多个 Timer 中断状态；函数 TimerIntStatus()用来获取 Timer 的全部中断状态。在 Timer 中断服务函数里，这两个函数通常要配合使用，参见表 6-29 和表 6-30 的描述。

表 6-29　函数 **TimerIntClear**()

函数名称	TimerIntClear()
功能	清除 Timer 的中断
原型	void TimerIntClear(unsigned long ulBase,unsigned long ulIntFlags)
参数	ulBase：I^2C 从机模块的基址
返回	ulBase：Timer 模块的基址，取值 TIMERn_BASE(n 为 0、1、2 或 3) ulIntFlags：被清除的中断源，取值与表 6-27 当中的参数 ulIntFlags 相同

表 6-30　函数 **TimerIntStatus**()

函数名称	TimerIntStatus()
功能	获取当前 Timer 的中断状态
原型	unsigned long TimerIntStatus(unsigned long ulBase,tBoolean bMasked)
参数	ulBase：Timer 模块的基址，取值 TIMERn_BASE(n 为 0、1、2 或 3) bMasked：如果需要获取的是原始的中断状态，则取值 false 　　　　　如果需要获取的是屏蔽的中断状态，则取值 true
返回	中断状态，数值与表 6-27 当中的参数 ulIntFlags 相同

函数 TimerIntRegister()和 TimerIntUnregister()用来注册和注销 Timer 的中断服务函数，参见表 6-31 和表 6-32 的描述。

表 6-31　函数 **TimerIntRegister**()

函数名称	TimerIntRegister()
功能	注册一个 Timer 的中断服务函数
原型	void TimerIntRegister (unsigned long ulBase，unsigned long ulTimer，void (* pfnHandler)(void))
参数	ulBase：Timer 模块的基址，取值 TIMER*n*_BASE(*n* 为 0、1、2 或 3) ulTimer：指定的 Timer，取值 TIMER_A、TIMER_B 或 TIMER_BOTH pfnHandler：函数指针，指向 Timer 中断出现时调用的函数
返回	无

表 6-32　函数 **TimerIntUnregister**()

函数名称	TimerIntUnregister()
功能	注销 Timer 中断服务函数
原型	void TimerIntUnregister(unsigned long ulBase，unsigned long ulTimer)
参数	ulBase：Timer 模块的基址，取值 TIMER*n*_BASE(*n* 为 0、1、2 或 3) ulTimer：指定的 Timer，取值 TIMER_A、TIMER_B 或 TIMER_BOTH
返回	无

6.2.4　定时器 32 位单次触发定时实例

程序清单 6-4 是 Timer 模块 32 位单次触发定时器模式的例子。程序运行后，Timer 初始化为 32 位单次触发定时器，并使能超时中断。在主循环里，当检测到 KEY 按下时，启动 Timer 定时 1.5s，同时点亮 LED 以表示单次定时开始。当 Timer 倒计时到 0 时自动停止，并触发超时中断。在中断服务函数里翻转 LED 亮灭状态，由于原先 LED 是点亮的，因此结果是 LED 熄灭。如果再次按下 KEY，则再次点亮 LED 并定时 1.5s，如此反复循环。如果不再按 KEY，则 LED 一直保持熄灭状态，说明 Timer 是单次触发的，中断不会被触发，因此在中断服务函数里的翻转 LED 操作也不会被执行到。

程序清单 6-4　Timer 例程：32 位单次触发定时

```
文件：main.c
#include "systemInit.h"
#include <timer.h>

//定义 LED
#define LED_PERIPH          SYSCTL_PERIPH_GPIOF
#define LED_PORT            GPIO_PORTF_BASE
#define LED_PIN             GPIO_PIN_2

//定义 KEY
#define KEY_PERIPH          SYSCTL_PERIPH_GPIOE
#define KEY_PORT            GPIO_PORTE_BASE
#define KEY_PIN             GPIO_PIN_2          //PE2 为 KEY1 键连接

//主函数(程序入口)
```

```
int main(void)
{
    clockInit();                                              //时钟初始化:晶振,6MHz

    SysCtlPeriEnable(LED_PERIPH);                             //使能 LED 所在的 GPIO 端口
    GPIOPinTypeOut(LED_PORT, LED_PIN);                        //设置 LED 所在的引脚为输出
    GPIOPinWrite(LED_PORT, LED_PIN, 1 << 2);                  //熄灭 LED

    SysCtlPeriEnable(KEY_PERIPH);                             //使能 KEY 所在的 GPIO 端口
    GPIOPinTypeIn(KEY_PORT, KEY_PIN);                         //设置 KEY 所在引脚为输入

    SysCtlPeriEnable(SYSCTL_PERIPH_TIMER0);                   //使能 Timer 模块
    TimerConfigure(TIMER0_BASE, TIMER_CFG_32_BIT_OS);         //配置 Timer 为 32 位单次触发

    TimerIntEnable(TIMER0_BASE, TIMER_TIMA_TIMEOUT);          //使能 Timer 超时中断
    IntEnable(INT_TIMER0A);                                   //使能 Timer 中断
    IntMasterEnable();                                        //使能处理器中断

    for (;;)
    {
        if (GPIOPinRead(KEY_PORT, KEY_PIN) == 0x00)           //如果复位时按下 KEY
        {
            SysCtlDelay(10 * (TheSysClock / 3000));           //延时,消除按键抖动
            while (GPIOPinRead(KEY_PORT, KEY_PIN) == 0x00);   //等待按键抬起

            SysCtlDelay(10 * (TheSysClock / 3000));           //延时,消除松键抖动

            TimerLoadSet(TIMER0_BASE, TIMER_A, 9000000UL);
                                                              //设置 Timer 初值,定时 1.5s
            TimerEnable(TIMER0_BASE, TIMER_A);                //使能 Timer 计数
            GPIOPinWrite(LED_PORT, LED_PIN, 0x00);            //点亮 LED,定时开始
        }
    }
}


//TimerA 的中断服务函数
void Timer0A_ISR(void)
{
    unsigned char ucVal;
    unsigned long ulStatus;
    ulStatus = TimerIntStatus(TIMER0_BASE, true);             //获取当前中断状态
    TimerIntClear(TIMER0_BASE, ulStatus);                     //清除全部中断状态
    if (ulStatus & TIMER_TIMA_TIMEOUT)                        //如果是超时中断
    {
        ucVal = GPIOPinRead(LED_PORT, LED_PIN);               //反转 LED
        GPIOPinWrite(LED_PORT, LED_PIN, ~ucVal);
    }
}
```

6.2.5　定时器 32 位周期定时实例

程序清单 6-5 是 Timer 模块 32 位周期定时器模式的例子。程序运行后,配置 Timer 为 32 位周期定时器,定时 0.5s,并使能超时中断。当 Timer 倒计时到 0 时,自动重装初值,继续运行,并触发超时中断。在中断服务函数里翻转 LED 亮灭状态,因此程序运行的最后结果是 LED 指示灯每秒钟就会闪亮一次。

程序清单 6-5　Timer 例程:32 位周期定时

```
文件: main.c
#include "systemInit.h"
#include <timer.h>

//定义 LED
#define LED_PERIPH        SYSCTL_PERIPH_GPIOF
#define LED_PORT          GPIO_PORTF_BASE
#define LED_PIN           GPIO_PIN_2

//主函数(程序入口)
int main(void)
{
    clockInit();                                      //时钟初始化:晶振,6MHz

    SysCtlPeriEnable(LED_PERIPH);                     //使能 LED 所在的 GPIO 端口
    GPIOPinTypeOut(LED_PORT, LED_PIN);                //设置 LED 所在引脚为输出

    SysCtlPeriEnable(SYSCTL_PERIPH_TIMER0);           //使能 Timer 模块
    TimerConfigure(TIMER0_BASE, TIMER_CFG_32_BIT_PER);
                                                      //配置 Timer 为 32 位周期定时器
    TimerLoadSet(TIMER0_BASE, TIMER_A, 3000000UL);    //设置 Timer 初值,定时 500ms
    TimerIntEnable(TIMER0_BASE, TIMER_TIMA_TIMEOUT);      //使能 Timer 超时中断
    IntEnable(INT_TIMER0A);                           //使能 Timer 中断
    IntMasterEnable();                                //使能处理器中断
    TimerEnable(TIMER0_BASE, TIMER_A);                //使能 Timer 计数
    for (;;)
    {
    }
}


//定时器的中断服务函数
void Timer0A_ISR(void)
{
    unsigned char ucVal;
    unsigned long ulStatus;
    ulStatus = TimerIntStatus(TIMER0_BASE, true);     //读取中断状态
    TimerIntClear(TIMER0_BASE, ulStatus);             //清除中断状态,重要!
    if (ulStatus & TIMER_TIMA_TIMEOUT)                //如果是 Timer 超时中断
    {
        ucVal = GPIOPinRead(LED_PORT, LED_PIN);       //反转 LED
        GPIOPinWrite(LED_PORT, LED_PIN, ~ucVal);
    }
}
```

6.2.6　32 位 RTC 定时实例

　　程序清单 6-6 是 Timer 模块 32 位 RTC 定时器模式的例子。程序运行后,要求输入 RTC 初始时间,格式为"hh:mm:ss",即"时:分:秒"。例如我们输入 9:59:45,然后回车。在程序里,会把这个初始时间转换为以 s 为单位的整数 ulVal,接着初始化 Timer 为 32 位 RTC 定时器,装载值为 ulVal 的数值,匹配值超前 1s。以后每经过 1s,RTC 就产生一次匹配中断。在中断服务函数里,重新设置匹配值,仍然超前 1s,计算并显示当前时间。最终我们通过 UART 会看到不断显示 09:59:45、09:59:46、…、09:59:59,接着会进位到 10:00:00,并继续运行。

　　程序清单 6-6 已在 ARM8938 开发板上调试通过。由于在该开发板上并没有提供 32.768kHz 时钟源,因此我们特意在程序里安排了一个 pulseInit() 函数,利用 6MHz 晶振提供的系统时钟在 PA6/CCP1 引脚产生一个接近于 32.768kHz 的 PWM 方波信号,标称频率为 32786.885Hz。实际做实验时,需要短接 PA6/CCP1 和 PD4/CCP0 引脚,CCP0 是 RTC 时钟源输入引脚。在其他板卡系统上,如 ARM615 或 ARM8962,提供有 32.768kHz 时钟源,则可以不必使用函数 pulseInit() 来产生 RTC 时钟源。

　　注意:要求在 CCPX(其中 X 必须为偶数)引脚输入 32.768kHz 的时钟信号。

　　在程序清单 6-6 里,用到了一个新的头文件 pin_map.h,作用是提高程序的可移植性。在 Stellaris 系列 ARM 里,同一个外设的特定功能引脚在不同的型号里所对应的 GPIO 引脚位置可能并不相同,例如在 LM3S8962 里 CCP0 所在的 GPIO 是 PD4,而在 LM3S615 里 CCP4 在 PE2 上。为了能够使一个程序在不同型号上方便地进行移植,在 Stellaris 外设驱动库里特意编排了一个 pin_map.h 头文件,包含有全部型号的外设特定功能引脚的定义。如果要在 LM3S8962 上运行程序,则首先 #define PART_LM3S8962,然后 #include <pin_map.h>,以后就可以采用 CCP0_PERIPH、CCP0_PORT、CCP0_PIN 之类的定义。如果要将程序移植到 LM3S615 上,则将宏定义 PART_LM3S8962 改成 PART_LM3S615 即可,而程序的其他部分不需要改动。

程序清单 6-6　Timer 例程:32 位 RTC 定时

```
文件: main.c
# include "systemInit.h"
# include "uartGetPut.h"
# include <timer.h>
# include <stdio.h>

// # define PART_LM3S8962
// # include <pin_map.h>

# define CCP0_PERIPH          SYSCTL_PERIPH_GPIOD
# define CCP0_PORT            GPIO_PORTD_BASE
# define CCP0_PIN             GPIO_PIN_4

# define CCP1_PERIPH          SYSCTL_PERIPH_GPIOA
# define CCP1_PORT            GPIO_PORTA_BASE
# define CCP1_PIN             GPIO_PIN_6
```

```
//在 PA6/CCP1 引脚产生 32786.885Hz 方波,为 Timer0 的 RTC 功能提供时钟源
void pulseInit(void)
{
    SysCtlPeriEnable(SYSCTL_PERIPH_TIMER0);               //使能 TIMER0 模块
    SysCtlPeriEnable(CCP1_PERIPH);                        //使能 CCP1 所在的 GPIO 端口
    GPIOPinTypeTimer(CCP1_PORT,CCP1_PIN);                 //配置相关引脚为 Timer 功能

    TimerConfigure(TIMER0_BASE,TIMER_CFG_16_BIT_PAIR |   //配置 TimerB 为 16 位 PWM
                TIMER_CFG_B_PWM);

    TimerLoadSet(TIMER0_BASE,TIMER_B,183);               //设置 TimerB 初值
    TimerMatchSet(TIMER0_BASE,TIMER_B,92);               //设置 TimerB 匹配值
    TimerEnable(TIMER0_BASE,TIMER_B);
}


//定时器 RTC 功能初始化
void timerInitRTC(unsigned long ulVal)
{
    SysCtlPeriEnable(CCP0_PERIPH);                        //使能 CCP0 所在的 GPIO 端口
    GPIOPinTypeTimer(CCP0_PORT,CCP0_PIN);                 //配置 CCP0 引脚为 RTC 时钟输入

    SysCtlPeriEnable(SYSCTL_PERIPH_TIMER0);               //使能 Timer 模块
    TimerConfigure(TIMER0_BASE,TIMER_CFG_32_RTC);         //配置 Timer 为 32 位 RTC 模式
    TimerLoadSet(TIMER0_BASE,TIMER_A,ulVal);             //设置 RTC 计数器初值
    TimerMatchSet(TIMER0_BASE,TIMER_A,1 + ulVal);       //设置 RTC 匹配值
    TimerIntEnable(TIMER0_BASE,TIMER_RTC_MATCH);         //使能 RTC 匹配中断
    IntEnable(INT_TIMER0A);                              //使能 Timer 中断
    IntMasterEnable();                                   //使能处理器中断
    TimerRTCEnable(TIMER0_BASE);                         //使能 RTC 计数
    TimerEnable(TIMER0_BASE,TIMER_A);                    //使能 Timer 计数
}


//计算并显示 RTC 时钟
void timerDispRTC(unsigned long ulVal)
{
    char s[40];

    //计算并显示小时
    if (ulVal / 3600 < 10) uartPutc('0');
    sprintf(s,"%ld:",ulVal / 3600);
    ulVal %= 3600;
    uartPuts(s);

    //计算并显示分钟
    if (ulVal / 60 < 10) uartPutc('0');
    sprintf(s,"%ld:",ulVal / 60);
    ulVal %= 60;
    uartPuts(s);
```

```
            //显示秒钟,并回车换行
            if (ulVal < 10) uartPutc('0');
            sprintf(s, "%ld\r\n", ulVal);
            uartPuts(s);
    }


    //主函数(程序入口)
    int main(void)
    {
        unsigned long ulH, ulM, ulS;
        unsigned long ulVal;
        char s[40];

        clockInit();                                          //时钟初始化:晶振,6MHz
        uartInit();                                           //UART 初始化

        uartPuts("Please input the time (hh:mm:ss)\r\n");     //提示输入时、分、秒
        uartGets(s, sizeof(s));                               //从 UART 读取 RTC 初始时间
        sscanf(s, "%ld:%ld:%ld", &ulH, &ulM, &ulS);           //扫描输入时、分、秒
        ulVal = 3600 * ulH + 60 * ulM + ulS;                  //时分秒转换为 1 个整数
        ulVal %= 24 * 60 * 60;                                //去掉"天"
        timerInitRTC(ulVal);                                  //RTC 初始化
        pulseInit();                                          //开始提供 RTC 时钟源

        ulVal = TimerValueGet(TIMER0_BASE, TIMER_A);          //读取当前 RTC 计时器值
        timerDispRTC(ulVal);                                  //显示初始时间

        for (;;)
        {
        }
    }


    //Timer0 的中断服务函数
    void Timer0A_ISR(void)
    {
        unsigned long ulStatus;
        unsigned long ulVal;
        ulStatus = TimerIntStatus(TIMER0_BASE, true);
        TimerIntClear(TIMER0_BASE, ulStatus);
        if (ulStatus & TIMER_RTC_MATCH)
        {
            ulVal = TimerValueGet(TIMER0_BASE, TIMER_A);      //读取当前 RTC 计时器值
            if (ulVal >= 24 * 60 * 60)                        //若超过一天,则从 0 开始
            {
                ulVal = 0;
                TimerLoadSet(TIMER0_BASE, TIMER_A, 0);        //重新设置 RTC 计数器初值
            }
            TimerMatchSet(TIMER0_BASE, TIMER_A, 1 + ulVal);   //重新设置 RTC 匹配值
            timerDispRTC(ulVal);                              //显示当前时间
        }
    }
```

6.2.7　定时器 16 位单次触发定时实例

程序清单 6-7 是 Timer 模块 16 位单次触发定时器模式的例子。该例程实现的功能与 32 位单次触发定时的例程基本相同，只是多了一个 8 位预分频器的运用。

程序清单 6-7　Timer 例程：16 位单次触发定时

```
文件: main. c
#include "systemInit. h"
#include <timer. h>


//定义 LED
#define LED_PERIPH          SYSCTL_PERIPH_GPIOF
#define LED_PORT            GPIO_PORTF_BASE
#define LED_PIN             GPIO_PIN_2


//定义 KEY
#define KEY_PERIPH          SYSCTL_PERIPH_GPIOC
#define KEY_PORT            GPIO_PORTC_BASE
#define KEY_PIN             GPIO_PIN_7


//主函数(程序入口)
int main(void)
{
    //jtagWait();                              //防止 JTAG 失效!
    clockInit();                               //时钟初始化: 晶振,6MHz

    SysCtlPeriEnable(LED_PERIPH);              //使能 LED 所在的 GPIO 端口
    GPIOPinTypeOut(LED_PORT, LED_PIN);         //设置 LED 所在的引脚为输出
    GPIOPinWrite(LED_PORT, LED_PIN, 1 << 2);   //熄灭 LED

    SysCtlPeriEnable(KEY_PERIPH);              //使能 KEY 所在的 GPIO 端口
    GPIOPinTypeIn(KEY_PORT, KEY_PIN);          //设置 KEY 所在引脚为输入

    SysCtlPeriEnable(SYSCTL_PERIPH_TIMER0);    //使能 Timer 模块
    TimerConfigure(TIMER0_BASE, TIMER_CFG_16_BIT_PAIR |
                                               //配置 Timer 为 16 位单次触发
                    TIMER_CFG_A_ONE_SHOT);

    TimerPrescaleSet(TIMER0_BASE, TIMER_A, 199);   //预先进行 200 分频
    TimerIntEnable(TIMER0_BASE, TIMER_TIMA_TIMEOUT);   //使能 Timer 超时中断
    IntEnable(INT_TIMER0A);                    //使能 Timer 中断
    IntMasterEnable();                         //使能处理器中断

    for (;;)
    {
        if (GPIOPinRead(KEY_PORT, KEY_PIN) == 0x00)  //如果复位时按下 KEY
```

```
        {
            SysCtlDelay(10 * (TheSysClock / 3000));            //延时,消除按键抖动

            while (GPIOPinRead(KEY_PORT, KEY_PIN) == 0x00);        //等待按键抬起

            SysCtlDelay(10 * (TheSysClock / 3000));            //延时,消除松键抖动

            TimerLoadSet(TIMER0_BASE, TIMER_A, 45000);     //设置 Timer 初值,定时 1.5s
            TimerEnable(TIMER0_BASE, TIMER_A);            //使能 Timer 计数
            GPIOPinWrite(LED_PORT, LED_PIN, 0x00);        //点亮 LED,定时开始
        }
    }
}


//TimerA 的中断服务函数
void Timer0A_ISR(void)
{
    unsigned char ucVal;
    unsigned long ulStatus;

    ulStatus = TimerIntStatus(TIMER0_BASE, true);        //获取当前中断状态
    TimerIntClear(TIMER0_BASE, ulStatus);            //清除中断状态,重要!

    if (ulStatus & TIMER_TIMA_TIMEOUT)            //如果是超时中断
    {
        ucVal = GPIOPinRead(LED_PORT, LED_PIN);        //反转 LED
        GPIOPinWrite(LED_PORT, LED_PIN, ~ucVal);
    }
}
```

6.2.8　定时器 16 位周期定时实例

程序清单 6-8 是 Timer 模块 16 位周期定时器模式的例子。该例程实现的功能与 32 位周期定时的例程基本相同,只是多了一个 8 位预分频器的运用。

程序清单 6-8　Timer 例程:16 位周期定时

```
文件: main.c
# include "systemInit.h"
# include <timer.h>


//定义 LED
# define LED_PERIPH            SYSCTL_PERIPH_GPIOF
# define LED_PORT            GPIO_PORTF_BASE
# define LED_PIN            GPIO_PIN_2


//主函数(程序入口)
```

```
int main(void)
{
    clockInit();                                       //时钟初始化:晶振,6MHz

    SysCtlPeriEnable(LED_PERIPH);                      //使能 LED 所在的 GPIO 端口
    GPIOPinTypeOut(LED_PORT,LED_PIN);                  //设置 LED 所在引脚为输出
    SysCtlPeriEnable(SYSCTL_PERIPH_TIMER0);            //使能 Timer 模块

    TimerConfigure(TIMER0_BASE,TIMER_CFG_16_BIT_PAIR |
                                                       //配置 Timer 为 16 位周期定时器
                    TIMER_CFG_A_PERIODIC);
    TimerPrescaleSet(TIMER0_BASE,TIMER_A,99);          //预先进行 100 分频
    TimerLoadSet(TIMER0_BASE,TIMER_A,30000);           //设置 Timer 初值,定时 500ms
    TimerIntEnable(TIMER0_BASE,TIMER_TIMA_TIMEOUT);    //置位 GPTM 中断屏蔽
                                                       //  (GPTMIMR)寄存器的
                                                       //  TATOIM 位 (GPTM
                                                       //  TimerA 超时的中断屏蔽
                                                       //  标志),使能 Timer 超时
                                                       //  中断
    IntEnable(INT_TIMER0A);                            //使能片内外设 Timer0A 中断
    IntMasterEnable();                                 //使能处理器总中断
    TimerEnable(TIMER0_BASE,TIMER_A);                  //置位 GPTM 控制(GPTMCTL)寄存器
                                                       //  的 TAEN 位(GPTM TimerA 使能标
                                                       //  志),使能 Timer 计数

    for (;;)
    {
    }
}


//定时器的中断服务函数
void Timer0A_ISR(void)
{
    unsigned char ucVal;
    unsigned long ulStatus;
    ulStatus=TimerIntStatus(TIMER0_BASE,true);         //读取中断状态
    TimerIntClear(TIMER0_BASE,ulStatus);               //清除中断状态,重要!
    if (ulStatus & TIMER_TIMA_TIMEOUT)                 //如果是 Timer 超时中断
    {
        ucVal=GPIOPinRead(LED_PORT,LED_PIN);           //反转 LED
        GPIOPinWrite(LED_PORT,LED_PIN,~ucVal);
    }
}
```

6.2.9　定时器 16 位输入边沿计数捕获实例

　　程序清单 6-9 是 Timer 模块 16 位输入边沿计数捕获模式的例子。在程序中,利用函数 pulseInit()产生 10kHz 的 PWM 方波,为边沿计数捕获模式提供时钟源。在 ARM8962 开发板上做实验时,需要短接 PA6/CCP1 和 PD4/CCP0 引脚。程序移植到其他开发板,如

ARM615 或 ARM8962,可以利用 32.768kHz 振荡器作为输入时钟源。

程序运行后,配置 Timer 为 16 位输入边沿计数捕获模式,设置计数初值和匹配值。启动 Timer 计数后,每从 CCP0 引脚输入一个脉冲,计数值就减 1,直到与匹配值相当时停止计数,并触发计数捕获中断。在中断服务函数里重新配置 Timer,并翻转 LED。

程序清单 6-9 Timer 例程:16 位输入边沿计数捕获

文件: main.c

```
# include "systemInit. h"
# include <timer. h>
# include <stdio. h>



//定义 LED
# define LED_PERIPH          SYSCTL_PERIPH_GPIOG
# define LED_PORT            GPIO_PORTG_BASE
# define LED_PIN             GPIO_PIN_2


# define CCP0_PERIPH         SYSCTL_PERIPH_GPIOD
# define CCP0_PORT           GPIO_PORTD_BASE
# define CCP0_PIN            GPIO_PIN_4

# define CCP1_PERIPH         SYSCTL_PERIPH_GPIOA
# define CCP1_PORT           GPIO_PORTA_BASE
# define CCP1_PIN            GPIO_PIN_6


//在 CCP1 引脚产生 10kHz 方波,为 Timer0 的 16 位输入边沿计数捕获功能提供时钟源
void pulseInit(void)
{
    SysCtlPeriEnable(SYSCTL_PERIPH_TIMER0);                  //使能 TIMER0 模块
    SysCtlPeriEnable(CCP1_PERIPH);                           //使能 CCP1 所在的 GPIO 端口
    GPIOPinTypeTimer(CCP1_PORT,CCP1_PIN);                    //配置相关引脚为 Timer 功能
    TimerConfigure(TIMER0_BASE, TIMER_CFG_16_BIT_PAIR |     //配置 TimerB 为 16 位 PWM
                    TIMER_CFG_B_PWM);

    TimerLoadSet(TIMER0_BASE, TIMER_B, 600);                //设置 TimerB 初值
    TimerMatchSet(TIMER0_BASE, TIMER_B, 300);               //设置 TimerB 匹配值
    TimerEnable(TIMER0_BASE, TIMER_B);
}

//定时器 16 位输入边沿计数捕获功能初始化
void timerInitCapCount(void)
{
    SysCtlPeriEnable(SYSCTL_PERIPH_TIMER0);                  //使能 Timer 模块
    SysCtlPeriEnable(CCP0_PERIPH);                           //使能 CCP0 所在的 GPIO 端口
    GPIOPinTypeTimer(CCP0_PORT,CCP0_PIN);                    //配置 CCP0 引脚为脉冲输入
    TimerConfigure(TIMER0_BASE, TIMER_CFG_16_BIT_PAIR |
                                                            //配置 Timer 为 16 位事件计数器
```

```
                              TIMER_CFG_A_CAP_COUNT);
        TimerControlEvent(TIMER0_BASE,                      //控制 TimerA 捕获 CCP 负边沿
                          TIMER_A,
                          TIMER_EVENT_NEG_EDGE);
        TimerLoadSet(TIMER0_BASE,TIMER_A,40000);            //设置计数器初值
        TimerMatchSet(TIMER0_BASE,TIMER_A,35000);           //设置事件计数匹配值

        TimerIntEnable(TIMER0_BASE,TIMER_CAPA_MATCH);       //使能 TimerA 捕获匹配中断
        IntEnable(INT_TIMER0A);                             //使能 Timer 中断
        IntMasterEnable();                                  //使能处理器中断

        TimerEnable(TIMER0_BASE,TIMER_A);                   //使能 Timer 计数
}


//主函数(程序入口)
int main(void)
{
        clockInit();                                        //时钟初始化:晶振,6MHz
        SysCtlPeriEnable(LED_PERIPH);                       //使能 LED 所在的 GPIO 端口
        GPIOPinTypeOut(LED_PORT,LED_PIN);                   //设置 LED 所在引脚为输出
        pulseInit();
        timerInitCapCount();                                //Timer 初始化:16 位计数捕获
        for (;;)
        {
        }
}


//Timer0 的中断服务函数
void Timer0A_ISR(void)
{
        unsigned long ulStatus;
        unsigned char ucVal;
        ulStatus=TimerIntStatus(TIMER0_BASE,true);          //读取当前中断状态
        TimerIntClear(TIMER0_BASE,ulStatus);                //清除中断状态,重要!
        if (ulStatus & TIMER_CAPA_MATCH)                    //若是 TimerA 捕获匹配中断
        {
                TimerLoadSet(TIMER0_BASE,TIMER_A,40000);    //重新设置计数器初值
                TimerEnable(TIMER0_BASE,TIMER_A);           //TimerA 已停止,重新使能

                ucVal=GPIOPinRead(LED_PORT,LED_PIN);        //反转 LED
                GPIOPinWrite(LED_PORT,LED_PIN,~ucVal);
        }
}
```

6.2.10　定时器 16 位输入边沿定时捕获实例

　　程序清单 6-10 是 Timer 模块 16 位输入边沿定时捕获模式的例子。同样采用 pulseInit()
函数来产生捕获用的时钟源,频率为 1kHz。在 ARM8962 开发板上做实验时,需要短接

PA6/CCP1 和 PD4/CCP0 引脚。

程序运行后,配置 Timer 模块为 16 位输入边沿定时捕获模式。函数 pulseMeasure() 利用捕获功能测量输入到 CCP0 引脚的脉冲频率,结果通过 UART 显示。

程序清单 6-10　Timer 例程:16 位输入边沿定时捕获

```
文件: main.c
# include "systémInit.h"
# include "uartGetPut.h"
# include <timer.h>
# include <stdio.h>
# define CCP0_PERIPH          SYSCTL_PERIPH_GPIOD
# define CCP0_PORT            GPIO_PORTD_BASE
# define CCP0_PIN             GPIO_PIN_4

# define CCP1_PERIPH          SYSCTL_PERIPH_GPIOA
# define CCP1_PORT            GPIO_PORTA_BASE
# define CCP1_PIN             GPIO_PIN_6

//在 CCP1 引脚产生 1kHz 方波,为 Timer0 的 16 位输入边沿定时捕获功能提供时钟源
void pulseInit(void)
{
    SysCtlPeriEnable(SYSCTL_PERIPH_TIMER0);              //使能 TIMER0 模块
    SysCtlPeriEnable(CCP1_PERIPH);                       //使能 CCP1 所在的 GPIO 端口
    GPIOPinTypeTimer(CCP1_PORT, CCP1_PIN);              //配置相关引脚为 Timer 功能
    TimerConfigure(TIMER0_BASE, TIMER_CFG_16_BIT_PAIR | //配置 TimerB 为 16 位 PWM
                    TIMER_CFG_B_PWM);

    TimerLoadSet(TIMER0_BASE, TIMER_B, 6000);           //设置 TimerB 初值
    TimerMatchSet(TIMER0_BASE, TIMER_B, 3000);          //设置 TimerB 匹配值
    TimerEnable(TIMER0_BASE, TIMER_B);
}

//定时器 16 位输入边沿定时捕获功能初始化
void timerInitCapTime(void)
{
    SysCtlPeriEnable(SYSCTL_PERIPH_TIMER0);              //使能 Timer 模块
    SysCtlPeriEnable(CCP0_PERIPH);                       //使能 CCP0 所在的 GPIO 端口
    GPIOPinTypeTimer(CCP0_PORT, CCP0_PIN);              //配置 CCP0 引脚为脉冲输入

    TimerConfigure(TIMER0_BASE, TIMER_CFG_16_BIT_PAIR |
                                                        //配置 Timer 为 16 位事件定时器
                    TIMER_CFG_A_CAP_TIME);

    TimerControlEvent(TIMER0_BASE,                      //控制 TimerA 捕获 CCP 正边沿
                    TIMER_A,
                    TIMER_EVENT_POS_EDGE);

    TimerControlStall(TIMER0_BASE, TIMER_A, true);      //允许在调试时暂停定时器计数
    TimerIntEnable(TIMER0_BASE, TIMER_CAPA_EVENT);      //使能 TimerA 事件捕获中断
    IntEnable(INT_TIMER0A);                             //使能 TimerA 中断
    IntMasterEnable();                                  //使能处理器中断
}
```

```
//定义捕获标志
volatile tBoolean CAP_Flag=false;

//测量输入脉冲频率并显示
void pulseMeasure(void)
{
    unsigned short i;
    unsigned short usVal[2];
    char s[40];
    TimerLoadSet(TIMER0_BASE, TIMER_A, 0xFFFF);        //设置计数器初值
    TimerEnable(TIMER0_BASE, TIMER_A);                 //使能 Timer 计数
    for (i=0; i < 2; i++)
    {
        while (!CAP_Flag);                             //等待捕获输入脉冲
        CAP_Flag=false;                                //清除捕获标志
        usVal[i]=TimerValueGet(TIMER0_BASE, TIMER_A);  //读取捕获值
    }
    TimerDisable(TIMER0_BASE, TIMER_A);                //禁止 Timer 计数
    sprintf(s, "%d Hz\r\n", (usVal[0]−usVal[1]) / 6);  //输出测定的脉冲频率
    uartPuts(s);
}

//主函数(程序入口)
int main(void)
{
    clockInit();                                       //时钟初始化: 晶振, 6MHz
    uartInit();                                        //UART 初始化
    pulseInit();
    timerInitCapTime();                                //Timer 初始化: 16 位定时捕获

    for (;;)
    {
        pulseMeasure();
        SysCtlDelay(1500 * (TheSysClock / 3000));
    }
}

//Timer0 的中断服务函数
void Timer0A_ISR(void)
{
    unsigned long ulStatus;
    ulStatus=TimerIntStatus(TIMER0_BASE, true);        //读取当前中断状态
    TimerIntClear(TIMER0_BASE, ulStatus);              //清除中断状态,重要!
    if (ulStatus & TIMER_CAPA_EVENT)                   //若是 TimerA 事件捕获中断
    {
        CAP_Flag=true;                                 //置位捕获标志
    }
}
```

6.2.11 定时器 16 位 PWM 实例

程序清单 6-11 是 Timer 模块 16 位 PWM 模式的例子。程序运行后,配置 Timer 工作在双 16 位 PWM 模式下,设置的装载值决定 PWM 周期,设置的匹配值决定 PWM 占空比。最终 PWM 方波信号从 TimerA 和 TimerB 对应的两个 CCP 引脚输出。

程序清单 6-11   Timer 例程: 16 位 PWM

```
文件: main.c
# include "systemInit.h"
# include <timer.h>

# define CCP0_PERIPH          SYSCTL_PERIPH_GPIOD
# define CCP0_PORT            GPIO_PORTD_BASE
# define CCP0_PIN             GPIO_PIN_4

# define CCP1_PERIPH          SYSCTL_PERIPH_GPIOA
# define CCP1_PORT            GPIO_PORTA_BASE
# define CCP1_PIN             GPIO_PIN_6

//Timer 初始化为 16 位 PWM 模式
void timerInitPWM(void)
{
    SysCtlPeriEnable(SYSCTL_PERIPH_TIMER0);          //使能 Timer 模块
    SysCtlPeriEnable(CCP0_PERIPH);                   //使能 CCP0 所在的 GPIO 端口
    GPIOPinTypeTimer(CCP0_PORT,CCP0_PIN);            //配置 CCP0 引脚为 PWM 输出
    SysCtlPeriEnable(CCP1_PERIPH);                   //使能 CCP1 所在的 GPIO 端口
    GPIOPinTypeTimer(CCP1_PORT,CCP1_PIN);            //配置 CCP1 引脚为 PWM 输出

    TimerConfigure(TIMER0_BASE, TIMER_CFG_16_BIT_PAIR |
                                                     //配置 Timer 为双 16 位 PWM
                   TIMER_CFG_A_PWM |
                   TIMER_CFG_B_PWM);

    TimerControlLevel(TIMER0_BASE, TIMER_BOTH, true);//控制 PWM 输出反相
    TimerLoadSet(TIMER0_BASE, TIMER_BOTH, 6000);     //设置 TimerBoth 初值
    TimerMatchSet(TIMER0_BASE, TIMER_A, 3000);       //设置 TimerA 的 PWM 匹配值
    TimerMatchSet(TIMER0_BASE, TIMER_B, 2000);       //设置 TimerB 的 PWM 匹配值
    TimerEnable(TIMER0_BASE, TIMER_BOTH);            //使能 Timer 计数,PWM 开始输出
}


//主函数(程序入口)
int main(void)
{
    clockInit();                                     //时钟初始化: 晶振,6MHz
    timerInitPWM();                                  //Timer 的 PWM 功能初始化

    for (;;)
    {
    }
}
```

6.2.12　Timer PWM 应用蜂鸣器发声实例

图 6-2 为 ARM8962 开发板上的蜂鸣器驱动电路。蜂鸣器类型是交流蜂鸣器,也称无源蜂鸣器,需要输入一列方波才能鸣响,发声频率等于驱动方波的频率,见程序清单 6-12。

程序清单 6-12　PWM 应用发生例程

```
＃include "systemInit.h"
＃include "buzzer.h"
//主函数(程序入口)
int main(void)
{
    clockInit();                                  //时钟初始化:晶振,6MHz
    buzzerInit();                                 //蜂鸣器初始化
    buzzerSound(1500);                            //蜂鸣器发出 1500Hz 声音
    SysCtlDelay(400 * (TheSysClock / 3000));      //延时约 400ms

    buzzerSound(2000);                            //蜂鸣器发出 2000Hz 声音
    SysCtlDelay(800 * (TheSysClock / 3000));      //延时约 800ms
    buzzerQuiet();                                //蜂鸣器静音
    for (;;)
    {
    }
}


//文件: buzzer
＃include "buzzer.h"
＃include <hw_types.h>
＃include <hw_memmap.h>
＃include <sysctl.h>
＃include <gpio.h>
＃include <timer.h>


＃define SysCtlPeriEnable      SysCtlPeripheralEnable
＃define GPIOPinTypeOut        GPIOPinTypeGPIOOutput

＃define CCP1_PERIPH           SYSCTL_PERIPH_GPIOA
＃define CCP1_PORT             GPIO_PORTA_BASE
＃define CCP1_PIN              GPIO_PIN_6
//声明全局的系统时钟变量
extern unsigned long TheSysClock;

//蜂鸣器初始化
void buzzerInit(void)
{
    SysCtlPeriEnable(SYSCTL_PERIPH_TIMER0);       //使能 TIMER0 模块
    SysCtlPeriEnable(CCP1_PERIPH);                //使能 CCP1 所在的 GPIO 端口
    GPIOPinTypeTimer(CCP1_PORT,CCP1_PIN);         //设置相关引脚为 Timer 功能

    TimerConfigure(TIMER0_BASE,TIMER_CFG_16_BIT_PAIR |  //配置 TimerB 为 16 位 PWM
                   TIMER_CFG_B_PWM);
}
```

```
//蜂鸣器发出指定频率的声音
//usFreq 是发声频率,取值 (系统时钟/65536)+1 ～ 20000,单位: Hz
void buzzerSound(unsigned short usFreq)
{
    unsigned long ulVal;
    if ((usFreq <= TheSysClock / 65536UL) || (usFreq > 20000))
    {
        buzzerQuiet();
    }
    else
    {
        GPIOPinTypeTimer(CCP1_PORT,CCP1_PIN);              //设置相关引脚为 Timer 功能
        ulVal=TheSysClock / usFreq;
        TimerLoadSet(TIMER0_BASE, TIMER_B, ulVal);         //设置 TimerB 初值
        TimerMatchSet(TIMER0_BASE, TIMER_B, ulVal / 2);    //设置 TimerB 匹配值
        TimerEnable(TIMER0_BASE, TIMER_B);                 //使能 TimerB 计数
    }
}

//蜂鸣器停止发声
void buzzerQuiet(void)
{
    TimerDisable(TIMER0_BASE, TIMER_B);                    //禁止 TimerB 计数
    GPIOPinTypeOut(CCP1_PORT, CCP1_PIN);                   //配置 CCP1 引脚为 GPIO 输出
    GPIOPinWrite(CCP1_PORT, CCP1_PIN, 0x00);               //使 CCP1 引脚输出低电平
}
```

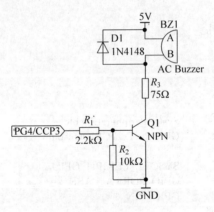

图 6-2　蜂鸣器驱动电路

6.3　看　门　狗

本节主要介绍看门狗(WatchDog)工作的工作方式、功能概述以及如何正确使用看门狗的库函数。并给出了两个实用的例子,分别为看门狗复位和看门狗作为普通定时器使用。

6.3.1　看门狗功能简述

1. WatchDog 的描述

WatchDog,中文名称叫做"看门狗",全称 WatchDog Timer,从字面上我们可以知道其实它属于一种定时器。然而它与我们平常所接触的定时器在作用上又有所不同。普通的定时器一般起计时作用,计时超时(Timer Out)则引起一个中断,例如触发一个系统时钟中断。熟悉 Windows 开发的朋友应该用过 Windows 的 Timer,Windows Timer 的作用与前面所讨论的定时器在功能上是相同的,只是 Windows Timer 属于软件定时器,当 Windows Timer 计时超时则引起 App 向 System 发送一条消息从而触发某个事件的发生。我们从以上的描述可知不论软件定时器或硬件定时器,它们的作用都是在某个时间点上引起一个事件的发生,对于硬件定时器来说这个事件可能是通过中断的形式得以表现,对于软件定时器,这个事件则可以是通过系统消息的形式得以表现。正如本文开头所讲的,WatchDog 本质上是一种定时器,那么普通定时器所拥有的特征它也应该具备,当它计时超时时也会引起事件的发生。只是这个事件除了可以是系统中断外,也可以是一个系统重启信号(Reset Signal),可以这么说吧,能发送系统重启信号的定时器我们就叫它 WatchDog。

2. WatchDog 的工作描述

当一个硬件系统开启了 WatchDog 功能,那么运行在这个硬件系统之上的软件必须在规定的时间间隔内向 WatchDog 发送一个信号。这个行为简称为"喂狗"(Feed Dog),以免 WatchDog 计时超时引发系统重启。

嵌入式系统运行时受到外部干扰或者系统错误,程序有时会出现"跑飞",导致整个系统瘫痪。为了防止这一现象的发生,在对系统稳定性要求较高的场合往往要加入看门狗电路。看门狗的作用就是当系统"跑飞"而进入死循环时,恢复系统的运行。

3. WatchDog 存在的意义

你可能会问 WatchDog 存在的意义是什么? 开启了 WatchDog 之后软件必须定时向它发信息,这不是麻烦又耗费资源的行为吗? 其实这个行为很重要,这个行为是软件向硬件报告自身运行状态的一种手法。一个软件运行良好,那么它应该可以在规定的时间间隔内向 WatchDog 发送信息,这等同于软件每隔一段时间就告诉硬件:"嘿,哥们,我在好好地跑着呢,你放心吧。"若软件由于某个不当的操作而进入死循环(也就是俗称的死机),则它无法向 WatchDog 发送信息了,WatchDog 将发生计时超时,从而引起硬件重启。如果没有 WatchDog 的存在,程序已经死掉了,但我们的用户还一头雾水,以为系统正在进行大规模的运算而进行耐心的等待⋯⋯

6.3.2　看门狗的工作原理

其基本原理为:设本系统程序完整运行一周期的时间是 T_p,看门狗的定时周期为 T_i,$T_i > T_p$,在程序运行一周期后就修改定时器的计数值,只要程序正常运行,定时器就不会溢出,若由于干扰等原因使系统不能在 T_p 时刻修改定时器的计数值,定时器将在 T_i 时刻溢出,引发系统复位,使系统得以重新运行,从而起到监控作用。

在一个完整的嵌入式系统或单片机小系统中通常都有看门狗定时器,且一般集成在处理器芯片中,看门狗实际上就是一个定时器,只是它在期满后将自动引起系统复位。

6.3.3　外部看门狗

在实际的 MCU 应用系统中,由于常常会受到来自外界的干扰,有可能造成程序跑飞而进入死循环,从而导致整个系统陷入停滞状态并且不会自动恢复到可控的工作状态。所以出于对 MCU 运行的安全考虑,便引入了一种专门的复位监控电路 WatchDog,俗称看门狗。看门狗电路所起的作用是一旦 MCU 运行出现故障,就强制对 MCU 进行硬件复位,使整个系统重新处于可控状态(要想精确恢复到故障之前的运行状态从技术上讲难度大、成本高,而复位是最简单且可靠的处理手段)。

SP706 是 Exar(原 Sipex)公司推出的低功耗、高可靠、低价格的 MCU 复位监控芯片。以下是其关键特性:

- 分为 4 个子型号:SP706P、SP706R、SP706S、SP706T
- 复位输出:P 为高电平有效,R/S/T 为低电平有效
- 精密的低电压监控:P/R 为 2.63V、S 为 2.93V、T 为 3.08V
- 复位脉冲宽度:200ms(额定值)
- 独立的看门狗定时器:1.6 秒超时(额定值)
- 去抖 TTL/CMOS 手动复位输入($\overline{\text{MR}}$引脚)

图 6-3 给出了 SP706 的一个典型的应用电路:U_1 是复位监控芯片 SP706S,其中电源失效检测功能未被用到,因此 PFI 引脚直接连到 GND(接 VCC 也可);U_2 是被监控的MCU,这是简化的模型。

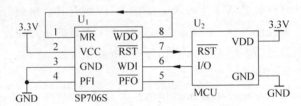

图 6-3　看门狗芯片 SP706 应用电路图

表 6-33 给出了 SP706R/S/T 的引脚功能描述(P 型的复位输出为高电平有效)。

表 6-33　SP706R/S/T 的引脚功能描述

引脚编号	引脚名称	功 能 描 述
1	$\overline{\text{MR}}$	手工复位,输入低电平时会导致$\overline{\text{RST}}$引脚输出复位信号
2	VCC	电源,1.0~5.5V
3	GND	地
4	PFI	电源失效输入接内部比较器的同相端,比较器反相端接内部 1.25V 参考源
5	$\overline{\text{PFO}}$	电源失效输出:来自内部比较器的输出端
6	WDI	看门狗输入:浮空时禁止看门狗功能;固定接 HIGH 或 LOW 电平 1.6s 后看门狗定时器溢出导致$\overline{\text{WDO}}$引脚输出低电平;反转输入状态会清除看门狗定时器
7	$\overline{\text{RST}}$	复位信号输出,低电平有效
8	$\overline{\text{WDO}}$	看门狗输出,内部看门狗定时器溢出时输出低电平

系统上电时，SP706 自动产生 200ms 低电平复位信号，使 MCU 正常复位。MCU 配置一个 I/O 引脚为输出，并接到 WDI。如果 I/O 固定为 HIGH 或 LOW 电平不变，则 1.6s 后，SP706S 内部的看门狗定时器就会溢出并使$\overline{\text{WDO}}$输出低电平，而$\overline{\text{WDO}}$已连接到手动复位$\overline{\text{MR}}$，因此会导致 RST 引脚输出低电平复位信号使 MCU 重新复位。MCU 在正常工作情况下当然是不允许这样反复复位的，因此必须在程序里及时反转 I/O 的状态，该操作被形象地称为"喂狗"。每次反转 WDI 输入状态都能够清除 SP706S 内部的看门狗定时器，从而确保$\overline{\text{WDO}}$不会输出低电平（为保证可靠，喂狗间隔应当小于 1s）。

在程序里如何进行喂狗操作呢？一般的做法是，先编写一个能够使 WDI 状态反转的喂狗函数，然后把函数调用插入到每一个可能导致长时间执行的程序段里，最常见的情况是 while(1)、for(;;)之类的无条件循环语句。

一旦程序因为意外情况跑飞，很可能会陷入一个不含喂狗操作的死循环里。但插入了喂狗程序，死循环超过 1.6s 后就会自动复位重来，而不会永远停留在故障状态。

6.3.4　WatchDog 功能概述

在 Stellaris 系列 ARM 里集成有硬件的看门狗定时器模块。看门狗定时器在到达超时值时会产生不可屏蔽的中断或复位。当系统由于软件错误而无法响应或外部器件不能以期望的方式响应时，使用看门狗定时器可重新获得控制。Stellaris 系列的看门狗定时器模块有以下特性：

- 带可编程装载寄存器的 32 位倒计数器
- 带使能控制的独立看门狗时钟
- 带中断屏蔽的可编程中断产生逻辑
- 软件跑飞时由锁定寄存器提供保护
- 带使能/禁止控制的复位产生逻辑
- 在调试过程中用户可控制看门狗暂停

看门狗定时器模块包括 32 位倒计数器（以 6MHz 系统时钟为例，最长定时接近 12min）、可编程的装载寄存器、中断产生逻辑、锁定寄存器以及用户使能的暂停控制。

看门狗定时器具有"二次超时"特性。当 32 位计数器在使能后倒计数到 0 状态时，看门狗定时器模块产生第一个超时信号，并产生中断触发信号。在发生了第一个超时事件后，32 位计数器自动重装并重新递减计数。如果没有清除第一个超时中断状态，则当计数器再次递减到 0 时，且复位功能已使能，则看门狗定时器会向处理器发出复位信号。如果中断状态在 32 位计数器到达其第二次超时之前被清除（即喂狗操作），则自动重装 32 位计数器，并重新开始计数，从而可以避免处理器被复位。

为了防止在程序跑飞时意外修改看门狗模块的配置，特意引入了一个锁定寄存器。在配置看门狗定时器之后，只要写入锁定寄存器一个不是 0x1ACCE551 的数值，看门狗模块的所有配置都会被锁定，拒绝软件修改。因此以后要修改看门狗模块的配置，包括清除中断状态（即喂狗操作），都必须要先解锁。解锁方法是向锁定寄存器写入数值 0x1ACCE551。这是个很特别的数字，程序跑飞本身已是罕见的事件，而在一旦发生此罕见事件的情况下又恰好会把这个特别的数字写入锁定寄存器更是不可能。读锁定寄存器将得到看门狗模块是否被锁定的状态，而非写入的数值。

为了防止在调试软件时看门狗产生复位,看门狗模块还提供了允许其暂停计数的功能。

6.3.5　如何正确使用看门狗

看门狗真正的用法应当是:在不用看门狗的情况下,硬件和软件经过反复测试已经通过,而在考虑到在实际应用环境中出现的强烈干扰可能造成程序跑飞的意外情况时,再加入看门狗功能以进一步提高整个系统的工作可靠性。可见,看门狗只不过是万不得已的最后手段而已。

但是,有相当多的工程师,尤其是经验不多者,在调试自己的系统时一出现程序跑飞,就马上引入看门狗来解决,而没有真正去思考程序为什么会跑飞。实际上,程序跑飞的大部分原因是程序本身存在 bug,或者已经暗示硬件电路可能存在故障,而并非是受到了外部的干扰。如果试图用看门狗功能来"掩饰"此类潜在的问题,则是相当不明智的,也是危险的,潜在的系统设计缺陷可能一直伴随着您的产品最终到用户手中。

综上,我们建议在调试自己的系统时,先不要使用看门狗,待完全调通已经稳定工作了,最后再补上看门狗功能。

6.3.6　WatchDog 库函数

1. 运行控制

函数 WatchdogEnable()的作用是使能看门狗。该函数实际执行的操作是使能看门狗中断功能,即等同于函数 WatchdogIntEnable()。中断功能一旦被使能,则只有通过复位才能被清除。因此库函数里不会有对应的 WatchdogDisable()函数,参见表 6-34 的描述。函数 WatchdogRunning()可以探测看门狗是否已被使能,参见表 6-35 的描述。

表 6-34　函数 **WatchdogEnable**()

函数名称	WatchdogEnable()
功能	使能看门狗定时器
原型	void WatchdogEnable(unsigned long ulBase)
参数	ulBase:看门狗定时器模块的基址,取值 WATCHDOG_BASE
返回	无

表 6-35　函数 **WatchdogRunning**()

函数名称	WatchdogRunning()
功能	确定看门狗定时器是否已经被使能
原型	tBoolean WatchdogRunning(unsigned long ulBase)
参数	ulBase:看门狗定时器模块的基址,取值 WATCHDOG_BASE
返回	如果看门狗定时器已被使能则返回 true,否则返回 false

函数 WatchdogResetEnable()使能看门狗定时器的复位功能,一旦看门狗定时器产生了二次超时事件,将引起处理器复位。函数 WatchdogResetDisable()禁止看门狗定时器的复位功能,此时可以把看门狗作为一个普通定时器来使用,参见表 6-36 和表 6-37 的描述。

表 6-36　函数 WatchdogResetEnable()

函数名称	WatchdogResetEnable()
功能	使能看门狗定时器的复位功能
原型	void WatchdogResetEnable(unsigned long ulBase)
参数	ulBase：看门狗定时器模块的基址，取值 WATCHDOG_BASE
返回	无

表 6-37　函数 WatchdogResetDisable()

函数名称	WatchdogResetDisable()
功能	禁止看门狗定时器的复位功能
原型	void WatchdogResetDisable(unsigned long ulBase)
参数	ulBase：看门狗定时器模块的基址，取值 WATCHDOG_BASE
返回	无

在进行单步调试时，看门狗定时器仍然会独立地运行，这将很快导致处理器复位，从而破坏调试过程。函数 WatchdogStallEnable() 允许看门狗定时器暂停计数，可防止在调试时引起不期望的处理器复位。函数 WatchdogStallDisable() 将禁止看门狗定时器暂停，参见表 6-38 和表 6-39 的描述。

表 6-38　函数 WatchdogStallEnable()

函数名称	WatchdogStallEnable()
功能	允许在调试过程中暂停看门狗定时器
原型	void WatchdogStallEnable(unsigned long ulBase)
参数	ulBase：看门狗定时器模块的基址，取值 WATCHDOG_BASE
返回	无

表 6-39　函数 WatchdogStallDisable()

函数名称	WatchdogStallDisable()
功能	禁止在调试过程中暂停看门狗定时器
原型	void WatchdogStallDisable(unsigned long ulBase)
参数	ulBase：看门狗定时器模块的基址，取值 WATCHDOG_BASE
返回	无

2. 装载与锁定

函数 WatchdogReloadSet() 设置看门狗定时器的装载值，WatchdogReloadGet() 获取装载值，参见表 6-40 和表 6-41 的描述。

表 6-40　函数 WatchdogReloadSet()

函数名称	WatchdogReloadSet()
功能	设置看门狗定时器的重装值
原型	void WatchdogReloadSet(unsigned long ulBase, unsigned long ulLoadVal)

参数	ulBase：看门狗定时器模块的基址，取值 WATCHDOG_BASE ulLoadVal：32 位装载值
返回	无

表 6-41　　函数 **WatchdogReloadGet**()

函数名称	WatchdogReloadGet()
功能	获取看门狗定时器的重装值
原型	unsigned long WatchdogReloadGet(unsigned long ulBase)
参数	ulBase：看门狗定时器模块的基址，取值 WATCHDOG_BASE
返回	已设置的 32 位装载值

函数 WatchdogValueGet()能够获取看门狗定时器当前的计数值，参见表 6-42 的描述。

表 6-42　　函数 **WatchdogValueGet**()

函数名称	WatchdogValueGet()
功能	获取看门狗定时器的计数值
原型	unsigned long WatchdogValueGet(unsigned long ulBase)
参数	ulBase：看门狗定时器模块的基址，取值 WATCHDOG_BASE
返回	当前的 32 位计数值

函数 WatchdogLock()用来锁定看门狗定时器的配置，一旦锁定，拒绝软件对配置的修改操作。函数 WatchdogUnlock()用来解除锁定，参见表 6-43 和表 6-44 的描述。

表 6-43　　函数 **WatchdogLock**()

函数名称	WatchdogLock()
功能	使能看门狗定时器的锁定机制
原型	void WatchdogLock(unsigned long ulBase)
参数	ulBase：看门狗定时器模块的基址，取值 WATCHDOG_BASE
返回	无

表 6-44　　函数 **WatchdogUnlock**()

函数名称	WatchdogUnlock()
功能	解除看门狗定时器的锁定机制
原型	void WatchdogUnlock(unsigned long ulBase)
参数	ulBase：看门狗定时器模块的基址，取值 WATCHDOG_BASE
返回	无

函数 WatchdogLockState()用来探测看门狗定时器的锁定状态，参见表 6-45 的描述。

表 6-45　函数 WatchdogLockState( )

函数名称	WatchdogLockState( )
功能	获取看门狗定时器的锁定状态
原型	tBoolean WatchdogLockState(unsigned long ulBase)
参数	ulBase：看门狗定时器模块的基址，取值 WATCHDOG_BASE
返回	已锁定返回 true,未锁定返回 false

3. 中断控制

函数 WatchdogIntEnable( )用来使能看门狗定时器中断。中断功能一旦被使能,则只有通过复位才能被清除。因此库函数里不会有对应的 WatchdogIntDisable( )函数,参见表 6-46 的描述。

表 6-46　函数 WatchdogIntEnable( )

函数名称	WatchdogIntEnable( )
功能	使能看门狗定时器中断
原型	void WatchdogIntEnable(unsigned long ulBase)
参数	ulBase：看门狗定时器模块的基址,取值 WATCHDOG_BASE
返回	无

函数 WatchdogIntStatus( )可获取看门狗定时器的中断状态,函数 WatchdogIntClear( )用来清除中断状态,参见表 6-47 和表 6-48 的描述。

表 6-47　函数 WatchdogIntStatus( )

函数名称	WatchdogIntStatus( )
功能	获取看门狗定时器的中断状态
原型	unsigned long WatchdogIntStatus(unsigned long ulBase,tBoolean bMasked)
参数	ulBase：看门狗定时器模块的基址,取值 WATCHDOG_BASE bMasked：如果需要原始的中断状态则取值 false,如果需要获取屏蔽的中断状态则取值 true
返回	原始的或屏蔽的中断状态

表 6-48　函数 WatchdogIntClear( )

函数名称	WatchdogIntClear( )
功能	清除看门狗定时器的中断状态
原型	void WatchdogIntClear(unsigned long ulBase)
参数	ulBase：看门狗定时器模块的基址,取值 WATCHDOG_BASE
返回	无

函数 WatchdogIntRegister( )用来注册一个看门狗定时器的中断服务函数,而函数 WatchdogIntUnregister( )用来注销,参见表 6-49 和表 6-50 的描述。

表 6-49 函数 WatchdogIntRegister()

函数名称	WatchdogIntRegister()
功能	注册一个看门狗定时器的中断服务函数
原型	void WatchdogIntRegister(unsigned long ulBase, void(* pfnHandler)(void))
参数	ulBase：看门狗定时器模块的基址，取值 WATCHDOG_BASE pfnHandler：函数指针，指向要注册的中断服务函数
返回	无

表 6-50 函数 WatchdogIntUnregister()

函数名称	WatchdogIntUnregister()
功能	注销看门狗定时器的中断服务函数
原型	void WatchdogIntUnregister(unsigned long ulBase)
参数	ulBase：看门狗定时器模块的基址，取值 WATCHDOG_BASE
返回	无

6.3.7 WatchDog 复位例程

程序清单 6-13 演示了看门狗定时器监控处理器的用法。函数 wdogInit()初始化看门狗模块，已知系统时钟为 6MHz，设置的定时时间为 350ms，使能复位功能，配置后锁定。函数 wdogFeed()是喂狗操作，解锁→喂狗→锁定，并且使 LED 闪亮。程序一开始便点亮 LED，延时，再熄灭，以表示已复位。然后在主循环里每隔 500ms 喂狗一次，由于看门狗具有二次超时特性，因此不会产生复位，除非喂狗间隔超过了 2×350ms。

程序清单 6-13 WatchDog 例程：看门狗复位

```
#include "systemInit.h"
#include "watchdog.h"

//定义 LED
#define LED_PERIPH          SYSCTL_PERIPH_GPIOF
#define LED_PORT            GPIO_PORTF_BASE
#define LED_PIN             GPIO_PIN_2

//LED 初始化
void ledInit(void)
{
    SysCtlPeriEnable(LED_PERIPH);                //使能 LED 所在的 GPIO 端口
    GPIOPinTypeOut(LED_PORT, LED_PIN);           //设置 LED 所在引脚为输出
    GPIOPinWrite(LED_PORT, LED_PIN, 0xFF);       //熄灭 LED
}

//看门狗初始化
void wdogInit(void)
{
    unsigned long ulValue=350 * (TheSysClock / 1000);    //准备定时 350ms
```

```
    SysCtlPeriEnable(SYSCTL_PERIPH_WDOG);              //使能看门狗模块
    WatchdogResetEnable(WATCHDOG_BASE);                //使能看门狗复位功能
    WatchdogStallEnable(WATCHDOG_BASE);                //使能调试器暂停看门狗计数
    WatchdogReloadSet(WATCHDOG_BASE, ulValue);         //设置看门狗装载值
    WatchdogEnable(WATCHDOG_BASE);                     //使能看门狗
    WatchdogLock(WATCHDOG_BASE);                       //锁定看门狗
}


//喂狗操作
void wdogFeed(void)
{
    WatchdogUnlock(WATCHDOG_BASE);                     //解除锁定
    WatchdogIntClear(WATCHDOG_BASE);                   //清除中断状态,即喂狗操作
    WatchdogLock(WATCHDOG_BASE);                       //重新锁定

    GPIOPinWrite(LED_PORT, LED_PIN, 0x00);             //点亮 LED
    SysCtlDelay(2 * (TheSysClock / 3000));             //短暂延时
    GPIOPinWrite(LED_PORT, LED_PIN, 0xFF);             //熄灭 LED
}


//主函数(程序入口)
int main(void)
{
    clockInit();                                       //时钟初始化:晶振,6MHz
    ledInit();                                         //LED 初始化

    GPIOPinWrite(LED_PORT, LED_PIN, 0x00);             //点亮 LED,表明已复位
    SysCtlDelay(1500 * (TheSysClock / 3000));
    GPIOPinWrite(LED_PORT, LED_PIN, 0xFF);             //熄灭 LED
    SysCtlDelay(1500 * (TheSysClock / 3000));
    wdogInit();                                        //看门狗初始化

    for (;;)
    {
        wdogFeed();                                    //喂狗,每喂一次 LED 闪一下
        SysCtlDelay(500 * (TheSysClock / 3000));       //延时超过 2×350ms 才会复位
    }
}
```

读者可以通过思考,设置哪个函数的哪个值,当值大于多少时,使看门狗超时,产生复位。

6.3.8　WatchDog 作为普通定时器实例

程序清单 6-14 演示了看门狗作为普通定时器的用法,关键是用 WatchdogResetDisable() 函数禁止其复位处理器的功能,也不需要锁定和解锁操作。程序的功能是:配置看门狗定时器,并使能其中断功能,当计数器归 0 时产生超时中断,在中断服务函数里反转 LED,使之不断闪烁发光。

程序清单 6-14　　WatchDog 例程：作为普通定时器

```c
# include "systemInit. h"
# include "watchdog. h"
//定义 LED
# define LED_PERIPH          SYSCTL_PERIPH_GPIOF
# define LED_PORT            GPIO_PORTF_BASE
# define LED_PIN             GPIO_PIN_2


//LED 初始化
void ledInit(void)
{
    SysCtlPeriEnable(LED_PERIPH);                    //使能 LED 所在的 GPIO 端口
    GPIOPinTypeOut(LED_PORT,LED_PIN);               //设置 LED 所在引脚为输出
    GPIOPinWrite(LED_PORT,LED_PIN,0xFF);            //熄灭 LED
}

//看门狗初始化
void wdogInit(void)
{
    unsigned long ulValue=350 * (TheSysClock / 1000);    //准备定时 350ms

    SysCtlPeriEnable(SYSCTL_PERIPH_WDOG);           //使能看门狗模块
    WatchdogResetDisable(WATCHDOG_BASE);            //禁止看门狗复位功能
    WatchdogStallEnable(WATCHDOG_BASE);             //使能调试器暂停看门狗计数
    WatchdogReloadSet(WATCHDOG_BASE,ulValue);       //设置看门狗装载值
    WatchdogIntEnable(WATCHDOG_BASE);               //使能看门狗中断
    IntEnable(INT_WATCHDOG);                        //使能看门狗模块中断
    IntMasterEnable();                              //使能处理器中断
    WatchdogEnable(WATCHDOG_BASE);                  //使能看门狗
}



//主函数(程序入口)
int main(void)
{
    clockInit();                                   //时钟初始化：晶振,6MHz
    ledInit();                                      //LED 初始化
    wdogInit();                                     //看门狗初始化

    for (;;)
    {
    }
}



//看门狗中断服务函数
void Watchdog_Timer_ISR(void)
{
    unsigned char ucValue;
```

```
unsigned long ulStatus;
ulStatus=WatchdogIntStatus(WATCHDOG_BASE,true);              //获取看门狗中断状态
WatchdogIntClear(WATCHDOG_BASE);                  //清除中断状态,重要!
if (ulStatus !=0)
{
    ucValue=GPIOPinRead(LED_PORT,LED_PIN);                      //反转 LED
    GPIOPinWrite(LED_PORT,LED_PIN,~ucValue);
}
}
```

从此函数中读者可以清楚地看出,看门狗在硬件的底层就是一个定时器,是一个可以产生复位的定时器。

小　　结

本章主要围绕时钟模块进行讲解,包括系统节拍定时、通用定时器和看门狗定时器。其中系统节拍定时器讲解了系统节拍的功能简介,系统节拍的基本操作,系统节拍的中断操作和系统节拍的编程实例。通用定时器包括总体特性、功能概述、库函数,并详细分析了通用定时器的应用例程。看门狗是一种特殊的定时器,本章讲解了其功能、外部看门狗的应用,ARM 看门狗的正确使用方法、库函数及使用例程。

思　考　题

一、填空题

1. SysTick 是一个_____位的系统定时器。通常的功能是_____。

2. LM3S 的定时器包含 4 个 GPTM 模块,可工作于_____、_____位定时模式,_____位输入捕获模式,_____位 PWM 模式。

3. MCS-51 单片机中的 16 位定时器属于加 1 计数模式,LM3S 微控制器的 GPTM 属于_____。

二、问答题

1. 由于 SysTick 是属于 ARM Cortex-M3 内核里的一个功能单元,简述 SysTick 其应用特点。

2. Stellaris 处理器有几个定时器? 有哪几种工作模式? 简述各种工作模式的功能特点。

3. 延时 2s 的程序如何进行定时器的设置。

4. 编写在某一个 GPIO 引脚输出 50Hz 的方波程序。

5. 控制某一个 GPIO 引脚接一个发光二极管,编写程序控制亮 2s,灭 2s,周而复始。

6. 如何使用定时器 PWM 模式输出占空比为 20% 的 PWM 信号。

7. 简述看门狗的工作原理及 Stellaris 处理器的功能及使用方法。

第7章 模数转换 ADC

微控制器或微处理器所处理和传送的都是不连续的数字信号,而实际中遇到的大都是连续变化的模拟量,模拟量经传感器转换成电信号的模拟量后,需经模/数(A/D)转换变成数字信号才可输入到数字系统中进行处理和控制,因而作为把模拟电量转换成数字量输出的接口电路——A/D 转换器——是现实世界中模拟信号和数字信号之间的桥梁,是电子技术发展的关键和瓶颈所在。

7.1 ADC 总体特性

为了能够使用数字系统(如 MCU)处理模拟信号,必须把模拟信号转换成相应的数字信号。能够实现这种转换的电路称为模—数转换器(Analog to Digital Converter,ADC)。ADC 能够将连续变化的模拟电压转换成离散的数字量。

Stellaris 系列 ARM 集成有一个 10 位的 ADC 模块,支持 8 个输入通道,以及一个内部温度传感器。ADC 模块含有一个可编程的序列发生器,可在无须控制器干涉的情况下对多个模拟输入源进行采样。每个采样序列均对完全可配置的输入源、触发事件、中断的产生和序列优先级提供灵活的编程。

Stellaris 系列 ARM 的 ADC 模块提供如下特性:

- 8 个模拟输入通道。
- 单端和差分输入配置。
- 内部温度传感器。
- 高达 1Mb/s(每秒采样一百万次)的采样率。
- 4 个可编程的采样转换序列,入口长度 1 到 8,每个序列均带有相应的转换结果 FIFO。
- 灵活的触发控制:处理器(软件)、定时器、模拟比较器、PWM、GPIO。
- 硬件可对多达 64 个采样值进行平均计算(牺牲速度换取精度)。
- 转换器采用内部的 3V 参考电压。
- 模拟电源和模拟地,跟数字电源和数字地分离。

图 7-1 为 ADC 结构框图,从右边看起模拟信号从外部输入,经过 10 位 A/D 转换后,采样结果经过硬件平均电路(64 次),然后送到 FIFO 块,FIFO 块内部有 4 个 FIFO,每个 FIFO 对应不同的采样通道,每个 FIFO 块对应一个采样序列发生器,不同采样序列发生器对应一个中断输出。采样控制对应 4 个选择器,每个选择器对应 4 个触发控制事件(比较器、GPIO(PB4)、定时器、PWM)控制采样。

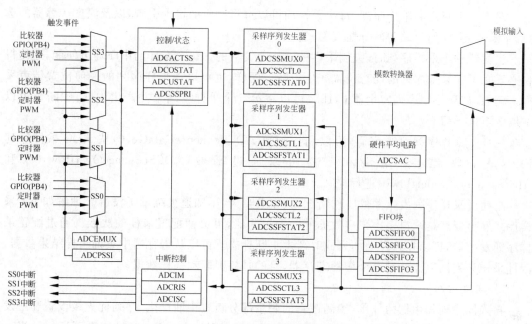

图 7-1　ADC 结构框图

7.2　ADC 功能描述

　　Stellaris 系 ARM 的 ADC 通过使用一种基于序列（Sequence Based）的可编程方法来收集采样数据，取代了传统 ADC 模块使用的单次采样或双采样方法。每个采样序列均为一系列程序化的连续采样，使得 ADC 可以从多个输入源中收集数据，而无须控制器对其进行重新配置或处理。对采样序列内的每个采样进行编程，包括对某些参数进行编程，如输入源和输入模式（差分输入还是单端输入）、采样结束时的中断产生以及指示序列最后一个采样指示符。

　　1. 采样序列发生器

　　采样控制和数据捕获由采样序列发生器（Sample Sequencer）进行处理。所有序列发生器的实现方法都相同，不同的只是各自可以捕获的采样数目和 FIFO 深度。表 7-1 给出了每个序列发生器可捕获的最大采样数及相应的 FIFO 深度。在本实现方案中，每个 FIFO 入口均为 32 位（1 个字），低 10 位包含的是转换结果。

表 7-1　ADC 序列发生器的采样数和 FIFO 深度

序列发生器	采样数	FIFO 深度
SS0	8	8
SS1	4	4
SS2	4	4
SS3	1	1

对于一个指定的采样序列,每个采样均可以选择对应的输入引脚,以及温度传感器的选择、中断使能、序列末端和差分输入模式。

当配置一个采样序列时,控制采样的方法是灵活的。每个采样的中断均可使能,这使得在必要时可在采样序列的任意位置产生中断。同样,也可以在采样序列的任何位置结束采样。例如,如果使用序列发生器 0,那么可以在第 5 个采样后结束并产生中断,中断也可以在第 3 个采样后产生。

在一个采样序列执行完后,可以利用函数 ADCSequenceDataGet() 从 ADC 采样序列 FIFO 里读取结果。上溢和下溢可以通过函数 ADCSequenceOverflow() 和 ADCSequenceUnderflow() 进行控制。

上面说采样序列发生器的工作情况,大家看半天,不知道被绕晕了没有。理解如下:采样序列发生器就是可以多次采样数据的一个控制器,可灵活配置采样的次数。通过配置采样序列发生器,可以在采样动作完成时产生中断标志。可以从寄存器中查询采样结果数据。因此采样序列发生器就是一个缓冲寄存器,目的是确保驱动采样数据。

2. 模块控制

在采样序列发生器的外围,控制逻辑的剩余部分负责中断产生、序列优先级设置和触发配置等任务。大多数的 ADC 控制逻辑都是(14~18)MHz 的 ADC 时钟速率下运行。当选择了系统 XTAL 时,内部的 ADC 分频器通过硬件自动配置。自动时钟分频器的配置对所有 Stellaris 系列 ARM 均以 16.667MHz 操作频率为目标。

3. 中断

采样序列发生器虽然会对引起中断的事件进行检测,但它们不控制中断是否真正被发送到中断控制器。ADC 模块的中断信号由相应的状态位来控制。ADC 中断状态分为原始的中断状态和屏蔽的中断状态,这可以通过函数 ADCIntStatus() 来查知。函数 ADCIntClear() 可以清除中断状态。

4. 优先级设置

当同时出现采样事件(触发)时,可以为这些事件设置优先级,安排它们的处理顺序。优先级值的有效范围是 0~3,其中 0 代表优先级最高,而 3 代表优先级最低。优先级相同的多个激活采样序列发生器单元不会提供一致的结果,因此软件必须确保所有激活采样序列发生器单元的优先级是唯一的。

5. 采样事件

采样序列发生器可以通过多种方式激活,如处理器(软件)、定时器、模拟比较器、PWM 和 GPIO。对于某些型号(如 LM3S8938)并不存在专门的硬件 PWM 模块,因此也不会存在 PWM 触发方式。外部的外设触发源随着 Stellaris 家族成员的变化而改变,但所有器件都公用"控制器"和"一直(Always)"触发器。软件可通过函数 ADCProcessorTrigger() 来启动采样。在使用"一直(Always)"触发器时必须非常小心。如果一个序列的优先级太高,那么可能会忽略其他低优先级序列。

6. 硬件采样平均电路

使用硬件平均电路可产生具有更高精度的结果,然而结果的改善是以吞吐量的减小为代价的。硬件平均电路可累积高达 64 个采样值并进行平均,从而在序列发生器 FIFO 中形成一个数据入口。吞吐量根据平均计算中的采样数的变化而随之改变。例如,如果将平均电路配置为对 16 个采样值进行平均,则吞吐量也减小了 16 因子。

平均电路默认是关闭的,因此,转换器的所有数据直接传送到序列发生器 FIFO 中。进行平均计算的硬件由 ADC 采样平均控制(ADCSAC)寄存器进行控制。ADC 中只有一个平均电路,所有输入通道(不管是单端输入还是差分输入)都接收相同数量的平均值。

7. 模数转换器

转换器本身会为所选模拟输入产生 10 位输出值。通过某些特定的模拟端口,输入的失真可以降到最低。转换器必须工作在 16MHz 左右,如果时钟偏差太多,则会给转换结果带来很大误差。

8. 差分采样

除了传统的单端采样外,ADC 模块还支持两个模拟输入通道的差分采样。

当队列步(Sequence Step)被配置为差分采样,会形成 4 个差分对之一,编号 0~3。差分对 0 采样模拟输入 0 和 1,差分对 1 采样模拟输入 2 和 3,依此类推。ADC 不会支持其他差分对形式,例如模拟输入 0 跟模拟输入 3。差分对所支持的编号有赖于模拟输入的编号(详见表 7-2)。

表 7-2　差分采样对

差分对	模拟输入
0	0 和 1
1	2 和 3
2	4 和 5
3	6 和 7

在差分模式下被采样的电压是奇数和偶数通道的差值,即

$$\Delta V = V_{\text{IN\_ENEN}} - V_{\text{IN\_ODD}}$$

其中 ΔV 是差分电压,$V_{\text{IN\_EVEN}}$ 是偶数通道,$V_{\text{IN\_ODD}}$ 是奇数通道。因此:

- 如果 $\Delta V = 0$,则转换结果 = 0x1FF;
- 如果 $\Delta V > 0$,则转换结果 > 0x1FF(范围在 0x1FF~0x3FF);
- 如果 $\Delta V < 0$,则转换结果 < 0x1FF(范围在 0~0x1FF)。

差分对指定了模拟输入的极性:偶数编号的输入总是正,奇数编号的输入总是负。为得到恰当的有效转换结果,负输入必须在正输入的 ±1.5V 范围内。如果模拟输入高于 3V 或低于 0V(模拟输入的有效范围),输入电压被截断,其结果是 3V 或 0V。

图 7-2 显示了以 1.5V 为中心的负输入示例。在这个配置中,微分的电压跨度为 −1.5~1.5V。图7-3 显示了以 −0.75V 为中心的负输入示例,这就意味着输入在 −0.75V 的微分电压时达到饱和,因为这个输入电压少于 0V。图 7-4 显示了以 2.25V 为中心的负输入,这里,在正通道输入在 0.75V 的微分电压时达到饱和,因为输入电压有可能大于 3V。

9. 测试模式

ADC 模块的测试模式是用户可用的测试模式,它允许在 ADC 模块的数字部分内执行回送操作。这在调试软件中非常有用,无须提供真实的模拟激励信号。

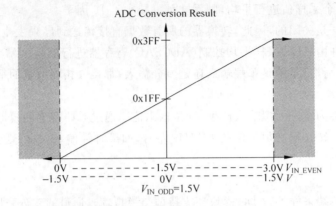

图 7-2　采样范围($V_{\text{IN\_ODD}}=1.5\text{V}$)

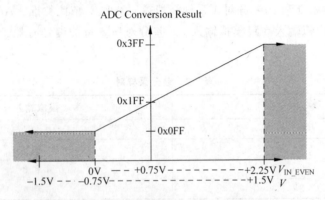

图 7-3　采样范围($V_{\text{IN\_ODD}}=0.75\text{V}$)

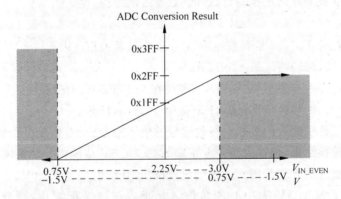

图 7-4　差分采样范围($V_{\text{IN\_ODD}}=2.25\text{V}$)

10. 内部温度传感器

内部温度传感器提供了模拟温度读取操作和参考电压。输出终端 SENSO 的电压通过以下等式计算得到:

$$\text{SENSO}=2.7-(T+55)/75$$

这种关系如图 7-5 所示。

下面来推导一个实用的 ADC 温度转换公式。假设温度电压 SENSO 对应的 ADC 采样

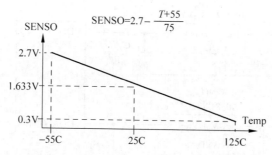

图 7-5　ADC 温度传感器温度—电压关系

值为 N，2.7V 对应 N_1，$(T+55)/75$ 对应 N_2。

已知：

$$N_1 \times (3/1024) = 2.7$$
$$N_2 \times (3/1024) = (T+55)/75$$

由此得到：

$$N = N_1 - N_2 = 2.7/(3/1024) - ((T+55)/75)/(3/1024)$$

解得：

$$T = (151040 - 225 \times N)/1024$$

结论：ADC 配置为温度传感器模式后，只要得到 10 位采样值 N，就能推算出摄氏温度 T。

7.3　ADC 应用注意事项

在实际应用当中，为了更好地发挥 Stellaris 系列的 10 位 ADC 特性，建议用户在设计时注意以下几个要点。

（1）供电稳定可靠　Stellaris 系列的 ADC 参考电压是内部的 3.0V，该参考电压的上一级来源是 VDDA，因此 VDDA 的供电必须要稳定可靠。建议 VDDA 精度要达到 1%。此外，建议 VDD 的供电也要尽可能稳定，以减少对 VDDA 的串扰。

（2）模拟电源与数字电源分离　Stellaris 系列芯片都提供数字电源 VDD/GND 和模拟电源 VDDA/GNDA，在设计时建议采用两路不同的 3.3V 电源稳压器分别进行供电。如果为了节省成本，也可以采用单路 3.3V 电源，但 VDDA/GNDA 要通过电感从 VDD/GND 分离出来。一般 GND 和 GNDA 最终还是要连接在一起的，建议用一个绕线电感连接并且接点尽可能靠近芯片（电感最好放在 PCB 背面），参见图 7-6。

采用多层 PCB 布局在成本允许的情况下，最好采用 4 层以上的 PCB 板，这能够带来更加优秀的 EMC 特性，减小对 ADC 采样的串扰，结果更加精确。

（1）钳位二极管保护　一个典型的应用：采样电网 AC 220V 经变压器降压到 3V 以符合 ADC 输入不能超过 3V 的要求，然后直接送到 ADC 输入引脚。这种接法过于理想。因为电网是存在波动的，瞬间电压可能大大超过额定的 220V，因此经变压器之后的电压可能远超 3V，自然有可能损坏芯片。正确的做法是要有限压保护措施，典型的用法是钳位保护二极管，能够把输入电压限制在 $GND - V_{D2}$ 到 $VDD + V_{D1}$ 之间，参见图 7-7。

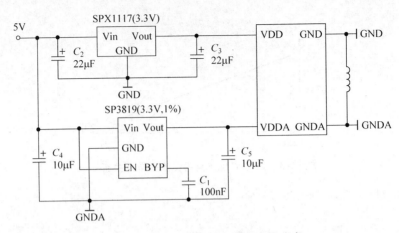

图 7-6　ADC 模拟电源与数字电源分离

（2）低通或带通滤波　为了抑制串入 ADC 输入信号上的干扰，一般要进行低通或带通滤波。RC 滤波是最常见也是成本最低的一种选择，并且电阻 R 还起到限流作用，参见图 7-7。

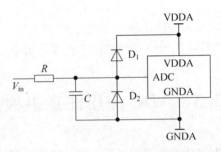

图 7-7　ADC 输入通道低通滤波与钳位保护

（3）差分输入信号密近平行布线　如果是 ADC 的差分采样应用，则这一对输入的差分信号在 PCB 板上应当安排成密近的平行线，如果在不同线路板之间传递差分信号则应当采用屏蔽的双绞线。密近的布线会使来自外部的干扰同时作用于两根信号线上，这只会形成共模干扰，而最终检测的是两根信号之间的差值，对共模信号不敏感。

（4）差分模式也不能支持负的共模电压　Stellaris 系列的 ADC 支持差分采样，采样结果仅决定于两个输入端之间的电压差值。但是输入到每个输入端的共模电压（相对于 GNDA 的电压值）还是不能超过 0～3V 的额定范围。如果超过太多，有可能造成芯片损坏（参考图 7-7 的保护措施）。ADC 工作时钟必须在 16MHz 左右，Stellaris 系列 ADC 模块的内在特性要求工作时钟必须在 16MHz 左右，否则会带来较大的误差甚至是错误的转换结果。有两种方法可以保证提供给 ADC 模块的时钟在 16MHz 左右。第一种方法是直接提供 16MHz 的外部时钟，可以从 OSC0 输入而 OSC1 悬空。对于 2008 年新推出的 DustDevil 家族，能够直接支持 16MHz 的晶振。第二种方法是启用 PLL 单元，根据内部时钟树的结构（详见第 3 章系统控制这一部分内容），不论由 PLL 分频获得的主时钟频率是多少，提供给 ADC 模块的时钟总能够"自动地"保证在 16MHz 左右。

7.4 ADC 库函数

7.4.1 ADC 采样序列操作

函数 ADCSequenceEnable() 和 ADCSequenceDisable() 用来使能和禁止一个 ADC 采样序列,参见表 7-3 和表 7-4 的描述。

表 7-3　函数 ADCSequenceEnable()

函数名称	ADCSequenceEnable()
功能	使能一个 ADC 采样序列
原型	void ADCSequenceEnable(unsigned long ulBase,unsigned long ulSequenceNum)
参数	ulBase:ADC 模块的基址,取值 ADC_BASE ulSequenceNum:ADC 采样序列的编号,取值 0、1、2、3
返回	无

表 7-4　函数 ADCSequenceDisable()

函数名称	ADCSequenceDisable()
功能	禁止一个 ADC 采样序列
原型	void ADCSequenceDisable(unsigned long ulBase,unsigned long ulSequenceNum)
参数	ulBase:ADC 模块的基址,取值 ADC_BASE ulSequenceNum:ADC 采样序列的编号,取值 0、1、2、3
返回	无

函数 ADCSequenceConfigure() 和 ADCSequenceStepConfigure() 是两个至关重要的 ADC 配置函数,决定了 ADC 的全部功能,参见表 7-5 和表 7-6 的描述。

表 7-5　函数函数 ADCSequenceConfigure()

函数名称	函数 ADCSequenceConfigure()
功能	配置 ADC 采样序列的触发事件和优先级原型
原型	void ADCSequenceConfigure(unsigned long ulBase, 　　　unsigned long ulSequenceNum, 　　　unsigned long ulTrigger,unsigned long ulPriority)
参数	ulBase:ADC 模块的基址,取值 ADC_BASE ulSequenceNum:ADC 采样序列的编号,取值 0、1、2、3 ulTrigger:启动采样序列的触发源,取下列值之一: 　　ADC_TRIGGER_PROCESSOR　　//处理器事件 　　ADC_TRIGGER_COMP0　　//模拟比较器 0 事件 　　ADC_TRIGGER_COMP1　　//模拟比较器 1 事件 　　ADC_TRIGGER_COMP2　　//模拟比较器 2 事件 　　ADC_TRIGGER_EXTERNAL　　//外部事件(PB4 中断) 　　ADC_TRIGGER_TIMER　　//定时器事件 　　ADC_TRIGGER_PWM0　　//PWM0 事件

续表

参数	ADC_TRIGGER_PWM1　　　　　　//PWM1 事件 ADC_TRIGGER_PWM2　　　　　　//PWM2 事件 ADC_TRIGGER_ALWAYS　　　　//触发一直有效(用于连续采样) ulPriority：相对于其他采样序列的优先级,取值 0、1、2、3(优先级依次从高到低)
返回	无

函数使用示例如下。

(1) ADC 采样序列配置：ADC 基址,采样序列 0,处理器触发,优先级 0

ADCSequenceConfigure(ADC_BASE,0,ADC_TRIGGER_PROCESSOR,0);

(2) ADC 采样序列配置：ADC 基址,采样序列 1,定时器触发,优先级 2

ADCSequenceConfigure(ADC_BASE,1,ADC_TRIGGER_TIMER,2);

(3) ADC 采样序列配置：ADC 基址,采样序列 2,外部事件(PB4 中断)触发,优先级 3

ADCSequenceConfigure(ADC_BASE,2,ADC_TRIGGER_EXTERNAL,3);

(4) ADC 采样序列配置：ADC 基址,采样序列 3,模拟比较器 0 事件触发,优先级 1

ADCSequenceConfigure(ADC_BASE,3,ADC_TRIGGER_COMP0,1);

注意：

(1) 并非所有 Stellaris 系列的成员都可以使用上述全部的触发源,请查询相关器件的数据手册来确定它们的可用触发源;

(2) 在对一系列的采样序列的优先级进行编程时,每个采样序列的优先级必须是唯一的,由调用者来确保优先级的唯一性。

表 7-6　函数 **ADCSequenceStepConfigure**()

函数名称	ADCSequenceStepConfigure()
功能	配置 ADC 采样序列发生器的步进原型
原型	void ADCSequenceStepConfigure(unsigned long ulBase, 　　　unsigned long ulSequenceNum, 　　　unsigned long ulStep, 　　　unsigned long ulConfig)
参数	ulBase：ADC 模块的基址,取值 ADC_BASE ulSequenceNum：ADC 采样序列的编号,取值 0、1、2、3 ulStep：步值,决定触发产生时 ADC 捕获序列的次序,对于不同的采样序列取值也不相同： 采样序列编号 / 步值范围 0 / 0～7 1 / 0～3 2 / 0～3 3 / 0

采样序列编号	步值范围
0	0～7
1	0～3
2	0～3
3	0

续表

参数	ulConfig：步进的配置，取下列值之间的"或运算"组合形式： • ADC 控制 　　ADC_CTL_TS　　　　//温度传感器选择 　　ADC_CTL_IE　　　　 //中断使能 　　ADC_CTL_END　　　 //队列结束选择 　　ADC_CTL_D　　　　 //差分选择 • ADC 通道 　　ADC_CTL_CH0　　　//输入通道 0（对应 ADC0 输入） 　　ADC_CTL_CH1　　　//输入通道 1（对应 ADC1 输入） 　　ADC_CTL_CH2　　　//输入通道 2（对应 ADC2 输入） 　　ADC_CTL_CH3　　　//输入通道 3（对应 ADC3 输入） 　　ADC_CTL_CH4　　　//输入通道 4（对应 ADC4 输入） 　　ADC_CTL_CH5　　　//输入通道 5（对应 ADC5 输入） 　　ADC_CTL_CH6　　　//输入通道 6（对应 ADC6 输入） 　　ADC_CTL_CH7　　　//输入通道 7（对应 ADC7 输入） **注意**：ADC 通道每次（即每步）最多只能选择 1 个，如果要选取多通道则要多次调用本函数分别进行配置；如果已经选择了内置的温度传感器（ADC_CTL_TS）则不能再选择 ADC 通道；如果已选择了差分采样模式（ADC_CTL_D），则 ADC 通道只能选取下列值之一： 　　ADC_CTL_CH0　　　//差分输入通道 0（对应 ADC0 和 ADC1 输入的组合） 　　ADC_CTL_CH1　　　//差分输入通道 1（对应 ADC2 和 ADC3 输入的组合） 　　ADC_CTL_CH2　　　//差分输入通道 2（对应 ADC4 和 ADC5 输入的组合） 　　ADC_CTL_CH3　　　//差分输入通道 3（对应 ADC6 和 ADC7 输入的组合）
返回	无
备注	

函数使用示例如下。

（1）ADC 采样序列步进配置：ADC 基址，采样序列 2，步值 0，采样 ADC0 输入后结束并申请中断

```
ADCSequenceStepConfigure(ADC_BASE, 2, 0, ADC_CTL_CH0 | ADC_CTL_END | ADC_CTL_IE);
```

（2）ADC 采样序列步进配置：ADC 基址，采样序列 3，步值 0，采样温度传感器后结束并申请中断

```
ADCSequenceStepConfigure(ADC_BASE, 3, 0, ADC_CTL_TS | ADC_CTL_END | ADC_CTL_IE);
```

（3）ADC 采样序列步进配置：ADC 基址，采样序列 0，步值 0，采样 ADC0 输入

```
ADCSequenceStepConfigure(ADC_BASE, 0, 0, ADC_CTL_CH0);
```

（4）ADC 采样序列步进配置：ADC 基址，采样序列 0，步值 1，采样 ADC1 输入

```
ADCSequenceStepConfigure(ADC_BASE, 0, 1, ADC_CTL_CH1);
```

（5）ADC 采样序列步进配置：ADC 基址，采样序列 0，步值 2，再次采样 ADC0 输入

ADCSequenceStepConfigure(ADC_BASE,0,2,ADC_CTL_CH0);

（6）ADC 采样序列步进配置：ADC 基址，采样序列 0，步值 3，采样 ADC3 输入后结束并申请中断

ADCSequenceStepConfigure(ADC_BASE,0,3,ADC_CTL_CH3 | ADC_CTL_END | ADC_CTL_IE);

（7）ADC 采样序列步进配置：ADC 基址，采样序列 1，步值 0，差分采样 ADC0/ADC1 输入

ADCSequenceStepConfigure(ADC_BASE,1,0,ADC_CTL_D | ADC_CTL_CH0);

（8）ADC 采样序列步进配置：ADC 基址，采样序列 1，步值 1，差分采样 ADC2/ADC3 输入后结束并申请中断

ADCSequenceStepConfigure(ADC_BASE,1,1,ADC_CTL_D | ADC_CTL_CH1 |
                        ADC_CTL_END | ADC_CTL_IE);

函数 ADCSequenceDataGet()用来读取 ADC 结果 FIFO 里的数据，参见表 7-7 的描述。

表 7-7   函数 **ADCSequenceDataGet**()

函数名称	ADCSequenceDataGet()
功能	从 ADC 采样序列里获取捕获到的数据原型

原型	long ADCSequenceDataGet(unsigned long ulBase,
	    unsigned long ulSequenceNum,
	    unsigned long * pulBuffer)

参数	ulBase：ADC 模块的基址，取值 ADC_BASE ulSequenceNum：ADC 采样序列的编号，取值 0、1、2、3 pulBuffer：无符号长整型指针，指向保存数据的缓冲区
返回	复制到缓冲区的采样数

函数 ADCSequenceOverflow()和 ADCSequenceOverflowClear()用于处理 ADC 结果 FIFO 出现上溢的情况，参见表 7-8 和表 7-9 的描述。

表 7-8   函数 **ADCSequenceOverflow**()

函数名称	ADCSequenceOverflow()
功能	确定 ADC 采样序列是否发生了上溢
原型	long ADCSequenceOverflow(unsigned long ulBase,unsigned long ulSequenceNum)
参数	ulBase：ADC 模块的基址，取值 ADC_BASE ulSequenceNum：ADC 采样序列的编号，取值 0、1、2、3
返回	溢出返回 0，未溢出返回非 0
备注	正常操作不会产生上溢，但是如果在下次触发采样前没有及时从 FIFO 里读取捕获的采样值时则可能会发生上溢

表 7-9 函数 **ADCSequenceOverflowClear( )**

函数名称	ADCSequenceOverflowClear( )
功能	清除 ADC 采样序列的上溢条件
原型	long ADCSequenceOverflowClear(unsigned long ulBase,unsigned long ulSequenceNum)
参数	ulBase：ADC 模块的基址，取值 ADC_BASE ulSequenceNum：ADC 采样序列的编号，取值 0、1、2、3
返回	无

函数 ADCSequenceUnderflow( )和 ADCSequenceUnderflowClear( )用于处理 ADC 结果 FIFO 出现下溢的情况，参见表 7-10 和表 7-11 的描述。

表 7-10 函数 **ADCSequenceUnderflow( )**

函数名称	ADCSequenceUnderflow( )
功能	确定 ADC 采样序列是否发生了下溢
原型	long ADCSequenceUnderflow(unsigned long ulBase,unsigned long ulSequenceNum)
参数	ulBase：ADC 模块的基址，取值 ADC_BASE ulSequenceNum：ADC 采样序列的编号，取值 0、1、2、3
返回	溢出返回 0，未溢出返回非 0
备注	正常操作不会产生下溢，但是如果过多地读取在 FIFO 里的采样值时则会发生下溢

表 7-11 函数 **ADCSequenceUnderflowClear( )**

函数名称	ADCSequenceUnderflowClear( )
功能	清除 ADC 采样序列的下溢条件
原型	void ADCSequenceUnderflowClear(unsigned long ulBase,unsigned long ulSequenceNum)
参数	ulBase：ADC 模块的基址，取值 ADC_BASE ulSequenceNum：ADC 采样序列的编号，取值 0、1、2、3
返回	无

7.4.2 ADC 处理器触发

ADC 采样触发方式有许多种选择，其中处理器(软件)触发是最简单的一种情况。在配置好 ADC 模块以后，只要调用函数 ADCProcessorTrigger( )就能够引起一次 ADC 采样，参见表 7-12 的描述。

表 7-12 函数 **ADCProcessorTrigger( )**

函数名称	ADCProcessorTrigger( )
功能	引起一次处理器触发 ADC 采样
原型	void ADCProcessorTrigger(unsigned long ulBase,unsigned long ulSequenceNum)
参数	ulBase：ADC 模块的基址，取值 ADC_BASE ulSequenceNum：ADC 采样序列的编号，取值 0、1、2、3
返回	无

7.4.3 ADC 过采样

ADC 过采样的实质是以牺牲采样速度来换取采样精度。硬件上的自动求平均值电路能够对多达连续 64 次的采样做出平均计算,有效消除采样结果的不均匀性。对硬件过采样的配置很简单,就是调用函数 ADCHardwareOversampleConfigure(),参见表 7-13 的描述。

表 7-13 函数 **ADCHardwareOversampleConfigure**()

函数名称	ADCHardwareOversampleConfigure()
功能	配置 ADC 硬件过采样的因数
原型	void ADCHardwareOversampleConfigure (unsigned long ulBase, unsigned long ulFactor)
参数	ulBase:ADC 模块的基址,取值 ADC_BASE ulFactor:采样平均数,取值 2、4、8、16、32、64,如果取值 0 则禁止硬件过采样
返回	无

在 Stellaris 外设驱动库里,还额外提供了简易的软件过采样库函数,能够对多至 8 个采样求取平均值。用户也可以参考其源代码做出更优秀的改进。有关软件过采样的函数请参考表 7-14、表 7-15、表 7-16 的描述。

表 7-14 函数 **ADCSoftwareOversampleConfigure**()

函数名称	ADCSoftwareOversampleConfigure()
功能	配置 ADC 软件过采样的因数原型
原型	void ADCSoftwareOversampleConfigure(unsigned long ulBase, 　　　　　　unsigned long ulSequenceNum, 　　　　　　unsigned long ulFactor)
参数	ulBase:ADC 模块的基址,取值 ADC_BASE ulSequenceNum:ADC 采样序列的编号,取值 0、1、2(采样序列 3 不支持软件过采样) ulFactor:采样平均数,取值 2、4、8 参数 ulFactor 和 ulSequenceNum 的取值是关联的。在 4 个采样序列当中,只有深度大于 1 的采样序列才支持过采样,因此 ulSequenceNum 不能取值 3。当 ulFactor 取值 2、4 时,ulSequenceNum 可以取值 0、1、2;当 ulFactor 取值 8 时,ulSequenceNum 只能取值 0
返回	无

表 7-15 函数 **ADCSoftwareOversampleStepConfigure**()

函数名称	ADCSoftwareOversampleStepConfigure()
功能	ADC 软件过采样步进配置原型
原型	void ADCSoftwareOversampleStepConfigure(unsigned long ulBase, 　　　　　　unsigned long ulSequenceNum, 　　　　　　unsigned long ulStep, 　　　　　　unsigned long ulConfig)
参数	ulBase:ADC 模块的基址,取值 ADC_BASE ulSequenceNum:ADC 采样序列的编号,取值 0、1、2(采样序列 3 不支持软件过采样) ulStep:步值,决定触发产生时 ADC 捕获序列的次序 ulConfig:步进的配置,取值跟表 7-6 当中的参数 ulConfig 相同
返回	无

表 7-16　函数 ADCSoftwareOversampleDataGet()

函数名称	ADCSoftwareOversampleDataGet()
功能	从采用软件过采样的一个采样序列获取捕获的数据原型

原型	void ADCSoftwareOversampleDataGet(unsigned long ulBase,
	   unsigned long ulSequenceNum,
	   unsigned long * pulBuffer,
	   unsigned long ulCount)

参数	ulBase：ADC 模块的基址，取值 ADC_BASE ulSequenceNum：ADC 采样序列的编号，取值 0、1、2(采样序列 3 不支持软件过采样) pulBuffer：长整型指针，指向保存数据的缓冲区 ulCount：要读取的采样数
返回	无

7.4.4　ADC 中断控制

4 个采样序列 SS0、SS1、SS2 和 SS3 的中断控制是独立进行的，在中断向量表里各自独享 1 个向量号。

函数 ADCIntEnable()和 ADCIntDisable()用来使能和禁止 ADC 采样序列中断，参见表 7-17 和表 7-18 的描述。

表 7-17　函数 ADCIntEnable()

函数名称	ADCIntEnable()
功能	使能 ADC 采样序列的中断
原型	void ADCIntEnable(unsigned long ulBase, unsigned long ulSequenceNum)
参数	ulBase：ADC 模块的基址，取值 ADC_BASE
返回	无

表 7-18　函数 ADCIntDisable()

函数名称	ADCIntDisable()
功能	禁止 ADC 采样序列的中断
原型	void ADCIntDisable(unsigned long ulBase, unsigned long ulSequenceNum)
参数	ulBase：ADC 模块的基址，取值 ADC_BASE ulSequenceNum：ADC 采样序列的编号，取值 0、1、2、3
返回	无

函数 ADCIntStatus()用来获取一个采样序列的中断状态，而函数 ADCIntClear()用来清除其中断状态，参见表 7-19 和表 7-20 的描述。

表 7-19　函数 ADCIntStatus()

函数名称	ADCIntStatus()
功能	获取 ADC 采样序列的中断状态
原型	unsigned long ADCIntStatus(unsigned long ulBase, unsigned long ulSequenceNum, tBoolean bMasked)

续表

参数	ulBase：ADC 模块的基址，取值 ADC_BASE ulSequenceNum：ADC 采样序列的编号，取值 0、1、2、3 bMasked：如果需要获取原始的中断状态，则取值 false 　　　　　如果需要获取屏蔽的中断状态，则取值 true
返回	当前原始的或屏蔽的中断状态

表 7-20　函数 ADCIntClear( )

函数名称	ADCIntClear( )
功能	清除 ADC 采样序列的中断状态
原型	void ADCIntClear(unsigned long ulBase,unsigned long ulSequenceNum)
参数	ulBase：ADC 模块的基址，取值 ADC_BASE ulSequenceNum：ADC 采样序列的编号，取值 0、1、2、5
返回	无

函数 ADCIntRegister( )和 ADCIntUnregister( )用来注册和注销 ADC 采样序列中断，参见表 7-21 和表 7-22 的描述。

表 7-21　函数 ADCIntRegister( )

函数名称	ADCIntRegister( )
功能	注册一个 ADC 采样序列的中断服务函数
原型	void ADCIntRegister(unsigned long ulBase,unsigned long ulSequenceNum,void (* pfnHandler)(void))
参数	ulBase：ADC 模块的基址，取值 ADC_BASE ulSequenceNum：ADC 采样序列的编号，取值 0、1、2、3 pfnHandler：函数指针，指向 ADC 中断服务函数
返回	无

表 7-22　函数 ADCIntUnregister( )

函数名称	ADCIntUnregister( )
功能	注销 ADC 采样序列的中断服务函数
原型	void ADCIntUnregister(unsigned long ulBase,unsigned long ulSequenceNum)
参数	ulBase：ADC 模块的基址，取值 ADC_BASE ulSequenceNum：ADC 采样序列的编号，取值 0、1、2、3
返回	无

编程范例　下面的示例显示了如何使用 ADC API 来初始化一个处理器触发的采样序列、触发采样序列，然后在数据准备就绪后读回数据。

```
unsigned long ulValue;
//当处理器触发出现时,使能第一个采样序列来捕获通道 0 的值
ADCSequenceConfigure(ADC_BASE,0,ADC_TRIGGER_PROCESSOR,0);
ADCSequenceStepConfigure(ADC_BASE,0,0,ADC_CTL_IE | ADC_CTL_END | ADC_CTL_
```

CH0);
ADCSequenceEnable(ADC_BASE,0);

//触发采样序列
ADCProcessorTrigger(ADC_BASE,0);

//等待采样序列完成
while(!ADCIntStatus(ADC_BASE,0,false))
{
}

//从 ADC 读取值
ADCSequenceDataGet(ADC_BASE,0,&ulValue);

7.5　ADC 模块的应用

7.5.1　ADC 模块初始化

1. 模块初始化配置

ADC 模块的初始化过程很简单,只需几个步骤。主要的步骤包括使能 ADC 时钟和重新配置采样序列发生器的优先级(如有必要)。ADC 初始化的顺序如下:

(1)通过写 0x0001.0000 的值到 RCGC1 寄存器来使能 ADC 时钟;

(2)如果应用要求,那么在 ADCSSPRI 寄存器中重新配置采样序列发生器的优先级,默认配置是采样序列发生器 0 优先级最高,采样序列发生器 3 优先级最低。

2. 采样序列发生器的配置

采样序列发生器的配置要稍微比模块初始化的过程复杂,因为每个采样序列是完全可编程的。每个采样序列发生器的配置如下。

(1)确保采样序列发生器被禁能,这可以通过写 0 到 ADCACTSS 寄存器中对应的 ASEN 位来实现。采样序列发生器无须使能就可编程。如果在配置过程中发生触发事件,那么在编程期间禁能序列发生器就可以预防错误的执行操作。

(2)在 ADCEMUX 寄存器中为采样序列发生器配置触发事件。

(3)在 ADCSSMUXn 寄存器中为采样序列的每个采样配置相应的输入源。

(4)在 ADCSSCTLn 寄存器中为采样序列的每个采样配置采样控制位。当对最后半个字节进行编程时,确保 END 位已置位。END 位置位失败会导致不可预测的行为。

(5)如果要使用中断,那么必须写 1 到 ADCIM 寄存器中相应的 MASK 位。

(6)通过写 1 到 ADCACTSS 寄存器中相应的 ASEN 位来使能采样序列发生器逻辑。

3. 初始化配置例程

//设置系统时钟
SysCtlClockSet(SYSCTL_SYSDIV_1 | SYSCTL_USE_OSC | SYSCTL_OSC_MAIN |SYSCTL_XTAL_8MHZ);
//使能 ADC 时钟及 GPIOF

```
SysCtlPeripheralEnable(SYSCTL_PERIPH_GPIOF);
SysCtlPeripheralEnable(SYSCTL_PERIPH_ADC);
//设置 GPIOF0 为输出
GPIOPinTypeGPIOOutput(GPIO_PORTF_BASE,GPIO_PIN_0);

//配置 ADC,通道 1,基准源为控制器产生
ADCSequenceConfigure(ADC_BASE,0,ADC_TRIGGER_PROCESSOR,0);
ADCSequenceStepConfigure(ADC_BASE,0,0,ADC_CTL_IE|ADC_CTL_END|ADC_CTL_CH1);
//ADC 采样使能
ADCSequenceEnable(ADC_BASE,0);
```

7.5.2　ADC 开始采样

```
//开始采样
ADCProcessorTrigger(ADC_BASE,0);
//等待采样完成
while(!ADCIntStatus(ADC_BASE,0,false));
//读 ADC 寄存器值
ADCSequenceDataGet(ADC_BASE,0,&ulValue);
//判断 ADC 寄存器值是否大于 500(0～1023)
if(ulValue>500)
    {
        GPIOPinWrite(GPIO_PORTF_BASE,GPIO_PIN_0,1);　　//LED 灭
    }
else
    {
        GPIOPinWrite(GPIO_PORTF_BASE,GPIO_PIN_0,0);　　//LED 亮
    }
```

7.6　ADC 例程分析

7.6.1　处理器触发 ADC 采样实例

　　Stellaris 系列 ADC 模块的采样触发方式有多种,应用非常灵活。其中处理器(软件)是最简单的一种采样触发方式,关键是调用函数 ADCProcessorTrigger()。

　　图 7-8 为 ADC 输入测试电路示意图。Stellaris 系列 MCU 的 ADC 模块采用模拟电源 VDDA/GNDA 供电。RW1 是音频电位器,输出电压在 0～3.3V 之间,并带有手动旋钮,便于操作。R_1 和 C_1 组成简单的 RC 低通滤波电路,能够滤除寄生在由 RW1 产生的模拟信号上的扰动。以后的每个 ADC 例程都会采用类似的测试电路。

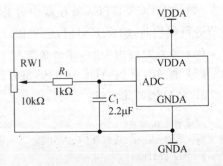

图 7-8　ADC 输入测试电路

　　程序清单 7-1 是处理器触发 ADC 采样的例

程,请注意在函数 adcInit()里对 ADC 模块的基本配置方法。其中对采样速率的设置不应超过实际芯片的最高速率限制。在配置好 ADC 模块之后,就可以随时调用 ADCProcessorTrigger()函数触发 ADC 采样。在该例程里,采样结果通过 UART 输出,电压单位是 mV。只要电路设计没有问题,当 RW1 旋钮停留在某个位置以后,ADC 采样结果的变动一般不会超过±3mV,即±1 个 LSB(精确值是 3V/1024＝2.93mV)。

程序清单 7-1　ADC 例程:处理器触发采样

```c
# include "systemInit. h"
# include "uartGetPut. h"
# include <adc. h>
# include <stdio. h>

tBoolean ADC_EndFlag＝false;                              //定义 ADC 转换结束的标志

# define ADCSequEnable        ADCSequenceEnable
# define ADCSequDisable       ADCSequenceDisable
# define ADCSequConfig        ADCSequenceConfigure
# define ADCSequStepConfig    ADCSequenceStepConfigure
# define ADCSequDataGet       ADCSequenceDataGet

//ADC 初始化
void adcInit(void)
{
    SysCtlPeriEnable(SYSCTL_PERIPH_ADC);                  //使能 ADC 模块
    SysCtlADCSpeedSet(SYSCTL_ADCSPEED_125KSPS);          //设置 ADC 采样速率
    ADCSequDisable(ADC_BASE,0);                          //配置前先禁止采样序列
    //采样序列配置:ADC 基址,采样序列编号,触发事件,采样优先级
    ADCSequConfig(ADC_BASE,0,ADC_TRIGGER_PROCESSOR,0);
    //采样步进设置:ADC 基址,采样序列编号,步值,通道设置
    ADCSequStepConfig(ADC_BASE,0,0,ADC_CTL_CH0 |
                                   ADC_CTL_END |
                                   ADC_CTL_IE);

    ADCIntEnable(ADC_BASE,0);                            //使能 ADC 中断
    IntEnable(INT_ADC0);                                 //使能 ADC 采样序列中断
    IntMasterEnable();                                   //使能处理器中断
    ADCSequEnable(ADC_BASE,0);                           //使能采样序列
}

//ADC 采样子函数
unsigned long adcSample(void)
{
    unsigned long ulValue;
    ADCProcessorTrigger(ADC_BASE,0);                     //处理器触发采样序列
    while (!ADC_EndFlag);                                //等待采样结束
    ADC_EndFlag＝false;                                  //清除 ADC 采样结束标志
    ADCSequDataGet(ADC_BASE,0,&ulValue);                 //读取 ADC 转换结果
    return(ulValue);
}
```

```
//主函数(程序入口)
int main(void)
{
    unsigned long ulVal;
    char cBuf[30];
    clockInit();                                     //时钟初始化：PLL,20MHz
    uartInit();                                      //UART 初始化
    adcInit();                                       //ADC 初始化

    for (;;)
    {
        ulVal=adcSample();                           //ADC 采样
        ulVal=(ulVal * 3000) / 1024;                 //转换成电压值
        sprintf(cBuf,"模拟量输入通道 ADC0=%ld(mV)\r\n",ulVal);  //输出格式化
        uartPuts(cBuf);                              //通过 UART 显示结果
        SysCtlDelay(1500 * (TheSysClock / 3000));    //延时约 1500ms
    }
}



//ADC 采样序列 0 的中断
void ADC_Sequence_0_ISR(void)
{
    unsigned long ulStatus;
    ulStatus=ADCIntStatus(ADC_BASE,0,true);          //读取中断状态
    ADCIntClear(ADC_BASE,0);                         //清除中断状态,重要
    if (ulStatus !=0)                                //如果中断状态有效
    {
        ADC_EndFlag=true;                            //置位 ADC 采样结束标志
    }
}
```

代码分析：从主函数中可以看出，首先时钟初始化，串口输出初始化，ADC 采样初始化，在循环函数中使用 adcSample() 函数实现 ADC 采样，此函数通过判断中断标志是否转换完，然后通过 ADCSequDataGet() 进行数据读取。注意 ADC_Sequence_0_ISR() 中断函数，这个函数必须在工程的起始代码程序中定义声明。初始化中必须配置的两个函数为采样配置函数 ADCSequConfig() 和采样步进设置函数 ADCSequStepConfig()，剩下的就是为中断开启的函数了。采样配置函数的触发事件定义 ADC_TRIGGER_PROCESSOR。

7.6.2　ADC 内置的温度传感器实例

在 Stellaris 系列的 ADC 模块里，附带了一个内置的温度传感器，能够随时检测芯片的温度。该温度传感器可以有以下用途。

(1) 测试用：在单独测试 ADC 模块的功能时，而不必提供外部的模拟信号源。

(2) 测量芯片自身温度，防止可能出现的过温(高温应用场合必备)。

(3) 估算环境温度：芯片温度总是比环境温度略高，如果通过实验找到这个差值，则可以进行软件修正。

（4）随机算法里可以提供随机数种子。

　　程序清单 7-2 是 ADC 内置温度传感器用法的示例。因为温度传感器是内置的，因此不需要提供外部模拟信号到 ADC 引脚。温度结果通过 UART 输出，单位是℃。摄氏温度值 T 与 ADC 采样结果 N 之间的换算关系已在第 7.2 节给出。在程序当中，还用到了睡眠模式（Sleep Mode），尽量降低功耗，使芯片温度更接近于环境温度（如果读者感兴趣可以在软件上做进一步的修正）。

程序清单 7-2　ADC 例程：内置的温度传感器

```
# include "systemInit. h"
# include "uartGetPut. h"
# include <systick. h>
# include <adc. h>
# include <stdio. h>

# define ADCSequEnable          ADCSequenceEnable
# define ADCSequDisable         ADCSequenceDisable
# define ADCSequConfig          ADCSequenceConfigure
# define ADCSequStepConfig      ADCSequenceStepConfigure
# define ADCSequDataGet         ADCSequenceDataGet
tBoolean ADC_EndFlag=false;                         //定义 ADC 转换结束的标志

//系统节拍定时器初始化
void SysTickInit(void)
{
    SysTickPeriodSet(TheSysClock);                  //设置 SysTick 计数器的周期值
    SysTickIntEnable();                             //使能 SysTick 中断
    IntMasterEnable();                              //使能处理器中断
    SysTickEnable();                                //使能 SysTick 计数器
}

//ADC 初始化
void adcInit(void)
{
    SysCtlPeriEnable(SYSCTL_PERIPH_ADC);            //使能 ADC 模块
    SysCtlADCSpeedSet(SYSCTL_ADCSPEED_125KSPS);     //设置 ADC 采样速率
    ADCSequDisable(ADC_BASE,3);                     //配置前先禁止采样序列

    //采样序列配置：ADC 基址,采样序列编号,触发事件,采样优先级
    ADCSequConfig(ADC_BASE,3,ADC_TRIGGER_PROCESSOR,0);
    //采样步进设置：ADC 基址,采样序列编号,步值,通道设置
    ADCSequStepConfig(ADC_BASE,3,0,ADC_CTL_TS |
                                   ADC_CTL_END |
                                   ADC_CTL_IE);

    ADCIntEnable(ADC_BASE,3);                       //使能 ADC 中断
    IntEnable(INT_ADC3);                            //使能 ADC 采样序列中断
    IntMasterEnable();                              //使能处理器中断

    ADCSequEnable(ADC_BASE,3);                      //使能采样序列
```

```
}

//ADC 采样
unsigned long adcSample(void)
{
    unsigned long ulValue;
    ADCProcessorTrigger(ADC_BASE,3);              //处理器触发采样序列
    while (!ADC_EndFlag);                         //等待采样结束
    ADC_EndFlag=false;                            //清除 ADC 采样结束标志
    ADCSequDataGet(ADC_BASE,3,&ulValue);          //读取 ADC 转换结果
    return(ulValue);
}

//显示芯片温度值
void tmpDisplay(unsigned long ulValue)
{
    unsigned long ulTmp;
    char cBuf[40];
    ulTmp=151040UL-225 * ulValue;
    sprintf(cBuf,"%ld.",ulTmp / 1024);
    uartPuts(cBuf);
    sprintf(cBuf,"%ld",(ulTmp % 1024) / 102);
    uartPuts(cBuf);
    uartPuts("℃\r\n");
}

int main(void)
{
    unsigned long ulValue;

    clockInit();                                  //时钟初始化 6MHz
    uartInit();                                   //UART 初始化
    adcInit();                                    //ADC 初始化
    SysTickInit();                                //系统节拍定时器初始化

    for (;;)
    {
        SysCtlSleep();                            //睡眠,减少耗电以降低温度
        ulValue=adcSample();                      //唤醒后 ADC 温度采样
        tmpDisplay(ulValue);                      //通过 UART 显示芯片温度值
        SysCtlDelay(1500 * (TheSysClock / 3000)); //延时约 1500ms
    }
}

//SysTick 计数器的中断服务函数
void SysTick_ISR(void)
{
    //仅用于唤醒 CPU,而不需要做其他事情
}
```

```
//ADC 采样序列 3 的中断
void ADC_Sequence_3_ISR(void)
{
    unsigned long ulStatus;
    ulStatus=ADCIntStatus(ADC_BASE,3,true);      //读取中断状态
    ADCIntClear(ADC_BASE,3);                      //清除中断状态,重要
    if (ulStatus !=0)                             //如果中断状态有效
    {
        ADC_EndFlag=true;                         //置位 ADC 采样结束标志
    }
}
```

代码分析:从主函数中可以看出,首先时钟初始化,串口输出初始化,ADC 采样初始化,系统节拍定时器初始化,在循环函数中使用 adcSample()函数实现 ADC 采样,此函数通过判断中断标志是否转换完,然后通过 ADCSequDataGet()进行数据读取。注意 ADC_Sequence_3_ISR()中断函数,这个函数必须在工程的起始代码程序中定义声明。初始化中必须配置的两个函数为采样配置函数 ADCSequConfig() 和采样步进设置函数 ADCSequStepConfig(),剩下的就是为中断开启的函数了。系统节拍定时器初始化的作用是唤醒处理器。

7.6.3 处理器触发多通道 ADC 采样实例

程序清单 7-3 给出了 ADC 多通道采样的用法。关键是 ADCSequStepConfig()这个函数的用法,每次只能对一个通道的采样进行配置,如果要对多个通道的采样进行配置,就要连续并列多个 ADCSequStepConfig()函数,并在配置最后一个采样时结束并触发中断。采样序列 SS0 可以支持 8 个采样,但具体哪一步对应哪个通道的采样可以由用户做出自由的安排。读取这一组采样结果时,仍然使用函数 ADCSequDataGet(),它能够一次性读取全部采样结果而不需要分多次调用,这就要求用于保存结果的缓冲区 ulVal[ ]定义的空间足够大,以避免溢出。

程序清单 7-3 ADC 例程:多通道采样

```
# include "systemInit. h"
# include "uartGetPut. h"
# include <adc. h>
# include <stdio. h>

# define ADCSequEnable          ADCSequenceEnable
# define ADCSequDisable         ADCSequenceDisable
# define ADCSequConfig          ADCSequenceConfigure
# define ADCSequStepConfig      ADCSequenceStepConfigure
# define ADCSequDataGet         ADCSequenceDataGet

tBoolean ADC_EndFlag=false;                      //定义 ADC 转换结束的标志

//ADC 初始化
void adcInit(void)
{
```

```
    SysCtlPeriEnable(SYSCTL_PERIPH_ADC);              //使能 ADC 模块
    SysCtlADCSpeedSet(SYSCTL_ADCSPEED_125KSPS);       //设置 ADC 采样率
    ADCSequDisable(ADC_BASE,0);                       //配置前先禁止采样序列

    //采样序列配置:ADC 基址,采样序列编号,触发事件,采样优先级
    ADCSequConfig(ADC_BASE,0,ADC_TRIGGER_PROCESSOR,0);

    //ADC 采样序列步进配置:ADC 基址,采样序列 0,步值,采样通道
    ADCSequStepConfig(ADC_BASE,0,0,ADC_CTL_CH0);      //第 0 步:采样 ADC0
    ADCSequStepConfig(ADC_BASE,0,1,ADC_CTL_CH1);      //第 1 步:采样 ADC1
    ADCSequStepConfig(ADC_BASE,0,2,ADC_CTL_CH2);      //第 2 步:采样 ADC2
    ADCSequStepConfig(ADC_BASE,0,3,ADC_CTL_CH3);      //第 3 步:采样 ADC3
    ADCSequStepConfig(ADC_BASE,0,4,ADC_CTL_CH4);      //第 4 步:采样 ADC4
    ADCSequStepConfig(ADC_BASE,0,5,ADC_CTL_CH5);      //第 5 步:采样 ADC5
    ADCSequStepConfig(ADC_BASE,0,6,ADC_CTL_CH6);      //第 6 步:采样 ADC6

    ADCSequStepConfig(ADC_BASE,0,7,ADC_CTL_CH7 |      //第 7 步:采样 ADC7 后
                                   ADC_CTL_END |      //结束,并
                                   ADC_CTL_IE);       //申请中断

    ADCIntEnable(ADC_BASE,0);                         //使能 ADC 中断
    IntEnable(INT_ADC0);                              //使能 ADC 采样序列中断
    IntMasterEnable();                                //使能处理器中断

    ADCSequEnable(ADC_BASE,0);                        //使能采样序列
}

//ADC 采样: * pulVal 保存采样结果
void adcSample(unsigned long * pulVal)
{
    ADCProcessorTrigger(ADC_BASE,0);                  //处理器触发采样序列
    while (!ADC_EndFlag);                             //等待采样结束
    ADC_EndFlag=false;                                //清除 ADC 采样结束标志
    ADCSequDataGet(ADC_BASE,0,pulVal);                //自动读取全部 ADC 结果
}

int main(void)
{
    unsigned long ulVal[8];
    char s[40];
    unsigned long i,v;
    clockInit();                                      //时钟初始化:PLL,20MHz
    uartInit();                                       //UART 初始化
    adcInit();                                        //ADC 初始化

    for (;;)
    {
        adcSample(ulVal);                             //ADC 采样
        for (i=0; i < 8; i++)
        {
            v=(ulVal[i] * 3000) / 1024;               //转换成电压值
```

```
        sprintf(s,"模拟量输出通道 ADC%d＝%d(mV)\r\n",i,v);  //采样值格式化为电压值
        uartPuts(s);                                       //通过 UART 输出电压值
    }

    uartPuts("\r\n");
    SysCtlDelay(1500 * (TheSysClock / 3000));              //延时约 1500ms
    }
}


//ADC 采样序列 0 的中断
void ADC_Sequence_0_ISR(void)
{
    unsigned long ulStatus;
    ulStatus＝ADCIntStatus(ADC_BASE,0,true);              //读取中断状态
    ADCIntClear(ADC_BASE,0);                               //清除中断状态,重要
    if (ulStatus !＝0)                                     //如果中断状态有效
    {
        ADC_EndFlag＝true;                                 //置位 ADC 采样结束标志
    }
}
```

代码分析：从主函数中可以看出，首先时钟初始化，串口输出初始化，ADC 采样初始化，在循环函数中使用 adcSample() 函数实现 ADC 采样，此函数通过判断中断标志是否转换完，然后通过 ADCSequDataGet() 进行数据读取。注意 ADC_Sequence_3_ISR() 中断函数，这个函数必须在工程的起始代码程序中定义声明。初始化中必须配置的两个函数为采样配置函数 ADCSequConfig() 和采样步进设置函数 ADCSequStepConfig()，剩下的就是为中断开启的函数了。注意这里采用 8 通道进行采样，ADC 采样序列步进配置：ADC 基址，采样序列 0，步值，采样通道有讲究，在采样 ADC7 后结束，并申请中断。

7.6.4　外部事件触发 ADC 采样实例

外部事件也能触发 ADC 采样。如果配置了 PB4 的中断，那么在实际触发 PB4 中断的同时还可以自动地触发 ADC 采样。如果也想让其他 GPIO 引脚触发中断，则只能在其中断服务函数里利用 ADCProcessorTrigger() 进行手工触发，而不是自动触发。

程序清单 7-4 演示了 PB4 产生中断并自动触发 ADC 采样的用法。当按下 KEY 时，会在 PB5 引脚产生一个短脉冲，如果用跳线短接 PB5 到 PB4，则会引起一次 PB4 中断。在 PB4 的中断服务函数里并没有做任何实际的动作，仅用来自动地触发 ADC 采样。

程序清单 7-4　ADC 例程：PB4 中断触发采样

```
# include "systemInit.h"
# include "uartGetPut.h"
# include <adc.h>
# include <stdio.h>



# define ADCSequEnable       ADCSequenceEnable
# define ADCSequDisable      ADCSequenceDisable
```

```
# define ADCSequConfig              ADCSequenceConfigure
# define ADCSequStepConfig          ADCSequenceStepConfigure
# define ADCSequDataGet             ADCSequenceDataGet


//定义 KEY
# define KEY_PERIPH                 SYSCTL_PERIPH_GPIOD
# define KEY_PORT                   GPIO_PORTD_BASE
# define KEY_PIN                    GPIO_PIN_1

tBoolean ADC_EndFlag=false;                              //定义 ADC 转换结束的标志

//ADC 外部事件触发初始化(硬件电路上要短接 PB4 与 PB5)
void adcExtTrigInit(void)
{
    SysCtlPeriEnable(KEY_PERIPH);                        //使能 KEY 所在的 GPIO 端口
    GPIOPinTypeIn(KEY_PORT,KEY_PIN);                     //设置 KEY 所在引脚为输入

    SysCtlPeriEnable(SYSCTL_PERIPH_GPIOB);               //使能 GPIOB 端口
    GPIOPinTypeOut(GPIO_PORTB_BASE,GPIO_PIN_5);          //设置 PB5 引脚为输出
    GPIOPinWrite(GPIO_PORTB_BASE,GPIO_PIN_5,0x00);       //PB5=0
    GPIOPinTypeIn(GPIO_PORTB_BASE,GPIO_PIN_4);           //设置 PB4 引脚为输入
    GPIOIntTypeSet(GPIO_PORTB_BASE,                      //设置 PB4 的中断类型
                   GPIO_PIN_4,
                   GPIO_FALLING_EDGE);

    GPIOPinIntEnable(GPIO_PORTB_BASE,GPIO_PIN_4);        //使能 PB4 引脚中断
    IntEnable(INT_GPIOB);                                //使能 GPIOB 端口中断
}


//等待按键
void keyWait(void)
{
    while (GPIOPinRead(KEY_PORT,KEY_PIN));               //等待 KEY 按下
    SysCtlDelay(10 * (TheSysClock / 3000));              //延时,以消除按键抖动
    while (!GPIOPinRead(KEY_PORT,KEY_PIN));              //等待 KEY 抬起
    SysCtlDelay(10 * (TheSysClock / 3000));              //延时,以消除松键抖动
}


//产生一个短脉冲(PB5 引脚)
void pulseGen(void)
{
    GPIOPinWrite(GPIO_PORTB_BASE,GPIO_PIN_5,0xFF);
    SysCtlDelay(1 * (TheSysClock / 3000));
    GPIOPinWrite(GPIO_PORTB_BASE,GPIO_PIN_5,0x00);
}


//ADC 初始化
void adcInit(void)
{
    SysCtlPeriEnable(SYSCTL_PERIPH_ADC);                 //使能 ADC 模块
```

```
    SysCtlADCSpeedSet(SYSCTL_ADCSPEED_125KSPS);          //设置 ADC 采样率
    ADCSequDisable(ADC_BASE,0);                          //配置前先禁止采样序列

    //采样序列配置: ADC 基址,采样序列编号,触发事件,采样优先级
    ADCSequConfig(ADC_BASE,0,ADC_TRIGGER_EXTERNAL,0);
    //采样步进设置: ADC 基址,采样序列编号,步值,通道设置
    ADCSequStepConfig(ADC_BASE,0,0,ADC_CTL_CH0 |
                                   ADC_CTL_END |
                                   ADC_CTL_IE);

    ADCIntEnable(ADC_BASE,0);                            //使能 ADC 中断
    IntEnable(INT_ADC0);                                 //使能 ADC 采样序列中断
    ADCSequEnable(ADC_BASE,0);                           //使能采样序列
}


//ADC 采样
unsigned long adcSample(void)
{
    unsigned long ulValue;
    while (!ADC_EndFlag);                                //等待采样结束
    ADC_EndFlag=false;                                   //清除 ADC 采样结束标志
    ADCSequDataGet(ADC_BASE,0,&ulValue);                 //读取 ADC 转换结果
    return(ulValue);
}


//主函数(程序入口)
int main(void)
{
    unsigned long ulValue;
    char cBuf[30];

    clockInit();                                         //时钟初始化: PLL,20MHz
    uartInit();                                          //UART 初始化
    adcExtTrigInit();                                    //ADC 外部事件触发初始化
    adcInit();                                           //ADC 初始化
    IntMasterEnable();                                   //使能处理器中断

    for (;;)
    {
        keyWait();                                       //等待按键
        pulseGen();                                      //产生 PB5 到 PB4 的触发脉冲
        ulValue=adcSample();                             //ADC 采样
        ulValue=(ulValue * 3000) / 1024;                 //转换成电压值
        sprintf(cBuf,"ADC0= %ld(mV)\r\n",ulValue);       //采样值格式化为电压值
        uartPuts(cBuf);                                  //通过 UART 输出电压值
    }
}


//GPIOB 的中断服务函数
```

```
void GPIO_Port_B_ISR(void)
{
    unsigned long ulStatus;
    ulStatus=GPIOPinIntStatus(GPIO_PORTB_BASE,true);      //读取中断状态
    GPIOPinIntClear(GPIO_PORTB_BASE,ulStatus);            //清除中断状态,重要
    if (ulStatus & GPIO_PIN_4)                            //如果 PB4 的中断状态有效
    {
    }
}

//ADC 采样序列 0 的中断
void ADC_Sequence_0_ISR(void)
{
    unsigned long ulStatus;
    ulStatus=ADCIntStatus(ADC_BASE,0,true);              //读取中断状态
    ADCIntClear(ADC_BASE,0);                             //清除中断状态,重要
    if (ulStatus !=0)                                    //如果中断状态有效
    {
        ADC_EndFlag=true;                               //置位 ADC 采样结束标志
    }
}
```

代码分析：从主函数中可以看出，首先时钟初始化，串口输出初始化，外部触发中断初始化，ADC 采样初始化，打开处理器中断。在循环函数中等待 PB4 按键按下，通过 PB5 产生一个短脉冲，然后使用 adcSample()函数实现 ADC 采样，此函数通过判断中断标志是否转换完，然后通过 ADCSequDataGet()进行数据读取。注意 ADC_Sequence_0_ISR()中断函数，这个函数必须在工程的起始代码程序中定义声明。初始化中必须配置的两个函数为采样配置函数 ADCSequConfig()和采样步进设置函数 ADCSequStepConfig()，剩下的就是为中断开启的函数了，采样配置函数的触发事件定义 ADC_TRIGGER_EXTERNAL。这里采用两个中断函数一个是 ADC_Sequence_0_ISR()，一个是 GPIO_Port_B_ISR()。

7.6.5 定时器溢出触发 ADC 采样实例

定时器（Timer）溢出事件也能用来触发 ADC 采样。程序清单 7-5 展示了这种用法。

注意：Timer0～2 在溢出时触发 ADC 采样的功能是正常的，但 Timer3 在 32 位定时器模式下可能不会触发 ADC 采样，用户在实际应用时要注意。

程序清单 7-5　ADC 例程：定时器溢出触发采样

```
# include "systemInit.h"
# include "uartGetPut.h"
# include <timer.h>
# include <adc.h>
# include <stdio.h>

# define ADCSequEnable          ADCSequenceEnable
# define ADCSequDisable         ADCSequenceDisable
# define ADCSequConfig          ADCSequenceConfigure
# define ADCSequStepConfig      ADCSequenceStepConfigure
```

```
#define ADCSequDataGet          ADCSequenceDataGet

tBoolean ADC_EndFlag=false;                              //定义 ADC 转换结束的标志

//Timer 初始化
void timerInit(void)
{
    SysCtlPeriEnable(SYSCTL_PERIPH_TIMER2);              //使能 Timer 模块
    TimerConfigure(TIMER2_BASE, TIMER_CFG_32_BIT_PER);
                                                         //配置 Timer 为 32 位周期定时
    TimerControlTrigger(TIMER2_BASE, TIMER_A, true);     //使能内部触发脉冲的产生
    TimerControlStall(TIMER2_BASE, TIMER_A, true);       //调试时暂停计数(必要!)
    TimerLoadSet(TIMER2_BASE, TIMER_A, 20000000UL);      //设置 Timer 初值
    TimerEnable(TIMER2_BASE, TIMER_A);                   //使能 Timer 计数
}


//ADC 初始化
void adcInit(void)
{
    SysCtlPeriEnable(SYSCTL_PERIPH_ADC);                 //使能 ADC 模块
    SysCtlADCSpeedSet(SYSCTL_ADCSPEED_125KSPS);          //设置 ADC 采样率
    ADCSequDisable(ADC_BASE, 0);                         //禁止采样序列

    //采样序列配置: ADC 基址, 采样序列 0, 定时器触发, 采样优先级 0
    ADCSequConfig(ADC_BASE, 0, ADC_TRIGGER_TIMER, 0);
    //采样步进设置: ADC 基址, 采样序列 0, 步值 0, 采样 ADC0 后停止并申请中断
    ADCSequStepConfig(ADC_BASE, 0, 0, ADC_CTL_CH0 |
                                     ADC_CTL_END |
                                     ADC_CTL_IE);

    ADCIntEnable(ADC_BASE, 0);                           //使能 ADC 中断
    IntEnable(INT_ADC0);                                 //使能 ADC 采样序列中断
    IntMasterEnable();                                   //使能处理器中断
    ADCSequEnable(ADC_BASE, 0);                          //使能采样序列
}


//ADC 采样
unsigned long adcSample(void)
{
    unsigned long ulValue;
    while (!ADC_EndFlag);                                //等待采样结束
    ADC_EndFlag=false;                                   //清除 ADC 采样结束标志
    ADCSequDataGet(ADC_BASE, 0, &ulValue);              //读取 ADC 转换结果
    return(ulValue);
}


//主函数(程序入口)
int main(void)
{
    unsigned long ulVal;
    char s[40];
```

```
    clockInit();                                    //时钟初始化: PLL,20MHz
    uartInit();                                     //UART 初始化
    adcInit();                                      //ADC 初始化
    timerInit();                                    //定时器初始化

    for (;;)
    {
        ulVal=adcSample();                          //ADC 采样
        ulVal=(ulVal * 3000) / 1024;                //转换成电压值
        sprintf(s,"ADC0=%ld(mV)\r\n",ulVal);        //采样值格式化为电压值
        uartPuts(s);                                //通过 UART 输出电压值
    }
}

//ADC 采样序列 0 的中断
void ADC_Sequence_0_ISR(void)
{
    unsigned long ulStatus;
    ulStatus=ADCIntStatus(ADC_BASE,0,true);         //读取中断状态
    ADCIntClear(ADC_BASE,0);                        //清除中断状态,重要
    if (ulStatus !=0)                               //如果中断状态有效
    {
        ADC_EndFlag=true;                           //置位 ADC 采样结束标志
    }
}
```

代码分析:从主函数中可以看出,首先时钟初始化,串口输出初始化,定时器初始化,ADC 采样初始化。在循环函数中使用 adcSample()函数实现 ADC 采样,此函数通过判断中断标志是否转换完,然后通过 ADCSequDataGet()进行数据读取。注意 ADC_Sequence_0_ISR()中断函数,这个函数必须在工程的起始代码程序中定义声明。初始化中必须配置的两个函数为采样配置函数 ADCSequConfig()和采样步进设置函数 ADCSequStepConfig(),剩下的就是为中断开启的函数,采样配置函数的触发事件定义 ADC_TRIGGER_TIMER。

7.6.6　模拟比较器触发 ADC 采样实例

模拟比较器(COMP)也可以用于触发 ADC 采样。模拟比较器在大多数情况下是用来监控一个"罕见"模拟事件的,一旦比较结果发生改变则可以用来触发 ADC 采样。

程序清单 7-6 演示了这种用法。在调试该例程时,可以把音频电位器的输出同时接到 ADC 输入引脚和模拟比较器的反相输入端,而同相输入端可以配置为连接到内部参考源。当旋动电位器达到一个特性位置时,模拟比较器输出发生改变,触发 ADC 采样,于是会把这个特性转变为电压记录下来,并送到 UART 输出。

程序清单 7-6　ADC 例程:模拟比较器触发 ADC 采样

```
# include "systemInit.h"
# include "uartGetPut.h"
# include <comp.h>
```

```
#include <adc.h>
#include <stdio.h>
#define PART_LM3S8938
#include <pin_map.h>
```

//将较长的标识符定义成较短的形式
```
#define GPIOPinTypeComp        GPIOPinTypeComparator
#define CompConfig             ComparatorConfigure
#define CompRefSet             ComparatorRefSet
#define ADCSequEnable          ADCSequenceEnable
#define ADCSequDisable         ADCSequenceDisable
#define ADCSequConfig          ADCSequenceConfigure
#define ADCSequStepConfig      ADCSequenceStepConfigure
#define ADCSequDataGet         ADCSequenceDataGet
```

```
tBoolean ADC_EndFlag=false;                              //定义 ADC 转换结束的标志
```

//模拟比较器初始化
```
void compInit(void)
{
    SysCtlPeriEnable(SYSCTL_PERIPH_COMP1);               //使能 COMP 模块
    SysCtlPeriEnable(C1_MINUS_PERIPH);                   //使能反相输入所在的 GPIO
    GPIOPinTypeComp(C1_MINUS_PORT,C1_MINUS_PIN);        //配置相关引脚为 COMP 功能
    CompRefSet(COMP_BASE,COMP_REF_1_65V);               //配置内部参考电压
    //模拟比较器配置
    CompConfig(COMP_BASE,1,COMP_TRIG_FALL |             //输出触发 ADC 采样
                    COMP_ASRCP_REF |                     //选择内部参考源
                    COMP_OUTPUT_NORMAL);                 //输出正常
}
```

//ADC 初始化
```
void adcInit(void)
{
    SysCtlPeriEnable(SYSCTL_PERIPH_ADC);                 //使能 ADC 模块
    SysCtlADCSpeedSet(SYSCTL_ADCSPEED_125KSPS);          //设置 ADC 采样速率
    ADCSequDisable(ADC_BASE,0);                          //配置前先禁止采样序列
    //采样序列配置：ADC 基址,采样序列编号,触发事件,采样优先级
    ADCSequConfig(ADC_BASE,0,ADC_TRIGGER_COMP1,0);
    //采样步进设置：ADC 基址,采样序列编号,步值,通道设置
    ADCSequStepConfig(ADC_BASE,0,0,ADC_CTL_CH0 |
                    ADC_CTL_END |
                    ADC_CTL_IE);

    ADCIntEnable(ADC_BASE,0);                            //使能 ADC 中断
    IntEnable(INT_ADC0);                                 //使能 ADC 采样序列中断
    IntMasterEnable();                                   //使能处理器中断
    ADCSequEnable(ADC_BASE,0);                           //使能采样序列
}
```

//ADC 采样
```
unsigned long adcSample(void)
```

```
    {
        unsigned long ulValue;
        while (!ADC_EndFlag);                        //等待采样结束
        ADC_EndFlag=false;                           //清除 ADC 采样结束标志
        ADCSequDataGet(ADC_BASE,0,&ulValue);         //读取 ADC 转换结果
        return(ulValue);
    }


    //主函数(程序入口)
    int main(void)
    {
        unsigned long ulVal;
        char cBuf[30];
        clockInit();                                 //时钟初始化：PLL,20MHz
        uartInit();                                  //UART 初始化
        compInit();                                  //模拟比较器初始化
        adcInit();                                   //ADC 初始化

        for (;;)
        {
            ulVal=adcSample();                       //ADC 采样
            ulVal=(ulVal * 3000) / 1024;             //转换成电压值
            sprintf(cBuf,"ADC0=%ld(mV)\r\n",ulVal);  //输出格式化
            uartPuts(cBuf);                          //通过 UART 显示结果
            SysCtlDelay(1500 * (TheSysClock / 3000));//延时约 1500ms
        }
    }
    //ADC 采样序列 0 的中断
    void ADC_Sequence_0_ISR(void)
    {
        unsigned long ulStatus;
        ulStatus=ADCIntStatus(ADC_BASE,0,true);      //读取中断状态
        ADCIntClear(ADC_BASE,0);                     //清除中断状态,重要
        if (ulStatus !=0)                            //如果中断状态有效
        {
            ADC_EndFlag=true;                        //置位 ADC 采样结束标志
        }
    }
```

代码分析：从主函数中可以看出，首先时钟初始化，串口输出初始化，模拟比较器初始化，ADC 采样初始化。在循环函数中使用 adcSample()函数实现 ADC 采样，此函数通过判断中断标志是否转换完，然后通过 ADCSequDataGet()进行数据读取。注意 ADC_Sequence_0_ISR()中断函数，这个函数必须在工程的起始代码程序中定义声明。初始化中必须配置的两个函数为采样配置函数 ADCSequConfig()和采样步进设置函数 ADCSequStepConfig()，剩下的就是为中断开启的函数了，采样配置函数的触发事件定义 ADC_TRIGGER_COMP1。

7.6.7　差分输入 ADC 采样实例

能够支持差分输入采样是 Stellaris 系列 ADC 模块的一个特色，采样结果仅取决于两个

输入引脚之间的电压差值,而与它们相对于 GNDA 的共模电压无关。在差分模式下 ADC0～ADC7 这 8 个输入引脚可以组成 4 个差分输入对,差分对 0 对应 ADC0/ADC1,差分对 1 对应 ADC2/ADC3,以此类推。差分采样和单端采样是可以并存的,例如当 ADC2/ADC3 配置为差分模式时,其他 6 个输入通道仍然可以配置为独立的单端模式。

图 7-9 为 ADC 差分输入采样的测试电路示意图。ADC2 和 ADC3 组成差分输入对,电位器输出电压送到 ADC2,在这里把 ADC3 作为一个参考,用分压电阻 R_2 和 R_3 提供固定的 1.5V 电压输入(说明:在实际应用当中,ADC3 当然也可以是像 ADC2 那样变动的,并非一定要固定)。

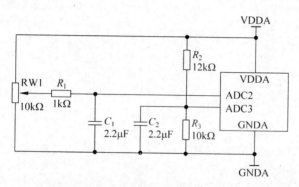

图 7-9　ADC 差分采样测试电路

程序清单 7-7 演示了 ADC 差分输入采样的用法。跟单端应用不同的是,要把 10 位采样结果看成是有符号数,如果 ADC2 的电压高于 ADC3 则结果是正值,低于 ADC3 则结果是负值,相等就是 0。程序的运行结果仍然通过 UART 输出,当旋动电位器 RW1 时,会显示出正的电压或负的电压差值。读者可以将万用表切换到 DC 电压挡,红黑表笔分别点在 ADC2 和 ADC3 上,与 UART 输出的结果进行对照。

程序清单 7-7　　ADC 例程:差分输入采样

```
# include "systemInit.h"
# include "uartGetPut.h"
# include <adc.h>
# include <stdio.h>

# define ADCSequEnable          ADCSequenceEnable
# define ADCSequDisable         ADCSequenceDisable
# define ADCSequConfig          ADCSequenceConfigure
# define ADCSequStepConfig      ADCSequenceStepConfigure
# define ADCSequDataGet         ADCSequenceDataGet

tBoolean ADC_EndFlag=false;                            //定义 ADC 转换结束的标志

//ADC 初始化
void adcInit(void)
{
    SysCtlPeriEnable(SYSCTL_PERIPH_ADC);               //使能 ADC 模块
    SysCtlADCSpeedSet(SYSCTL_ADCSPEED_125KSPS);       //设置 ADC 采样速率
```

```
        ADCSequDisable(ADC_BASE,0);                    //配置前先禁止采样序列
        //采样序列配置: ADC 基址,采样序列编号,触发事件,采样优先级
        ADCSequConfig(ADC_BASE,0,ADC_TRIGGER_PROCESSOR,0);
        //采样步进设置: ADC 基址,采样序列编号,步值,通道设置
        ADCSequStepConfig(ADC_BASE,0,0,ADC_CTL_D |      //差分输入采样
                                   ADC_CTL_CH1 |        //差分通道 1: ADC2 和 ADC3
                                   ADC_CTL_END |
                                   ADC_CTL_IE);
        ADCIntEnable(ADC_BASE,0);                       //使能 ADC 中断
        IntEnable(INT_ADC0);                            //使能 ADC 采样序列中断
        IntMasterEnable();                              //使能处理器中断
        ADCSequEnable(ADC_BASE,0);                      //使能采样序列
}


//ADC 采样
unsigned long adcSample(void)
{
        unsigned long ulValue;
        ADCProcessorTrigger(ADC_BASE,0);               //处理器触发采样序列
        while (!ADC_EndFlag);                          //等待采样结束
        ADC_EndFlag=false;                             //清除 ADC 采样结束标志
        ADCSequDataGet(ADC_BASE,0,&ulValue);           //读取 ADC 转换结果
        return(ulValue);
}


//主函数(程序入口)
int main(void)
{
        int iVal;
        char cBuf[30];
        clockInit();                                   //时钟初始化: 6MHz
        uartInit();                                    //UART 初始化
        adcInit();                                     //ADC 初始化
        for (;;)
        {
            iVal=adcSample();                          //ADC 采样
            iVal=iVal-0x1FF;                           //转换成差分数值
            iVal=(iVal * 3000) / 1024;                 //转换成电压值
            sprintf(cBuf,"ADC0=%d(mV)\r\n",iVal);      //输出格式化
            uartPuts(cBuf);                            //通过 UART 显示结果
            SysCtlDelay(1500 * (TheSysClock / 3000));  //延时约 1500ms
        }
}


//ADC 采样序列 0 的中断
void ADC_Sequence_0_ISR(void)
{
        unsigned long ulStatus;
        ulStatus=ADCIntStatus(ADC_BASE,0,true);        //读取中断状态
        ADCIntClear(ADC_BASE,0);                       //清除中断状态,重要
```

```
    if (ulStatus !=0)                                   //如果中断状态有效
    {
        ADC_EndFlag=true;                               //置位 ADC 采样结束标志
    }
}
```

代码分析：在 ADCSequStepConfig() 函数中设置差分采样。其他地方与处理器触发采样一致。

小　结

本章介绍了嵌入式技术中模拟量的采集的 A/D 采样，首先介绍了 Cortex-M3 内核集成的 A/D 的特性和功能，然后介绍了 ADC 使用过程中注意的事项，接下来列出了 ADC 的常用库函数，其次列举了几个 ADC 采样的例子，包括 ADC 单通道触发采样、多通道采样、内部温度传感器采样、定时器触发采样和外部触发采样等。

思　考　题

一、填空题

1. LM3S 的 ADC 模块是属于_____ A/D 转换器。最大转换频率为_____。工作时采用_____方式使一次可以完成多路模拟量的采集。

2. 转换器采用内部的参考电压为_____。

3. LM3S 的 ADC 模块灵活的触发控制可以是 _____、_____、_____、_____、_____等。

4. Stellaris 系 ARM 的 ADC 通过使用一种_____方法来收集采样数据，取代了传统 ADC 模块使用的单次采样或双采样的方法。

5. 采样控制和数据捕获由采样序列发生器(Sample Sequencer)进行处理。所有序列发生器的实现方法都相同，不同的只是各自可以_____和_____。

二、简答题

1. 简述 Stellaris 系列 ARM 的 ADC 转换器的主要指标及特性。

2. 利用库函数编写处理器触发单路 ADC 采样程序。

3. 利用寄存器定义读取的方式编写处理器触发单路 ADC 采样程序。

4. 简述 ADC 采样电路电源设计中应注意的问题。

5. 简述 ADC 采样电路中输入端电路设计应注意的问题。

6. 简述 ADC 过采样的原理及实现方法。

7. 利用 ADC 过采样技术编写 12 位精度的 ADC 采样程序。

8. 为了更好地发挥 Stellaris 系列的 10 位 ADC 特性，一般在电路中应做哪些处理？

9. 采用函数 ADCSequStepConfig() 对 ADC 采样序列步进进行配置，要求：ADC 基址，采样序列 2，步值 0，采样 ADC0 输入后结束并申请中断。

10. 采用函数 ADCSequStepConfig( )对 ADC 采样序列步进进行配置,要求:ADC 基址,采样序列 3,步值 0,采样温度传感器后结束并申请中断。

11. 采用函数 ADCSequStepConfig( )对 ADC 采样序列步进进行配置,要求:ADC 基址,采样序列 1,步值 1,差分采样 ADC2/ADC3 输入后结束并申请中断。

12. Stellaris 系 ARM 的 ADC 通过使用一种基于序列(Sequence Based)的可编程方法来收集采样数据,请解析何为基于序列的采集方法。

13. 简述 ADC 采样优先级设置方法。

14. 阐述硬件过采样和软件过采样的区别,并指出其调用函数。

15. 采用函数 ADCSequenceConfigure( )对 ADC 采样序列配置进行配置:ADC 基址,采样序列 0,处理器触发,优先级 0。

16. 采用函数 ADCSequenceConfigure( )对 ADC 采样序列配置进行配置:ADC 基址,采样序列 1,定时器触发,优先级 2。

17. 采用函数 ADCSequenceConfigure( )对 ADC 采样序列配置进行配置:ADC 基址,采样序列 2,外部事件(PB5 中断)触发,优先级 3。

18. 采用函数 ADCSequenceConfigure( )对 ADC 采样序列配置进行配置:ADC 基址,采样序列 3,模拟比较器 0 事件触发,优先级 1。

19. 编写程序实现将开发板上的 A/D 模块采集到的电压数据用串行通信口送到 PC,PC 通过串口调式精灵或超级终端观看数据。

20. 简述采样序列发生器的功能。

第8章 脉冲宽度调制及模拟比较器

脉宽调制控制技术以其控制简单、灵活和动态响应好的优点而成为电力电子技术最广泛应用的控制技术，Stellaris 系列 ARM 将 PWM 模块集成到片内，使得该系列芯片在电力电子领域的应用更加广泛。而模拟比较器用于电力电子的实时保护等方面非常重要，将模拟比较器集成在片内，也是 Stellaris 系列 ARM 的一大特点。

8.1 脉冲宽度调制

8.1.1 PWM 总体特性

1. PWM 简介

脉冲宽度调制(Pulse Width Modulation，PWM)，也简称为脉宽调制，是一项功能强大的技术，它是一种对模拟信号电平进行数字化编码的方法。在脉宽调制中使用高分辨率计数器来产生方波，并且可以通过调整方波的占空比来对模拟信号电平进行编码。PWM 通常使用在开关电源和电机控制中。

Stellaris 系列 ARM 提供 4 个 PWM 发生器模块和 1 个控制模块。每个 PWM 发生器模块包含 1 个定时器(16 位递减或先递增后递减计数器)、2 个 PWM 比较器、1 个 PWM 信号发生器、1 个死区发生器以及 1 个中断/ADC 触发选择器。而控制模块决定了 PWM 信号的极性以及将哪个信号传递到引脚，如图 8-1 所示。

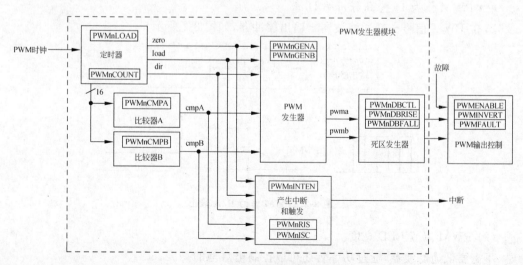

图 8-1　PWM 的控制器结构图

　　PWM 发生器模块产生两个 PWM 信号,这两个 PWM 信号可以是独立的信号(基于同一定时器因而频率相同的独立信号除外),也可以是一对插入了死区延迟的互补(Complementary)信号。这些 PWM 发生器模块的输出信号在传递到器件引脚之前由输出控制模块管理。

　　Stellaris 系列处理器的 PWM 模块具有极大的灵活性。它可以产生简单的 PWM 信号,如简易充电泵需要的信号;也可以产生带死区延迟的成对 PWM 信号,如半—H 桥驱动电路使用的信号。3 个发生器模块也可产生 3 相反相器桥所需的完整 6 通道门控。

　　注意:每个 PWM 模块控制 2 个 PWM 输出引脚。

　　2. Stellaris 系列 ARM 的 PWM 特性
- 4 个 PWM 发生器,产生 8 路 PWM 信号;
- 灵活的 PWM 产生方法;
- 自带死区发生器;
- 灵活可控的输出控制模块;
- 安全可靠的错误检测保护功能;
- 丰富的中断机制和 ADC 触发。

8.1.2　PWM 功能概述

　　PWM 模块每个 PWM 发生器都有一个 16 位定时器和两个比较器,可以产生两路 PWM。在 PWM 发生器运作时,定时器在不断计数并和两个比较器的值进行比较,可以在和比较器相等时或者定时器计数值为零,或者为装载值时对输出的 PWM 产生影响。在使能 PWM 发生器之前,配置好定时器的计数速度、计数方式、定时器的转载值、两个比较器的值以及 PWM 受什么事件的影响、有什么影响后,就可以产生许多复杂的 PWM 波形(配置过程见本文后面章节介绍)。

　　Stellaris 系列 ARM 提供的 PWM 模块功能非常强大,可以应用于众多方面。

　　(1) PWM 作为 16 位高分辨率 D/A。

　　16 位 PWM 信号＋低通滤波器＋输出缓冲器,如图 8-2 所示。

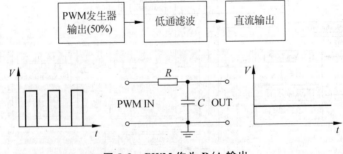

图 8-2　PWM 作为 D/A 输出

　　(2) PWM 调节 LED 亮度。

　　不需要低通滤波器,通过功率管还可以控制电灯泡的亮度。

　　(3) PWM 演奏乐曲、语音播放。

　　PWM 方波可直接用于乐曲演奏。作为 D/A 经功放电路可播放语音。

（4）PWM 控制电机。

① 直流电机；

② 交流电机；

③ 步进电机，如图 8-3 所示的各类电机。

直流电机　　　　　　　　　交流电机　　　　　　　　步进电机

图 8-3　各类电机

1. PWM 定时器

每个 PWM 定时器有两种工作模式：递减计数模式或先递增后递减计数模式。在递减计数模式中，定时器从装载值开始计数，计数到零时又返回到装载值并继续递减计数。在先递增后递减计数模式中，定时器从 0 开始往上计数，一直计数到装载值，然后从装载值递减到零，接着再递增到装载值，依此类推。通常，递减计数模式是用来产生左对齐或右对齐的 PWM 信号，而先递增后递减计数模式是用来产生中心对齐的 PWM 信号。

PWM 定时器输出 3 个信号，分别为 Dir、Load 和 Zero，这些信号在生成 PWM 信号的过程中使用。一个是方向信号 Dir（在递减计数模式中，该信号始终为低电平，在先递增后递减计数模式中，则是在高低电平之间切换）。另外两个信号为零脉冲 Zero 和装载脉冲 Load。当计数器计数值为 0 时，零脉冲信号发出一个宽度等于时钟周期的高电平脉冲；当计数器计数值等于装载值时，装载脉冲也发出一个宽度等于时钟周期的高电平脉冲。

注：在递减计数模式中，零脉冲之后紧跟着一个装载脉冲。

2. PWM 比较器

PWM 发生器含两个比较器，用于监控计数器的值。当比较器的值与计数器的值相等时，比较器输出宽度为单时钟周期的高电平脉冲。在先递增后递减计数模式中，比较器在递增和递减计数时都要进行比较，因此必须通过计数器的方向信号来限定。这些限定脉冲在生成 PWM 信号的过程中使用。如果任一比较器的值大于计数器的装载值，则该比较器永远不会输出高电平脉冲。

下面是两种常见的波形产生过程：图 8-4 是产生左对齐的两路 PWM 的波形图，产生的两路 PWMA 和 PWMB 为左对齐的一对 PWM 波形。

图 8-5 是产生一对中心对齐的 PWM 的波形图，这时定时器的计数模式是先递增后递减计数模式。

注：左对齐的 PWM 方波实际上也可以理解为右对齐。

3. PWM 信号发生器

PWM 发生器捕获这些脉冲（由方向信号来限定），并产生两个 PWM 信号。在递减计数模式中，能够影响 PWM 信号的事件有 4 个：零、装载、匹配 A 递减和匹配 B 递减。在先递增后递减计数模式中，能够影响 PWM 信号的事件有 6 个：零、装载、匹配 A 递减、匹配 A

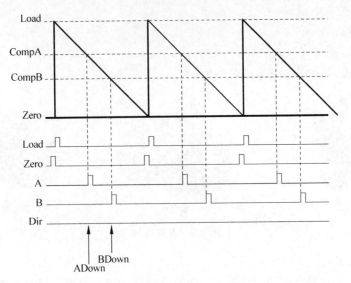

图 8-4　左对齐 PWM 的产生

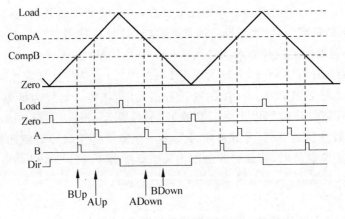

图 8-5　中心对齐 PWM 的产生

递增、匹配 B 递减和匹配 B 递增。当匹配 A 或匹配 B 事件与零或装载事件重合时,它们可以被忽略。如果匹配 A 与匹配 B 事件重合,则第一个信号 PWMA 只根据匹配 A 事件生成,第二个信号 PWMB 只根据匹配 B 事件生成。

　　各个事件在 PWM 输出信号上的影响都是可编程的:可以保留(忽略该事件),可以翻转,可以驱动为低电平,或驱动为高电平。这些动作可用来产生一对不同位置和不同占空比的 PWM 信号,这对信号可以重叠或不重叠。图 8-6 就是在先递增后递减计数模式产生的一对中心对齐、含不同占空比的重叠 PWM 信号。

　　在该示例中,第一个 PWM 发生器设置为在出现匹配 A 递增事件时驱动为高电平,出现匹配 A 递减事件时驱动为低电平,并忽略其他 4 个事件。第二个发生器设置为在出现匹配 B 递增事件时驱动为高电平,出现匹配 B 递减事件时驱动为低电平,并忽略其他 4 个事件。改变比较器 A 的值可改变 PWMA 信号的占空比,改变比较器 B 的值可改变 PWMB 信号的占空比。

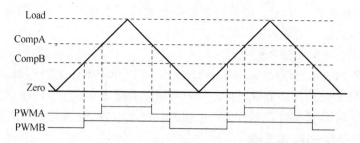

图 8-6　在先递增后递减计数模式中产生 PWM 信号

4. 死区发生器

从 PWM 发生器产生的两个 PWM 信号被传递到死区发生器。如果死区发生器禁能，则 PWM 信号只是简单地通过该模块，而不会发生改变。如果死区发生器使能，则丢弃第二个 PWM 信号，并在第一个 PWM 信号基础上产生两个 PWM 信号。第一个输出 PWM 信号为带上升沿延迟的输入信号，延迟时间可编程。第二个输出 PWM 信号为输入信号的反相信号，在输入信号的下降沿和这个新信号的上升沿之间增加了可编程的延迟时间。对电机应用来讲，延迟时间一般仅需要几百纳秒到几微秒。

PWMA 和 PWMB 是一对高电平有效的信号，并且其中一个信号总是为高电平。但在跳变处的那段可编程延迟时间除外，都为低电平。这样这两个信号便可用来驱动半—H 桥，又由于它们带有死区延迟，因而还可以避免冲过电流（Shoot Through Current）破坏电力电子管，如图 8-7 所示。

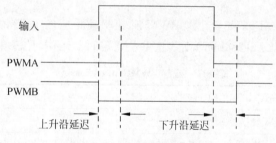

图 8-7　PWM 死区发生器

5. 输出控制模块

PWM 发生器模块产生的是两个原始的 PWM 信号，输出控制模块在 PWM 信号进入芯片引脚之前要对其最后的状态进行控制。输出控制模块主要有 3 项功能：

（1）输出使能，只有被使能的 PWM 信号才能反映到芯片引脚上；

（2）输出反相控制，如果使能，则 PWM 信号输出到引脚时会 180°反相；

（3）故障控制，外部传感器检测到系统故障时能够直接禁止 PWM 输出。

6. PWM 故障检测

LM3S 系列单片机的 PWM 功能常用于对电机等大功率设备的控制。大功率设备往往也是具有一定危险性的设备，如电梯系统。如果系统意外产生某种故障，应当立即使电机停止运行（即令 PWM 输出无效），以避免其长时间处于危险的运行状态。

LM3S 系列单片机专门提供了一个故障检测输入引脚 Fault。输入 Fault 的信号来自监测系统运行状态的传感器。从 Fault 引脚输入的信号不会经过处理器内核，而是直接送

至 PWM 模块的输出控制单元。即使处理器内核忙碌甚至死机,Fault 信号照样可以关闭
PWM 信号输出,这极大地增强了系统的安全性。

7. 中断/ADC 触发控制单元

5 种信号(Zero、Load、Dir、CompA 和 CompB)可以使 PWM 触发中断,或者触发 ADC
转换,使对 PWM 模块的控制非常灵活。用户可以选择这些时间中的一个或者一组作为中
断源,只要其中一个所选事件发生就会产生中断。此外可以选择相同事件、不同事件、同组
事件和不同事件作为 ADC 触发源。

8.1.3　PWM 库函数

1. PWM 发生器配置与控制

函数 PWMGenConfigure()对指定的 PWM 发生器模式进行设置,包括定时器的计数
模式、同步模式、调试下的行为以及故障模式的设置。调用该函数后,完成这些配置,PWM
发生器仍然处于禁止状态,还没有开始运行。注意在调用这个函数改变了定时器的计时模
式时,必须要重新调用 PWMGenPeriodSet()和 PWMPulseWidthSet()函数,对 PWM 的周
期和占空比进行设置。

函数 PWMGenPeriodSet()设定指定的 PWM 发生器的周期,数值的大小为 PWM 时钟
的节拍个数。每次调用该函数,都会对之前的值进行覆盖重写。

函数 PWMPulseWidthSet()设定指定的 PWM 发生器的占空比,数值的大小也是
PWM 时钟的节拍个数,这个数值不能大于 PWMGenPeriodSet()里设置的值,也就是占空
比不能大于 100%。

调用函数 PWMGenEnable()允许 PWM 时钟驱动相应的 PWM 发送器的定时器开始
运作。反之函数 PWMGenDisable()则禁止 PWM 定时器运作,见表 8-1～表 8-7。

表 8-1　函数 **PWMGenConfigure**()

函数名称	PWMGenConfigure()
功能	PWM 发生器基本配置
原型	void PWMGenConfigure(unsigned long ulBase,unsigned long ulGen,unsigned long ulConfig)
参数	ulBase:PWM 端口的基址,取值 PWM_Base ulGen:PWM 发生器的编号,取下列值之一: 　　PWM_GEN_0 　　PWM_GEN_1 　　PWM_GEN_2 　　PWM_GEN_3 ulConfig:PWM 发生器的设置,取下列各组数值之间的"或运算"组合形式: • PWM 定时器的计数模式 　　PWM_GEN_MODE_DOWN　　　　　　　//递减计数模式 　　PWM_GEN_MODE_UP_DOWN　　　　　　//先递增后递减模式 • 计数器装载和比较器的更新模式 　　PWM_GEN_MODE_SYNC　　　　　　　//同步更新模式 　　PWM_GEN_MODE_NO_SYNC　　　　　//异步更新模式

参数	• 计数器在调试模式中的行为
	PWM_GEN_MODE_DBG_RUN　　　 //调试时一直运行
	PWM_GEN_MODE_DBG_STOP　 //计数器到零停止直至退出调试模式
	• 计数模式改变的同步方式
	PWM_GEN_MODE_GEN_NO_SYNC　　　　//发生器不同步模式
	PWM_GEN_MODE_GEN_SYNC_LOCAL　　 //发生器局部同步模式
	PWM_GEN_MODE_GEN_SYNC_GLOBAL　 //全局发生器同步模式
	• 死区参数同步模式
	PWM_GEN_MODE_DB_NO_SYNC　　　　//不同步
	PWM_GEN_MODE_DB_SYNC_LOCAL　　 //局部同步
	PWM_GEN_MODE_DB_SYNC_GLOBAL　 //全局发生器同步模式
	• 故障条件是否锁定
	PWM_GEN_MODE_FAULT_LATCHED　　 //锁定故障条件
	PWM_GEN_MODE_FAULT_UNLATCHED　 //不锁定故障条件
	• 是否使用最小故障保持时间
	PWM_GEN_MODE_FAULT_MINPER　　 //使用
	PWM_GEN_MODE_FAULT_NO_MINPER　 //不使用
	• 故障源输入的选择
	PWM_GEN_MODE_FAULT_EXT　　　 //Fault0 作为故障输入
	PWM_GEN_MODE_FAULT_LEGACY　 //通过 PWMnFLTSRC0 选择
返回	无

表 8-2　函数 **PWMGenPeriodSet**()

函数名称	PWMGenPeriodSet()
功能	PWM 发生器周期配置
原型	void PWMGenPeriodSet(unsigned long ulBase,unsigned long ulGen,unsigned long ulPeriod)
参数	ulBase：PWM 端口的基址,取值 PWM_Base ulGen：PWM 发生器的编号,取下列值之一： 　PWM_GEN_0 　PWM_GEN_1 　PWM_GEN_2 　PWM_GEN_3 ulPeriod：PWM 定时器计时时钟数
返回	无

表 8-3　函数 **PWMGenPeriodGet**()

函数名称	PWMGenPeriodGet()
功能	获取 PWM 发生器周期
原型	unsigned long PWMGenPeriodGet(unsigned long ulBase,unsigned long ulGen)

参数	ulBase：PWM 端口的基址，取值 PWM_Base ulGen：PWM 发生器的编号，取下列值之一： 　　PWM_GEN_0 　　PWM_GEN_1 　　PWM_GEN_2 　　PWM_GEN_3
返回	PWM 定时器计时时钟数，类型为 unsigned long 型

表 8-4　函数 PWMPulseWidthSet( )

函数名称	PWMPulseWidthSet( )
功能	PWM 输出宽度设置
原型	void PWMPulseWidthSet (unsigned long ulBase, unsigned long ulPWMOut, unsigned long ulWidth)
参数	ulBase：PWM 端口的基址，取值 PWM_Base ulPWMOut：要设置的 PWM 输出编号，取下列值之一： 　　PWM_OUT_0 　　PWM_OUT_1 　　PWM_OUT_2 　　PWM_OUT_3 　　PWM_OUT_4 　　PWM_OUT_5 　　PWM_OUT_6 　　PWM_OUT_7 ulWidth：对应输出 PWM 的高电平宽度，宽度值是 PWM 计数器的计时时钟数
返回	无

表 8-5　函数 PWMPulseWidthGet( )

函数名称	PWMPulseWidthGet( )
功能	获取 PWM 输出宽度
原型	unsigned long PWMPulseWidthGet (unsigned long ulBase, unsigned long ulPWMOut)
参数	ulBase：PWM 端口的基址，取值 PWM_Base ulPWMOut：要设置的 PWM 输出编号，取下列值之一： 　　PWM_OUT_0 　　PWM_OUT_1 　　PWM_OUT_2 　　PWM_OUT_3 　　PWM_OUT_4 　　PWM_OUT_5 　　PWM_OUT_6 　　PWM_OUT_7

　　　　　　　　　　　　　　　　　　　　　　　　　　　　　续表

| 返回 | 对应输出 PWM 的高电平宽度,宽度值是 PWM 计数器的计时时钟数,类型为 unsigned long 型 |

表 8-6　函数 PWMGenEnable()

函数名称	PWMGenEnable()
功能	开启 PWM 发生器的定时计数器
原型	void PWMGenEnable(unsigned long ulBase,unsigned long ulGen)
参数	ulBase:PWM 端口的基址,取值 PWM_Base ulGen:PWM 发生器的编号,取下列值之一: 　PWM_GEN_0 　PWM_GEN_1 　PWM_GEN_2 　PWM_GEN_3
返回	无

表 8-7　函数 PWMGenDisable()

函数名称	PWMGenDisable()
功能	禁止 PWM 发生器的定时计数器
原型	void PWMGenDisable(unsigned long ulBase,unsigned long ulGen)
参数	ulBase:PWM 端口的基址,取值 PWM_Base ulGen:PWM 发生器的编号,取下列值之一: 　PWM_GEN_0 　PWM_GEN_1 　PWM_GEN_2 　PWM_GEN_3
返回	无

2. 死区控制

　　函数 PWMDeadBandEnable()设置相应的 PWM 发生器的死区时间,并打开死区功能,所谓死区时间是相对于原来的 PWMA 的上升沿和下降沿的延迟时间,单位是 PWM 时钟的脉冲个数。调用该函数配置好后,PWM 发生器输出的两路 PWM 就是一对带死区的反相的 PWM。函数 PWMDeadBandDisable()对应就是关闭 PWM 的死区功能,PWM 将按原样输出,见表 8-8 和表 8-9。

表 8-8　函数 PWMDeadBandEnable()

函数名称	PWMDeadBandEnable()
功能	设置死区延时并使能死区控制输出
原型	void PWMDeadBandEnable(unsigned long ulBase, 　　　unsigned long ulGen, 　　　unsigned short usRise, 　　　unsigned short usFall)

参数	ulBase：PWM 端口的基址，取值 PWM_Base ulGen：PWM 发生器的编号，取下列值之一： 　　PWM_GEN_0 　　PWM_GEN_1 　　PWM_GEN_2 　　PWM_GEN_3 usRise：OUTA 上升沿相对于原 PWMA 的上升沿延时宽度，宽度值是 PWM 计数器的计时时钟数 usFall：OUTB 上升沿相对于原 PWMA 的上升沿延时宽度，宽度值是 PWM 计数器的计时时钟数
返回	无

注：有死区控制的，就不会出现功率管同时导通的情况，从而防止了损坏功率管的情况。

表 8-9　函数 **PWMDeadBandDisable**()

函数名称	PWMDeadBandDisable()
功能	禁止对应 PWM 发生器的死区输出
原型	void PWMDeadBandDisable(unsigned long ulBase, unsigned long ulGen)
参数	ulBase：PWM 端口的基址，取值 PWM_Base ulGen：PWM 发生器的编号，取下列值之一： 　　PWM_GEN_0 　　PWM_GEN_1 　　PWM_GEN_2 　　PWM_GEN_3
返回	无

3. 同步控制

同步控制有两个函数，函数 PWMSyncUpdate()用来对所选定的 PWM 发生器所挂起的周期和占空比的改动进行更新，更新动作会延时直到所选的 PWM 发生器的定时器全部在零时发生。函数 PWMSyncTimeBase()用来同步 PWM 发生器的时基，通过对所选的 PWM 发生器的定时器的计数值进行复位完成时基同步，见表 8-10 和表 8-11。

表 8-10　函数 **PWMSyncUpdate**()

函数名称	PWMSyncUpdate()
功能	同步所有挂起的更新
原型	void PWMSyncUpdate(unsigned long ulBase, unsigned long ulGenBits)
参数	ulBase：PWM 端口的基址，取值 PWM_Base ulGenBits：要更新的 PWM 发生器模块，取下列值的逻辑或： 　　PWM_GEN_0_BIT 　　PWM_GEN_1_BIT 　　PWM_GEN_2_BIT 　　PWM_GEN_3_BIT
返回	无

表 8-11　函数 **PWMSyncTimeBase**()

函数名称	PWMSyncTimeBase()
功能	同步一个或者多个 PWM 发生器的计数器
原型	void PWMSyncTimeBase(unsigned long ulBase，unsigned long ulGenBits)
参数	ulBase：PWM 端口的基址，取值 PWM_Base ulGenBits：要同步的 PWM 发生器模块，取下列值的逻辑或： 　　PWM_GEN_0_BIT 　　PWM_GEN_1_BIT 　　PWM_GEN_2_BIT 　　PWM_GEN_3_BIT
返回	无

4. 输出控制

　　函数 PWMOutputState()用来控制最多 8 路 PWM 的是否输出到引脚，也就是 PWM 发生器产生的 PWM 信号是否输出到引脚的最后一个开关。函数 PWMOutputInvert()用来决定输出到引脚的 PWM 信号是否先反相再进行输出，如果 bInvert 为 1，则反相 PWM 信号。函数 PWMOutputFaultLevel()用来指定在 PWM 的故障状态时，PWM 引脚的默认输出电平是高电平还是低电平。函数 PWMOutputFault()用来确认在故障发生时，故障条件是否影响指定的输出电平，如果设定为不影响，那么即使发生了故障，引脚依然不受影响，按故障发生前原样输出，见表 8-12～表 8-15。

表 8-12　函数 **PWMOutputState**()

函数名称	PWMOutputState()
功能	使能或禁止 PWM 的输出
原型	void PWMOutputState (unsigned long ulBase, unsigned long ulPWMOutBits, tBoolean bEnable)
参数	ulBase：PWM 端口的基址，取值 PWM_Base ulPWMOutBits：要修改输出状态的 PWM 输出，取下列值的逻辑或： 　　PWM_OUT_0_BIT 　　PWM_OUT_1_BIT 　　PWM_OUT_2_BIT 　　PWM_OUT_3_BIT 　　PWM_OUT_4_BIT 　　PWM_OUT_5_BIT 　　PWM_OUT_6_BIT 　　PWM_OUT_7_BIT bEnable：输出是有效，取下列值之一： 　　true　　　　//允许输出 　　false　　　　//禁止输出
返回	无

表 8-13　函数 **PWMOutputInvert**()

函数名称	PWMOutputInvert()
功能	设置对应 PWM 是否反相输出
原型	void PWMOutputInvert（unsigned long ulBase，unsigned long ulPWMOutBits，tBoolean bInvert）
参数	ulBase：PWM 端口的基址，取值 PWM_Base ulPWMOutBits：要修改输出状态的 PWM 输出，取下列值的逻辑或： 　　PWM_OUT_0_BIT 　　PWM_OUT_1_BIT 　　PWM_OUT_2_BIT 　　PWM_OUT_3_BIT 　　PWM_OUT_4_BIT 　　PWM_OUT_5_BIT 　　PWM_OUT_6_BIT 　　PWM_OUT_7_BIT bInvert：输出是有效，取下列值之一： 　　true　　//输出反相 　　false　　//直接输出
返回	无

表 8-14　函数 **PWMOutputFaultLevel**()

函数名称	PWMOutputFaultLevel()
功能	指定对应 PWM 输出在故障状态的输出电平
原型	void PWMOutputFaultLevel(unsigned long ulBase， 　　unsigned long ulPWMOutBits， 　　tBoolean bDriveHigh)
参数	ulBase：PWM 端口的基址，取值 PWM_Base ulPWMOutBits：要修改输出状态的 PWM 输出，取下列值的逻辑或： 　　PWM_OUT_0_BIT 　　PWM_OUT_1_BIT 　　PWM_OUT_2_BIT 　　PWM_OUT_3_BIT 　　PWM_OUT_4_BIT 　　PWM_OUT_5_BIT 　　PWM_OUT_6_BIT 　　PWM_OUT_7_BIT bDriveHigh：输出是有效，取下列值之一： 　　true　　//故障时输出高电平 　　false　　//故障时输出低电平
返回	无

表 8-15　函数 **PWMOutputFault**( )

函数名称	PWMOutputFault( )
功能	指定对应 PWM 输出是否响应故障状态
原型	void PWMOutputFault(unsigned long ulBase,　　　　　　　unsigned long ulPWMOutBits,　　　　　　　tBoolean bFaultSuppress)
参数	ulBase：PWM 端口的基址，取值 PWM_Base ulPWMOutBits：要修改输出状态的 PWM 输出，取下列值的逻辑或： 　　PWM_OUT_0_BIT 　　PWM_OUT_1_BIT 　　PWM_OUT_2_BIT 　　PWM_OUT_3_BIT 　　PWM_OUT_4_BIT 　　PWM_OUT_5_BIT 　　PWM_OUT_6_BIT 　　PWM_OUT_7_BIT bFaultSuppress：输出是有效，取下列值之一： true　　//故障时输出 PWMOutputFaultLevel( )设置的电平 false　　//不响应故障信号，原样输出
返回	无

5. PWM 发生器中断和触发

PWM 发生器有丰富的中断和触发源，能在很多时刻产生中断，使中断变得非常灵活。下面对中断相关的函数进行说明。

函数 PWMGenIntRegister( )给指定的 PWM 发生器立即注册一个中断服务函数。

对应的函数 PWMGenIntUnregister( )对已注册的 PWM 发生器中断函数注销。

函数 PWMGenIntTrigEnable( )是用来对中断和触发 ADC 的事件进行使能，通过使能的事件才能触发中断和 ADC 采样。其参数 ulIntTrig 就包括有 12 个事件，其中 6 个是中断的时间，6 个是 ADC 触发时间。在递减计数时，只有 8 个事件是有效的。

同样，也有用函数 PWMGenIntTrigDisable( )对触发事件进行禁能。所起的作用和上面的函数 PWMGenIntTrigEnable( )相反。

函数 PWMGenIntStatus( )用来获取 PWM 发生器的中断状态，调用此函数返回原始或屏蔽后的中断状态。

函数 PWMGenIntClear( )用来清除指定的中断状态，应该在进入中断服务函数中，在获取中断状态后立即清除，见表 8-16～表 8-21。

表 8-16　函数 **PWMGenIntRegister**( )

函数名称	PWMGenIntRegister( )
功能	注册一个指定 PWM 发送器中断函数
原型	void PWMGenIntRegister (unsigned long ulBase, unsigned long ulGen, void (* pfnIntHandler)(void))

参数	ulBase：PWM 端口的基址，取值 PWM_Base ulGen：PWM 发生器的编号，取下列值之一： 　　PWM_GEN_0 　　PWM_GEN_1 　　PWM_GEN_2 　　PWM_GEN_3 pfnIntHandler：PWM 发生器中断发生时调用的函数指针
返回	无

表 8-17　函数 **PWMGenIntUnregister**()

函数名称	PWMGenIntUnregister()
功能	注销指定 PWM 发送器中断函数
原型	void PWMGenIntUnregister(unsigned long ulBase,unsigned long ulGen)
参数	ulBase：PWM 端口的基址，取值 PWM_Base ulGen：PWM 发生器的编号，取下列值之一： 　　PWM_GEN_0 　　PWM_GEN_1 　　PWM_GEN_2 　　PWM_GEN_3
返回	无

表 8-18　函数 **PWMGenIntTrigEnable**()

函数名称	PWMGenIntTrigEnable()
功能	使能指定的 PWM 发生器的中断和 ADC 触发功能
原型	void PWMGenIntTrigEnable(unsigned long ulBase, unsigned long ulGen, unsigned long ulIntTrig)
参数	ulBase：PWM 端口的基址，取值 PWM_Base ulGen：PWM 发生器的编号，取下列值之一： 　　PWM_GEN_0 　　PWM_GEN_1 　　PWM_GEN_2 　　PWM_GEN_3 ulIntTrig：PWM 发生器的中断和触发事件选择，取下列值的逻辑或： 　　PWM_INT_CNT_ZERO　　　//计数器为 0 时，触发中断 　　PWM_INT_CNT_LOAD　　　//计数器为装载值时，触发中断 　　PWM_INT_CNT_AU　　　　//比较器 A 递增匹配时，触发中断 　　PWM_INT_CNT_AD　　　　//比较器 A 递减匹配时，触发中断 　　PWM_INT_CNT_BU　　　　//比较器 B 递增匹配时，触发中断 　　PWM_INT_CNT_BD　　　　//比较器 B 递减匹配时，触发中断 　　PWM_TR_CNT_ZERO　　　 //计数器为 0 时，触发 ADC 　　PWM_TR_CNT_LOAD　　　 //计数器为装载值时，触发 ADC 　　PWM_TR_CNT_AU　　　　 //比较器 A 递增匹配时，触发 ADC 　　PWM_TR_CNT_AD　　　　 //比较器 A 递减匹配时，触发 ADC 　　PWM_TR_CNT_BU　　　　 //比较器 B 递增匹配时，触发 ADC 　　PWM_TR_CNT_BD　　　　 //比较器 B 递减匹配时，触发 ADC
返回	无

表 8-19　函数 PWMGenIntTrigDisable( )

函数名称	PWMGenIntTrigDisable( )
功能	禁止指定的 PWM 发生器的中断和 ADC 触发功能
原型	void PWMGenIntTrigDisable(unsigned long ulBase, unsigned long ulGen, unsigned long ulIntTrig)
参数	ulBase：PWM 端口的基址，取值 PWM_Base ulGen：PWM 发生器的编号，取下列值之一： 　　PWM_GEN_0 　　PWM_GEN_1 　　PWM_GEN_2 　　PWM_GEN_3 ulIntTrig：PWM 发生器的中断和触发事件选择，取下列值的逻辑或： 　　PWM_INT_CNT_ZERO　　　//计数器为 0 时，触发中断 　　PWM_INT_CNT_LOAD　　　//计数器为装载值时，触发中断 　　PWM_INT_CNT_AU　　　　//比较器 A 递增匹配时，触发中断 　　PWM_INT_CNT_AD　　　　//比较器 A 递减匹配时，触发中断 　　PWM_INT_CNT_BU　　　　//比较器 B 递增匹配时，触发中断 　　PWM_INT_CNT_BD　　　　//比较器 B 递减匹配时，触发中断 　　PWM_TR_CNT_ZERO　　　//计数器为 0 时，触发 ADC 　　PWM_TR_CNT_LOAD　　　//计数器为装载值时，触发 ADC 　　PWM_TR_CNT_AU　　　　//比较器 A 递增匹配时，触发 ADC 　　PWM_TR_CNT_AD　　　　//比较器 A 递减匹配时，触发 ADC 　　PWM_TR_CNT_BU　　　　//比较器 B 递增匹配时，触发 ADC 　　PWM_TR_CNT_BD　　　　//比较器 B 递减匹配时，触发 ADC
返回	无

表 8-20　函数 PWMGenIntStatus( )

函数名称	PWMGenIntStatus( )
功能	获取指定的 PWM 发生器的中断状态
原型	unsigned long PWMGenIntStatus (unsigned long ulBase, unsigned long ulGen, tBoolean bMasked)
参数	ulBase：PWM 端口的基址，取值 PWM_Base ulGen：PWM 发生器的编号，取下列值之一： 　　PWM_GEN_0 　　PWM_GEN_1 　　PWM_GEN_2 　　PWM_GEN_3 bMasked：获取原始中断还是屏蔽后中断状态 　　true　　//屏蔽后的中断状态 　　false　　//原始中断状态
返回	返回指定的 PWM 发生器的屏蔽后中断状态或者原始中断状态

表 8-21　函数 **PWMGenIntClear**()

函数名称	PWMGenIntClear()
功能	清除指定的 PWM 发生器的中断状态
原型	void PWMGenIntClear(unsigned long ulBase,unsigned long ulGen,unsigned long ulInts)
参数	ulBase：PWM 端口的基址，取值 PWM_Base ulGen：PWM 发生器的编号，取下列值之一： 　　PWM_GEN_0 　　PWM_GEN_1 　　PWM_GEN_2 　　PWM_GEN_3 ulInts：指定要清除的中断，取下列值的逻辑或： 　　PWM_INT_CNT_ZERO　　　//计数器为 0 触发的中断 　　PWM_INT_CNT_LOAD　　　//计数器为装载值触发的中断 　　PWM_INT_CNT_AU　　　　//比较器 A 递增匹配触发的中断 　　PWM_INT_CNT_AD　　　　//比较器 A 递减匹配触发的中断 　　PWM_INT_CNT_BU　　　　//比较器 B 递增匹配触发的中断 　　PWM_INT_CNT_BD　　　　//比较器 B 递减匹配触发的中断
返回	无

6. 故障管理

函数 PWMGenFaultConfigure()设置制动 PWM 发生器的故障检测引脚电平和最小故障保持时间，这个函数必须在函数 PWMGenConfigure()里选用 PWM_GEN_MODE_FAULT_MINPER，这样在发生故障时，保证在最小故障时间内故障条件保持有效。

函数 PWMGenFaultTriggerSet()用来选择用哪些 Fault 引脚作为指定 PWM 发生器的错误检测引脚。

函数 PWMGenFaultTriggerGet()用来返回当前用的是哪些 Fault 引脚作为指定 PWM 发生器的错误检测引脚。

调用函数 PWMGenFaultStatus()可以返回当前发生的故障是由哪个输入端触发的，可以获取发生错误的地方。

函数 PWMGenFaultClear()用来清除故障源，调用该函数清除上次的故障源标志，以便下次故障时触发标志，来获取故障输入状态，见表 8-22～表 8-26。

表 8-22　函数 **PWMGenFaultConfigure**()

函数名称	PWMGenFaultConfigure()
功能	设置指定 PWM 发生器的故障检测引脚电平和保持时间
原型	void PWMGenFaultConfigure(unsigned long ulBase, 　　　　　　　　　　　unsigned long ulGen, 　　　　　　　　　　　unsigned long ulMinFaultPeriod, 　　　　　　　　　　　unsigned long ulFaultSenses)

参数	ulBase：PWM 端口的基址，取值 PWM_Base ulGen：PWM 发生器的编号，取下列值之一： 　　PWM_GEN_0 　　PWM_GEN_1 　　PWM_GEN_2 　　PWM_GEN_3 ulMinFaultPeriod：最小故障激活保持时长，PWM 时钟脉冲个数表示 ulFaultSenses：指定的故障输入引脚的检测电平，取下列值之一： 　　PWM_FAULTn_SENSE_HIGH 　　PWM_FAULTn_SENSE_LOW
返回	无

表 8-23　函数 **PWMGenFaultTriggerSet**( )

函数名称	PWMGenFaultTriggerSet( )
功能	设置指定的 PWM 发生器使用的故障输入端
原型	void PWMGenFaultTriggerSet(unsigned long ulBase, 　　　　　　unsigned long ulGen, 　　　　　　unsigned long ulGroup, 　　　　　　unsigned long ulFaultTriggers)
参数	ulBase：PWM 端口的基址，取值 PWM_Base ulGen：PWM 发生器的编号，取下列值之一： 　　PWM_GEN_0 　　PWM_GEN_1 　　PWM_GEN_2 　　PWM_GEN_3 ulGroup：故障输入组选择，这里必须为：PWM_FAULT_GROUP_0 ulFaultTriggers：定义指定的 PWM 发生器使用哪个故障输入作为触发端，对于 PWM_FAULT_GROUP_0，取下列值的逻辑或： 　　PWM_FAULT_FAULT0 　　PWM_FAULT_FAULT1 　　PWM_FAULT_FAULT2 　　PWM_FAULT_FAULT3
返回	无

表 8-24　函数 **PWMGenFaultTriggerGet**( )

函数名称	WMGenFaultTriggerGet( )
功能	获取指定的 PWM 发生器使用的故障输入端
原型	nsigned long PWMGenFaultTriggerGet(unsigned long ulBase, 　　　　unsigned long ulGen, 　　　　unsigned long ulGroup)

参数	ulBase：PWM 端口的基址，取值 PWM_Base ulGen：PWM 发生器的编号，取下列值之一： 　　PWM_GEN_0 　　PWM_GEN_1 　　PWM_GEN_2 　　PWM_GEN_3 ulGroup：故障输入组选择，这里必须为：PWM_FAULT_GROUP_0
返回	返回值会是下列值的逻辑或： 　　PWM_FAULT_FAULT0 　　PWM_FAULT_FAULT1 　　PWM_FAULT_FAULT2 　　PWM_FAULT_FAULT3

表 8-25　函数 PWMGenFaultStatus()

函数名称	PWMGenFaultStatus()
功能	获取指定 PWM 发生器当前的故障状态
原型	unsigned long PWMGenFaultStatus(unsigned long ulBase, 　　　　　　　unsigned long ulGen, 　　　　　　　unsigned long ulGroup)
参数	ulBase：PWM 端口的基址，取值 PWM_Base ulGen：PWM 发生器的编号，取下列值之一： 　　PWM_GEN_0 　　PWM_GEN_1 　　PWM_GEN_2 　　PWM_GEN_3 ulGroup：故障输入组选择，这里必须为：PWM_FAULT_GROUP_0
返回	返回值会是下列值的逻辑或： 　　PWM_FAULT_FAULT0 　　PWM_FAULT_FAULT1 　　PWM_FAULT_FAULT2 　　PWM_FAULT_FAULT3

表 8-26　函数 PWMGenFaultClear()

函数名称	PWMGenFaultClear()
功能	清除指定 PWM 发生器当前的故障状态
原型	void PWMGenFaultClear(unsigned long ulBase, 　　　　　　　unsigned long ulGen, 　　　　　　　unsigned long ulGroup, 　　　　　　　unsigned long ulFaultTriggers)

参数	ulBase：PWM 端口的基址，取值 PWM_Base ulGen：PWM 发生器的编号，取下列值之一： 　　PWM_GEN_0 　　PWM_GEN_1 　　PWM_GEN_2 　　PWM_GEN_3 ulGroup：故障输入组选择，这里必须为：PWM_FAULT_GROUP_0 ulFaultTriggers：要清除的指定 PWM 发生器故障输入，对于 PWM_FAULT_GROUP_0，取下列值的逻辑或： 　　PWM_FAULT_FAULT0 　　PWM_FAULT_FAULT1 　　PWM_FAULT_FAULT2 　　PWM_FAULT_FAULT3
返回	无

7. 故障中断

函数 PWMFaultIntRegister（）注册一个故障中断服务函数。反之函数 PWMFaultIntUnregister（）则是注销当前已注册的故障中断服务函数。

函数 PWMFaultIntClear（）清除故障错误中断，这个函数只能清除 FAULT0 产生的中断，建议使用函数 PWMFaultIntClearExt（）。函数 PWMFaultIntClearExt（）可以同时清除一个或者多个 PWM 故障输入的中断，见表 8-27～表 8-30。

表 8-27　函数 PWMFaultIntRegister()

函数名称	PWMFaultIntRegister()
功能	注册一个 PWM 故障中断函数
原型	void PWMFaultIntRegister(unsigned long ulBase,void(* pfnIntHandler)(void))
参数	ulBase：PWM 端口的基址，取值 PWM_Base pfnIntHandler：要调用的 PWM 故障中断函数的指针
返回	无

表 8-28　函数 PWMFaultIntUnregister()

函数名称	PWMFaultIntUnregister()
功能	注销 PWM 故障中断函数
原型	void PWMFaultIntUnregister(unsigned long ulBase)
参数	ulBase：PWM 端口的基址，取值 PWM_Base
返回	无

表 8-29　函数 PWMFaultIntClear()

函数名称	PWMFaultIntClear()
功能	清除 PWM 模块的故障中断(fault 0)

原型	void PWMFaultIntClear(unsigned long ulBase)
参数	ulBase：PWM 端口的基址，取值 PWM_Base
返回	无

表 8-30　函数 PWMFaultIntClearExt( )

函数名称	PWMFaultIntClearExt( )
功能	清除 PWM 模块的指定的故障中断
原型	void PWMFaultIntClearExt(unsigned long ulBase，unsigned long ulFaultInts)
参数	ulBase：PWM 端口的基址，取值 PWM_Base ulFaultInts：指定要清除的故障中断，取下列值的逻辑或： 　　PWM_INT_FAULT0 　　PWM_INT_FAULT1 　　PWM_INT_FAULT2 　　PWM_INT_FAULT3
返回	无

8. 总中断控制

函数 PWMIntEnable( )打开指定的 PWM 发生器的中断和故障中断。函数 PWMIntDisable( )功能相反：屏蔽指定的中断。函数 PWMIntStatus( )用来获取原始或者屏蔽后的 PWM 中断状态，见表 8-31～表 8-33。

表 8-31　函数 PWMIntEnable( )

函数名称	PWMIntEnable( )
功能	使能指定的 PWM 发生器和故障的中断
原型	void PWMIntEnable(unsigned long ulBase，unsigned long ulGenFault)
参数	ulBase：PWM 端口的基址，取值 PWM_Base ulGenFault：指定要使能的中断，取下列值的逻辑或： 　　PWM_INT_GEN_0 　　PWM_INT_GEN_1 　　PWM_INT_GEN_2 　　PWM_INT_GEN_3 　　PWM_INT_FAULT0 　　PWM_INT_FAULT1 　　PWM_INT_FAULT2 　　PWM_INT_FAULT3
返回	无

表 8-32　函数 PWMIntDisable( )

函数名称	PWMIntDisable( )
功能	禁止指定的 PWM 发生器和故障的中断
原型	void PWMIntDisable(unsigned long ulBase，unsigned long ulGenFault)

续表

参数	ulBase：PWM 端口的基址，取值 PWM_Base ulGenFault：指定要禁止的中断，取下列值的逻辑或： 　　PWM_INT_GEN_0 　　PWM_INT_GEN_1 　　PWM_INT_GEN_2 　　PWM_INT_GEN_3 　　PWM_INT_FAULT0 　　PWM_INT_FAULT1 　　PWM_INT_FAULT2 　　PWM_INT_FAULT3
返回	无

表 8-33　函数 PWMIntStatus()

函数名称	PWMIntStatus()
功能	获取指定的 PWM 中断状态
原型	unsigned long PWMIntStatus(unsigned long ulBase, tBoolean bMasked)
参数	ulBase：PWM 端口的基址，取值 PWM_Base bMasked：指定要获取的中断状态是原始中断状态还是屏蔽后的中断状态，取下列值之一 　　true　　//返回屏蔽后中断状态 　　false　　//返回原始中断状态
返回	返回值可能是以下值的逻辑或： 　　PWM_INT_GEN_0 　　PWM_INT_GEN_1 　　PWM_INT_GEN_2 　　PWM_INT_GEN_3 　　PWM_INT_FAULT0 　　PWM_INT_FAULT1 　　PWM_INT_FAULT2 　　PWM_INT_FAULT3

8.1.4　产生两路 PWM 信号实例

程序清单 8-1 是产生两路周期相同，占空比不同的两路 PWM 的初始化程序。

程序清单 8-1　产生两路简单 PWM

```
# include "hw_memmap.h"
# include "hw_types.h"
# include "sysctl.h"
# include "gpio.h"
# include "pwm.h"
```

```
# define PB0_PWM2 GPIO_PIN_0
# define PB1_PWM3 GPIO_PIN_1

int main (void)
{
    SysCtlClockSet(SYSCTL_SYSDIV_1 |              //配置 6MHz 外部晶振作为主时钟
                   SYSCTL_USE_OSC |
                   SYSCTL_OSC_MAIN |
                   SYSCTL_XTAL_6MHZ);

    SysCtlPeripheralEnable(SYSCTL_PERIPH_GPIOB);   //使能 PWM2 和 PWM3 输出所在 GPIO
    SysCtlPeripheralEnable(SYSCTL_PERIPH_PWM);      //使能 PWM 模块
    SysCtlPWMClockSet(SYSCTL_PWMDIV_1);             //PWM 时钟配置: 不分频
    GPIOPinTypePWM(GPIO_PORTB_BASE,GPIO_PIN_0);     //PB0 配置为 PWM 功能
    GPIOPinTypePWM(GPIO_PORTB_BASE,GPIO_PIN_1);     //PB1 配置为 PWM 功能

    PWMGenConfigure(PWM_BASE,PWM_GEN_1,              //配置 PWM 发生器 1: 加减计数
               PWM_GEN_MODE_UP_DOWN | PWM_GEN_MODE_NO_SYNC);

    PWMGenPeriodSet(PWM_BASE,PWM_GEN_1,6000);       //设置 PWM 发生器 1 的周期
    PWMPulseWidthSet(PWM_BASE,PWM_OUT_2,4200);      //设置 PWM2 输出的脉冲宽度
    PWMPulseWidthSet(PWM_BASE,PWM_OUT_3,1800);      //设置 PWM3 输出的脉冲宽度

    PWMOutputState(PWM_BASE,(PWM_OUT_2_BIT | PWM_OUT_3_BIT),true);
                                                   //使能 PWM2 和 PWM3 的输出

    PWMGenEnable(PWM_BASE,PWM_GEN_1);               //使能 PWM 发生器 1
                                                   //开始产生 PWM 方波
    while(1);
}
```

通过程序清单 8-1 可以看出,PWM 模块初始化配置方法为,假定系统时钟为 6MHz,要求芯片在 PWM2 和 PWM3 引脚产生频率为 1kHz 的 PWM 方波,其中 PWM2 占空比为80%,PWM3 占空比 35%,总结其初始化和配置的具体步骤:

(1) 使能主处理器时钟;

(2) 配置 GPIOB 模块,一般 PWM2 和 PWM3 输出所在的 GPIO 引脚通常是 PB0 和PB1,因此在配置 PWM 之前,必须先配置 GPIOB 模块,把 PB0 和 PB1 为输出;

(3) 设置 PWM 的分频系数;

(4) 将 PWM 发生器设置其递减计数或者是加减计数;

(5) 设置 PWM 的周期;

注:假如目前 PWM 模块输入时钟为 6MHz,若要得到 1kHz 的 PWM 方波,即周期为 $10\mu s$,则 PWM 计数器的初值应该为 5999。在这里,PWM 周期数本来是 6000,但是在递减计数模式下作为初值需要减 1,如果在先递增后递减模式下则不需要减 1。

(6) 将 PWM2 和 PWM3 输出的占空比分别为 80% 和 35%,则两个值设定为

$$6000\times80\%=4800$$

$$6000\times35\%=2100$$

（7）使能 PWM2 和 PWM3 的输出；

（8）使能 PWM 发生器 1。

8.1.5　产生两路带死区的 PWM 实例

PWM 常用于电机调速、逆变电源控制等。图 8-8 为一个微型直流电机的 H—桥驱动电路示意图，电机共有 4 种可能的运行模式，如表 8-34 所示。

表 8-34　电机运行的 4 种模式

运行条件				运行模式
Q_2	Q_4	Q_6	Q_8	
截止	截止	截止	截止	停止
导通	截止	截止	导通	正转
截止	导通	导通	截止	反转
导通	导通	导通	导通	不允许

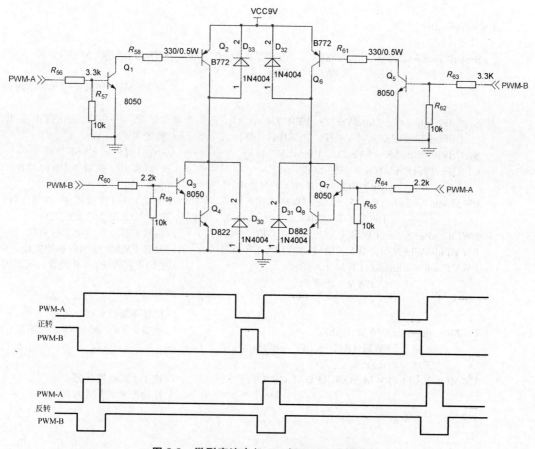

图 8-8　微型直流电机 H—桥 PWM 驱动电路

当功率管 Q_2、Q_8 导通且 Q_4、Q_6 截止时电机正转，当 Q_2、Q_8 截止且 Q_4、Q_6 导通时，电机反转。仅仅通过改变 PWM 方波的占空比的方法就能实现正反转和调速。但是如果 Q_2、

Q_8、Q_4 和 Q_6 同时导通,则电流不再经过阻抗较大的电机,而是 9V 电源直接经 Q_2、Q_4 和 Q_6、Q_8 直接接到 GND,该电流非常大,可能会导致功率管直接烧坏,永久损坏。如果加入了死区延迟控制,则 Q_2、Q_8 以及 Q_4、Q_6 永远不会同时导通,也就不会出现上述损坏功率管的情况了。

　　程序清单 8-2 是产生两路带死区的 PWM 的例程,死区延时分别为上升沿延时 $7.5\mu s$,下降沿延时 $10\mu s$。

程序清单 8-2　　带死区 PWM 输出

```
# include "hw_memmap.h"
# include "hw_types.h"
# include "sysctl.h"
# include "gpio.h"
# include "pwm.h"

# define PB0_PWM2 GPIO_PIN_0
# define PB1_PWM3 GPIO_PIN_1

int main (void)
{
    SysCtlClockSet(SYSCTL_SYSDIV_1 | SYSCTL_USE_OSC | SYSCTL_OSC_MAIN |
                SYSCTL_XTAL_6MHZ);
                                                    //配置 6MHz 外部晶振作为主时钟

    SysCtlPeripheralEnable(SYSCTL_PERIPH_GPIOB);    //使能 PWM2 和 PWM3 输出所在 GPIO
    SysCtlPeripheralEnable(SYSCTL_PERIPH_PWM);      //使能 PWM 模块
    SysCtlPWMClockSet(SYSCTL_PWMDIV_1);             //PWM 时钟配置:不分频
    GPIOPinTypePWM(GPIO_PORTB_BASE,                 //PB0 和 PB1 配置为 PWM 功能
                GPIO_PIN_0 | GPIO_PIN_1);
    PWMGenConfigure(PWM_BASE,PWM_GEN_1,             //配置 PWM 发生器 1:加减计数
                PWM_GEN_MODE_UP_DOWN | PWM_GEN_MODE_NO_SYNC);
    PWMGenPeriodSet(PWM_BASE,PWM_GEN_1,600);        //设置 PWM 发生器 1 的周期
    PWMPulseWidthSet(PWM_BASE,PWM_OUT_2,210);       //设置 PWM2 输出的脉冲宽度
    PWMDeadBandEnable(PWM_BASE,                      //使能 PWM 死区,并设置死区延时
                PWM_GEN_1,
                45,                                 //设置上升沿延时(7.5μs)
                60);                                //设置下降沿延时(10μs)
    PWMOutputState(PWM_BASE,                         //使能 PWM2 和 PWM3 的输出
                PWM_OUT_2_BIT | PWM_OUT_3_BIT,
                true);
    PWMGenEnable(PWM_BASE,PWM_GEN_1);               //使能 PWM 发生器 1
                                                    //开始产生 PWM 方波
    for (;;) {
    }
}
```

8.1.6　PWM 发生器中断实例

　　程序清单 8-3 是 PWM 发生器的定时器到零时产生中断,并在中断中改变其占空比的

例程。

程序清单 8-3　PWM 发生器中断

```
#define PH0_PWM2 GPIO_PIN_0
#define PH1_PWM3 GPIO_PIN_1
unsigned long TheSysClock＝12000000UL;
int main (void)
{
    SysCtlClockSet(SYSCTL_SYSDIV_1 |          /＊配置 6MHz 外部晶振作为主时钟＊/
                   SYSCTL_USE_OSC |
                   SYSCTL_OSC_MAIN |
                   SYSCTL_XTAL_6MHZ);
    TheSysClock＝SysCtlClockGet();           //获取当前的系统时钟频率
    SysCtlPeripheralEnable(SYSCTL_PERIPH_GPIOB);
                                             /＊使能 PWM2 和 PWM3 输出所在 GPIO＊/
    SysCtlPeripheralEnable(SYSCTL_PERIPH_PWM);  /＊使能 PWM 模块＊/
    SysCtlPWMClockSet(SYSCTL_PWMDIV_1);      /＊PWM 时钟配置:不分频＊/

    GPIOPinTypePWM(GPIO_PORTB_BASE,GPIO_PIN_0);
                                             /＊PB0 和 PB1 配置为 PWM 功能＊/
    GPIOPinTypePWM(GPIO_PORTB_BASE,GPIO_PIN_1);

    PWMGenConfigure(PWM_BASE,PWM_GEN_1,      /＊配置 PWM 发生器1:加减计数＊/
                PWM_GEN_MODE_UP_DOWN | PWM_GEN_MODE_NO_SYNC);
    PWMGenPeriodSet(PWM_BASE,PWM_GEN_1,60000);  /＊设置 PWM 发生器1的周期＊/
    PWMPulseWidthSet(PWM_BASE,PWM_OUT_2,30000); /＊设置 PWM2 输出的脉冲宽度＊/
    PWMPulseWidthSet(PWM_BASE,PWM_OUT_3,30000); /＊设置 PWM3 输出的脉冲宽度＊/

    PWMSyncUpdate(PWM_BASE,PWM_GEN_1_BIT);
    PWMOutputState(PWM_BASE,                 /＊使能 PWM2 和 PWM3 的输出＊/
                PWM_OUT_2_BIT | PWM_OUT_3_BIT,
                true);
    PWMGenEnable(PWM_BASE,PWM_GEN_1);        /＊使能 PWM 发生器1,开始产生＊/
                                             /＊PWM 方波＊/
    PWMGenIntTrigEnable(PWM_BASE,            /＊使能 PWM 发生器1归零触发中断＊/
                PWM_GEN_1,
                PWM_INT_CNT_ZERO);
    PWMIntEnable(PWM_BASE,PWM_INT_GEN_1);    /＊使能 PWM 发生器1中断＊/
    IntEnable(INT_PWM1);                     /＊使能 PWM1 中断＊/
    IntMasterEnable();                       /＊使能总中断＊/
    for (;;) {
    }
}

void PWM_Generator_1_ISR (void)
{
    const unsigned long ulTab[10]＝
    {
        3000,9000,15000,21000,27000,
        33000,39000,45000,51000,57000
```

```
};
static unsigned long n=0;
PWMGenIntClear(PWM_BASE,
               PWM_GEN_1,
               PWM_INT_CNT_ZERO);
PWMPulseWidthSet(PWM_BASE,PWM_OUT_2,ulTab[n]);      /* 设置 PWM2 输出的周期 */
PWMPulseWidthSet(PWM_BASE,PWM_OUT_3,ulTab[9-n]);
                                                   /* 设置 PWM3 输出的周期 */
SysCtlDelay(1500 * (TheSysClock / 3000));          //延时约 1500ms
n++;
if ( n >=10 ) {
    n=0;
}
}
```

通过以上几个例子代码,可以总结 PWM 初始化和配置的过程如下:

(1) SysCtlClockSet()和 SysCtlPWMClockSet()两个函数设定 PWM 的时钟源;

(2) SysCtlPeripheralEnable()使能生成 PWM 的 PWM 模块和输出 GPIO 模块;

(3) GPIOPinTypePWM 将特定的 GPIO 设置为 PWM 输出功能;

(4) PWMGenConfigure 设置 PWM 生成器的工作模式;

(5) PWMGenPeriodSet 设置 PWM 波的频率,PWMPulseWidthSet 设置波的占空比;

(6) PWMOutputState 启动和设置输出模块功能块,PWMGenEnable 启动波形生成器。

8.2　模拟比较器

8.2.1　电压比较器

电压比较器(Voltage Comparator)是一种常见的模拟集成电路,可以看作是放大倍数接近无穷大的运算放大器。电压比较器通常有两个输入端和一个输出端,如图 8-9 所示。电压比较器的功能是比较两个输入电压的大小:当同相输入端电压高于反相输入端时输出为 HIGH;当同相输入端电压低于反相输入端时输出为 LOW。电压比较器的主要用途:波形的产生和变换、模拟电路到数字电路的接口等等。

从电气符号上看电压比较器与运算放大器几乎一样,但这两类电路还是有区别的。运算放大器多工作在闭环模式,主要是通过反馈回路来确定运算参数,例如放大倍数。电压比较器结构较为简单,多工作在开环模式,输出端一般是开漏结构的数字输出,有着良好的逻辑兼容性。如果运算放大器工作在开环模式,也可以当作是电压比较器,但灵敏度远不及专业的电压比较器,并且输出结构仍是模拟的,不便与数字电路接口。

8.2.2　COMP 功能

在 Stellaris 系列 ARM 里一般集成有 1～3 个模拟比较器(Analog Comparator,COMP),在很大程度上可以替代用户电路板上的电压比较器,节省面积和成本。用户可配

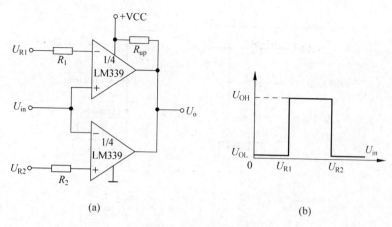

图 8-9　电压比较器符号

置 COMP 用来驱动输出、产生中断或触发 ADC 采样。中断产生逻辑和 ADC 触发是各自独立控制的,这意味着中断可以在输出的上升沿产生而 ADC 在下降沿触发。以下是 COMP 的主要特性:

(1) 3 个独立集成的模拟比较器;

(2) 可以配置输出为到引脚的驱动、产生中断和触发 ADC 采样;

(3) 输出反相控制;

(4) 内部或外部参考源,如图 8-10 所示。

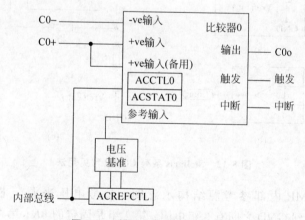

图 8-10　模拟比较器模块方框图

图 8-11 为 Stellaris 系列 COMP 模块的几种常见用法。COMP 输出可以用来触发中断或 ADC 采样,也可以配置到指定的引脚。输出引脚的驱动类型是数字的(注意不是模拟的,这跟输入端不同),可以配置为推挽或开漏,如果是开漏模式一般还要外接上拉电阻。比较器可将测试电压与下面其中的一种电压相比较。

(1) 共用的内部参考电压;

(2) 独立的外部参考电压;

(3) 一个公共的外部参考电压。

图 8-12(a)采用的是内部参考源,测试电压从反相端输入;图 8-12(b)采用外部参考源,

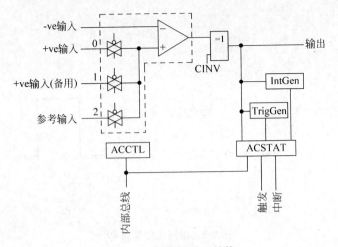

图 8-11 比较器单元结构

一般认为参考电压从同相端输入,而测试电压从反相端输入;图 8-12(c)也是外部参考源,但输出到同相端存在反馈通道,构成迟滞比较器,这能够有效消除寄生在输入信号上的干扰。

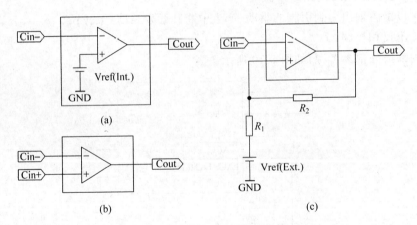

图 8-12 Stellaris 系列 COMP 常见用法

图 8-13 为 COMP 内部参考源结构示意图。参考电压来源于芯片模拟电源引脚 AVDD。在 AVDD 到 GND 之间有 3 组电阻:第 1 组是固定的 $8R$;第 2 组是 15 只相同的 R,并且中间有可编程的抽头,由数值 V_{REF}(范围:0～15)决定;第 3 组是可选择的 $8R$,由 RNG 信号指定。

当 RNG=0,内部参考电压 $U_{REF} = AVDD \times [(V_{REF}+8) \div (8+15+8)]$。如果取 AVDD= 3.3V,则 $U_{REF} = 0.8516+0.1065 \times V_{REF}$。

当 RNG=1,内部参考电压 $U_{REF} = AVDD \times [V_{REF} \div (8+15)]$。如果取 AVDD=3.3V,则 $U_{REF} = 0.1435 \times V_{REF}$。

8.2.3 COMP 库函数

函数 ComparatorConfigure()用来配置一个 COMP,配置的项目包括 ADC 触发方式、

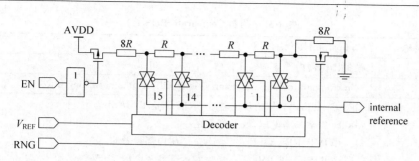

图 8-13　COMP 内部参考源结构图

中断触发方式、电压参考源选择和输出是否需要反相等,参见表 8-35 的描述。

表 8-35　函数 **ComparatorConfigure**()

函数名称	ComparatorConfigure()
功能	模拟比较器配置
原型	void ComparatorConfigure(unsigned long ulBase, unsigned long ulComp, unsigned long ulConfig)
参数	ulBase:模拟比较器模块的基址,取值 COMP_BASE ulComp:模拟比较器编号,取值 0、1 和 2 ulConfig:模拟比较器的配置字,取下列各组值之间的"或运算"组合形式: 　• ADC 触发方式选择 　COMP_TRIG_NONE　　//不触发 ADC 采样 　COMP_TRIG_HIGH　　//当 COMP 输出高电平时触发 ADC 采样 　COMP_TRIG_LOW　　//当 COMP 输出低电平时触发 ADC 采样 　COMP_TRIG_FALL　　//当 COMP 输出下降沿时触发 ADC 采样 　COMP_TRIG_RISE　　//当 COMP 输出上升沿时触发 ADC 采样 　COMP_TRIG_BOTH　　//当 COMP 输出双边沿时触发 ADC 采样 　• 中断触发方式选择 　COMP_INT_HIGH　　//当 COMP 输出高电平时触发中断 　COMP_INT_LOW　　//当 COMP 输出低电平时触发中断 　COMP_INT_FALL　　//当 COMP 输出下降沿时触发中断 　COMP_INT_RISE　　//当 COMP 输出上升沿时触发中断 　COMP_INT_BOTH　　//当 COMP 输出双边沿时触发中断 　• 参考输入电压源选择 　COMP_ASRCP_PIN　　//使用专门的 Comp+引脚作为参考电压 　COMP_ASRCP_PIN0　//使用 Comp0+引脚作为参考电压(对 COMP0 来说 　　　　　　　　　　//等同于 COMP_ASRCP_PIN) 　COMP_ASRCP_REF　　//使用内部产生的参考电压 　• 输出模式选择 　COMP_OUTPUT_NORMAL //比较结果正常地输出到芯片引脚 　COMP_OUTPUT_INVERT　//比较结果反相地输出到芯片引脚 　COMP_OUTPUT_NONE　　//不配置特殊的输出方式(等同于 NORMAL 方式)
返回	无

函数 ComparatorRefSet()用来设置内部参考源的电压值。当然,只有在配置了内部参考源的情况下才起作用,参见表 8-36 的描述。

表 8-36　函数 ComparatorRefSet()

函数名称	ComparatorRefSet()
功能	模拟比较器内部参考电压设置
原型	void ComparatorRefSet(unsigned long ulBase, unsigned long ulRef)
参数	ulBase：模拟比较器模块的基址，取值 COMP_BASE ulRef：内部参考电压，取下列值之一： 　　COMP_REF_OFF　　　　//关闭内部参考源 　　COMP_REF_0V　　　　　//内部参考电压为 0V 　　COMP_REF_0_1375V　　//内部参考电压为 0.1375V 　　COMP_REF_0_275V　　　//内部参考电压为 0.275V 　　COMP_REF_0_4125V　　//内部参考电压为 0.4125V 　　COMP_REF_0_55V　　　//内部参考电压为 0.55V 　　COMP_REF_0_6875V　　//内部参考电压为 0.6875V 　　COMP_REF_0_825V　　　//内部参考电压为 0.825V 　　COMP_REF_0_928125V　//内部参考电压为 0.928125V 　　COMP_REF_0_9625V　　//内部参考电压为 0.9625V 　　COMP_REF_1_03125V　　//内部参考电压为 1.03125V 　　COMP_REF_1_134375V　//内部参考电压为 1.134375V 　　COMP_REF_1_1V　　　　//内部参考电压为 1.1V 　　COMP_REF_1_2375V　　//内部参考电压为 1.2375V 　　COMP_REF_1_340625V　//内部参考电压为 1.340625V 　　COMP_REF_1_375V　　　//内部参考电压为 1.375V 　　COMP_REF_1_44375V　　//内部参考电压为 1.44375V 　　COMP_REF_1_5125V　　//内部参考电压为 1.5125V 　　COMP_REF_1_546875V　//内部参考电压为 1.546875V 　　COMP_REF_1_65V　　　//内部参考电压为 1.65V 　　COMP_REF_1_753125V　//内部参考电压为 1.753125V 　　COMP_REF_1_7875V　　//内部参考电压为 1.7875V 　　COMP_REF_1_85625V　　//内部参考电压为 1.85625V 　　COMP_REF_1_925V　　　//内部参考电压为 1.925V 　　COMP_REF_1_959375V　//内部参考电压为 1.959375V 　　COMP_REF_2_0625V　　//内部参考电压为 2.0625V 　　COMP_REF_2_165625V　//内部参考电压为 2.165625V 　　COMP_REF_2_26875V　　//内部参考电压为 2.26875V 　　COMP_REF_2_371875V　//内部参考电压为 2.371875V
返回	无
备注	只有在用函数 ComparatorConfigure() 配置采用内部参考源（参数 COMP_ASRCP_REF）的情况下本函数设置的参考电压值才会真正起作用

函数 ComparatorValueGet() 用来获取 COMP 的输出状态，参见表 8-37 的描述。

表 8-37　函数 ComparatorValueGet()

函数名称	ComparatorValueGet()
功能	获取模拟比较器的输出值

原型	tBoolean ComparatorValueGet(unsigned long ulBase,unsigned long ulComp)
参数	ulBase：模拟比较器模块的基址，取值 COMP_BASE ulComp：模拟比较器编号，取值 0、1 和 2
返回	模拟比较器输出高电平时返回 true，输出低电平时返回 false

1. 配置与设置

这里不具体描述。

2. 中断控制

函数 ComparatorIntEnable()使能 COMP 的中断,而 ComparatorIntDisable()用来禁止,参见表 8-38 和表 8-39 的描述。

表 8-38　函数 ComparatorIntEnable()

函数名称	ComparatorIntEnable()
功能	使能模拟比较器中断
原型	void ComparatorIntEnable(unsigned long ulBase,unsigned long ulComp)
参数	ulBase：模拟比较器模块的基址，取值 COMP_BASE ulComp：模拟比较器编号，取值 0、1 和 2
返回	无

表 8-39　函数 ComparatorIntDisable()

函数名称	ComparatorIntDisable()
功能	禁止模拟比较器中断
原型	void ComparatorIntDisable(unsigned long ulBase,unsigned long ulComp)
参数	ulBase：模拟比较器模块的基址，取值 COMP_BASE ulComp：模拟比较器编号，取值 0、1 和 2
返回	无

函数 ComparatorIntStatus()用来获取 COMP 的中断状态,而 ComparatorIntClear()用来清除中断状态,参见表 8-40 和表 8-41 的描述。

表 8-40　函数 ComparatorIntStatus()

函数名称	ComparatorIntStatus()
功能	获取模拟比较器的中断状态
原型	tBoolean ComparatorIntStatus (unsigned long ulBase, unsigned long ulComp, tBoolean bMasked)
参数	ulBase：模拟比较器模块的基址，取值 COMP_BASE ulComp：模拟比较器编号，取值 0、1 和 2 bMasked：如果需要获取原始的中断状态，则取值 false 　　　　　如果需要获取屏蔽的中断状态，则取值 true
返回	产生中断时返回 true，没有中断产生时返回 false

表 8-41 函数 ComparatorIntClear()

函数名称	ComparatorIntClear()
功能	清除模拟比较器的中断状态
原型	void ComparatorIntClear(unsigned long ulBase,unsigned long ulComp)
参数	ulBase：模拟比较器模块的基址，取值 COMP_BASE ulComp：模拟比较器编号，取值 0、1 和 2
返回	无

注意：由于 Cortex-M3 处理器包含有一个写入缓冲区，处理器可能需要过几个时钟周期才能真正将中断源清除。因此，建议在中断处理程序中要早些把中断源清除掉（反对在最后才清除中断源）以避免器件在真正清除中断源之前从中断处理程序中返回。操作失败可能会导致再次立即进入中断处理程序（因为 NVIC 仍会把中断源看作是有效的）。

函数 ComparatorIntRegister()和 ComparatorIntUnregister()用来注册或注销 COMP 的中断服务函数，参见表 8-42 和表 8-43 的描述。

表 8-42 函数 ComparatorIntRegister()

函数名称	ComparatorIntRegister()
功能	注册一个模拟比较器的中断服务函数
原型	void ComparatorIntRegister(unsigned long ulBase, unsigned long ulComp, void (*pfnHandler)(void))
参数	ulBase：模拟比较器模块的基址，取值 COMP_BASE ulComp：模拟比较器编号，取值 0、1 和 2
返回	无

表 8-43 函数 ComparatorIntUnregister()

函数名称	ComparatorIntUnregister()
功能	注销模拟比较器的中断服务函数
原型	void ComparatorIntUnregister(unsigned long ulBase,unsigned long ulComp)
参数	ulBase：模拟比较器模块的基址，取值 COMP_BASE ulComp：模拟比较器编号，取值 0、1 和 2
返回	无

编程范例：
如何使用比较器 API 来配置比较器和读出它的值。

```
//配置内部参考电压
ComparatorRefSet(COMP_BASE,COMP_REF_1_65V);

//配置比较器
ComparatorConfigure(COMP_BASE,0,(COMP_TRIG_NONE | COMP_INT_BOTH | COMP_
                    ASRCP_REF | COMP_OUTPUT_NONE));
//
//延时一段时间…
```

```
//读取比较器输出值
ComparatorValueGet(COMP_BASE,0);
```

8.2.4　内部参考源输出驱动 LED 例程

程序清单 8-4 是 COMP 应用内部参考源的例子。外部测试电压从反相端输入,而同相端已经配置为使用内部参考源。函数 CompRefSet() 用来配置所期望的内部参考电压。COMP 输出被配置为引脚驱动,此时要注意驱动类型应当配置为数字的推挽或开漏模式,而不能直接使用函数 GPIOPinTypeComp() 对输出引脚进行配置。因此特意发明了两个CompOut 配置函数,一个为推挽,一个为开漏,供用户选择。

在调试例程时,可以用 3.3V 电位器输出连接到 COMP 的反相输入引脚,而 COMP 输出引脚接 LED(要有限流电阻)。程序运行后,来回旋动电位器时,在特定的一个位置 LED的亮灭状态会发生反转。

程序清单 8-4　COMP 例程:内部参考源输出驱动 LED

```
# include "systemInit.h"
# include <comp.h>

# define C0O_PORT              GPIO_PORTB_BASE
# define C0O_PIN               GPIO_PIN_5

# define C0_MINUS_PORT         GPIO_PORTB_BASE
# define C0_MINUS_PIN          GPIO_PIN_4

# define C0_PLUS_PORT          GPIO_PORTB_BASE
# define C0_PLUS_PIN           GPIO_PIN_6

# define C0_MINUS_PERIPH       SYSCTL_PERIPH_GPIOB
# define C0O_PERIPH            SYSCTL_PERIPH_GPIOB

//将较长的标识符定义成较短的形式
# define GPIOPinTypeComp       GPIOPinTypeComparator
# define CompConfig            ComparatorConfigure
# define CompRefSet            ComparatorRefSet


//模拟比较器输出配置为推挽模式
void GPIOPinTypeCompOutSTD(unsigned long ulPort,unsigned char ucPins)
{
    GPIODirModeSet(ulPort,ucPins,GPIO_DIR_MODE_HW);
    GPIOPadConfigSet(ulPort,ucPins,GPIO_STRENGTH_2MA,GPIO_PIN_TYPE_STD);
}


//模拟比较器输出配置为开漏模式(需要外接上拉电阻)
void GPIOPinTypeCompOutOD(unsigned long ulPort,unsigned char ucPins)
{
    GPIODirModeSet(ulPort,ucPins,GPIO_DIR_MODE_HW);
```

```
        GPIOPadConfigSet(ulPort, ucPins, GPIO_STRENGTH_2MA, GPIO_PIN_TYPE_OD);
    }


    //模拟比较器初始化
    void compInit(void)
    {
        SysCtlPeriEnable(SYSCTL_PERIPH_COMP0);              //使能 COMP 模块

        SysCtlPeriEnable(C0_MINUS_PERIPH);                 //使能反相输入所在的 GPIO
        GPIOPinTypeComp(C0_MINUS_PORT, C0_MINUS_PIN);      //配置相关引脚为 COMP 功能

        SysCtlPeriEnable(C0O_PERIPH);                      //使能 COMP 输出所在的 GPIO
        GPIOPinTypeCompOutSTD(C0O_PORT, C0O_PIN);          //配置为推挽驱动输出

        CompRefSet(COMP_BASE, COMP_REF_1_65V);            //配置内部参考电压

        //模拟比较器配置
        CompConfig(COMP_BASE, 1, COMP_TRIG_NONE |          //不触发 ADC 采样
                               COMP_ASRCP_REF |            //选择内部参考源
                               COMP_OUTPUT_INVERT);        //输出反相
    }


    //主函数(程序入口)
    int main(void)
    {
        clockInit();                                       //时钟初始化:晶振,6MHz
        compInit();                                        //模拟比较器初始化

        //模拟比较器可以直接控制接在输出引脚的 LED(应串联限流电阻)

        for (;;)
        {
        }
    }
```

　　程序代码的重点是 compInit()函数,主要实现了模拟比较器的初始化,包括使能 COMP 模块,配置引脚位 COMP 功能,配置内部参考电压,最后关键函数是模拟比较器的配置 CompConfig()。

8.2.5　外部参考源输出触发中断实例

　　程序清单 8-5 给出了 COMP 输出触发中断例子。在程序中,并没有配置 COMP 的输出驱动引脚,因此 COMP 的输出信号仅仅是芯片内部有效。在 COMP 的配置里,选择外部参考源,因此反相输入端和同相输入端要接两路不同的模拟信号输入。当输出触发中断时,在中断服务函数里读取 COMP 输出状态,并反映到一个 LED 上。

程序清单 8-5　COMP 例程：外部参考源输出触发中断

```
# include "systemInit.h"
# include <comp.h>


# define C0O_PORT              GPIO_PORTB_BASE
# define C0O_PIN               GPIO_PIN_5

# define C0_MINUS_PORT         GPIO_PORTB_BASE
# define C0_MINUS_PIN          GPIO_PIN_4

# define C0_PLUS_PORT          GPIO_PORTB_BASE
# define C0_PLUS_PIN           GPIO_PIN_6

# define C0_MINUS_PERIPH       SYSCTL_PERIPH_GPIOB
# define C0_PLUS_PERIPH        SYSCTL_PERIPH_GPIOB
# define C0O_PERIPH            SYSCTL_PERIPH_GPIOB


//将较长的标识符定义成较短的形式
# define GPIOPinTypeComp       GPIOPinTypeComparator
# define CompConfig            ComparatorConfigure
# define CompRefSet            ComparatorRefSet
# define CompValueGet          ComparatorValueGet
# define CompIntEnable         ComparatorIntEnable
# define CompIntStatus         ComparatorIntStatus
# define CompIntClear          ComparatorIntClear


//定义 LED
# define LED_PERIPH            SYSCTL_PERIPH_GPIOF
# define LED_PORT              GPIO_PORTF_BASE
# define LED_PIN               GPIO_PIN_2


//LED 初始化
void ledInit(void)
{
    SysCtlPeriEnable(LED_PERIPH);                   //使能 LED 所在的 GPIO 端口
    GPIOPinTypeOut(LED_PORT,LED_PIN);               //设置 LED 所在的引脚为输出
    GPIOPinWrite(LED_PORT,LED_PIN,0xFF);            //熄灭 LED
}


//模拟比较器初始化
void compInit(void)
{
    SysCtlPeriEnable(SYSCTL_PERIPH_COMP0);   //使能 COMP 模块

    SysCtlPeriEnable(C0_MINUS_PERIPH);              //使能反相输入所在的 GPIO
```

```
        GPIOPinTypeComp(C0_MINUS_PORT,C0_MINUS_PIN);          //配置相关引脚为 COMP 功能

        SysCtlPeriEnable(C0_PLUS_PERIPH);                      //使能同相输入所在的 GPIO
        GPIOPinTypeComp(C0_PLUS_PORT,C0_PLUS_PIN);            //配置相关引脚为 COMP 功能

        //模拟比较器配置
        CompConfig(COMP_BASE,0,COMP_TRIG_NONE |               //不触发 ADC 采样
                              COMP_INT_BOTH |                 //选择中断触发模式
                              COMP_ASRCP_PIN |               //选择 V+引脚作为参考源
                              COMP_OUTPUT_NORMAL);           //输出正常

        CompIntEnable(COMP_BASE,0);                           //使能 COMP 输出中断
        IntEnable(INT_COMP0);                                 //使能 COMP 模块中断
        IntMasterEnable();                                    //使能处理器中断
    }


//主函数(程序入口)
int main(void)
{
    clockInit();                                             //时钟初始化:晶振,6MHz
    ledInit();                                               //LED 初始化
    compInit();                                              //模拟比较器初始化

    for ( ; ; )
    {
    }
}


//模拟比较器 0 中断服务函数
void Analog_Comparator_0_ISR(void)
{
    unsigned long ulStatus;

    ulStatus=CompIntStatus(COMP_BASE,0,true);                //读取中断状态
    CompIntClear(COMP_BASE,0);                               //清除中断状态

    if (ulStatus)
    {
        if (CompValueGet(COMP_BASE,0))
        {
            GPIOPinWrite(LED_PORT,LED_PIN,0x00);             //点亮 LED
        }
        else
        {
            GPIOPinWrite(LED_PORT,LED_PIN,0xFF);             //熄灭 LED
        }
    }
```

这个案例主要使用了模拟比较器的中断操作,在中断里实现 LED 灯的控制。程序的核心还是模拟比较器初始化函数 compInit( ),通过对比较器配置函数 CompConfig(COMP_BASE,0,COMP_TRIG_NONE | COMP_INT_BOTH | COMP_ASRCP_PIN | COMP_OUTPUT_NORMAL),实现不触发 ADC 采样,选择中断触发模式,选择 V+引脚作为参考源以及输出正常等操作。

小　　结

本章主要介绍了脉冲宽度调制和模拟比较器两个模块,包括 PWM 总体特性,PWM 功能概述和 PWM 库函数,然后给出了产生两路 PWM 信号的实例和产生两路带死区的 PWM 实例。对于模拟比较器,介绍了电压比较器的概念,COMP 的功能、COMP 的库函数,最后给出了内部参考源输出驱动 LED 灯以及外部参考源输出触发中断的例程。

思　考　题

1. 如何使用定时器 PWM 模式输出占空比为 20% 的 PWM 信号。

2. 如何用脉冲宽度调制(Pulse Width Modulation,PWM)输出占空比为 20% 的 PWM 信号。

3. 分析使用定时器 PWM 和专门的 PWM 模块产生 PWM 程序上的主要区别。

4. Stellaris 系列的模拟比较器有什么特点?

5. Stellaris 系列的模拟比较器有几种常见用法?

第9章 CAN 接口应用

9.1 CAN 总线简介

CAN(Controller Area Network)是一种先进的串行通信协议,它最初是为解决汽车中众多的控制与测试仪器之间的数据交换而开发的一种串行数据通信总线,属于现场总线范畴。1993 年 CAN 总线成为国际标准(ISO 11898:道路车辆的高速控制局域网数字信息交换标准),它有效支持分布式控制及实时控制,并采用了带优先级的 CSMA/CD 协议对总线进行仲裁。因此,CAN 总线允许多站点同时发送,这样,既保证了信息处理的实时性,又使得 CAN 总线网络可以构成多主从结构的系统,保证了系统的可靠性。另外,CAN 采用短帧结构,且每帧信息都有校验及其他检错措施,保证了数据的实时性和低传输出错率。

一个由 CAN 总线构成的单一网络中,理想情况下可以挂接任意多个节点,实际应用中节点的数目受网络硬件的电气特性限制。例如使用 Philips 的 P82C250 作为 CAN 收发器时,同一网络中允许挂接 110 个节点。CAN 可以提供 1Mb/s 的数据传输速率,虽然相对于以太网,这并不算高,但这足以使实时控制变得非常容易,而且 CAN 总线是一种多主从方式的串行通信总线。它的基本设计规范中要求较高的位速率、抗电磁干扰性,并可以检测出任何错误。

CAN 总线能使用多种物理介质进行传输,如双绞线和光纤等,最常用的就是双绞线。总线信号使用差分电压传送,两条信号被称为 CAN_H 和 CAN_L,静态时均为 2.5V 左右,此时的状态为逻辑 1,称之为"隐性"。用 CAN_H 比 CAN_L 高表示逻辑"0",称之为"显性",此时通常电压值 CAN_H=3.5V 和 CAN_L=1.5V。当显性位和隐性位同时发送时,最后总线数值将为显性。正是这种线与特性为 CAN 总线的仲裁奠定了基础。

9.2 CAN 的分层结构及通信协议

9.2.1 CAN 的分层结构

CAN 遵从 OSI 模型,按照 OSI 基准模型,CAN 结构划分为两层:数据链路层和物理层。

(1) 数据链路层可划分为以下两部分。

① 逻辑链路层控制(Logic Link Control,LLC);

功能:帧接收滤波,超载通告和恢复管理。

② 媒体访问控制(Medium Access Control,MAC);

功能：发送和接收，完全独立工作。

（2）物理层可划分为以下几部分。

① 物理信令（Physical Signalling，PLS）；

功能：实现与位表示、定时和同步相关的功能。

② 物理媒体附属装置（Physical Medium Attachment，PMA）；

功能：PMA 实现总线发送/接收的功能电路并提供总线故障检测方法。

③ 媒体相关接口（Medium Dependent Interface，MDI）。

功能：MDI 实现物理媒体和 MAU 之间机械和电气接口。

9.2.2　CAN 的通信协议

CAN 总线的 1 个位定时可分为 4 部分：同步段、传播段、相位段 1 和相位段 2。每段的时间份额的数目可以通过 CAN 总线控制器编程控制，而时间份额的大小 t_q 由系统时钟 t_{sys} 和波特率预分频值 BRP 决定：$t_q = \dfrac{BRP}{t_{sys}}$，图 9-1 说明了 CAN 总线的一个位定时的各组成部分。

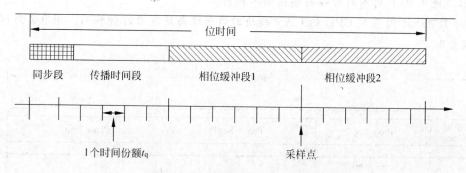

图 9-1　CAN 总线的 1 个位时间段

- 同步段（Sync_Seg）——用于同步总线上的各个节点，在此段内期望有一个跳变沿出现（其长度固定）。如果跳变沿出现在同步段 Sync_Seg 之外，那么它与同步段 Sync_Seg 之间的长度叫做沿相位误差。采样点位于相位缓冲段 1 的末尾和相位缓冲段 2 开始处。
- 传播时间段（Prop_Seg）——用于补偿总线上传播时间和电子控制设备内部的延迟时间。它是信号在总线上的传播时间、接收电路延时及总线驱动器延时总和的 2 倍。因此要实现与位流发送节点的同步，接收节点必须移相。CAN 总线非破坏性仲裁特性规定，发送位流的总线节点必须能收到同步位流的 CAN 总线节点发送的显性位。
- 相位缓冲段 1（Phase_Seg1）——重同步时可以暂时延长。重同步发生在报文位流发送期间，每一个隐性位到显性位跳变沿后。
- 相位缓冲段 2（Phase_Seg2）——重同步时可以暂时缩短。

上述几个部分的设定与 CAN 总线的同步、仲裁等信息有关，其主要思想是要求各个节点在一定误差范围内保持同步。必须考虑各个节点时钟（振荡器）的误差和总线的长度带来的延迟（通常每米延迟为 5.5ns）。正确地设置 CAN 总线各时间段是保证 CAN 总线良好工作的关键。

通过对 CAN 位定时寄存器 CANBIT 及 CAN 波特率预分频扩展寄存器 CANBRPE 的设置可以得到需要的 CAN 通信波特率。

CAN 位定时配置中的细微错误不会立即造成故障，但会大大地降低 CAN 网络的性能。在许多情况下，CAN 位同步会修改 CAN 位定时的错误配置，使之控制偶然产生错误帧。但是在仲裁时，当两个或两个以上 CAN 节点同时试图发送帧时，采样点位置不当可能会使得其中一个发送器变成错误认可(Error Passive)状态。对于这种偶发错误的分析，必须要详细了解 CAN 节点内的 CAN 位同步以及 CAN 节点对 CAN 总线的相互作用。

CAN 的位定时配置不当，将使得 CAN 模块无法按照目标波特率接入 CAN 网络，将导致 CAN 节点无法正常通信。因此，使用 CAN 模块必须熟悉几个跟位定时配置相关的知识点。

1. 位定标和位速率

注：

(1) LM3S2000 系列、LM3S8000 系列 CPU 的 CAN 模块时钟为：使用 PLL 时固定为 8MHz，不使用 PLL 时则与外接的晶振频率相同；

(2) LM3S5000 系列 CPU 的 CAN 模块时钟始终与处理器时钟相同。图 9-2 为位定时的时间分配。

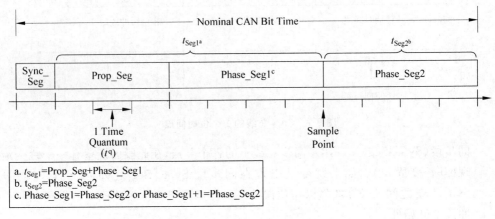

a. t_{Seg1}=Prop_Seg+Phase_Seg1
b. t_{Seg2}=Phase_Seg2
c. Phase_Seg1=Phase_Seg2 or Phase_Seg1+1=Phase_Seg2

图 9-2　位定时的时间分配

位定时配置的编程是由 CANBIT 寄存器中的两个寄存器字节来完成的。Prop_Seg 与 Phase_Seg1(作为 TSEG1)和与 Phase_Seg2(作为 TSEG2)组合成 1 个字节，而 SJW 和 BRP 组合成另一个字节。表 9-1 描述了 CAN 协议要求的最小可编程范围。

表 9-1　位定时器参数

参　　数	范　　围	说　　明
BRP	[1…32]	定义时间份额的长度
Sync_Seg	$1t_q$	固定长度，总线输入与系统时钟同步
Prog_Seg	[1…8]t_q	补偿物理延时时间
Phase_seg1	[1…8]t_q	可通过同步暂时延长
Phase_seg2	[1…8]t_q	可通过同步暂时缩短
SJW	[1…4]t_q	不能比任何一相位缓冲段长

在这些位定时寄存器中,TSEG1、TSEG2、SJW 和 BRP 四个位域必须编程为一个小于其函数值的数字值,所以其值不属于$[1\cdots n]$范围,而属于$[0\cdots n-1]$范围。那样的话,例如: SJW($[1\cdots4]$的函数范围)只用两个位来表示。因此,位时间的长度是(编程值):

$$[TSEG1 + TSEG2 + 1]\ t_q$$

或(函数值):

$$[Sync\_Seg + Prop\_Seg + Phase\_Seg1 + Phase\_Seg2]\ t_q$$

位定时寄存器中的数据是 CAN 协议控制器的配置输入。波特率预分频器(由 BRP 配置)决定时间份额(位时间的基本时间单元)的长度;位定时逻辑(由 TSEG1、TSEG2 和 SJW 配置)决定位时间内时间份额的数目。

2. 位定时参数的计算

通常,位时序配置的计算从目标位速率或位时间开始。作为结果的位时间(1/位速率)必须是系统时钟周期的整数倍。

位时间可由 4～25 个时间份额组成。通过不同的组合可得到目标位时间,允许重复以下步骤。

要定义的第一部分位时间是 Prop_Seg。其长度视系统测量的延迟时间而定。必须为可扩展的 CAN 总线系统定义最大的总线长度和最大的节点延迟。Prop_Seg 的结果时间被转换成时间份额(取过剩近似值,调高至 t_q 的整数倍)。

Sync_Seg 是 1 t_q 长(固定的),两个相位缓冲段为(位时间 － Prop_Seg － 1) t_q。如果剩余的 t_q 是偶数,那么相位缓冲段的长度相同,即 Phase_Seg2＝Phase_Seg1,否则 Phase_Seg2＝Phase_Seg1 ＋ 1。

还必须考虑 Phase_Seg2 的最小额定长度。Phase_Seg2 不能比 CAN 控制器的信息处理时间(在$[0\cdots2]$ t_q 范围内,视实际的执行情况而定)短。

同步跳转宽度的长度被设置为最大值,是 4 和 Phase_Seg1 之中的最小值。

将结果配置写入 CAN 位定时(CANBIT)寄存器:

((TSeg2－1)<<12)|((TSeg1－1)<<8)|((同步跳转宽度－1)<<6)|(预分频－1)

9.2.3　CAN 范例分析

1. 范例:高波特率的位定时

在这个实例中,CAN_CLK 的频率为 10MHz,BRP 为 0,而位速率为 1Mb/s。

(1) 总线驱动器的延迟为 50ns;

(2) 接收电路的延迟为 30ns;

(3) 总线线路(40m)的延迟为 220ns。

$$t_q = t_{CAN\_CLK} = 100ns\ t_{bit} = 1000ns = 10t_q$$

① $$t_{Prop} = (220 + 30 + 50) \times 2 = 600ns = 6t_q$$

② $$t_{Sync\_Seg} = 1t_q$$

③ 因为:

$$t_{bit} = Sync\_Seg + Prop\_Seg + Phase\_Seg1 + Phase\_Seg2$$

所以:

$$\text{Phase\_Seg2}^a = (t_{\text{bit}} - t_{\text{Sync\_Seg}} - t_{\text{Prop}} + 1t_q)/2 = 2t_q(\text{以 } t_q \text{ 为单位,整除运算})$$

$$\text{Phase\_Seg1} = (t_{\text{bit}} - t_{\text{Sync\_Seg}} - t_{\text{Prop}})/2 = 1t_q(\text{以 } t_q \text{ 为单位,整除运算})$$

$$t_{\text{SJW}}^a = \min(4, \text{Phase\_Seg1})t_q = 1t_q$$

④
$$t_{\text{TSeg1}} = t_{\text{Prop}} + \text{Phase\_Seg1} = 7t_q$$

$$t_{\text{TSeg2}} = \text{Phase\_Seg2} = 2t_q$$

注:Sync_Seg 是 $1t_q$ 长(固定的),两个相位缓冲段为(位时间$-$Prop_Seg-1)t_q。如果剩余的 t_q 是偶数,那么相位缓冲段的长度相同,即 Phase_Seg2=Phase_Seg1,否则 Phase_Seg2=Phase_Seg1 $+$ 1。t_{SJW} 的长度被设置为最大值,是 4 和 Phase_Seg1 之中的最小值。

在上述实例中,串联的位时间参数是$((2-1)<<12)|((7-1)<<8)|((1-1)<<6)|(1-1)$,得到 CANBIT 应被编程为 0x1600。

2. 范例:低波特率的位定时

在该实例中,CAN_CLK 的频率为 2MHz,BRP 为 1,位速率为 100kb/s。

(1) 总线驱动器的延迟为:200ns;

(2) 接收电路的延迟为:80ns;

(3) 总线线路(40m)的延迟为:200ns。

$$t_q = 2 \times t_{\text{CAN\_CLK}} = 1\mu s$$

$$t_{\text{bit}} = 10\mu s = 10t_q$$

① $$t_{\text{Prop}} = (200+80+200) \times 2 - 960\text{ns} \approx 1\mu s = 1t_q(\text{调高至 } t_q \text{ 的整数倍})$$

② $$t_{\text{Sync\_Seg}} = 1t_q$$

③
$$\text{Phase\_Seg2} = (t_{\text{bit}} - t_{\text{Sync\_Seg}} - t_{\text{Prop}} + 1t_q)/2 = 4t_q$$

$$\text{Phase\_Seg1} = (t_{\text{bit}} - t_{\text{Sync\_Seg}} - t_{\text{Prop}})/2 = 4t_q$$

$$t_{\text{SJW}} = \min(4, \text{Phase\_Seg1})t_q = 4t_q$$

④
$$t_{\text{TSeg1}} = t_{\text{Prop}} + \text{Phase\_Seg1} = 5t_q$$

$$t_{\text{TSeg2}} = \text{Phase\_Seg2} = 4t_q$$

在该实例中,串联的位时间参数是$((4-1)<<12)|((5-1)<<8)|((4-1)<<6)|(2-1)$,并且 CANBIT 应被编程为 0x34C1。

按照 CAN2.0B 协议规定,CAN 总线的帧数据为如图 9-3 所示的两种格式:标准格式和扩展格式。作为嵌入式 CAN 节点,一般应支持上述两种格式。标准帧仲裁场 11 位 ID 和扩展帧的仲裁场 29 位 ID。

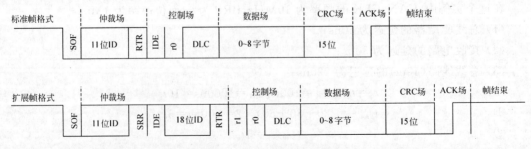

图 9-3　CAN 总线数据帧格式

9.3　CAN 总线接口应用电路

9.3.1　嵌入式处理器上扩展 CAN 总线接口

因为 CAN 总线是通用现场总线标准,对于一些面向工业控制的处理器,本身就集成了一个或多个 CAN 总线控制器,例如 Hynix 公司的 HMS30C7202,带有两个 CAN 控制器;而 Philips 公司的 LPC2194 和 LPC2292 都带有多个 CAN 总线控制器及本书讲到的 LM3S8962。CAN 总线控制器主要是完成时序逻辑转换等工作,要在电气特性上满足 CAN 总线标准,还需要一个电气转换芯片,用它来实现 TTL 电平到 CAN 总线电平特性的转换,这就是 CAN 收发器,即 CAN 总线的物理层芯片。

实际上多数嵌入式处理器都不带 CAN 总线控制器。在嵌入式处理器的外部总线上扩展 CAN 总线接口控制器是最通用的方案。常用的 CAN 总线接口控制器主要有 Philips 公司的 SJA1000 和 Microchip 公司的 MCP251x 系列(MCP2510 和 MCP2515),这两种 CAN 控制器都支持 CAN2.0B。

SJA1000 是 51 时代的产物,其总线使用的是地址线与数据线复用的方式,在 Intel 8051 兼容的总线上可以很方便地扩展,而不需要单独的锁存器。但是当前嵌入式处理器外部总线多数是地址线和数据线分开(而不是复用)的结构,即常说的 Host Bus 结构。使用 SJA1000 作为扩展,通常需要通过一些逻辑,可从嵌入式处理器引出的总线信号转换为 SJA1000 的总线接口。每次对 SJA1000 操作时,需要先后写入地址和数据 2 次的数据。

上述使用 SJA1000 扩展 CAN 总线的方法接口比较复杂,而且主流的嵌入式处理器为了降低系统的功耗,很少采用 5V 逻辑,但是 SJA1000 使用的是 5V 的逻辑。因此在系统设计过程中,还需要考虑电平兼容的问题,结果导致功耗和成本的降低,可靠性也降低。因此本节采用 Microchip 公司的 MCP2510 CAN 总线控制器进行 CAN 节点的开发。

9.3.2　CAN 总线接口应用电路

图 9-4 为 MCP2510 组成的嵌入式 CAN 节点。

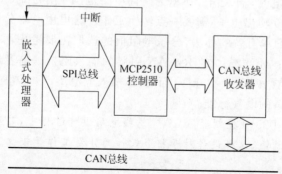

图 9-4　MCP2510 组成的嵌入式 CAN 节点

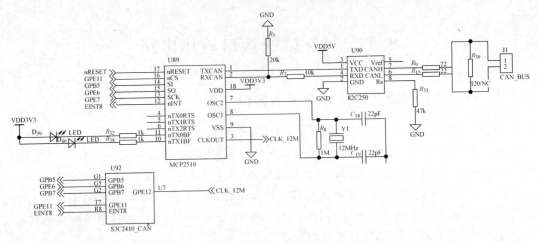

图 9-5　采用 SPI 方式的 CAN 总线接口电路

在图 9-5 这个电路中，MCP2510 使用的是 3.3V 电压供电，它可以直接与嵌入式微处理器通过 SPI 连接，相关资源如下。

(1) 使用一个通用 I/O 口（GPE1）作为片选信号，低电平有效。

(2) 用处理器的外部中断 EINT8 作为中断引脚，低电平有效。

(3) 12MHz 晶振作为输入时钟，MCP2510 内部有振荡电路，用晶振可直接起振。

(4) 使用 PCA82C250 作为 CAN 总线收发器。

(5) CLKOUT 引脚作为带可编程预分频器的时钟输出引脚，用于测试。

(6) nRX0BF 和 nRX1BF 作为通用数字输出引脚用于点亮 LED，进行程序运行测试。

但是从这里我们看到一个问题，PCA82C250 必须使用 5V 供电，这就到来了电平兼容的麻烦，幸运的是 MCP2510 和 PCA82C250 连接的两个信号都是单向的信号。对于MCP2510，TxCAN 是输出信号，RxCAN 是输入信号。只需要单向满足 I/O 的电气特性即可。即

(1) 从 MCP2510 输出的 TxCAN 信号是否可以满足 PCA82C250 的输入电平。PCA82C250 为 5V 供电时，输入高电平 V_{IH} 范围为 2～5.3V；而 3.3V 供电的 MCP2510 输出的 TxCAN 信号高电平 V_{OH} 最小值为 2.6V，这满足要求。

(2) 从 PCA82C250 输出的 RxD 信号是否可以满足 MCP2510 的输入电平？当MCP2510 用 3.3V 供电时，输入信号 RxCAN 高电平范围 V_{1H} 为 2～4.3V。这并不能满足5V 逻辑的 PCA82C250 输出电平，需要一点转换工作。这里用电阻分压的方法实现单向的电平转换。这是一种简单有效的办法，分压电阻值的选取需要考虑两个问题：PCA82C250输出信号的驱动能力；MCP2510 的 RxCAN 引脚的输入阻抗。前者最多可输入 15mA 的电流，这足以驱动 10kΩ＋20kΩ＝30kΩ；而后者，输入电流 I_{L1} 不会超过 5μA，因此上述电路可以满足各个芯片接口的电气标准。

注意：在使用 MCP2510 控制器做 CAN 总线电路设计过程中，若处理器含有 SPI 总线，一般应直接使用 SPI 总线，这样设计对于整个软件的开发工作量较少。

9.3.3　收发器隔离电路设计

TI 公司的 LM3S2000/8000/5000 系列 ARM Cortex-M3 处理器内建 1～3（详细配置请

参考芯片手册)路 CAN 控制器,可同时支持多个 CAN 总线的操作,使器件可用作网关、开关、工业或汽车应用中多个 CAN 总线的路由器。如图 9-6 所示,给出了一个基于 LM3S2016 的 CAN 节点电路,对于 LM3S2016 芯片,最小系统需要两组电源、复位电路、晶振电路。该电路中采用了隔离 CAN 收发器模块,以确保在 CAN 总线遭受严重干扰时控制器能够正常运行。如图 9-7 所示为 CTM1050 与 LM3S2016 连接原理图,该电路采用了隔离 CAN 收发器模块。

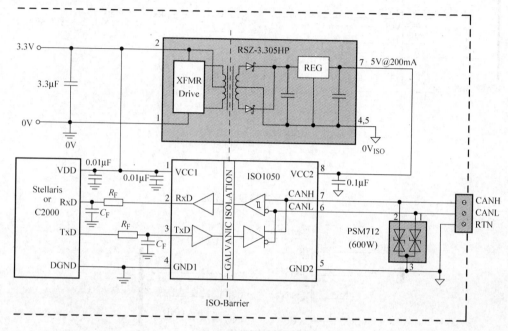

图 9-6　CAN 总线隔离

在以往的设计中,一般可以采用两个高速光耦(6NI37),实现电气上的隔离,一个电源隔离模块(+5V 转+5V)实现电源上的隔离,还需要计算电阻值的大小才能搭建出合理的收发器隔离电路。需要注意的是仅有高速光电耦合器,却没有电源上的隔离,此时的隔离将失去意义,如图 9-7 所示。由于这种方式存在着体积偏大,成本偏高,采购不便等缺点,因此采用了一款隔离 CAN 收发器模块见图 9-8 介绍。

CTM 系列模块是集成电源隔离、电气隔离、CAN 收发器和 CAN 总线保护于一体的隔离 CAN 收发器模块,该模块 TxD、RxD 引脚兼容+3.3V 及+5V 的 CAN 控制器,不需要外接其他元器件,直接将+3.3V 或+5V 的 CAN 控制器发送、接收引脚与 CTM 模块的发送、接收引脚相连接! 有了隔离 CAN 收发器,就可以很好地实现 CAN-bus 总线上各节点电气、电源之间完全隔离和独立,提高了节点的稳定性和安全性。

CTM 系列隔离 CAN 收发器共有 8 个型号,带"T"后缀表示内部集成双 TVS 总线保护元件,可以较多地避免由于浪涌、干扰引起的总线错误或元件故障。

如图 9-9 所示,当该节点处于网络终端时,电阻 R_{T2} 是必需的,该电阻阻值为 120Ω,称为终端电阻。当选择屏蔽电缆线时,屏蔽电缆线的屏蔽层可接 FGND 引脚,也可以将屏蔽层单点接地,其中 R_{C1} 及 C_{R1} 为耐高压的电阻和电容,具有滤波等作用。屏蔽层连接示例如图 9-10 所示。

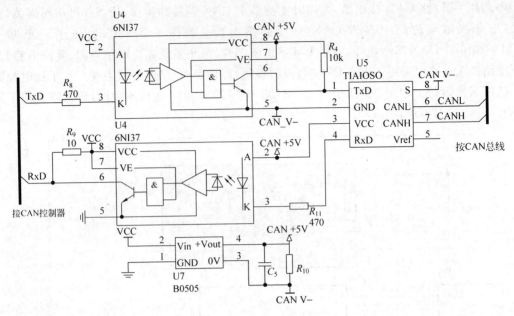

图 9-7　常规设计方案

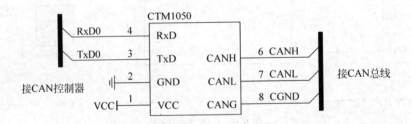

电源模块、高速隔离、CAN收发器、总线保护于一体

图 9-8　隔离 CAN 收发器模块（CTM Module）

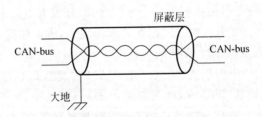

图 9-9　屏蔽链接图 1

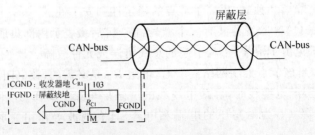

图 9-10　屏蔽链接图 2

9.4　CAN 模块特性及驱动库函数

Stellaris® CAN 模块具有以下特性：

- 支持 CAN2.0 A/B 协议；
- 位速率可编程（高达 1Mb/s）；
- 具有 32 个报文对象；
- 每个报文对象都具有自己的标识符屏蔽码；
- 包含可屏蔽中断；
- 在时间触发的 CAN(TTCAN)应用中禁止自动重发送模式；
- 自测试操作具有可编程的回环模式；
- 具有可编程的 FIFO 模式；
- 数据长度从 0 到 8 字节；
- 通过 CAN0Tx 和 CAN0Rx 引脚与外部 CAN PHY 无缝连接。

Stellaris® Peripheral Driver Library 为用户提供了完整可靠的 CAN 通信底层 API 函数，用户通过调用 API 函数即可完成 CAN 控制器配置、报文对象配置及 CAN 中断管理等 CAN 模块开发工作。CAN API 提供了应用所需要用来实施一个中断驱动 CAN 堆栈的全部函数。我们能使用这些函数控制 Stellaris 微控制器的任何一个可用的 CAN 端口，并且函数不会因为一个端口使用而与其他端口造成冲突。

默认时 CAN 模块被禁止，因此在调用任何其他的 CAN 函数前，必须要先调用 CANInit()函数。这样就能在使能 CAN 总线上的控制器前把报文对象初始化到一个安全的状态。同样，在使能 CAN 控制器前，必须要对位时序值进行编程。在位时序值被编程为一个恰当的值时，应该要调用 CAN 总线的 CANSetBitTiming()函数。一旦调用完这两个函数，那么就可使用函数 CANEnable()将 CAN 控制器使能，如有需要，稍后则可使用函数 CANDisable()将其关闭。调用函数 CANDisable()并不会重新初始化一个 CAN 控制器，因此我们可以使用它来暂时把 CAN 控制器从总线上移除。

CAN 控制器具有很高的可配置性并且包含 32 个报文对象，在某些条件下这些报文对象能被编程为自动发送和接收 CAN 报文。报文对象允许应用程序自动执行一些操作而无须与微控制器进行交互。以下是这些操作的一些范例。

（1）立即发送一个数据帧；

（2）当在 CAN 总线上发现(Seen)一个正在匹配的远程帧时，发送一个数据帧；

（3）接收一个特定的数据帧；

（4）接收与某个标识符样式匹配的数据帧。

为了把报文对象配置成可以执行这些操作中的任何一个操作，应用程序必须首先要使用 CANMessageSet()来设置 32 个报文对象中的其中一个报文对象。这个函数能把一个报文对象配置成可以发送数据或接收数据。每一个报文对象可以被配置成在发送或接收 CAN 报文时产生中断。当从 CAN 总线接收到数据时，应用程序可以使用 CANMessageGet()函数读取到所接收到的报文。同样这个函数也能读取这样一个报文：

在改变报文对象的配置前,报文已被配置以便定位一个报文结构。使用这个函数读取报文对象也将会清除任何报文对象中正在挂起的中断。

32个报文对象是相同的,优先级除外。最小编号的报文对象具有最高的优先级。优先级以两种方式影响着操作。第一种,如果在同一时间准备好多个操作,那么具有最高优先级的报文对象将会首先发生。第二种,多个报文对象正在挂起中断时,那么在读取中断状态时,具有最高优先级的报文对象将会首先出现。由应用负责把32个报文对象作为一个源来管理并确定分配和释放它们的最佳途径。CAN控制器在下列条件下能够产生中断:

(1) 当任何一个报文对象发送一个报文时;

(2) 当任何一个报文对象接收一个报文时;

(3) 在警告条件如一个错误计数器达到了限值或出现多个总线错误时;

(4) 在控制器错误条件如进入总线关闭状态时。

为了能对CAN中断做出处理,必须要安装一个中断处理程序。如果需要一个动态中断配置,那么可以使用CANIntRegister()来注册中断处理程序。这将会把向量表放置在一个基于RAM的向量表中。然后,如果应用程序使用Flash中的预载向量表,那么CAN控制器处理程序应该处于向量表中的恰当位置。在这种情况下,不需要使用CANIntRegister(),但将要使用IntEnable()函数来使能在主处理器主机中断控制器的中断。使用CANIntEnable()函数就可使能模块中断,而CANIntDisable()函数则可关闭模块中断。一旦CAN中断使能,只要触发一个CAN中断,那么就将调用中断处理程序。通过使用CANIntStatus()函数,处理程序就能确定是由哪一个条件而引起的中断。当一个中断发生时,多个条件被挂起。因此处理程序必须被设计成在退出前对全部挂起的中断条件进行处理。在退出处理程序前,必须清除每一个中断条件。清除中断条件有两种方法。CANIntClear()函数将会清除一个特定的中断条件而无须进行处理程序所要求的进一步操作。但是,处理程序也能通过执行某些操作来清除中断条件。如果中断为一个状态中断,那么通过使用CANStatusGet()读取状态寄存器就可以清除中断。如果中断是由其中一个报文对象引起的,那么使用CANMessageGet()读取报文对象就可将其清除。

这里有几种状态寄存器能帮助应用程序对控制器进行管理。CANStatusGet()函数能读取状态寄存器。其中有一个控制器状态寄存器能提供总的状态信息如错误或警告条件。同样也有几个状态寄存器在使用32位状态映射(一位代表着一个报文对象)时能立即提供参考报文对象的全部信息。这些状态寄存器能确定:

(1) 哪些报文对象未对所接收到的数据进行处理;

(2) 哪些报文对象正在挂起发送请求;

(3) 哪些报文对象被分配为使用。

使用Stellaris® Peripheral Driver Library提供的API函数开发CAN模块应用,必须了解相关的数据结构及枚举类型,下面就先介绍CAN模块API函数所涉及的数据结构及枚举类型。

9.4.1　数据结构

1. tCANBitClkParms

tCANBitClkParms是CAN位时钟设置参数的结构类型,其原型定义如程序清单9-1

所示。

程序清单 9-1　　tCANBitClkParms 结构原型

```
typedef struct
{
unsigned int uSyncPropPhase1Seg;    //这个成员用于保存位时间中的传输段及相位缓冲段 1 的和,
                                    //取值范围 2~16
unsigned int uPhase2Seg;            //这个成员用于保存位时间中的相位缓冲段 2 的值, 取值范围
                                    //为 1~8
unsigned int uSJW;                  //这个成员用于保存位时间中的同步跳转宽度,取值范围 1~4
unsigned int uQuantumPrescaler;     //CAN 波特率预分频值,取值范围为 1~1023
}tCANBitClkParms;
```

此结构是对与设置 CAN 控制器的位时序相关的值进行压缩。当调用 CANGetBitTiming 和 CANSetBitTiming 函数时,使用此结构。

2. tCANMsgObject

tCANMsgObject 结构用于组织配置报文对象的所有参数,其原型定义如程序清单 9-2 所示。

程序清单 9-2　　tCANMsgObject 结构原型

```
typedef struct
{
    unsigned long ulMsgID;          //11 或 29 位的 CAN 报文标识符
    unsigned long ulMsgIDMask;      //报文滤波器使能后的标识符掩码
    unsigned long ulFlags;          //由 tCANObjFlags 列举的配置参数
    unsigned long ulMsgLen;         //报文数据域长度
    unsigned char * pucMsgData;     //指向配置报文对象数据域数据的指针
}tCANMsgObject;
```

此结构是对与 CAN 控制器中的一个 CAN 报文对象相关的项目进行压缩。

9.4.2　枚举类型

1. tCANObjFlags

枚举类型 tCANObjFlags 中定义的常量将在调用 CANMessageSet( )和 CANMessageGet()函数时的 tCANMsgObject 型变量中用到,tCANObjFlags 的原型定义如程序清单 9-3 所示。

程序清单 9-3　　tCANObjFlags 枚举类型

```
typedef enum
{
    MSG_OBJ_TX_INT_ENABLE=0x00000001,   //表示将使能或已使能发送中断
    MSG_OBJ_RX_INT_ENABLE=0x00000002,   //表示将使能或已使能接收中断
    MSG_OBJ_EXTENDED_ID=0x00000004,     //表示报文对象将使用或已使用扩展标识符
    MSG_OBJ_USE_ID_FILTER=0x00000008,   //表示将使用或已使用报文标识符滤波
    MSG_OBJ_NEW_DATA=0x00000080,        //表示报文对象中有可用的新数据
    MSG_OBJ_DATA_LOST=0x00000100,       //表示自上次读取数据后报文对象丢失了数据
    MSG_OBJ_USE_DIR_FILTER=(0x00000010 | MSG_OBJ_USE_ID_FILTER),
```

```
                                        //表示报文对象将使用或已使用传输方向
                                        //滤波,如果使用方向滤波,则必须同时使用
                                        //报文标识符滤波
    MSG_OBJ_USE_EXT_FILTER=(0x00000020 | MSG_OBJ_USE_ID_FILTER),
                                        //表示报文对象将使用或已使用扩展标识符
                                        //滤波,如果使用扩展标识符滤波,则必须同时
                                        //使用报文标识符滤波
    MSG_OBJ_REMOTE_FRAME=0x00000040,    //表示这个报文对象是一个远程帧
    MSG_OBJ_NO_FLAGS=0x00000000         //表示这个报文对象不设置任何标志位
}tCANObjFlags;
```

2. tCANIntStsReg

tCANIntStsReg 所列举的类型在调用函数 CANIntStatus()时用到,tCANIntStsReg 的原型定义如程序清单 9-4 所示。

程序清单 9-4　　tCANIntStsReg 枚举类型

```
typedef enum
{
    CAN_INT_STS_CAUSE,              //读取 CAN 中断寄存器
    CAN_INT_STS_OBJECT,             //读取 CAN 报文中断挂起标志
}tCANIntStsReg;
```

3. tCANStsReg

tCANStsReg 所列举的类型在调用函数 CANStatusGet()时用到,tCANStsReg 的原型定义如程序清单 9-5 所示。

程序清单 9-5　　tCANStsReg 枚举类型

```
typedef enum
{
    CAN_STS_CONTROL,                //读取 CAN 控制器状态
    CAN_STS_TXREQUEST,              //读取 32 个报文对象的发送请求位
    CAN_STS_NEWDAT,                 //读取 32 个报文对象的 NewDat 位
    CAN_STS_MSGVAL,                 //读取 32 个报文对象的 MsgVal 位
}tCANStsReg;
```

4. tCANIntFlags

tCANIntFlags 所列举的类型在调用函数 CANIntEnable() 和 CANIntDisable() 时用到,tCANIntFlags 的原型定义如程序清单 9-6 所示。

程序清单 9-6　　tCANIntFlags 枚举类型

```
typedef enum
{
    CAN_INT_ERROR=0x00000008,       //表示 CAN 控制器允许产生错误中断
    CAN_INT_STATUS=0x00000004,      //表示 CAB 控制器允许产生状态中断
    CAN_INT_MASTER=0x00000002,      //表示允许产生任何 CAN 中断,如果这位没设置,
                                    //则不会产生任何中断
}tCANIntFlags;
```

5. tMsgObjType

tMsgObjType 所列举的类型在调用 API 函数 CANMessageSet()时用到,用于确定报文对象将被配置的类型,tMsgObjType 的原型定义如程序清单 9-7 所示。

程序清单 9-7　tMsgObjType 枚举类型

```
typedef enum
{
    MSG_OBJ_TYPE_TX,                //发送报文对象
    MSG_OBJ_TYPE_TX_REMOTE,         //发送远程帧报文对象
    MSG_OBJ_TYPE_RX,                //接收数据帧报文对象
    MSG_OBJ_TYPE_RX_REMOTE,         //接收远程帧报文对象
    MSG_OBJ_TYPE_RXTX_REMOTE,       //自动应答远程帧报文对象
}tMsgObjType;
```

6. tCANStatusCtrl

tCANStatusCtrl 所列举的类型为调用函数 CANStatusGet()时的返回值的可能情况,包含所有的错误类型及总线状态,tCANStatusCtrl 的原型定义如程序清单 9-8 所示。

程序清单 9-8　tCANStatusCtrl 枚举类型

```
typedef enum
{
    CAN_STATUS_BUS_OFF=0x00000080,      //脱离总线状态
    CAN_STATUS_EWARN=0x00000040,        //错误计数器已达到警告值
    CAN_STATUS_EPASS=0x00000020,        //错误计数器已达到被动错误值
    CAN_STATUS_RXOK=0x00000010,    //自上次读此状态以来,CAN 控制器成功收到一帧数据
    CAN_STATUS_TXOK=0x00000008,    //自上次读此状态以来,CAN 控制器成功发送一帧数据
    CAN_STATUS_LEC_MSK=0x00000007,      //这是最后一个错误代码字段的掩码
    CAN_STATUS_LEC_NONE=0x00000000,     //没有任何错误
    CAN_STATUS_LEC_STUFF=0x00000001,    //位填充错误
    CAN_STATUS_LEC_FORM=0x00000002,     //格式错误
    CAN_STATUS_LEC_ACK=0x00000003,      //应答错误
    CAN_STATUS_LEC_BIT1=0x00000004,     //总线 1 错误
    CAN_STATUS_LEC_BIT0=0x00000005,     //总线 0 错误
    CAN_STATUS_LEC_CRC=0x00000006,      //CRC 效验错误
    CAN_STATUS_LEC_MASK=0x00000007,     //这是 CAN 上一个错误代码的掩码
}tCANStatusCtrl;
```

9.4.3　接口函数

CAN 控制器的初始化非常简单,直接调用 CANInit()即可,如表 9-2 所示。调用 CANBitTimingGet()函数可以得到当前的位时钟配置信息,如表 9-2 所示。

配置好通信波特率后,可以调用 CANEnable()函数,使能 CAN 控制器,调用 CANEnable()函数后,CAN 控制器自动接入总线并开始处理报文,如发送挂起的报文、从总线上接收报文等。CANEnable()函数如表 9-2 所示。

调用 CANDisable()函数,将使 CAN 控制器停止报文处理,但对应报文对象中的配置

信息及状态信息将不会因此改变,CANDisable()函数如表 9-2 所示。

通过调用 CANErrCntrGet()函数可以读取 CAN 控制器当前的发送错误计数器值及接收错误计数器值,CANErrCntrGet()函数如表 9-2 所示。

表 9-2　CAN 波特率及使能相关函数

函数名称	参　　数	功能描述
void CANInit (unsigned long ulBase)	ulBase：CAN 控制器基址	初始化 CAN 控制器,在使能 CAN 控制器前必须先进行初始化
void CANBitTimingSet (unsigned long ulBase, tCANBitClkParms * pClkParms)	ulBase：CAN 控制器基址 pClkParms：指向位时钟设置参数的指针	设置 CAN 通信波特率及位时钟设置
void CANBitTimingGet (unsigned long ulBase, tCANBitClkParms * pClkParms)	ulBase：CAN 控制器基址 pClkParms：指向保存位时钟配置参数的缓存地址	读取位时钟配置信息
void CANEnable (unsigned long ulBase)	ulBase：CAN 控制器基址	使能 CAN 控制器
void CANDisable (unsigned long ulBase)	ulBase：CAN 控制器基址	禁止 CAN 控制器
tBoolean CANErrCntrGet (unsigned long ulBase, unsigned long * pulRxCount, unsigned long * pulTxCount)	ulBase：CAN 控制器基址 pulRxCount：指向存储接收错误计数值的缓存地址 pulTxCount：指向存储发送错误计数值的缓存地址	可以读取 CAN 控制器当前的发送错误计数器值及接收错误计数器值 返回： true 接收错误计数器的计数值已达到消极错误的极限值； False 接收错误计数器的计数值低于消极错误的极限值

```
# define CANBAUD_500K 1
tCANBitClkParms CANBitClkSettings□=/ * 位时钟参数列表 fcan＝50MHz * /
{
{5,4,3,5},              / * CANBAUD_1M * /
{5,4,3,10},             / * CANBAUD_500K * /
{5,4,3,20},             / * CANBAUD_250K * /
{5,4,3,40},             / * CANBAUD_125K * /
{5,4,3,50},             / * CANBAUD_100k * /
{5,4,3,100},            / * CANBAUD_50k * /
{11,8,4,100},           / * CANBAUD_25k * /
{11,8,4,125},           / * CANBAUD_20k * /
{11,8,4,250},           / * CANBAUD_10k * /
{11,8,4,500},           / * CANBAUD_5k * /
{11,8,4,1000},          / * CANBAUD_2k5 * /
}
CANBitTimingSet(CAN0_BASE,&CANBitClkSettings[CANBAUD_500K]);
```

/*设置节点波特率*/

通过调用 CANIntEnable()函数可以使能对应的 CAN 控制器中断,如表 9-3 所示。调用 CANIntDisable()函数则可以禁止对应的 CAN 控制器中断。通过调用 CANIntClear()函数则可以清除相应的中断标志。

表 9-3 CAN 控制器中断相关函数

函 数 名 称	参 数	功 能 描 述
void CANIntEnable (unsigned long ulBase, unsigned long ulIntFlags)	ulBase：CAN 控制器基址 ulIntFlags：需要开放的中断类型,由 CAN_INT_ERROR、CAN_INT_STATUS、CAN_INT_MASTER 单独或它们的逻辑或组合构成	使能对应的 CAN 控制器中断
void CANIntDisable (unsigned long ulBase, unsigned long ulIntFlags)	ulBase：CAN 控制器基址 ulIntFlags：需要开放的中断类型,由 CAN_INT_ERROR、CAN_INT_STATUS、CAN_INT_MASTER 单独或它们的逻辑或组合构成	禁止对应的 CAN 控制器中断
void CANIntClear (unsigned long ulBase, unsigned long ulIntClr)	ulBase：CAN 控制器基址 ulIntClr：用于指示应清除中断挂起标志的中断源,为 1～32 时用于清除对应的报文对象挂起的中断标志,为 CAN_INT_INTID_STATUS 时则清除状态中断标志	清除相应的中断标志

CANIntEnable(CAN0_BASE,CAN_INT_MASTER | CAN_INT_STATUS);
/*使能 CAN 控制器挂起中断及状态中断*/
CANIntDisable(CAN0_BASE,CAN_INT_MASTER | CAN_INT_STATUS);
/*禁止 CAN 控制器挂起中断及状态中断*/

CANIntClear(CAN0_BASE,CAN_INT_INTID_STATUS);/*清除状态中断标志*/

CAN 中断服务函数的设置也相当简单,通过调用 CANIntRegister()函数可以将普通的 C 函数注册为 CAN 的中断服务函数,而不用去理会 ROM 中断向量表的配置,CANIntRegister()函数如表 9-4 所示。

注:使用 RAM 中的向量表时须将 VTABLE 进行向量表对齐,否则无法进入中断,解决方法可以采用以下任一种。

(1) 在链接配置文件(LM3S. icf)中"place in SRAM { readwrite,block HEAP };"的上一行添加"place at start of SRAM { readwrite section VTABLE };"。需要注意的是,当不需要将中断向量表重映射至 RAM 中时,若添加了上面那句"段定位"语句将会产生链接错误,所以上面那句"段定位"语句只在有需要的工程中适用!

(2) 向量表数组定义的地方使用"编译器关键字"进行向量表对齐。具体方法为:将驱动库源程序文件 interrupt. c 文件中的定义语句,如程序清单 9-9 所示,替换成如程序清单 9-10 所示的语句,然后重新编译生成新的驱动库文件,并替换工程中原来的驱动库文件即可。

程序清单 9-9　驱动库中原向量表数组的定义

```
# if defined(ewarm)
static __no_init void ( * g_pfnRAMVectors[NUM_INTERRUPTS])(void) @ "VTABLE";
# elif defined(sourcerygxx)
static __attribute__((section(".cs3. region-head. ram")))
void ( * g_pfnRAMVectors[NUM_INTERRUPTS])(void);
# else
static __attribute__((section("vtable")))
void ( * g_pfnRAMVectors[NUM_INTERRUPTS])(void);
# endif
```

程序清单 9-10　对齐的向量表定义

```
# if defined(ewarm)
# pragma data_alignment=256                              //用于 IAR 下的向量表对齐
static __no_init void ( * g_pfnRAMVectors[NUM_INTERRUPTS])(void);
# elif defined(sourcerygxx)
static __attribute__((section(".cs3. region-head. ram")))
void ( * g_pfnRAMVectors[NUM_INTERRUPTS])(void);
# else
static __attribute__((section("vtable")))
__align(256) void ( * g_pfnRAMVectors[NUM_INTERRUPTS])(void);
                                                         //用于 KEIL 软件下的向量表对齐
# endif
```

如果想卸载 CAN 的中断服务函数,则可通过调用 CANIntUnregister()来实现,调用 CANIntStatus()函数可以获取当前的 CAN 中断状态,如表 9-4 所示。

表 9-4　CAN 中断服务器相关函数

函数名称	参数	功能描述
void CANIntRegister (unsigned long ulBase, void(* pfnHandler)(void))	ulBase:CAN 控制器基址 pfnHandler:要注册为 CAN 中断服务函数的 C 函数名	将 C 函数注册为 CAN 的中断服务函数
void CANIntUnregister (unsigned long ulBase)	ulBase:CAN 控制器基址	卸载已注册的中断服务函数
unsigned long CANIntStatus (unsigned long ulBase, tCANIntStsReg eIntStsReg)	ulBase:CAN 控制器基址 eIntStsReg:CAN _ INT _ STS CAUSE 读取 CANMSGnINT 寄存器的值 CAN_INT_STS_OBJECT 读取 CANINT 寄存器的值	读取当前的 CAN 中断相关状态标志 返回:寄存器 CANMSGnINT 或 CANINT 的值

```
CANIntRegister(CAN0_BASE,CAN0Handler);
    / * 将函数 CAN0Handler 注册为中断服务函数 * /
    CANIntUnregister(CAN0_BASE); / * 卸载 CAN0 的中断服务函数 * /
int ulMsgObjID=CANIntStatus(CAN0_BASE,CAN_INT_STS_CAUSE);
/ * 取得挂起中断的报文对象,若返 * /
```

/＊回值位 0 为 1,则表示报文对象 1＊/
/＊有挂起中断,否则该报文对象没＊/
/＊有挂起中断＊/

CAN 模块具有 32 个报文对象,每个报文对象都可以通过调用 CANMessageSet()函数进行独立配置,CANMessageSet()函数如表 9-5 所示。

表 9-5　CANMessageSet()函数

函数名称	CANMessageSet
函数原型	void CANMessageSet (unsigned long ulBase, unsigned long ulObjID, tCANMsgObject * pMsgObject, tMsgObjType eMsgType)
功能描述	配置指定的报文对象
参数	ulBase：CAN 控制器基址 ulObjID：报文对象编号,1~32 pMsgObject：指向包含报文对象设置参数的结构体 eMsgType：这个报文对象的类型
返回值	无
范例	unsigned char ucBufferIn[8]=｛0｝; tCANMsgObject tMsgObj; tMsgObj.ulFlags=(MSG_OBJ_RX_INT_ENABLE｜　/＊过滤设置＊/ MSG_OBJ_EXTENDED_ID｜ MSG_OBJ_USE_ID_FILTER); tMsgObj.ulMsgID=((ulFrameID & 0x7ff)<<18);/＊设置报文 ID(标准帧)＊/ tMsgObj.ulMsgIDMask=((ulFrameIDMask & 0x7ff)<<18);　/＊ID 掩码＊/ tMsgObj.pucMsgData=ucBufferIn;　　　　　/＊指向数据存储空间＊/ tMsgObj.ulMsgLen=8;　　　　　　　　/＊设置数据域长度＊/ CANMessageSet(CAN0_BASE,1,&tMsgObj,MSG_OBJ_TYPE_RX); /＊配置报文对象＊/

注意：此函数一般对 CAN 控制器的 32 个报文对象中的任何一个报文对象进行配置。一个报文对象能被配置成 CAN 报文对象的任何类型和自动发送和接收的几个选项。此次调用允许报文对象被配置可以在接收完或发送完报文时产生中断。报文对象也能被配置成具有一个过滤器/屏蔽,所以只有符合某参数的报文在 CAN 总线上被发现时才执行操作。

eMsgType 参数必须是下列值中的一个：

(1) MSG_OBJ_TYPE_TX——CAN 发送报文对象;

(2) MSG_OBJ_TYPE_TX_REMOTE——CAN 发送远程请求报文对象;

(3) MSG_OBJ_TYPE_RX——CAN 接收报文对象;

(4) MSG_OBJ_TYPE_RX_REMOTE——CAN 接收远程请求报文对象;

(5) MSG_OBJ_TYPE_RXTX_REMOTE——CAN 远程帧接收远程,然后发送报文对象。

pMsgObject 所指向的报文对象必须由调用者来定位,如下：

（1）ulMsgID——包含报文 ID,11 位或 29 位；

（2）ulMsgIDMask——如果标识符过滤使能,ulMsgID 的位屏蔽必须匹配；

（3）ulFlags；

① 设置 MSG_OBJ_TX_INT_ENABLE 标志,以使能发送时的中断；

② 设置 MSG_OBJ_RX_INT_ENABLE 标志,以使能接收时的中断；

③ 设置 MSG_OBJ_USE_ID_FILTER 标志,以使能基于 ulMsgIDMask 所指定的标识符屏蔽的过滤。

（4）ulMsgLen——报文数据的字节数,对于一个远程帧而言,这应该是一个非零的偶数；它应该与响应数据帧的期望数据字节匹配；

（5）pucMsgData——指向一个包多达 8 个数据字节的数据帧的缓冲区。

为了直接把一个数据帧或远程帧发送出去,要执行下列步骤：

（1）把 tMsgObjType 设置为 MSG_OBJ_TYPE_TX；

（2）把 ulMsgID 设为报文 ID；

（3）设置 ulFlags,设置 MSG_OBJ_TX_INT_ENABLE,以便在发送报文时获取一个中断。为了禁止基于报文标识符的过滤,一定不要设置 MSG_OBJ_USE_ID_FILTER；

（4）把 ulMsgLen 设置为数据帧的字节数；

（5）把 pucMsgData 设置为指向一个包含报文字节的数组（如果是一个数据帧,不适用此操作；如是一个远程帧,把这设置为指向一个有效缓冲区则是一个好方法）；

（6）调用此函数,并把 ulObjID 设置为 32 个对象缓冲区中的其中一个缓冲区。

为了接收一个特定的数据帧,要执行下列步骤：

（1）把 tMsgObjType 设置为 MSG_OBJ_TYPE_RX；

（2）把 ulMsgID 设为完整报文 ID,或使用部分 ID 匹配的部分屏蔽；

（3）设置 ulMsgIDMask 位,用于在对比过程中的屏蔽；

（4）按如下设置 ulFlags：

① 设置 MSG_OBJ_TX_INT_ENABLE 标志,以便在接收数据帧时被中断；

② 设置 MSG_OBJ_USE_ID_FILTER 标志,以便使能基于过滤的标识符。

（5）把 ulMsgLen 设置为期望数据帧的字节数；

（6）此次调用并不使用 pucMsgData 所指向的缓冲区；

（7）调用此函数,并把 ulObjID 设置为 32 个对象缓冲区中的其中一个缓冲区。

如果您指定的报文对象缓冲区已包含有一个报文标识符,那么它将会被覆写。

要读取某个报文对象的信息则可以通过调用 CANMessageGet() 函数实现,如表 9-6 所示。

表 9-6　CANMessageGet() 函数

函数名称	CANMessageGet
函数原型	void CANMessageGet (unsigned long ulBase, unsigned long ulObjID, tCANMsgObject * pMsgObject,tBoolean bClrPendingInt)
功能描述	读取某个报文对象的信息

续表

参数	ulBase：CAN 控制器基址 ulObjID：报文对象编号,1~32 pMsgObject：指向存储报文对象设置参数的结构体 bClrPendingInt：指示是否清除相应的中断标志。1,清除；0,不清除
返回值	无
范例	CANMessageGet(CAN0_BASE,ulMsgObjID,&tMsgObj,1)； /*读取 CAN 报文并清除中断标志*/

注意：此函数一般读取 CAN 控制器的 32 个报文对象其中之一的内容,并把它返回给调用者。返回的数据被存放在 pMsgObject 所指向的、由调用者提供的结构的段(Fields)中。此数据由 CAN 报文所有组成部分再加上一些控制和状态信息构成。

通常此函数是读取接收到的和存放着一个带有某个标识符的 CAN 报文的报文对象。但是,它也能用来读取报文对象的内容,以防在只需要对上一次设置的结构进行部分更改时能装载结构段。

当使用 CANMessageGet 时,全部结构的相同段是以使用 CANMessageSet()函数那样的相同方式定位,以下除外：pMsgObject→ulFlags：

(1) MSG_OBJ_NEW_DATA 表示自从上一次读取后,这是否是新数据。

(2) MSG_OBJ_DATA_LOST 表示至少在这个报文对象中接收到一个报文,并且在被覆写前不被主机读取。

如果想停用某个报文对象可通过调用 CANMessageClear()函数来实现,被停用的报文对象将不再参与 CAN 控制器的报文处理,也将不再产生任何中断信号。通过调用 CANRetrySet()函数可以设置 CAN 控制器是否对发送失败的报文进行重新发送,调用 CANRetryGet()函数则可以查询 CAN 控制器自动重发的设置情况,调用 CANStatusGet()函数可以读取 CAN 控制器的状态信息,如表 9-7 所示。

表 9-7　清除报文对象及获取 CAN 控制器状态等函数

函数名称	参数	功能描述
void CANMessageClear (unsigned long ulBase, unsigned long ulObjID)	ulBase：CAN 控制器基址 ulObjID：报文对象编号,1~32	停用指定的某个报文对象
void CANRetrySet (unsigned long ulBase, tBoolean bAutoRetry)	ulBase：CAN 控制器基址 bAutoRetry：0：禁止自动重发功能；1：使能自动重发功能	设置自动重发功能
tBoolean CANRetryGet (unsigned long ulBase)	ulBase：CAN 控制器基址	读取重新发送设置情况 返回： 1：已设置自动重发 0：未设置自动重发

函数名称	参数	功能描述
unsigned long CANStatusGet (unsigned long ulBase, tCANStsReg eStatusReg)	ulBase：CAN 控制器基址 eStatusReg： CAN_STS_CONTROL 读取主控制器状态，即 CANSTS 寄存器 CAN_STS_TXREQUEST 读取报文对象的发送请求位，即 CANTXRQn 寄存器 CAN_STS_NEWDAT 读取报文对象的"新数据"位，即 CANNWDAn 寄存器 CAN_STS_MSGVAL 读取报文对象的"有效"位，即 CANMSGnVAL 寄存器	获取 CAN 控制器的状态 当读取主控制器状态时，返回值位域如下： CAN_STATUS_BUS_OFF 脱离总线 CAN_STATUS_EWARN 至少一个错误计数器达到 96 CAN_STATUS_EPASS CAN 控制器处于消极错误状态 CAN_STATUS_RXOK 成功接收到一帧报文（与报文滤波设置无关） CAN_STATUS_TXOK 成功发送一帧报文 CAN_STATUS_LEC_MSK 错误类型掩码（低三位有效） CAN_STATUS_LEC_NONE 无错 CAN_STATUS_LEC_STUFF 位填充错误 CAN_STATUS_LEC_FORM 报文格式错误 CAN_STATUS_LEC_ACK 应答错误 CAN_STATUS_LEC_BIT1 位 0 错误 CAN_STATUS_LEC_BIT0 位 1 错误 CAN_STATUS_LEC_CRC CRC 校验错误 当读取报文对象状态时，返回值为 32 位 long 型数据，对应的报文对象编号映射为返回值的位域，即 $[31:0]$ 对应报文对象 32～报文对象 1

```
CANMessageClear(CAN0_BASE,1);              /* 停用 CAN0 的报文对象 1 */
CANRetrySet(CAN0_BASE,1);                  /* 使能自动重发功能 */
tBoolean isRetry=CANRetryGet(CAN0_BASE);   /* 读取自动重发配置状态 */
unsigned long ulNewData=CANStatusGet(CAN0_BASE,CAN_STS_NEWDAT);
/* 读取 CAN0 的所有报文对象的 NewDat 位 */
```

9.5　CAN 模块应用流程

　　基于 Stellaris® Peripheral Driver Library 的开发模式，可以减少用户在零阶段的投入，缩短研发周期，Stellaris 系列 CAN 模块应用的基本流程如图 9-11 所示。

　　1. CAN 应用初始化

　　CAN 应用的初始化工作包括 CAN 引脚时钟使能、CAN 模块时钟使能、CAN 通信引脚配置、CAN 控制器初始化、CAN 通信波特率设置及 CAN 控制器使能等，具体的操作如程序清单 9-11 所示。

图 9-11　CAN 应用流程

程序清单 9-11　　CAN 应用初始化

```
SysCtlPeripheralEnable(SYSCTL_PERIPH_GPIOD);        /* 使能 GPIOD 系统外设 */
SysCtlPeripheralEnable(SYSCTL_PERIPH_CAN0);         /* 使能 CAN 控制器系统外设 */
GPIOPinTypeCAN(GPIO_PORTD_BASE,GPIO_PIN_0 | GPIO_PIN_1);
CANInit(CAN0_BASE);                                 /* 初始化 CAN 节点 */
CANSetBitTiming(CAN0_BASE,&CANBitClkSettings[CANBAUD_500K]);
                                                   /* 设置节点波特率 */
CANEnable(CAN0_BASE);                               /* 启动 CAN 节点 */
```

2. 配置接收报文对象

Stellaris 处理器 CAN 模块具有 32 个报文对象,每个报文对象都有自己的标识符屏蔽码,既可配置为单一的报文对象,也可配置为 FIFO 缓冲器,应用相当灵活。下面简单介绍如何对单个报文对象进行配置。

一个报文对象包含的主要信息有:报文(帧)ID、帧 ID 屏蔽码、报文对象控制参数、报文数据长度和报文数据等,共涉及十多个接口寄存器。程序清单 9-12 向用户展示了"基于驱动库的编程"无须深入了解每个寄存器的功能,便可轻松完成报文对象的配置工作。

程序清单 9-12　　配置接收报文对象

```
tCANMsgObject tMsgObj;
unsigned char ucBufferIn[8] = {0};
tMsgObj.ulFlags = (MSG_OBJ_RX_INT_ENABLE | MSG_OBJ_EXTENDED_ID |
MSG_OBJ_USE_EXT_FILTER | MSG_OBJ_USE_DIR_FILTER);
/* 允许接收中断,扩展帧,报文方向滤波 */
tMsgObj.ulMsgID = 0x123;                   /* 报文滤波 ID */
tMsgObj.ulMsgIDMask = 0xFFFF;             /* 报文 ID 掩码 */
tMsgObj.pucMsgData = ucBufferIn;          /* 指向数据存储空间 */
tMsgObj.ulMsgLen = 8;                     /* 设置数据域长度 */
CANMessageSet(CAN0_BASE,1,&tMsgObj,MSG_OBJ_TYPE_RX);
/* 配置数据帧"接收报文对象" */
```

3. 使能 CAN 中断

在收发数据之前,还必须使能 CAN 中断,并设置好 CAN 中断服务函数,设置 CAN 中断服务函数有两种方法:一是直接将启动文件 startup.c 中的中断向量表__vector_table[] 中对应的位置换上中断服务函数名;二是在程序中调用 CANIntRegister() 函数注册 CAN 中断服务函数。使能 CAN 中断的操作如程序清单 9-13 所示。

程序清单 9-13　　使能 CAN 中断

```
unsigned long ulIntNum;
CANIntEnable(CAN0_BASE,CAN_INT_MASTER | CAN_INT_ERROR);
                                         /* 使能 CAN 控制器中断源 */
```

```
ulIntNum＝CANIntNumberGet(CAN0_BASE);          /＊获取 CAN0 的中断号＊/
IntEnable(ulIntNum);                            /＊使能 CAN 控制器中断(to CPU)＊/
IntMasterEnable();                             /＊使能中断总开关＊/
```

4. 配置发送数据报文对象及发送数据

将要发送报文的帧类型、报文标志字符、数据长度及数据内容写入报文对象,再将报文对象配置为发送数据帧报文对象,则这个报文对象将进入发送队列,由 CAN 控制器将数据发送至总线上。如果使能了发送中断,当数据被成功发送后这个报文对象将会产生挂起中断。如果 CAN 模块丢失了仲裁或者在发送期间发生错误,那么一旦 CAN 总线再次空闲就会重新发送报文。程序清单 9-14 展示了 CAN 模块如何实现发送数据。

程序清单 9-14　发送数据

```
tCANMsgObject MsgObjectTx;
unsigned char ucBufferIn[8]＝{0,1,2,3,4,5,6,7};          /＊要发送的测试数据＊/
MsgObjectTx.ulFlags＝MSG_OBJ_EXTENDED_ID;             /＊扩展帧＊/
MsgObjectTx.ulMsgID＝0x123;                           /＊取得报文标识符＊/
MsgObjectTx.ulMsgLen＝8;                              /＊标记数据域长度＊/
MsgObjectTx.pucMsgData＝ucBufferIn;                   /＊传递数据存放指针＊/
MsgObjectTx.ulFlags |＝MSG_OBJ_TX_INT_ENABLE;        /＊标记发送中断使能＊/
CANRetrySet(CAN0_BASE,31);                            /＊启动发送失败重发＊/
CANMessageSet(CAN0_BASE,31,&MsgObjectTx,MSG_OBJ_TYPE_TX);
                                                      /＊配置 31 号报文对象为发送对象＊/
```

5. 接收数据

报文处理器将来自 CAN 模块接收移位寄存器的报文存储到报文 RAM 中相应的报文对象中,在 CAN 中断服务函数(接收报文对象的挂起中断)中调用 CANMessageGet() 函数即可从报文对象中读取到接收的数据,如程序清单 9-15 所示。

程序清单 9-15　接收数据

```
CANFRAME * ptCanFrame;
CANFRAME tCanFrame;                                   /＊定义接收缓存＊/
tCANMsgObject MsgObjectRe;
...
ptCanFrame＝&tCanFrame;                               /＊取得缓存地址＊/
MsgObjectRe.pucMsgData＝ptCanFrame->ucDatBuf;         /＊传递帧数据缓存地址＊/
CANMessageGet(GpCanNodeInfo->ulBaseAddr,1,&MsgObjectRe,1);
/＊读取 CAN 报文并清除中断＊/
/＊ ... 数据处理等＊/
//其实要发送的数据在 MsgObj_device 结构体对象中
```

9.6　CAN 总线常用函数及例程

9.6.1　CAN 总线常用的函数

CANInit 在复位后初始化 CAN 控制器。

void CANInit(unsigned long ulBase)

CANBitTimingSet 对 CAN 控制器位时序进行配置。

void CANBitTimingSet(unsigned long ulBase, tCANBitClkParms * pClkParms)

例如：设置 CAN 控制器比特率为 250K，CANBitClkSettings 是一个波特率对应设置表格。

CANBitTimingSet(CAN0_BASE, (tCANBitClkParms *)&CANBitClkSettings[CANBAUD_250K]);

CANIntEnable 使能单独的 CAN 控制器中断源。

void CANIntEnable(unsigned long ulBase, unsigned long ulIntFlags)

例如：CANIntEnable(CAN0_BASE, CAN_INT_MASTER | CAN_INT_ERROR);
CANMessageGet 读取其中一个报文对象缓冲区的 CAN 报文。

void CANMessageGet(unsigned long ulBase, unsigned long ulObjID,
tCANMsgObject * pMsgObject, tBoolean bClrPendingInt)

例如：CANMessageGet(CAN0_BASE, MSGOBJ_NUM_BOARD, &MsgObj_board, 1);
读取的数据放在哪里了呢，其实在 MsgObj_board 结构体对象中。
CANMessageSet 配置 CAN 控制器的一个报文对象。

void CANMessageSet(unsigned long ulBase, unsigned long ulObjID,
tCANMsgObject * pMsgObject, tMsgObjType eMsgType)

例如：CANMessageSet(CAN0_BASE, MSGOBJ_NUM_DEVICE, &MsgObj_device,
MSG_OBJ_TYPE_TX);

9.6.2　收发数据

这个示例代码将把 CAN 控制器 0 的数据发送到 CAN 控制器 1 中。为了能实际上接收到数据，必须在这两个端口之间连接一个外部电缆。在这个示例中，两个控制器都被配置为具有 1Mb/s 的操作速率，如程序清单 9-16 所示。

程序清单 9-16　收发数据

```
tCANBitClkParms CANBitClk;
tCANMsgObject sMsgObjectRx;
tCANMsgObject sMsgObjectTx;
unsigned char ucBufferIn[8];
unsigned char ucBufferOut[8];

//把全部报文对象的状态和 CAN 模块的状态复位为一个已知状态
CANInit(CAN0_BASE);
CANInit(CAN1_BASE);

//把控制器配置为具有 1Mb/s 的操作速率
CANBitClk.uSyncPropPhase1Seg=5;
CANBitClk.uPhase2Seg=2;
```

```
CANBitClk.uQuantumPrescaler＝1;
CANBitClk.uSJW＝2;
CANSetBitTiming(CAN0_BASE,&CANBitClk);
CANSetBitTiming(CAN1_BASE,&CANBitClk);

//使 CAN0 器件不处于 INIT 状态
CANEnable(CAN0_BASE);
CANEnable(CAN1_BASE);

//配置一个接收对象
sMsgObjectRx.ulMsgID＝(0x400);
sMsgObjectRx.ulMsgIDMask＝0x7f8;
sMsgObjectRx.ulFlags＝MSG_OBJ_USE_ID_FILTER;
sMsgObjectRx.ulMsgLen＝8;
sMsgObjectRx.pucMsgData＝ucBufferIn;
CANMessageSet(CAN1_BASE,1,&sMsgObjectRx,MSG_OBJ_TYPE_RX);
//配置并启动报文对象发送
sMsgObjectTx.ulMsgID＝0x400;
sMsgObjectTx.ulFlags＝0;
sMsgObjectTx.ulMsgLen＝8;
sMsgObjectTx.pucMsgData＝ucBufferOut;
CANMessageSet(CAN0_BASE,2,&sMsgObjectTx,MSG_OBJ_TYPE_TX);
while((CANStatusGet(CAN1_BASE,CAN_STS_NEWDAT) & 1)＝＝0)   //等待新数据变为可用
{
    CANMessageGet(CAN1_BASE,1,&sMsgObjectRx,true);         //把报文对象的报文读出
}

//处理在 sMsgObjectRx.pucMsgData 中的数据
...
```

9.6.3　不同节点通信案例

利用 USBCAN-Ⅱ、ZLGCANTest 上位机软件及 ARM LM3S8962 实验模块等实验工具实现下位机使用 CAN 模块与 PC 进行 CAN 通信,例程实验框图及实物连接分别如图 9-12～图 9-14 所示。

图 9-12　USBCAN-Ⅱ模块连接方法

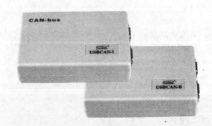

图 9-13　USBCAN-Ⅱ双路智能 CAN 接口卡

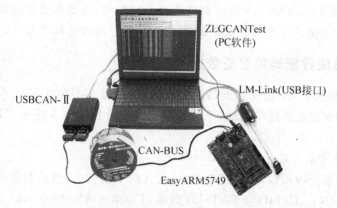

图 9-14　实验板下位机通过 USBCAN-Ⅱ 连接上位机

对于定时器 0 和定时器 1 的配置，主要与 USBCAN-Ⅱ 的实际内部使用的 CAN 总线控制器的芯片有关。通过分析可知 USBCAN-Ⅱ 内部的 CAN 控制器是 SJA1000。而 SJA1000 针对不同速率的设置，读者可以参考相关资料，当然本书将该节点定时器 0 设置为 0x00，定时器 1 设置为 0x1C，其传输速率为 500kb/s，如图 9-15 所示。

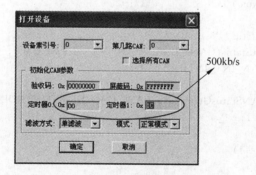

图 9-15　设置定时器设定 CAN 传输速率

数据收发界面如图 9-16 所示。

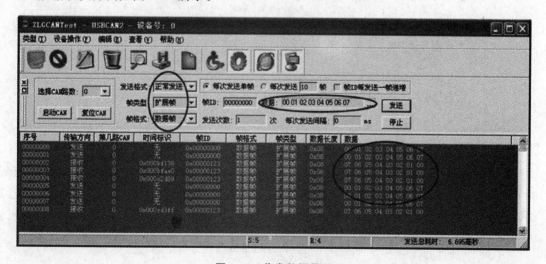

图 9-16　收发数据界面

注：周立功公司的 ZLGCANTest 测试界面已经改版，读者在使用过程中会有不一致。同时不同公司的 USBCAN 卡其测试界面都不一致，但是使用过程中大同小异。

9.6.4　CAN 总线数据简单发送数据实例

该实例主要实现 CAN 总线数据的简单发送，通过报文对象 1 发送周期增加的数据。CAN 总线收发数据必须通过中断的方式，所以读者在分析程序及应用 CAN 收发数据时，必须使用中断。

1. CAN 总线中断处理子函数

CAN 总线中断处理函数，首选读取 CAN 总线的中断状态，然后判断中断的类型，若中断状态为 CAN_INT_INTID_STATUS，则通过函数 CANStatusGet( ) 的 CAN_STS_CONTROL 读取主控制器状态，即 CANSTS 寄存器。然后判断 ulStatus 即为不同报文对象的中断。若使用的为报文对象为 1，则判断 ulStatus==1 否，若使用的为报文对象为 5，则判断 ulStatus==5 否，如程序清单 9-17 所示。

程序清单 9-17　CAN 中断处理函数 CANIntHandler( )

```
void CANIntHandler(void)
{
    unsigned long ulStatus;
    ulStatus=CANIntStatus(CAN0_BASE,CAN_INT_STS_CAUSE);
    if(ulStatus==CAN_INT_INTID_STATUS)
    {
        ulStatus=CANStatusGet(CAN0_BASE,CAN_STS_CONTROL);
        g_bErrFlag=1;
    }
    else if(ulStatus==1)
    {
        CANIntClear(CAN0_BASE,1);
        g_ulMsgCount++;
        g_bErrFlag=0;
    }

    //否则操作其他中断
    else
    {
        //超级中断在此运行
    }
}
```

2. CAN 总线发送主函数

CAN 总线主程序，主程序的主要工作是设定时钟频率，使能 CAN 总线的端口线，初始化 CAN 总线，设置 CAN 总线的波特率，使能 CAN 总线，使能 CAN 总线中断。初始化 CAN 总线发送或者接受的报文对象。最后处理报文，如程序清单 9-18 所示。

程序清单 9-18　主函数 main( )

```
int main(void)
```

```
{
    tCANMsgObject sCANMessage;
    unsigned char ucMsgData[4];
    char i=0;

    SysCtlClockSet(SYSCTL_SYSDIV_1 | SYSCTL_USE_OSC | SYSCTL_OSC_MAIN |
                SYSCTL_XTAL_6MHZ);
    SysCtlPeripheralEnable(SYSCTL_PERIPH_GPIOD);
    GPIOPinConfigure(GPIO_PD0_CAN0RX);
    GPIOPinConfigure(GPIO_PD1_CAN0TX);
    GPIOPinTypeCAN(GPIO_PORTD_BASE, GPIO_PIN_0 | GPIO_PIN_1);
    SysCtlPeripheralEnable(SYSCTL_PERIPH_CAN0);
    CANInit(CAN0_BASE);
    CANBitRateSet(CAN0_BASE, SysCtlClockGet(), 500000);          //注意 CAN 时钟设置
    CANIntEnable(CAN0_BASE, CAN_INT_MASTER | CAN_INT_ERROR | CAN_INT_
STATUS);
    IntEnable(INT_CAN0);
    CANEnable(CAN0_BASE);

        * (unsigned long * )ucMsgData=0;
        sCANMessage.ulMsgID=2;                        //CAN 报文 ID-use 2
        sCANMessage.ulMsgIDMask=0;                    //在发送中没有掩码
        sCANMessage.ulFlags=MSG_OBJ_TX_INT_ENABLE;    //在发送中使能中断
        sCANMessage.ulMsgLen=sizeof(ucMsgData);       //报文长度
        sCANMessage.pucMsgData=ucMsgData;             //报文内容

    for(;;)
    {
        CANMessageSet(CAN0_BASE, 1, &sCANMessage, MSG_OBJ_TYPE_TX);
        SimpleDelay();
        for(i=0;i<8;i++)
            ucMsgData[i]++;
    }
}
```

注：完整的运行工程请参阅本书附光盘文件夹第 09 章 CAN\can_send 下的工程，注意 CAN 总线波特率设置中 CAN 总线时钟的取值，使用 PLL 与不使用 PLL 有区别。

通过以上简单的数据发送读者应该基本了解 CAN 总线数据发送的过程。

（1）处理器初始化。

① 时钟初始化；

② JTAG I/O 保护；

③ 处理器其他初始化。

（2）CAN 总线初始化。

① CAN 总线端口 I/O 使能；

② I/O 端口 CAN 总线功能配置；

③ CAN 总线端口使能；

④ CAN 初始化。

（3）设置 CAN 总线波特率。

（4）CAN 总线中断使能。

（5）打开 CAN 总线接口。

（6）定义传输报文。

① 初始化报文内容指针；

② 定义 CAN 总线节点 ID；

③ 定义掩码；

④ 发送使能中断；

⑤ 定义报文长度；

⑥ 报文内容。

（7）报文发送。

以上为 CAN 总线报文发送的基本流程，读者按照其流程实现其内容即可。

9.6.5　CAN 发送 ADC 采样等多组数据实例

目标：CAN 发送 ADC 采样等多组数据数据。

方法：接收 CAN 总线报文，统计 CAN 总线报文，并通过串口发送相关的报文信息。

现象：通过上位 PC 的 USBCAN-Ⅱ软件发送相关的报文，串口显示发送的报文，并统计该报文。

1. CAN 发送 ADC 采样等多组数据子函数

在主函数中首先定义报文对象变量，如程序清单 9-19 的普通周期报文对象、心跳报文对象和电流模拟量报文对象。然后主要是初始化处理器、配置 CAN 总线节点，初始化 Timer0A、初始化 ADC 模块、打开总的中断，初始化报文对象（包括初始化报文数据、报文 ID、报文掩码、发送中断使能、发送长度、真正发送前填写数据区），打开外围设备如定时器、ADC 等。进入发送报文的循环，如程序清单 9-19 所示。

程序清单 9-19　主函数 main()

```
int main(void)
{
    // ******************** 1、普通周期报文对象的定义 ******************************** //
    tCANMsgObject sCANMessage;
    unsigned char ucMsgData[4];
    // ******************** 2、心跳报文对象的定义 ****************************** //
    tCANMsgObject CANMessageObject_TX_HEARTBEAT;
    unsigned char Data_TX_HEARTBEAT[1]={0};

    // ******************** 3、电流模拟量 group_1 发送报文对象的定义 ******** //
    tCANMsgObject CANMessageObject_TX_Current1;
    unsigned char Data_TX_Current1[8]={0};

    char i=0;
    SysCtlClockSet(SYSCTL_SYSDIV_1 | SYSCTL_USE_OSC | SYSCTL_OSC_MAIN |
                SYSCTL_XTAL_6MHZ);
    // ******* CAN 总线端口使能,引脚使能、引脚功能使能。设置波特率,使能中断 ******** //
```

```
SysCtlPeripheralEnable(SYSCTL_PERIPH_GPIOD);
GPIOPinConfigure(GPIO_PD0_CAN0RX);
GPIOPinConfigure(GPIO_PD1_CAN0TX);
GPIOPinTypeCAN(GPIO_PORTD_BASE, GPIO_PIN_0 | GPIO_PIN_1);
SysCtlPeripheralEnable(SYSCTL_PERIPH_CAN0);
CANInit(CAN0_BASE);
CANBitRateSet(CAN0_BASE,SysCtlClockGet(),500000);
                                               //CAN 总线节点的波特率为 500kb/s
CANIntEnable(CAN0_BASE, CAN_INT_MASTER | CAN_INT_ERROR | CAN_INT_
STATUS);
IntEnable(INT_CAN0);


Timer0A_Init();                                //初始化 Timer0A
ADC_Init();                                    //初始化 ADC 模块
IntMasterEnable();                             //开总中断!
```

//初始化报文对象'1'-->"普通周期"报文对象,4 字节,初始化数据域为零,节点 ID 为 0x482
```
*(unsigned long *)ucMsgData=0;
sCANMessage.ulMsgID=0x480+0x2;                 //CAN 报文 ID
sCANMessage.ulMsgIDMask=0;                      //对于发送不同掩码
sCANMessage.ulFlags=MSG_OBJ_TX_INT_ENABLE;     //使能发送中断
sCANMessage.ulMsgLen=sizeof(ucMsgData);        //报文长度
sCANMessage.pucMsgData=ucMsgData;              //报文内容指针
```

//初始化报文对象'12'-->"心跳报文发送"报文对象,1 字节,初始化数据域为零,节点 ID 为 0x700+
```
Node_ID *(unsigned long *)Data_TX_HEARTBEAT=0;        //初始化报文数据为零
CANMessageObject_TX_HEARTBEAT.ulMsgID=(0x700+Node_ID);
                                               //报文 ID: 0x700+Node_ID
CANMessageObject_TX_HEARTBEAT.ulMsgIDMask=0;   //报文掩码:不滤波
CANMessageObject_TX_HEARTBEAT.ulFlags=MSG_OBJ_TX_INT_ENABLE;
CANMessageObject_TX_HEARTBEAT.ulMsgLen=sizeof(Data_TX_HEARTBEAT);
                                               //报文长度:1 字节
CANMessageObject_TX_HEARTBEAT.pucMsgData=Data_TX_HEARTBEAT;
                                               //真正发送前填写数据区!
```

//初始化报文对象'9'-->"电流量 1~4 路发送"报文对象,8 字节,初始化数据域为零,节点 ID 为
0x440+Node_ID
```
*(unsigned long *)Data_TX_Current1=0;               //初始化报文数据为零
CANMessageObject_TX_Current1.ulMsgID=(0x440+Node_ID); //报文 ID: 0x440+Node_ID
CANMessageObject_TX_Current1.ulMsgIDMask=0;         //报文掩码:不滤波
CANMessageObject_TX_Current1.ulFlags=MSG_OBJ_TX_INT_ENABLE;  //使能发送中断
CANMessageObject_TX_Current1.ulMsgLen=sizeof(Data_TX_Current1); //报文长度
CANMessageObject_TX_Current1.pucMsgData=Data_TX_Current1;
                                               //真正发送前填写数据区!
```

```
ADCSequenceEnable(ADC_BASE,0);                 //使能 ADC 序列 0
TimerEnable(TIMER0_BASE,TIMER_A);              //Timer0_A 开始计数
CANEnable(CAN0_BASE);
```

```
    for(;;)
    {
        CANMessageSet(CAN0_BASE,1,&sCANMessage,MSG_OBJ_TYPE_TX);  //发送心跳报文
        SimpleDelay();
        if(g_bHeartbeat_timeup)
        {
            g_bHeartbeat_timeup=false;                          //清标志位
            CANMessageSet(CAN0_BASE, 12, &CANMessageObject_TX_HEARTBEAT, MSG_
OBJ_TYPE_TX);                                        //发送心跳报文
            ADCProcessorTrigger(ADC_BASE,0);
            ADCSequenceDataGet(ADC_BASE,0,AD_RAW_Current);
                                              //读取采样值,更新 AD 当前值数组!
        // *********************** 发送 TPDO2 报文 *********************** //
            Data_TX_Current1[1]=0xFF & (AD_RAW_Current[0]>>8);
            Data_TX_Current1[0]=0xFF & (AD_RAW_Current[0]);
            Data_TX_Current1[3]=0xFF & (AD_RAW_Current[1]>>8);
            Data_TX_Current1[2]=0xFF & (AD_RAW_Current[1]);

            Data_TX_Current1[5]=0xFF & (AD_RAW_Current[2]>>8);
            Data_TX_Current1[4]=0xFF & (AD_RAW_Current[2]);
            Data_TX_Current1[7]=0xFF & (AD_RAW_Current[3]>>8);
            Data_TX_Current1[6]=0xFF & (AD_RAW_Current[3]);
                                               //发送 ADC 采样报文
            CANMessageSet(CAN0_BASE, 9, &CANMessageObject_TX_Current1, MSG_OBJ_
TYPE_TX);

        }
        for(i=0;i<8;i++)
    ucMsgData[i]++;
        }


}
```

2. 定时器 Timer0A 初始化子函数

定时器 Timer0A 初始化函数,系统时钟主频为 50MHz(PLL 模式),首先打开外设时钟,设定为 32bit 周期定时器,使能内部触发 ADC 脉冲的产生,打开调试时暂停计数功能,设定定时器初值(定为 10ms),使能 Timer 超时中断和 Timer0A 中断,如清单 9-20 所示。

程序清单 9-20　定时器初始化函数 Timer0A_Init()

```
void Timer0A_Init(void)
{
    SysCtlPeripheralEnable(SYSCTL_PERIPH_TIMER0);       //打开外设时钟
    TimerConfigure(TIMER0_BASE, TIMER_CFG_32_BIT_PER);            //32bit 周期定时器
    TimerControlTrigger(TIMER0_BASE, TIMER_A, true);   //使能内部触发 ADC 脉冲的产生
    TimerControlStall(TIMER0_BASE, TIMER_A, true);      //调试时暂停计数(必要!)
    TimerLoadSet(TIMER0_BASE, TIMER_A, SysCtlClockGet()/100);
                                              //设置 Timer 初值,定时 10ms
```

```
    TimerIntEnable(TIMER0_BASE,TIMER_TIMA_TIMEOUT);        //使能 Timer 超时中断
    IntEnable(INT_TIMER0A);                                //使能 Timer0A 中断
}
```

图 9-17 所示为 CAN 发送 ADC 采样等多组数据的运行结果。

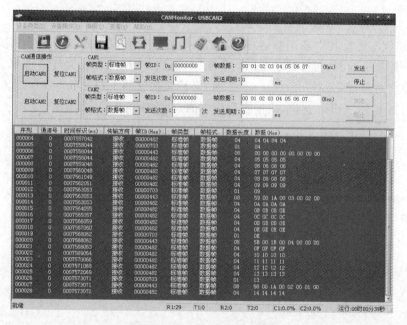

图 9-17 CAN 发送 ADC 采样等多组数据运行结果图

注：完整的运行工程请参阅本书附光盘文件夹第 09 章 CAN\can_send_ADC 下的工程。

9.6.6 CAN 总线接收数据实例

目标：实现 CAN 接收数据的接收。

方法：接收上位机发送的 CAN 总线报文，统计接收到 CAN 总线报文，并通过实验板串口发送相关的报文信息。

现象：通过上位 PC 的 USBCAN-Ⅱ软件发送相关的报文到实验板，串口显示发送的报文，并统计该报文。

1. UART0 控制台初始化子函数

UART0 控制台初始化，包括使能 UART0 端口时钟，配置 CAN 总线引脚，定义引脚为 CAN 功能等。这里使用了一个函数 UARTStdioInitExpClk(0,9600)，定义了 UART0 的波特率，如程序清单 9-21 所示。

程序清单 9-21 串口控制台初始化函数 InitConsole()

```
void InitConsole(void)
{

    SysCtlPeripheralEnable(SYSCTL_PERIPH_GPIOA);
```

```
GPIOPinConfigure(GPIO_PA0_U0RX);
GPIOPinConfigure(GPIO_PA1_U0TX);
GPIOPinTypeUART(GPIO_PORTA_BASE,GPIO_PIN_0 | GPIO_PIN_1);
UARTStdioInitExpClk(0,9600);
}
```

2. CAN 总线节点接收中断子函数

CAN 总线节点接收中断函数。在 CAN 总线的接受和发送以及故障等相关的中断都是使用一个外部中断源,通过判断不同的中断原因进行中断操作。同样若将报文对象 1 作为接收的报文对象,那么当 ulStatus==1 时,必然是接收到了别的节点发送过来的报文,从而将接收中断 g_bRXFlag 置位,用于主程序判断,如程序清单 9-22 所示。

程序清单 9-22　　CAN 中断处理函数 CANIntHandler()

```
void CANIntHandler(void)
{
    unsigned long ulStatus;
    ulStatus=CANIntStatus(CAN0_BASE,CAN_INT_STS_CAUSE);
    if(ulStatus==CAN_INT_INTID_STATUS)
    {
        ulStatus=CANStatusGet(CAN0_BASE,CAN_STS_CONTROL);
        g_bErrFlag=1;
    }
    else if(ulStatus==1)
    {
        CANIntClear(CAN0_BASE,1);
        g_ulMsgCount++;
        g_bRXFlag=1;
        g_bErrFlag=0;
    }
}
```

3. CAN 总线数据接收主程序

在主函数中主要是初始化处理器、配置 CAN 总线节点,进入接收报文的循环。定义接收 CAN 节点的报文时,定义报文对象为 1,掩码为 0,即任何 ID 的数据都可以接收,CAN 报文 ID=0。在报文接收中,首先判断接收中断标志 g_bRXFlag 是否置位,若置位,则通过函数 CANMessageGet(CAN0_BASE,1,&sCANMessage,0)读取报文对象,并放在结构体 sCANMessage 中。后面的工作就是 UART 串口显示的问题了,如程序清单 9-23 所示。

程序清单 9-23　　主函数 main()

```
int main(void)
{
    tCANMsgObject sCANMessage;
    unsigned char ucMsgData[8];

    SysCtlClockSet(SYSCTL_SYSDIV_1 | SYSCTL_USE_OSC | SYSCTL_OSC_MAIN |SYSCTL_
XTAL_6MHZ);
    InitConsole();
```

```
        SysCtlPeripheralEnable(SYSCTL_PERIPH_GPIOD);          //CAN 总线节点使能
        GPIOPinConfigure(GPIO_PD0_CAN0RX);
        GPIOPinConfigure(GPIO_PD1_CAN0TX);
        GPIOPinTypeCAN(GPIO_PORTD_BASE,GPIO_PIN_0 | GPIO_PIN_1);

        SysCtlPeripheralEnable(SYSCTL_PERIPH_CAN0);           //CAN 总线端口使能
        CANInit(CAN0_BASE);                                   //CAN 总线初始化
        CANBitRateSet(CAN0_BASE,SysCtlClockGet(),500000);
                                                      //定义 CAN 总线的波特率为 500kb/s

        CANIntEnable(CAN0_BASE, CAN_INT_MASTER | CAN_INT_ERROR | CAN_INT_
    STATUS);
        IntEnable(INT_CAN0);
        CANEnable(CAN0_BASE);

        sCANMessage.ulMsgID=0;                                //CAN 报文 ID
        sCANMessage.ulMsgIDMask=0;              //此处掩码为 0,即任何 ID 的数据都可以接收
        sCANMessage.ulFlags=MSG_OBJ_RX_INT_ENABLE | MSG_OBJ_USE_ID_FILTER;
        sCANMessage.ulMsgLen=8;                               //允许 8 个字节
        CANMessageSet(CAN0_BASE,1,&sCANMessage,MSG_OBJ_TYPE_RX);
        UARTprintf("CAN message start \n");

        for(;;)
        {
            unsigned int uIdx;
            GPIOPinWrite(GPIO_PORTF_BASE,GPIO_PIN_2,0xFF);
            if(g_bRXFlag)                                     //判断接收中断标志
            {
                CANMessageGet(CAN0_BASE,1,&sCANMessage,0);        //读取报文
                g_bRXFlag=0;
                if(sCANMessage.ulFlags & MSG_OBJ_DATA_LOST)    //判断数据是否有丢失
                {
                    UARTprintf("CAN message loss detected\n");
                }
                                         //UART 输出接收到的报文节点 ID、长度、数据信息
                UARTprintf( " Msg  ID = 0x% 08X  len = %u  data = 0x", sCANMessage. ulMsgID,
            sCANMessage. ulMsgLen);
                for(uIdx=0; uIdx < sCANMessage.ulMsgLen; uIdx++)      //接收到的报文长度
                {
                UARTprintf("%02X", ucMsgData[uIdx]);           //UART 输出接收到的报文长度
                }
                UARTprintf("total count= %u\n",g_ulMsgCount);//UART 输出接收到的报文数统计
            }
        }
    }
```

4. 实验结果分析

图 9-18 为数据发送报文的图,一共按照标准帧发送了 8 个报文,第一个报文刚好 8 个字节,第二个报文为 7 个字节,然后依次递减。

图 9-19 为节点收到报文并在 UART 显示,可见显示的报文 ID、长度、数据以及统计数等。

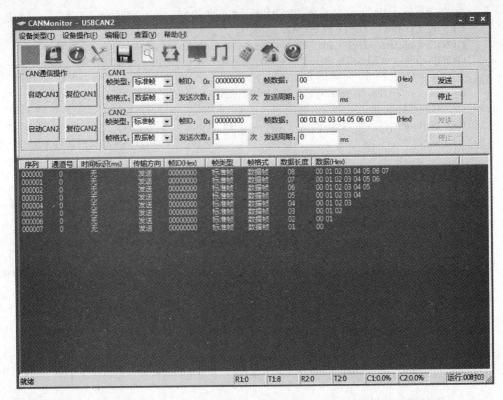

图 9-18　发送报文

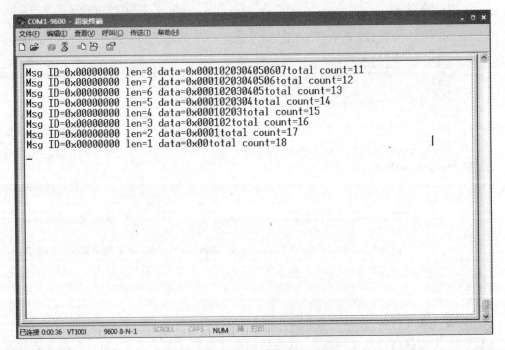

图 9-19　接收报文并通过 UART 显示

小　结

本章主要介绍了 CAN 总线接口模块的应用,包括 CAN 总线的分层结构及通信协议、CAN 总线接口电路设计、CAN 总线收发器设计以及外设驱动函数的分析,然后给出了 CAN 模块的应用流程及封装函数,最后介绍了在 PC 上通信的 CAN 通信工具方法。

思　考　题

一、填空题

1. 对于 CAN 总线,通常采用_____电压传送,这两条信号被称为_____、_____。当静态时,两信号电压平均为 2.5V 时,此时逻辑状态为_____,称之为_____。当 CAN_H = 3.5V 和 CAN_L = 1.5V 时,此时逻辑状态为_____,称之为_____。

2. CAN 遵从 OSI 模型,按照 OSI 基准模型,CAN 结构划分为两层,分别是_____、_____。

3. CAN 总线的 1 位定时可分为 4 个部分,_____、_____、_____、_____。

4. CAN 总线的采样点位于位定时_____段和_____段之间。

5. CAN 现场总线位定时设定与总线的同步、仲裁等信息相关,其主要思路是要求_____。

6. 在 Stellaris 处理器系列中的 LM3S2000 和 LM3S8000 系列的 CPU 的 CAN 控制器时钟模块,使用 PLL 时时钟为_____,不使用 PLL 时时钟_____。而 LM3S5000 系列 CAN 模块时钟为_____。

7. 在 Stellaris 处理器中,设定 CAN_CLK 频率为 10MHz,BRP=0,则 t_q =_____,同步段时间为_____。

8. 在 CAN 现场总线中,总线驱动器延时为 50ns,接收电路延时为 30ns,总线(40m)的延时 220ns,则传播时间段 Prop-Seg 的时间为_____。

9. CAN 总线时,总线的波特率为 500kb/s,则位定时间为_____。

10. 按 CAN2.0B 协议规定,CAN 总线有_____、_____两种帧数据格式,其仲裁场分别为_____位 ID 和_____位 ID。

11. CAN 总线节点位于网络终端,电阻 RT 是必需时,阻值为 120Ω,称之为_____。

12. LM3S8962 的 CAN 控制器具有很高的可配置性,包含_____个报文。

二、简答题

1. 简述 CAN 总线的用途和特点,描述 CAN 总线的发送和接收操作。

2. 简述 CAN 报文帧的组成(包括标准帧和扩展帧)。

3. 简述 CAN 控制器通信速率的定义。

4. 分析 CAN 控制器通信实例,简述 CAN 控制器的通信编程方法。

5. 简述 LM3S8962 报文对象的操作。

6. 简述 Stellaris 处理器 CAN 现场总线控制器产生中断的条件。

第10章 智能汽车设计实例分析

本章主要偏重应用的介绍,以飞思卡尔智能车为载体,给出一个完整的典型应用系统,通过本章的学习,可以了解嵌入式系统的开关流程、硬件设计及软件设计,并了解调试的基本方法。

10.1 智能汽车设计概述

10.1.1 智能汽车设计的意义及研究内容

21世纪的汽车概念将发生根本性的变化。现在的"汽车"是带有一些电子控制的机械装置,将来的"汽车"将转变为带有一些辅助机械的机电一体化装置,汽车的主要部分不再仅仅是个机械装置,它正向消费类电子产品转移。据 HP 公司统计,目前世界平均每辆汽车在电子方面的投资约为 1200 美元(不包括立体声音响、收音机和电话),而且正在以每年 15% 的速率增加。同时,智能汽车在传统汽车上配备了远程信息处理器、传感器和接收器,通过无线网络获取前方交通状况信息,引导汽车加速或减速。这样,汽车就能更为平稳地行驶,避免不断刹车、启动的动作,以降低油耗。随着汽车电子控制技术的发展,中国的汽车工业将面临巨大的发展机遇和挑战,开展智能汽车技术的研究与开发工作具有重要意义。

智能汽车的研究主要包括以下内容。

1. 智能汽车的体系结构

智能汽车的体系结构的设计必须包含实现用户功能的全部子系统设计。智能汽车的体系结构应该阐述这种车辆的结构体系,列出用户服务功能,定义实现用户服务功能的各个子系统。研究各个子系统之间的通信方式和组织方式。

2. 智能汽车的信息采集、处理及传输

信息就是智能汽车的灵魂,智能汽车将用实时的、全面的、有效的信息流来驱动汽车系统的运动。因此,研究智能汽车系统的信息环境模型、信息处理方法与技术和高效的信息传输技术就显得尤其重要。

3. 智能汽车的自动控制系统

当前的汽车控制系统离不开驾驶员的干预。在这里,驾驶员充当了闭环控制系统控制器的角色。也就是说,当前主流的汽车自身并没有所谓的自动控制器,不具备自动完成行驶任务的功能,要行驶只有依靠驾驶员操作。越来越多的交通问题专家认为,交通系统的诸多问题的根源就出在驾驶员身上。驾驶员的技术水准、法制观念、身体状况和对交通环境的适应能力等因素都直接影响行车的效果,进而影响交通系统的运行状况。解决问题的出路在于汽车驾驶的自动化,即用自动控制器取代驾驶员。由于交通环境信息的复杂化、多变性和交通任务的多样性等原因,汽车控制策略必须基于智能控制理论来设计。

4. 智能汽车的通信系统

智能汽车的通信系统任务就是保证信息的准确快速传输。在智能汽车与智能汽车之间、智能汽车与交通监控中心之间、智能汽车与道路附属设施之间,都存在着大量实时的信息交换。通信子系统是智能汽车系统获取和传递信息的神经中枢,必须研究适合于智能汽车信息交换的通信系统结构形式、软件技术、传输介质和编码纠错技术等。

5. 智能汽车的导驶定位技术

智能汽车导驶定位系统的任务是对行驶中的智能汽车进行实时导航定位,如在车辆内显示目的地的地图,确定车辆的位置,选择合适的行车路径等。同时,车辆同交通监控中心可以通信,使用一个数据库记录车辆及途经道路的历史状况信息,该子系统研究涉及 GPS 定位技术、电子地图技术、数据库技术、显示技术、接口技术和应用软件技术等。

6. 智能汽车的电源系统

汽车的传统能源以石油为主,随着环境问题的突出显现,由燃油引发的交通事业可持续发展问题显得十分急迫。当前,最有可能被成功应用于汽车的替代动力能源就是电能,电能具有效率高、清洁、易于变换和易于输送等特点,应用于智能汽车系统,前景广阔,是必然的选择。但是,电能的大容量储存比较困难,因而将电能应用于移动的智能汽车系统,还有很多理论和技术工作有待深入研究。

10.1.2　智能汽车设计的技术关键

与智能汽车的研究内容相对应,设计智能汽车需要解决如下的关键技术问题。

1. 智能汽车体系结构的设计

智能汽车体系结构设计的关键在于:如何根据智能汽车的性能,划分智能汽车各个功能子系统的问题,这些子系统之间既相对独立,又存在信息流动,共同实现全系统的功能。

2. 智能汽车的信息采集与处理技术

由于交通系统信息环境的日益复杂化和污染化,有效信息量的不足以及信息采集手段的相对滞后,可能成为制约汽车智能化研究的瓶颈问题。汽车在行驶过程中,必须得到的信息包括车辆自身状况的信息、道路信息、近邻行驶汽车的信息及导航定位信息等。这些信息一般被外界噪声所干扰,如何精确地、实时地、有效地采集到这些信息,并进行处理,需要特别研究。

3. 智能汽车控制策略的设计

驾驶员具有学习、自组织、自适应和容错等能力,是一种最高级的“智能控制器”,他能够针对汽车运动的非线性、时变性、干扰的复杂性及任务的多样性,综合运用各种不同类型的智能化策略,很好地完成控制即驾驶任务。目前,在智能控制领域内,已经提出了模糊控制理论、神经控制理论、专家控制理论、分层递阶控制理论等智能控制方案。所有这些智能控制策略,其核心思想就是模仿人的思维和行动,去完成或部分完成只有人类专家才能完成的控制任务。设计一个“类人”的汽车控制器,是智能汽车控制策略研究中的终极方案。但由于汽车驾驶任务的复杂性,研究设计这种汽车智能控制器的任务是十分艰巨的。

4. 智能汽车导驶定位技术

智能汽车作为一种自动或半自动交通工具系统,如何选择交通路线,如何识别道路,如何精确实时地确定自己的地理位置,如何记录自己的行车路线等问题,是当前研究的技术热点,而数字导驶技术就是解决这些问题的综合方案。从硬件上讲,车载计算机、控制器、显示器、数字地图和定位系统是必不可少的。车辆数字导驶技术研究已经取得了一些结果,但是要完全彻底地解决问题,还需要做很多研究。

　　5. 智能汽车电源研究

　　目前,车载动力电源的弊端是容量偏小、功率较低、持续稳定工作时间短,国内外不少学者对此进行了大量研究,智能汽车作为新一代汽车的代表,为应对日益严重的环境问题,必须采用电能作为动力。但到目前为止,智能汽车动力电源仍是一个有待突破的技术难点。

10.1.3　中国大学生智能汽车设计竞赛简介

　　智能汽车是一种高新技术密集型的新型汽车,是今后的主流汽车产品。而研究智能汽车所必需的理论与技术支持条件大部分已经基本具备。正是基于这一点,国际上正在形成智能汽车研究、设计、开发和竞赛的热潮。

　　美国是世界上对智能汽车最为关注的国家。美国交通部已开始一项五年计划,投入3500万美元,与通用汽车公司合作开发一种前后防撞系统。同时,美国俄亥俄州立大学和加州大学以及其他一些研究机构正在进行全自动车辆的研制与改进工作。CMU大学的NabLab 5实验智能车是由Potiac运动跑车改装而成的,装有便携式计算机、摄像头、GPS全球定位系统、雷达和其他辅助设备。1995年6月,NabLab 5进行了横穿美国的实验NHAA(No Hands Across America),从宾州的匹兹堡到加州的圣地业哥,行程4587km,其中自主驾驶部分占98.2%。美国移动导航子系统(MNA)能计算出最佳的行驶路径,还能不断地接收现场的最新交通状况,给出连续更新的指向,让车辆始终沿着最理想的路线向前行驶。此外,美国还将智能汽车的研究用于军事上,美国国防部采用无人车去执行危险地带的巡逻任务,目前正在进行第三代军用智能汽车的研究,称为Demo Ⅲ,能满足有路和无路条件下的车辆自动驾驶。

　　在此基础上,美国国防部与民间的大学、企业和发明家联合开展了全球领先的智能汽车竞赛。2007年11月,美国第三届智能汽车大赛日前在加利福尼亚州维克托维尔举行,这是美国国防部第三次主办这样的大赛。参赛的无人驾驶汽车车顶上有旋转的激光器,两边有转动的照相机,内部安有电脑装置。这些无人驾驶汽车完全由电脑控制,利用卫星导航、摄像、雷达和激光,人工智能系统可判断出汽车的位置和去向,随后将指令传输到负责驾驶车辆的系统,丝毫不受人的干涉,用传感器策划和选择它们的路线。参赛的无人驾驶智能汽车沿着附近公路飞奔。约有50个人驾驶配备防滚架的汽车,密切注视着机器人汽车的情况。

　　在这些没有驾驶员操纵的汽车离开起点,转动着车轮冲向附近一个荒废的空军基地街区时,观众们屏住了呼吸。各辆无人车依次出发,斯坦福大学的"晚辈"(Junior)最先完成自己的赛程,接下来是卡内基—梅隆大学和维吉尼亚理工学院的无人驾驶汽车,它到达终点只用了6个小时。美国里海大学和宾夕法尼亚大学联合制造的汽车用了6个多小时。麻省理工学院和科内尔大学的汽车大约用了7个半小时,是最后完成赛程的第11位参赛者。有关人员根据安全设备和通过60英里(约100千米)赛程的速度选出获胜者。一款经过改装的智能化雪佛兰车在无人操控的情况下行驶了6小时,夺得了大赛的冠军。这款卡内基—梅隆大学推出的昵称"老板"(Boss)的车赢得了200万美元的奖金。图10-1所示为美国的智能汽车。

　　这次智能汽车比赛的目标是对未来科学家的激励。大学、企业和发明家们期望制造出通过洛杉矶和拉斯维加斯间荒地、行程 100 英里（160 千米）的无人驾驶汽车。美国国防部先进研究计划署（DARPA）非常需要无人驾驶汽车，因为它们能降低战争中士兵的伤亡人数。大学对人工智能问题的解决很感兴趣，而汽车制造商则认为，人工智能系统将能帮助人们驾驶，最终完全承担驾驶任务。大家都希望未来新型汽车的早日到来。

图 10-1　美国的智能汽车

　　美国智能汽车大赛为实物竞赛类型，受限于资金与技术因素，该竞赛在大众及青少年学生中普及面有限。而处在亚洲的韩国则另辟蹊径，它借助于本国当前蓬勃发展的汽车工业，致力于实现全新的智能汽车技术在年轻一代中的跨越式发展，在全世界率先开展了大学生智能汽车竞赛。

　　韩国大学生智能汽车竞赛是韩国汉阳大学汽车控制实验室在飞思卡尔半导体公司资助下举办的，以 HCS12 单片机为核心的大学生智能模型汽车竞赛。组委会提供一个标准的汽车模型、直流电机和可充电式电池，参赛队伍要制作一个能够自主识别路线的智能车，在专门设计的跑道上自动识别道路行驶，谁最快跑完全程而没有冲出跑道并且技术报告评分较高，谁就是获胜者。2000 年智能车比赛首先由韩国汉阳大学承办，每年全韩国大约有一百余支大学生队伍参赛，该项赛事得到了众多高校和大学生的欢迎，也逐渐得到了企业界的关注。韩国现代公司自 2004 年开始免费捐赠一辆轿车作为赛事的特等奖项。德国宝马公司也提供了不菲的资助，并邀请 3 名获奖学生到德国宝马公司研究所访问，2005 年SUNMOON 大学的参赛者获得了这一殊荣。

　　以韩国大学生智能汽车竞赛为蓝本，我国也组织了国内的大学生智能汽车竞赛。教育部为了加强大学生实践、创新能力和团队精神的培养，委托教育部高等学校自动化专业教学指导分委员会主办每年一度的全国大学生智能汽车竞赛。经自动化分教指委与飞思卡尔半导体公司友好协商，确定飞思卡尔公司为协办单位，并于 2005 年 11 月 14 日召开了全国大学生智能汽车竞赛暨第一届全国大学生智能汽车邀请赛新闻发布会，并命名该赛事为"飞思卡尔"杯。

　　我国大学生"飞思卡尔"杯智能汽车竞赛，是在统一汽车模型平台上，使用飞思卡尔半导体公司的 8 位、16 位和 32 位微控制器作为核心控制模块，自主构思控制方案进行系统设计，包括传感器信号采集处理、动力电机驱动、转向舵机控制以及控制算法软件开发等，完成智能车工程制作及调试，于指定日期与地点参加各分赛区的场地比赛，在获得决赛资格后，参加全国决赛区的场地比赛。参赛队伍的名次（成绩）由赛车现场成功完成赛道比赛时间为主、技术报告和制作工程质量评分为辅来决定。每届比赛的难度依次增加——自 2007 年开始,比赛中增加了 15 度的上下坡道;自 2008 年开始,大赛分为光电、摄像头和电磁三个赛题组,在车模中使用透镜成像进行道路检测方法属于摄像头赛题组,除此之外则属于光电管赛题组,并增加了终点自动停驶功能。图 10-2 所示为国内的大学生参赛模型车。图 10-3 所示为全国大学生智能汽车比赛赛道。

图 10-2　国内的大学生参赛模型车

图 10-3　全国大学生智能汽车比赛赛道

　　该竞赛是涵盖了控制工程、模式识别、传感技术、电子工程、电气工程、计算机、机械及车辆工程等多个学科的科技创意性比赛。该项赛事汇聚了中国内地及港澳地区的所有高校自动化及相关电类专业的学生,目前已是继全国大学生数学建模、电子设计、机械设计、结构设计之后的第五大全国大学生专项设计竞赛,并且已成为教育部"本科教学质量与教学改革工程"(质量工程)所支持的项目。

　　为了保证竞赛真正面向大学生,竞赛秘书处技术组在学习与总结韩国汉阳大学经验的基础上,要求每支参赛队伍 3 名成员中以本科生为主,研究生至多 1 名,他们分工合作,互相配合,发挥团队优势。竞赛题目的难度符合大学本科生的教学要求,易于制作和实现。对于由 3 名学生组成的参赛队,能在指导教师的辅导下于 6 个月内完成。竞赛秘书处技术组在比赛准备阶段提供了技术培训和答疑,大赛前要求参赛队提交技术报告,比赛后组织技术总结和交流,使参赛学生真正得到实践锻炼机会和提高科技创新能力。

10.1.4　中国大学生智能汽车设计竞赛的基本规则

　　参赛选手须使用竞赛秘书处统一指定的竞赛车模套件,采用飞思卡尔半导体公司的 8 位、16 位和 32 位微控制器作为核心控制单元,自主构思控制方案进行系统设计,包括传感器信号采集处理、电机驱动、转向舵机控制以及控制算法软件开发等,完成智能车工程制作及调试,于指定日期与地点参加各分(省)赛区的场地比赛,在获得决赛资格后,参加全国总决赛区的场地比赛。参赛队伍的名次(成绩)由赛车现场成功完成赛道比赛时间来决定,参加全国总决赛的队伍同时必须提交车模技术报告。大赛根据道路检测方案不同分为电磁组、平衡组与摄像头组三个赛题组。使用四轮车模通过感应由赛道中心电线产生的交变磁场进行路经检测的属于电磁组,该组别比赛时为双车同时行进;使用两轮车模保持车体直立行走并通过指定的线阵 CCD 器件或者分立的光电管传感器获得一维连续或者离散点赛道信息的属于平衡组;使用四轮车模利用摄像头进行赛道信息检测,属于摄像头组。

1. 微控制器

参赛选手须采用飞思卡尔半导体公司的 8 位、16 位或 32 位处理器作为唯一的微控制器。本着进一步限制克隆车的原则,同一组别不同队伍之间需要采用飞思卡尔不同系列的微控制器,以从软件设计上避免克隆车问题。

飞思卡尔不同系列的微控制器包括:

32 位 Kinetis(ARM@ CortextTM-M0+)系列(主要包括:Kinetis E、L、M 等系列);

32 位 Kinetis(ARM@ CortextTM-M4)系列(主要包括:Kinetis K,W 等系列);

32 位 ColdFire 系列;

32 位 MPC56xx 系列;

DSC 系列;

16 位微控制器;

8 位微控制系列。

注意:第十届比赛中,将 32 位 Kinetis 微控制器系列分成两组,同一学校的同一赛题组的两个队伍可以同时选择 Kinetis 系列微控制器,只要保证分别使用 ARM@ CortextTM-M0 和 ARM@ CortextTM-M4 系列即可。

核心控制模块可以采用组委会提供的 K10、9S12XS128,也可以选用飞思卡尔公司微控制器自制控制电路板。每台车模除了 8 位微控制系列可以允许同时使用两片之外,其他系列的微控制器则只能使用一片。

除了上述规定的微控制器之外不得使用辅助处理器以及其他可编程器件。

2. 传感器

参加电磁赛题组允许使用光学传感器获得道路中路障信息、车速运行信息、车辆前后距离信息。赛道设有黑色中心线、边界线等光学引导线。

参加光电平衡组的车模可以使用光电传感器、指定型号的线性 CCD 传感器进行道路检测,禁止使用激光传感器,禁止使用二维摄像头器件。

光电组若采用线性 CCD,需使用 Texas Advanced Optoelectronic Solution 公司的 TSL1401 系列的线性 CCD。

摄像头赛题组可以使用光电管作为辅助检测手段。

非电磁组赛车不允许使用检测磁场信号传感器。

相关规定参见表 10-1。

表 10-1　各赛题组传感器限制

传感器模块	电磁组	摄像头组	平衡组
面阵 CCD	允许	允许	不允许
TSL1401	允许	不允许	允许
光电管	允许	允许	允许
激光发射管	不允许	不允许	不允许
电磁传感器	允许	不允许	不允许
射频或者红外通信模块	允许	不允许	不允许
其他自选传感器	允许	允许	允许

3．赛道基本情况

1）赛道材质

赛道路面用专用白色 KT 基板制作，可以铺设 1～3 层 KT 板材。赛道铺设背景的材料和颜色没有任何限制。

2）赛道尺寸

在初赛阶段时，跑道所占面积在 5m×7m 左右，决赛阶段时跑道面积可以增大。赛道为封闭曲线形式，赛道的总长度没有限制。

赛道宽度不小于 45cm。赛道与赛道的中心线之间的距离不小于 60cm，如图 10-4 所示。

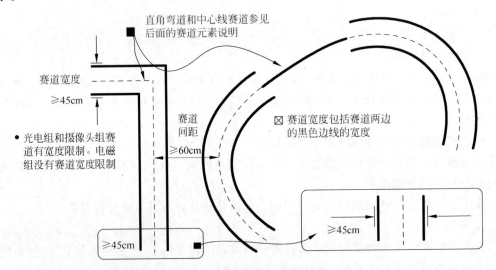

图 10-4　赛道宽度与赛道间距

注：图 10-4 中的直角弯道和中心线赛道参考后面的赛道元素说明。

4．发车控制

电磁组的起跑线依然使用永磁铁作为标识，永磁铁的分布如图 10-5 所示。

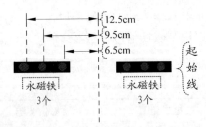

图 10-5　电磁组起跑线上的永磁体位置分布

摄像头组和光电组车模比赛采用发车栏杆控制方式。比赛前赛车处于发车栏杆前发车区内静止。当发车栏杆抬起后，赛车开始运行，如图 10-6 所示。

发车栏杆不仅控制车模出发，同时控制车模结束。发车栏杆由赛道旁的舵机控制起落。栏杆水平位置时高度为 10cm。在栏杆上安装有三组发光二极管（LED），每组包括有一个红色 LED 和一个红外 LED。LED 点亮时，通过有 40kHz 的方波脉冲电流，占空比为 50％，峰

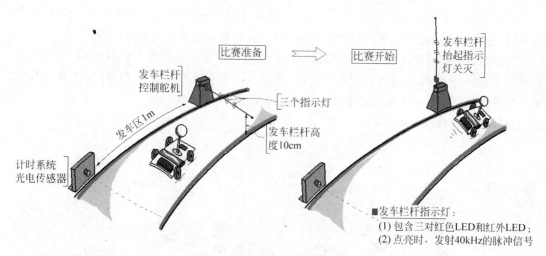

图 10-6　摄像头组和光电组发车栏杆

值电流为 20mA。为了避免车模撞击栏杆造成损坏,在栏杆上安装有合页可以允许栏杆自动折弯让行,如图 10-7 所示。

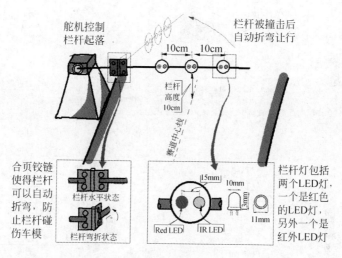

图 10-7　发车灯

在发车栏杆前一米处赛道旁安装有计时系统光电传感器。比赛从发车栏杆抬起直至车模返回后通过计时系统的光电传感器。

车模为了完成比赛,除了能够识别赛道之外,还需要能够检测发车栏杆上脉冲灯光。可以通过简单的光电传感器来实现,也可以使用 CCD 进行检测。

摄像头组和光电组的比赛分为以下四个阶段。

起跑阶段:车模在发车栏杆前 1m 起跑区内静止。栏杆抬起,灯光熄灭后,比赛计时系统开始计时。车模需要在五秒钟之内冲过起跑线。此期间的车模延迟时间计算在比赛成绩中。如果车模没有能够在五秒钟冲过起跑线,则算作车模冲出赛道一次,重新开始。

比赛阶段:车模冲过起跑线在赛道上运行。发车栏杆在五秒钟之后落下,同时栏杆上的 LED 重新点亮,为车模到达终点做准备。

　　冲刺阶段：车模运行到终点附近，在尚未通过计时系统传感器之前检测到发车栏杆上的 LED 脉冲灯光。此时车模应该准备减速慢行，直至通过计时系统光电传感器。

　　停止阶段：计时系统检测到车模通过时，比赛计时结束。同时发车栏杆上的 LED 灯光熄灭。车模检测到 LED 灯光熄灭时，应该立即停止。如果车模停止在栏杆前，比赛正常结束。如果车模没有能够停止在栏杆前，比赛时间加罚一秒钟。

　　具体比赛过程参见图 10-8。

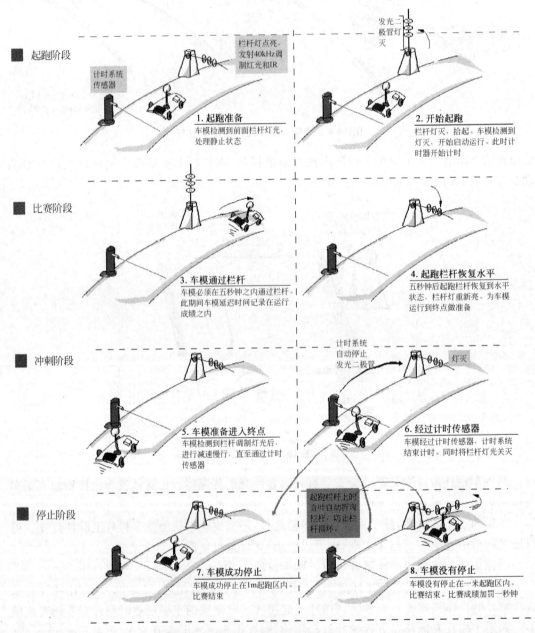

图 10-8　具体参赛过程

10.2　智能汽车硬件设计

10.2.1　传感器系统

在工程上,系统中各种物理量都必须转换成一定规格的信号(电信号或气压信号)才能被检测、采集和显示。所谓传感器,即是将被测量按照一定的物理或化学原理转换成某种规定的输出信号的装置或器件。

通常,传感器由敏感元件和转换元件组成。敏感元件能够随着被测量的变化而引起某种易被测量信号的变化,而转换元件则将敏感元件感受或响应的被测量转换成适于传输或测量的电信号部分,具体的电量形式取决于敏感元件的原理。除此之外,由于转换元件的输出信号一般都很微弱,为方便传输、转换、处理及显示,通常有信号调理转换电路和辅助电路等,将转换元件输出的电信号进行放大或运算调制。因此,传感器的组成通常包括敏感元件、转换元件、信号调理转换电路和辅助电路,如图 10-9 所示。随着半导体器件与集成技术的发展,传感器的信号调理转换电路与敏感元件、转换元件等一起集成在同一芯片上,安装在传感器的壳体里。

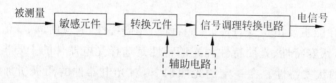

图 10-9　传感器组成方框图

下面分别介绍智能车系统中需要使用的传感器的基本原理。

1. 光电传感器

光电式传感器是利用光电器件把光信号转换成电信号的装置。光电式传感器工作时,先将被测量转换为光量的变化,然后通过光电器件再把光量的变化转换为相应的电量变化,从而实现非电量的测量。光电式传感器的核心(敏感元件)是光电器件,光电器件的基础是光电效应。

光电式传感器结构简单、响应速度快、可靠性较高,能实现参数的非接触测量,因此广泛地应用于各种工业自动化仪表中。光电式传感器可用来测量光学量或测量已先行转换为光学量的其他被测量,然后输出一定形式的电信号。在测量光学量时,光电器件是作为敏感元件使用;而测量其他物理量时,它是作为转换元件使用。光电式传感器由光路及电路两大部分组成,光路部分实现被测量信号对光量的控制和调制,电路部分完成从光信号到电信号的转换。图 10-10(a)所示为测量光量时的组成框图,图 10-10(b)所示为测量其他物理量时的组成框图。

常用的光电转换元件有真空光电管、充气光电管、光电倍增管、光敏电阻、光电二极管及光电三极管等,它们的作用是检测照射在其上的光通量。选用何种形式的光电转换元件取决于被测参数所需的灵敏度、响应的速度、光源的特性及测量环境和条件等。下面介绍常用的光电式传感器——光电管。

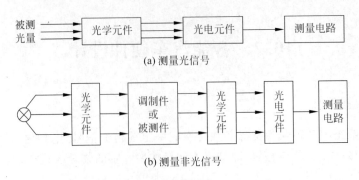

(a) 测量光信号

(b) 测量非光信号

图 10-10　光电式传感器的基本组成

1）光电管的结构与工作原理

光电管有真空光电管和充气光电管两类，两者在结构上比较相似，均由一个阴极和一个阳极构成，并且密封在一只真空玻璃管内。阴极装在玻璃管内壁上，其上涂有光电发射材料。阳极通常用金属丝弯曲成矩形或圆形，置于玻璃管的中央。当光照在阴极上时，中央阳极可收集从阴极上逸出的电子，在外电场作用下形成电流。充气光电管的灵敏度好，但其稳定性较差、惰性大，容易受温度影响。在智能车的光电式传感器模块设计中，由于要求温度影响小和灵敏度稳定，所以一般都采用真空式光电管。

2）主要性能

光电器件的性能主要由伏安特性、光照特性、光谱特性、响应时间、峰值探测率和温度特性来描述。其中，伏安特性、光照特性和光谱特性是选择光电器件的主要指标。

（1）光电管的伏安特性。在一定的光照射下，对光电器件的阴极所加电压与阳极所产生电流之间的关系称为光电管的伏安特性。它是应用光电式传感器参数的主要依据。

（2）光电管的光照特性。当光电管的阳极和阴极之间所加电压一定时，光通量与光电流之间的关系为光电管的光照特性。光照特性曲线的斜率（光电流与入射光光通量之比）称为光电管的灵敏度。

（3）光电管的光谱特性。一般对于光电阴极材料不同的光电管，它们有不同的红限频率 v_0（红限频率是指物质能产生光电效应所需光照的最低频率），因此它们可用于不同的光谱范围。除此之外，即使照射在阴极上的入射光的频率高于红限频率 v_0，并且强度相同，随着入射光频率的不同，阴极发射的光电子的数量也不会相同，即同一光电管对于不同频率的光的灵敏度不同，这就是光电管的光谱特性。所以，检测不同波长区域的光时，应选用不同材料的光电阴极。

2. 图像传感器

图像传感器在智能车设计中非常常见。智能车路径识别模块中的摄像头的重要组成部分就是图像传感器。图像传感器又称为成像器件或摄像器件，可实现可见光、紫外线、X 射线、近红外光等的探测，是现代视觉信息获取的一种基础器件。因其能实现信息的获取、转换和视觉功能的扩展（光谱拓宽、灵敏度范围扩大），能给出直观、真实、多层次、多内容的可视图像信息，图像传感器在现代科学技术中得到越来越广泛的应用。

固态图像传感器是在同一块半导体衬底上布设若干光敏单元与移位寄存器而构成的器件，是一种集成化、功能化的光电器件。光敏单元又称为"像素"或"像点"，不同的光敏单元在空间上、电气上彼此独立。每个光敏单元将自身感受到的光强信息转换为电信号,众多的光敏单元一起工作,即把入射到传感器整个光敏面上按空间分布的光学图像转换为按时序输出的电信号"图像",这些电信号经适当的处理,能再现入射的光辐射图像。

固态图像传感器主要有 5 种类型:电荷耦合器件(Charge Coupled Device,CCD)、电荷注入器件(Charge Injection Device,CID)、互补性氧化金属半导体(Complementary Metal Oxide Semiconductor,CMOS)、电荷引发器件(Charge Priming Device,CPD)和叠层型摄像器件。在智能车系统的传感器模块设计中,采用的图像传感器主要有 CMOS 和 CCD 两种。下面主要对 CCD 图像传感器进行介绍。

1) CCD 图像传感器的分类

CCD 图像传感器从结构上可以分为两类:一类是用于获取线图像的,称为线阵 CCD;另一类是用于获取面图像的,称为面阵 CCD。

(1) 线阵 CCD 图像传感器。对于线阵 CCD,它可以直接接收一维光信息,而不能直接将二维图像转换为一维的电信号输出,为了得到整个二维图像的输出,就必须用行扫描的方法来实现。

(2) 面阵 CCD 图像传感器。面阵 CCD 图像传感器的感光单元呈二维矩阵排列,能检测二维平面图像。由于传输与读出方式不同,面阵图像传感器有许多类型,常见的传输方式有行传输、帧传输和行间传输三种。

2) CCD 图像传感器的特性参数

CCD 图像器件的性能参数包括灵敏度、分辨率、信噪比、光谱响应、动态范围和暗电流等,CCD 器件性能的优劣可由上述参数来衡量。

(1) 光电转换特性。CCD 图像传感器的光电转换特性如图 10-11 所示。图中 x 轴表示曝光量,y 轴表示输出信号幅值,Q_{SAT} 表示饱和输出电荷,Q_{DARK} 表示暗电荷输出,E_s 表示饱和曝光量。

由图 10-11 可以看出,输出电荷与曝光量之间有一个线性工作区域,在曝光量不饱和时,输出电荷正比于曝光量 E,当曝光量达到饱和曝光量 E_s 后,输出电荷达到饱和值 Q_{SAT},并不随曝光量的增加而增加。曝光量等于光强乘以积分时间,即

$$E = HT_{int} \tag{10.1}$$

式中,H 为光强;T_{int} 为积分时间,即起始脉冲的周期。

暗电荷输出为无光照射时 CCD 的输出电荷。一只良好的 CCD 传感器,应具有低的暗电荷输出。

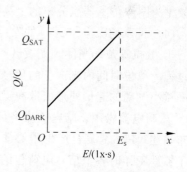

图 10-11　CCD 光电转换特性

(2) 灵敏度和灵敏度不均匀性。CCD 图像传感器的灵敏度或称为量子效率,标志着器件光敏区的光电转换效率,用在一定光谱范围内单位曝光量下器件输出的电流或电压表示。实际上,图 10-11 中 CCD 光电转换特性曲线的斜率就是器件的灵敏度 S,即

$$S = Q_{SAT}/E_s \tag{10.2}$$

显然,CCD 器件在工作时,应把工作点选择在光电转换特性曲线的线性区域内(可通过调整光强或积分时间来控制)且工作点接近饱和点,但最大光强又不进入饱和区,这样 NU

值减小,均匀性增加,提高了光电转换精度。

(3) 分辨率。分辨率是用来表示分辨图像细节能力的。它通常有两种不同的表示方式。

① 极限分辨率。一黑一白两个线条称为一个"线对",透过对应光的亮度为一明一暗。而极限分辨率是指人眼能够分辨的最细线条数,通常用每毫米线对数(1P/mm)来表示。

② 调制传递函数。每毫米长度上所包含的线对数称为空间频率,其单位是 1P/mm。设调幅波信号的最大值为 A_{max},最小值为 A_{min},平均值为 A_0,振幅为 A_m,如图 10-12 所示,定义调制度 M 为

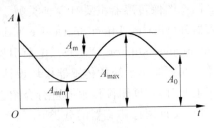

图 10-12　调制度的定义

$$M = \frac{A_{max} - A_{min}}{A_{max} + A_{min}} \tag{10.3}$$

调幅波信号通过器件传递输出后,通常调制度受到的损失减小。一般来说,调制度随空间频率增加而减小。为了客观地表示 CCD 传感器的分辨率,一般采用调制传递函数(Modulation Transfer Function,MTF)来表示。MTF 的定义为:在各个空间频率下,CCD 器件的输出信号的调制度 $M_{out}(v)$ 与输入信号的调制度 $M_{in}(v)$ 的比值,即

$$MTF(v) = \frac{M_{out}(v)}{M_{in}(v)} \tag{10.4}$$

式中,v 为空间频率。

MTF 能够客观地反映 CCD 器件对于不同频率的目标成像的清晰程度。随着空间频率的增加,MTF 值减小。当 MTF 减小到某一值时,图像就不能够被清晰分辨,该值对应的空间频率为图像传感器能分辨的最高空间频率。

(4) CCD 的噪声。CCD 的噪声源可归纳为三类:散粒噪声、暗电流噪声和转移噪声。

① 散粒噪声。光注入光敏区产生信号电荷的过程可以看成是独立、均匀连续发生的随机过程。单位时间内光产生的信号电荷数并非绝对不变,而是在一个平均值上做微小波动,这一微小波动的起伏便形成散粒噪声,又称为白噪声。

② 暗电流噪声。暗电流噪声可以分为两部分:其一是耗尽层热激发产生的,可用泊松分布描述;其二是复合产生中心非均匀分布,特别是在某些单元位置上形成暗电流尖峰。由于器件工作时各个信号电荷包的积分地点不同,读出路径也不同,这些尖峰对各个电荷包贡献的电荷量不等,于是形成很大的背景起伏,这就是常称的固定图像噪声的起因。

③ 转移噪声。转移噪声产生的主要原因有:转移损失引起的噪声、界面态俘获引起的噪声和体态俘获引起的噪声。输出结构采用浮置栅放大器,噪声最小。

3. 摄像头的工作原理

以上介绍了常见的图像传感器的相关特性,下面简单介绍一下摄像头的工作原理。

摄像头以隔行扫描的方式采样图像,当扫描到某点时,就通过图像传感芯片将该点处图像的灰度转换成与灰度对应的电压值,然后将此电压值通过视频信号端输出。具体而言(参见图 10-13),摄像头连续地扫描图像上的一行,就输出一段连续的视频信号,该电压信号的

高低起伏正反映了该行图像的灰度变化情况。当扫描完一行,视频信号端就输出一个低于最低视频信号电压的电平(如 0.3V),并保持一段时间。这样相当于紧接着每行图像对应的电压信号之后会有一个电压"凹槽",此"凹槽"叫做行同步脉冲,它是扫描换行的标志。然后扫描新的一行,如此下去,直到扫描完该场的信号,接着会出现一段场消隐信号。其中有若干个复合消隐脉冲(简称消隐脉冲),在这些消隐脉冲中,有一个消隐脉冲远宽于其他的消隐脉冲(即该消隐脉冲的持续时间远长于其他的消隐脉冲的持续时间),该消隐脉冲又称为场同步脉冲,标志着新的一场的到来。摄像头每秒扫描 25 帧图像,每帧又分奇、偶两场,故每秒扫描 50 场图像。

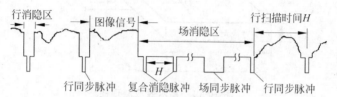

图 10-13　摄像头视频信号

通常,摄像头产品说明上会给出有效像素和分辨率,但通常不会具体介绍视频信号行的持续时间、行消隐脉冲的持续时间等参数,而这些参数又关系到图像采样的时序控制。因此需要设计软、硬件方法对这些参数进行实际测量。表 10-2 给出了常见的 1/3 OmniVision CMOS 摄像头的时序参数,以供参考。

表 10-2　常见的 1/3 OmniVision CMOS 摄像头的时序参数

信号属性	行序数	行持续时间	行同步脉冲 持续时间	消隐脉冲 持续时间
场消隐区	1~4	23μs		3.5μs
	5	27.3μs		8.0μs
	6	37.3μs		3.5μs
	7~10	29.8μs		3.5μs
	11~22	64.0μs		4.7μs
视频信号区	23~310	64.0μs	4.7μs	
场消隐区 (同步脉冲)	311~314	64.0μs		4.7μs
	315	64.0μs		3.5μs
	316~319	29.8μs		3.5μs
	320	53.4μs		28.0μs

在智能汽车设计中,测速传感器的设计主要有两种方案:霍尔传感器和光电式脉冲编码器。

4. 霍尔传感器

霍尔传感器是基于霍尔效应原理,将电流、磁场、位移、压力和压差转速等被测量转换成电动势输出的一种传感器。虽然转换率低、温度影响大、要求转换精度较高时必须进行温度补偿,但霍尔传感器具有结构简单、体积小、坚固、频率响应宽(从直流到微波)、动态范围(输出电动势的变化)大、无触点、寿命长、可靠性高,以及易于微型化和集成电路化等优点。

(1)霍尔效应原理。金属或半导体薄片置于磁场中,当有电流流过时,在垂直于电流和磁场的方向上将产生电动势,这种物理现象称为霍尔效应。如图 10-14 所示,假设薄片为 N 型半导体,磁场方向垂直于薄片,磁感应强度为 B。在薄片左右两端通以电流 I(称为控制电流),那么半导体中的截流子(电子)将沿着与电流 I 的相反方向运动。由于外磁场 B 的作用,使电子受到磁场力 F_L(洛仑兹力)作用而发生偏转,结果在半导体的后端面上电子有所积累而带负电,前端面则因缺少电子而带正电,在前后两个端面之间形成电场。

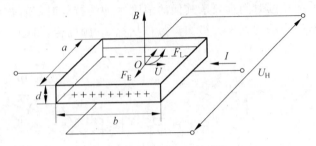

图 10-14　霍尔效应原理图

这时,在半导体前后两个端面之间(即垂直于电流和磁场的方向)建立的电场称为霍尔电场,相应的电势就称为霍尔电势 U_H。利用霍尔效应制成的传感元件称为霍尔传感器,U_H 的大小正比于控制电流 I 和磁感应强度 B,即

$$U_H = \frac{R_H IB}{d} = K_H IB \tag{10.5}$$

式中,R_H 为霍尔系数,$R_H = \rho\mu$,其中 ρ 为载流体的电阻率;μ 为载流子的迁移率;K_H 为灵敏度,$K_H = R_H/d$。

若磁场方向与元件平面成角度 θ 时,则作用在元件上的有效磁场是其法线方向的分量,即 $B\cos\theta$,则有

$$U_H = K_H lB\cos\theta \tag{10.6}$$

由式(10.5)和式(10.6)可以看出,霍尔电势 U_H 的大小正比于控制电流 I 和磁感应强度 B,灵敏度 K_H 表示在单位磁感应强度和单位控制电流时输出霍尔电势的大小,一般要求越大越好,元件的厚度 d 越薄,K_H 就越大,所以霍尔元件的厚度都很薄。当载流电流材料和几何尺寸确定后,霍尔电势的大小只和控制电流 I 和磁感应强度 B 有关,因此霍尔式传感器可用来探测磁场和电流,由此可测量压力、振动等。

(2) 霍尔元件的基本结构。霍尔元件的结构很简单,由霍尔片、四根引线和壳体组成。霍尔片是一块矩形半导体单晶薄片,从中引出四根引线,其中两根引线上施加激励电压或电流,称为激励电极(控制电极),另外两根引线称为霍尔输出引线,又称为霍尔电极。霍尔元件的壳体是用非导磁金属、陶瓷或环氧树脂封装的。

(3) 霍尔式转速传感器的结构。图 10-15 是三种不同结构的霍尔式转速传感器。转盘的输入轴与被测转轴相连,当被测转轴转动时,转盘随之转动,固定在转盘附近的霍尔传感器便可在每一个小磁铁通过时产生一个相应的脉冲,检测出单位时间的脉冲数,便可知被测转速。根据磁性转盘上小磁铁数目多少,就可以确定传感器测量转速的分辨率。

5. 光电式脉冲编码器

光电式脉冲编码器可将机械位移、转角或速度变化转换成电脉冲输出,是精密数控采用的检测传感器。光电编码器的最大特点是非接触式,此外还具有精度高、响应快、可靠性高

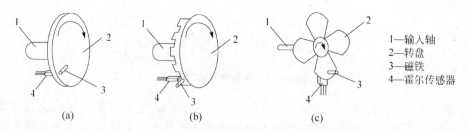

1—输入轴
2—转盘
3—磁铁
4—霍尔传感器

(a)　　　　　　　(b)　　　　　　　(c)

图 10-15　三种不同结构的霍尔式转速传感器

等特点。

　　光电编码器采用光电方法,将转角和位移转换为各种代码形式的数字脉冲,图 10-16 所示为光电式脉冲编码器,在发光元件和光电接收元件中间,有一个直接装在旋转轴上的具有相当数量的透光扇形区的编码盘,在光源经光学系统形成一束平行光投在透光和不透光区的码盘上时,转动码盘,在码盘的另一侧就形成光脉冲,脉冲光照射在光电元件上就产生与之对应的电脉冲信号。

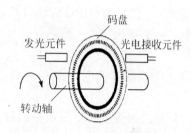

图 10-16　光电式脉冲编码器结构

　　光电编码器的精度和分辨率取决于光电码盘的精度和分辨率,取决于刻线数。目前,已能生产径向线宽为 6.7×10^{-8} rad 的码盘,其精度达 1×10^{-8},比接触式的码盘编码器的精度要高很多个数量级。如进一步采用光学分解技术,可获得更多位的光电编码器。

　　光电编码器按其结构的转动方式可分为直线型的线性编码器和转角型的轴角编码器两种类型,按脉冲信号的性质可分为增量式和绝对式两种类型。

　　增量式编码器码盘图案和光脉冲信号均匀,可将任意位置为基准点,从该点开始按一定量化单位检测。该方案无确定的对应测量点,一旦停电则失掉当前位置,且速度不可超越计数器极限相应速度,此外由于噪声影响可能造成计数积累误差。该方案的优点是其零点可任意预置,且测量速度仅受计数器容量限制。

　　绝对式编码器的码盘图案不均匀,编码器的码盘与码道位数相等,在相应位置可输出对应的数字码。其优点是坐标固定,与测量以前状态无关,抗干扰能力强,无累积误差,断电位置保持,不读数时移动速度可超越极限相应速度,不需方向判别和可逆计数以及信号并行传送等;其缺点是结构复杂、价格高。要想提高光电编码器的分辨率,需要提高码道数目或者使用减速齿轮机构组成双码盘机构,将任意位置取作零位时需进行一定的运算。

10.2.2　电源系统

　　在智能车设计中,电源关系到整个电路设计的稳定性和可靠性,是电路设计中非常关键的一个环节。本节将介绍直流稳压电源的基本原理和三端固定式正压集成稳压器的典型电路设计。

　　1. 直流稳压电源的基本原理

　　直流稳压电源电路一般由电源变压器、整流滤波器电路及稳压电路组成,如图 10-17 所示。

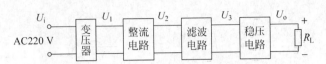

图 10-17   直流稳压电源电路

电源变压器的作用是将 220V 的交流电压变成整流电路所需要低压的交流电压 U_1。整流电路的作用是将交流电压 U_1 变换成脉动的直流电压 U_2，它主要有半波整流和全波整流等方式，通常由整流二极管构成的整流桥堆来执行。常见的整流二极管有 1N4007 和 1N5148 等，桥堆有 RS210 等。滤波电路的作用是将脉动直流 U_2 中的纹波滤除获得纹波小的直流 U_3，常见的有 RC 滤波、LC 滤波、Ⅱ型滤波等电路，常选用的是 RC 滤波电路。其中各参量的关系为

$$U_i = nU_1 \tag{10.7}$$

式中，n 为变压器的变比。

$$U_2 = (1.1 \sim 1.2)U_1$$

每只二极管或桥堆所承受的最大反向电压为

$$U_{RM} = \sqrt{2}U_1 \tag{10.8}$$

对于桥式整流电路，每只二极管的平均电流为

$$I_{D(AV)} = \frac{1}{2}I_R = \frac{0.45U_1}{R} \tag{10.9}$$

RC 滤波电路中，C 的选择应适应下式，即放电时间常数 RC 应满足

$$RC = (3 \sim 5)T/2 \tag{10.10}$$

式中，T 为输入交流信号的周期；R 为整流滤波电路的等效负载电阻。

稳压电路的作用是将滤波电路输出电压进行稳压，输出较稳定的电压。常见的稳压电路有三端稳压器、串联式稳压电路等。

2. 三端固定式正压稳压器

国内外各厂家生产的三端(电压输入端、电压输出端和公共接地端)固定式正压稳压器均命名为 78 系列，该系列稳压器有过流、过热和调整管安全工作区保护，以防过载而损坏。其中 78 后面的数字代表稳压器输出的正电压数值(一般有 5V、6V、8V、9V、10V、12V、15V、18V 和 24V 共 9 种输出电压)，各厂家用 78 和电压数字之间的字母来表示。插入 L 表示 100mA，M 表示 500mA，如不插入字母则表示 1.5A。此外，78(L,M)XX 的后面往往还附有表示输出电压容差和封装外壳类型的字母。常见的封装形式有 TO-3 金属和 TO-220 的塑料封装，金属封装形式的稳压器的输出电流可以达到 5A。

78 系列三端固定式稳压器的基本应用电路如图 10-18 所示，只要把正输入电压 U_i 加到 MC7805 的输入端，MC7805 的公共端接地，其输出端便能输出芯片标称正电压 U_o。在实际应用电路中，芯片输入端和输出端与地之间除分别接大容量滤波电容外，通常还需在芯片引出根部接小容量($0.1 \sim 10\mu F$)电容 C_i，C_o 到地。C_i 用于抑制芯片自激振荡，C_o 用于压窄芯片的高频带宽，减小

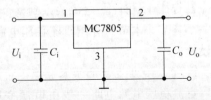

图 10-18   78 系列三端稳压器基本应用电路

高频噪声。C_i 和 C_o 的具体取值应随芯片输出电压的高低及应用电路的方式不同而异。

　　3. 电机驱动电路

　　在智能车竞赛中，智能车的速度较快，通常达到 2m/s 以上，因此对电机驱动电流的要求较高，电机驱动电路必不可少。图 10-19 是一个典型实用的简单直流电机调速驱动电路，功率管的选择由电机的功率决定，其标称电流是电机正常工作时电流的 3～5 倍（电机启动的时候存在较大的浪涌电流）。PWM 信号的占空比决定电机的转速，故电机的调速可通过改变 PWM 信号的占空比实现。直流电动机正、反转控制在很多场合会碰到。下面将介绍用功率管驱动直流电机正、反转的常用两种方法。

　　如图 10-20 所示电路中电机的转动方向由 I/O_1 和 I/O_2 的电平来决定。当 I/O_1 和 I/O_2 为 00 时，VT_1，VT_2 导通，VT_3，VT_4 截止，加在电机两端上的电压差为 0V，电机不转。当 I/O_1 和 I/O_2 为 01 时，VT_1，VT_4 导通，VT_2，VT_3 截止；当 I/O_1 和 I/O_2 为 10 时，VT_1，VT_4 截止，VT_2，VT_3 导通。这两种情况流经电机上的电流方向互为相反，电机转动方向也相反。当 I/O_1 和 I/O_2 为 11 时，VT_1，VT_2 截止，VT_3，VT_4 导通，加在电机两端上的电压差为 0V，电机不转。当 I/O_1 和 I/O_2 悬空时，

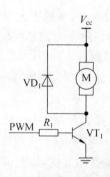

图 10-19　直流电机调速驱动电路

+5V 经 R_1，TLP521 的内部发光二极管、LED1，R_4，VT_3 形成零点几毫安的电流，使 VT_3 一定程度地导通，该电流使光耦 TLP521 输出端微弱导通，从而拉低 VT_1 基极点的电位，使 VT_1 一定程度地导通；同理，VT_2 和 VT_4 也一定程度地导通，从而 +V 电源经过 VT_1，VT_3 和 VT_2，VT_4 短路到地，会损坏功率管，故 I/O_1 和 I/O_2 不允许悬空。R_1 和 R_8 阻值的选择原则是，使流经发光二极管的电流为 10～15mA；R_3，R_4，R_5，R_6 的选择原则是，能够为功率管提供足够的驱动电流；功率管的选择由电机的工作电压和工作电流决定，因电机启动瞬间存在浪涌电流，故功率管的电流限额应是电机正常工作电流的 4～5 倍。

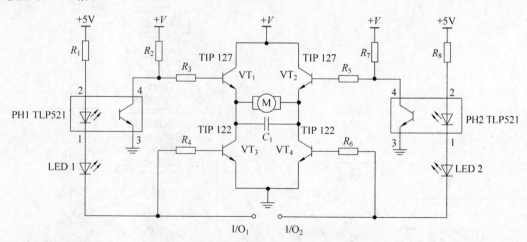

图 10-20　功率管驱动直流电机正、反转

10.3　智能车软件设计

智能车分为光电组、摄像头组和电磁组共三个组别，三个组别的软件设计有很多类似的地方，下面以光电组为例，分析智能车的软件设计。

10.3.1　软件系统整体框架

在功能上，本系统主要分为四个模块。

（1）角度平衡控制模块：使用加速度计和陀螺仪融合出车身角度，通过 PD 控制算法维持车身平衡。

（2）速度控制模块：利用编码器测量两个车轮的速度，使用 PI 控制算法控制车子行进速度。

（3）循迹控制模块：使用线性 CCD 测量赛道两条黑线，并根据车身状况做出循迹决策。

（4）调试模块：使用液晶、键盘和无线模块，能够更加直观地观察车子运行情况，使得参数调试更加方便，如图 10-21 所示。

程序上电运行后，便对单片机进行初始化。初始化的工作包括两部分，一部分是对于单片机各个应用到的模块进行初始化。第二部分是应用程序初始化，是对于车模控制程序中应用到的参数进行初始化。

初始化完成后，就进入主循环，不断进行按键检测和菜单控制，并且根据设置发送无线信号。主程序框图如图 10-22 所示。车模的直立控制、速度控制以及方向控制都是在中断程序中完成。通过全局标志变量确定是否进行这些闭环控制。

图 10-21　主程序功能划分　　　　　　　图 10-22　主程序框架

　　车模的所用控制都放在了一个 5 毫秒的定时器中断中,在 5 毫秒中执行下列任务。

　　(1) 通过编码器检测车模的运行速度。

　　(2) 读取 AD 转换值。这些值包括有陀螺仪、加速度计数值。读取完毕之后,便进行车模直立控制过程。包括车模角度计算、直立控制计算和电机 PWM 输出。

　　(3) 车模速度控制:在这个时间片段中,又进行 0~19 计数。在其中第 0 片段中,进行速度 PID 调节。因此,速度调节的周期为 100 毫秒。也就是每秒钟调节 10 次。

　　(4) 车模方向控制:根据前面读取的 CCD 采集值,计算偏差数值。然后计算电机差模控制电压数。中断服务流程如图 10-23 所示。

图 10-23　中断服务流程图

　　主程序框架、中断程序框架中的各个主要子程序功能及其程序以及中断程序框架如下所示。

```
void PIT0_IRQHandler(void)
  {
      gpio_set(PTB2,0);                           //CLK=0
      Spd_Decision();
      SPEED_CHECK();                              //两个轮子的速度采集
      AngleControl();
      CCDCount++;
      if(CCDCount> CCD_PERIOD)
        {
              tsl1401_gather();
              CCDCount=0;
        }
      AD_Calculate();
      CCDdeal2();
      g_nCarMtionCount++;
      if(g_nCarMtionCount>=CAR_MOTION_PERIOD)
        {
              g_nCarMtionCount=0;
              Speed_PI();
        }
      Speed_PI_OUT();                             //PWM 输出控制,周期 5ms
      MotorOutput();
      gpio_set(PTB2,1);
      PIT_Flag_Clear(PIT0);                       //清中断标志位
  }
```

10.3.2　角度及角速度测量

　　车模倾角以及倾角速度的测量成为控制车模直立的关键。测量车模倾角和倾角速度可以通过安装在车模上的加速度传感器和陀螺仪实现。

　　1. 加速度传感器

　　加速度传感器可以测量由地球引力作用或者物体运动所产生的加速度,如图 10-24 所示。

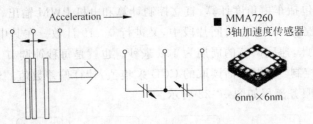

图 10-24　加速度传感器

　　通过微机械加工技术在硅片上加工形成了一个机械悬臂。它与相邻的电极形成了两个电容。由于加速度使得机械悬臂与两个电极之间的距离发生变化,从而改变了两个电容的参数。通过集成的开关电容放大电路量测电容参数的变化,形成了与加速度成正比的电压输出。MMA7260 是一款三轴低 g 半导体加速度计,可以同时输出三个方向上的加速度模拟信号,如图 10-25 所示。

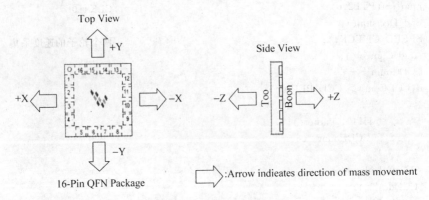

图 10-25　三轴加速度传感器

　　通过设置可以使得 MMA7260 最大输出灵敏度为 800mV/g。

　　只需要测量其中一个方向上的加速度值,就可以计算出车模倾角,例如使用 Z 轴方向上的加速度信号。车模直立时,固定加速度器在 Z 轴水平方向,此时输出信号为零偏电压信号。当车模发生倾斜时,重力加速度 g 便会在 Z 轴方向形成加速度分量,从而引起该轴输出电压变化。变化的规律为

$$\Delta u = kg \sin\theta$$

式中,g 为重力加速度;θ 为车模倾角;k 为比例系数。当倾角 θ 比较小的时候,输出电压的变化可以近似与倾角成正比。

　　只需要加速度就可以获得车模的倾角,再对此信号进行微分便可以获得倾角加速度。但在实际车模运行过程中,由于车模本身的运动所产生的加速度会产生很大的干扰信号叠加在上述测量信号上,使得输出信号无法准确反映车模的倾角,如图 10-26 所示。

　　车模运动产生的振动加速度使得输出电压在实际倾角电压附近波动,可以通过数据平

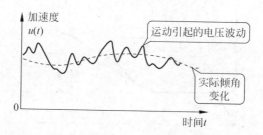

图 10-26　车模运动引起加速度计信号波动

滑滤波将其滤除。但是平滑滤波也会使得信号无法实时反映车模倾角的变化,从而减弱对于车模车轮控制,使得车模无法保持平衡。因此对于车模直立控制所需的倾角信息需要通过另外一种器件获得,那就是角速度器—陀螺仪。

2. 角速度传感器—陀螺仪

陀螺仪可以用来测量物体的旋转角速度。选用 EN-03 系列的加速度传感器。它利用了旋转坐标系中的物体会受到克里利奥力的原理,在器件中利用压电陶瓷做成振动单元。当旋转器件时会改变振动频率从而反映出物体旋转的角速度。

在车模上安装陀螺仪,可以测量车模倾斜的角速度,将角速度信号进行积分便可以得到车模的倾角,如图 10-27 所示。

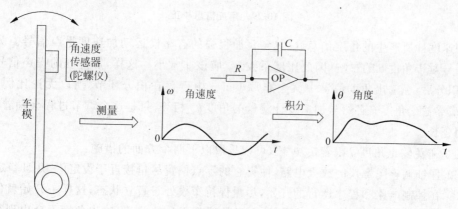

图 10-27　陀螺仪安装

由于陀螺仪输出的是车模的角速度,不会受到车体振动影响。因此该信号中噪声很小。车模的角度又是通过对角速度积分而得,这可进一步平滑信号,从而使得角度信号更加稳定。因此车模控制所需的角度和角速度可以使用陀螺仪所得到的信号。

由于从陀螺仪的角速度获得角度信息,需要经过积分运算。如果角速度信号存在微小的偏差,经过积分运算之后,变化形成积累误差。这个误差会随着时间延长逐步增加,最终导致电路饱和,无法形成正确的角度信号,角度积分漂移如图 10-28 所示。

对于积累误差的消除,可以通过上面的加速度传感器获得的角度信息对此进行校正,如图 10-29 所示。利用加速度计所获得的角度信息 θ_g 与陀螺仪积分后的角度 θ 进行比较,将比较的误差信号经过比例 T_g 放大之后与陀螺仪输出的角速度信号叠加之后再进行积分。从图 10-29 可以看出,对于加速度计给定的角度 θ_g,经过比例、积分环节之后产生的角度 θ 必然最终等于 θ_g。由于加速度计获得的角度信息不会存在积累误差,所以最终将输出角度

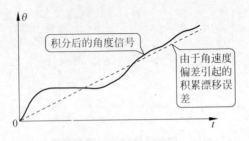

图 10-28　角度积分漂移

θ 中的积累误差消除了。

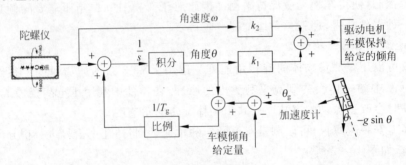

图 10-29　角度信息校正

　　加速度计所产生的角度信息 θ_g 中会叠加很强的有车模运动加速度噪声信号。为了避免该信号对于角度 θ 的影响，因此比例系数 T_g 应该非常小。这样，加速度的噪声信号经过比例、积分后，在输出角度信息中就会非常小了。由于存在积分环节，所以无论比例 T_g 多么小，最终输出角度 θ 必然与加速度计测量的角度 θ_g 相等，只是这个调节过程会随着 T_g 的减小而延长。

　　为了避免输出角度 θ 跟着 θ_g 过长，可以采取以下两个方面的措施：

　　(1) 仔细调整陀螺仪的放大电路，使得它的零点偏置尽量接近于设定值，并且稳定。

　　(2) 在控制电路和程序运行的开始，尽量保持车模处于直立状态，这样一开始就使得输出角度 θ 与 θ_g 相等，此后，加速度计的输出只是消除积分的偏移，输出角度不会出现很大的偏差。

　　角度测量代码如下：

```
/ ******************* 陀螺仪及加速度计角度计算 ************** /
void AD_Calculate(void)
{

    float fDeltaValue;
    Rd_Ad_Value();                                    //采集 AD
    g_fGravityAngle = (VOLTAGE_GRAVITY-GRAVITY_OFFSET ) * GRAVITY_ANGLE_
RATIO;
    g_fGyroscopeAngleSpeed=( 2585-VOLTAGE_GYRO ) * GYROSCOPE_ANGLE_RATIO;
    g_fCarAngle=g_fGyroscopeAngleIntegral;
    fDeltaValue=(g_fGravityAngle-g_fCarAngle)/GRAVITY_ADJUST_TIME_CONSTANT;
    g_fGyroscopeAngleIntegral += ( g_fGyroscopeAngleSpeed + fDeltaValue) / GYROSCOPE_
```

ANGLE_SIGMA_FREQUENCY;

/ ************* 串口看波形(选择使用) ***************************** /
//AngleControl( );
　　　　　　　　　　　　　　　　　　　　　　　//宏条件编译选择是否使用虚拟示波器
}

10.3.3　道路信息提取

　　智能汽车的道路信息提取根据赛车组别分为摄像头识别、CCD 识别和电磁赛道识别,这里以 CCD 信息提取为例。

　　线性 CCD 采集的时序图如图 10-30 所示。

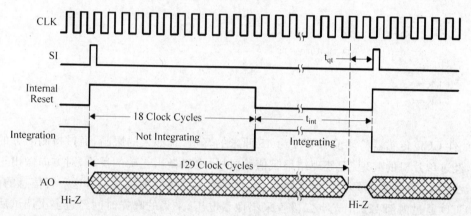

PARAMETER MEASUREMENT INFORMATION

Figure 1. Timing Waveforms

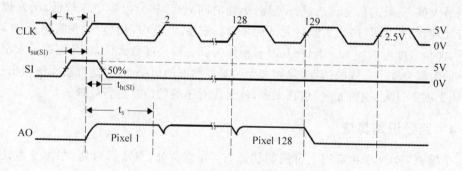

Figure 2. Operational Waveforms

图 10-30　线性 CCD 采集时序图

　　这种线性 CCD 包括一个 1×128 阵列的光电二极管,相关的电荷放大器电路和一个具有能够同时对 128 个像素点开始曝光、停止曝光的内部像素数据保持功能的电路,该传感器的内部控制逻辑要求只有一个串行输入(SI)和一个时钟信号输入端(CLK),一个 AO 口依次输出各像素点的模拟量的电压值信号。串行输入(SI)和时钟信号输入端(CLK)采用单片机 I/O 口进行模拟,SI 上升沿表示开始输出图像,并同时开始内部复位,上升沿 AO 开始输出数据,下降沿单片机获得 AD 值,CLK 为 2.5V 的时候为触发事件,智能车比赛所用的

TSL1401 线性 CCD 的曝光所用的事件一般为 5～20ms 之间,由于像素采集的时间非常短,可以直接把两个 SI 上升沿当作曝光时间来处理,这样调整曝光时间就变得非常简单,仅仅调节中断时间就可以了。

　　CCD 提取的主要代码如下:

```
void read_CCD(void)
{    SI=1;                              //开始一次新的转换
     CLK=1;                            //SI 为高电平时 CLK 置高
     SI=0;
     CLK=0;
     ccd_data[0]=AD_capture(0);
     for(i=1;i<128;i++)
     {
         CLK=1;
         CLK=0;
         ccd_data[i]=AD_capture(0);
     }
     CLK=1;
     CLK=0;
}
```

　　线性 CCD 传感器检测前方宽度为 45 厘米的赛道,犹如人的眼睛,通过检测前方的道路信息,经过单片机的处理,把处理结果赋值给电机,电机做出正确的反应,对方向做出正确的控制,线性 CCD 采集的只有一行道路信息,所有的电机反应都是基于对这一行信息的处理,线性 CCD 通过内部 128 个光点二极管采集像素电压,采集的曝光时间经过多次调试后发现 10ms 的效果为最好,压差比较大,处理起来比较方便,曝光时间太长,线性 CCD 积分电容全部达到最大值,获取的信息无法进行处理,曝光时间太短,积分电容电压较低,压差较小,无法进行处理,线性 CCD 的镜头经过测试后最后确定使用 120°广角镜头,在前瞻为 50 厘米的情况下,视角宽度可达到 1.5 米,而且没有桶形失真。镜头度数太低,视角宽度会太窄,在小车转向的时候会发生丢线的情况,犹如人无法看见前面的道路一样,这样就无法做出正确的处理,镜头度数过大、视角太大、信息太多,就无法对正确的信息进行处理。

10.3.4　路径识别算法

　　对车模而言,CCD 在赛道上可能的状态有:在直道处、在欧姆弯处、在大 S 弯处、在单线处、在直角弯处、在障碍处、在十字弯处,在小 S 弯处。由于传感器仅有一行 128 个点,使得对于赛道的识别工作量变得更加复杂,难度大大加大,情况也显得错综复杂,矛盾层出不穷。

　　线性 CCD 包含 128 个像素点,但是这 128 个点并不是所有的像素点都能够获得准确的灰度值,我选择左右各 50 个像素点来对赛道信息进行采集。这些像素点理论上都有 255 中状态,我们分别把左右各 50 个像素点分别记为 left14～left63 和 right64～right113。

　　由于小车实际跑动过程中,光线的不稳定,外界因素的干扰,都会对采集过来的数据进行干扰,甚至会算出来错误的偏差。我采用的方案是,对每次采集过来数据取平均值算出一个阈值,然后根据阈值将数据二值化,变成单片机方便处理的 0 和 1。这样即使跑道某处光线较强形成较大尖峰,由于其值仍高于阈值,经处理后还是 1。而且,即使二值化后出现有限个不准确的点,经过滤波处理,仍可还原成准确的状态。

为了能从采集过来的数组中准确地提取出跑道的两个边界,我进过认真比对后发现如果从 CCD 中间值 64 往两边扫描,可能会出现采集信息不稳定的情况,算出来错误的偏差,为此我采用从上一次的中间值往两边扫描,经过测试后发现效果比较理想。

小车通过上次的中间值往两边扫描,如果遇到从 1 到 0 的跳变且继续扫描后出现连续三个像素点的二值化值为 0,即可确定第一个为 0 的像素点为边沿,分别记为 left_rage 和 right_rage,这样小车跟赛道中心的偏差为:

$$Error = (left\_rage - right\_rage)/2 - 64$$

小车所有的路径识别控制都是基于对偏差进行方向的 PD 控制。

1. 直道的识别

小车在直道上行驶时,在前进的过程中,由于偏差比较小,所以可以根据特征来判断是直道,进而可以控制小车的速度达到最大值。直道采集图像如图 10-31 所示。

图 10-31　直道采集图像

直道对应的 CCD 采集波形如图 10-32 所示。

图 10-32　直道 CCD 波形

2. 直角弯的识别

直角弯是设置在一段直道上,而且在直角弯前一米处有一条宽度为 10 厘米的黑线,所以这个直角弯的特征比较明显,在进入之前小车的偏差基本上很小,而且会连续检测到几场黑线,然后偏差继续很小,直到一条边的位置基本上不变,而另一边检测不到边沿,此时可以认为小车进入直角弯,直角弯的图像如图 10-33 所示。

图 10-33　直角弯

直角弯对应的 CCD 波形如图 10-34 所示。

图 10-34　直角弯波形

3. 大弯的识别

小车在进入大弯的时候,小车左右的偏差比较大,而且检测到的赛道宽度会变大,有时会出现丢线的情况,只检测到一条赛道边沿,如果只检测到一条赛道边沿,此时检测到的扫到边沿特征为由白到黑的跳变,且检测到黑先以后继续扫描后仍然为黑色特征,如图 10-35 所示。

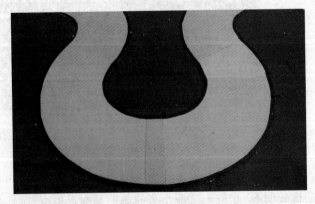

图 10-35　弯道

大弯对应的 CCD 波形如图 10-36 所示。

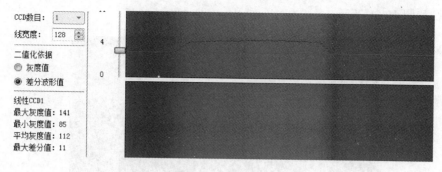

图 10-36　弯道波形

4. 单线的识别

单线的特征比较明显,因为只检测到一条黑线,而且检测到黑线后继续检测会出现白色赛道特征,这样可以和在弯道时丢线的特征区别出来,从而可以使小车沿着单线行驶,如图 10-37 所示。

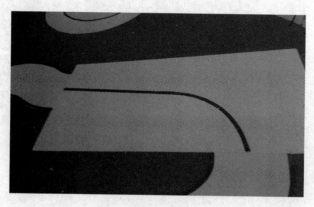

图 10-37　单线

单线对应的 CCD 波形如图 10-38 所示。

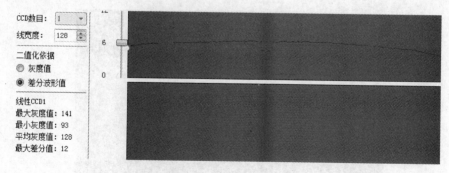

图 10-38　单线 CCD 波形

5. 十字弯的识别

在十字弯的入口处小车有三个方向可以行驶,所以小车的出错概率会大大增加,但是在进入直角弯的时候小车扫描到几场的全白,因为在整个跑道中只有十字弯会扫描到几场全白,所以抓住这一特征就可以判断出来小车进入十字弯,在小车进入十字弯后,就控制小车直线行驶,如图 10-39 所示。

图 10-39　十字弯图形

十字弯对应的 CCD 波形如图 10-40 所示。

图 10-40　十字弯波形

6. 障碍的识别

赛道障碍是对称的楔形,长宽高分别为 30、10、5 厘米。路障内侧边沿距离赛道中心线距离是 5 厘米,小车根据这一特征可以明显地扫描到赛道的宽度变窄,此时可以认为小车扫描到障碍,如图 10-41 所示。

图 10-41　障碍

障碍对应的 CCD 波形如图 10-42 所示。

图 10-42　障碍波形

10.3.5　控制策略及控制算法

整个系统控制思想如下：利用线性 CCD 采集赛道信息，使用软件对采集的信息进行二值化，提取得到赛道两边的黑线信息，用于赛道识别和控制；利用编码器反馈模型车的实际速度，使用 PID 控制算法调节驱动电机的转速；根据前方黑线的信息，利用偏差计算、中心引导线、十字弯判断、直角弯处理等方法对图像进行处理，根据图像处理得到的黑线偏差关键信息，通过双电机差速控制来实现转向，小车直立，实现了对模型车运动速度和运动方向的闭环控制。控制策略见图 10-43。

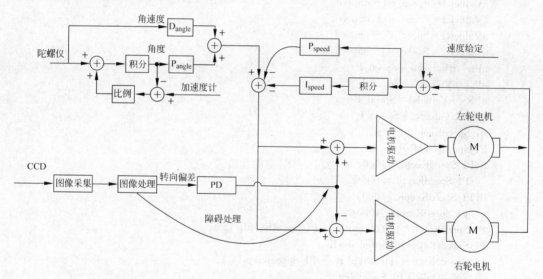

图 10-43　控制策略

编码器测速函数如下：

```
void SPEED_CHECK()
{
    int spd_templ=0,spd_tempr=0;
    spd_templ=FTM_QUAD_get(FTM2);    //获取 FTM 正交解码的脉冲数(负数表示反方向)
    spd_tempr=FTM_QUAD_get(FTM1);    //获取 FTM 正交解码的脉冲数(负数表示反方向)
    NowSpeed_L_temp +=spd_templ;
    NowSpeed_R_temp +=spd_tempr;
    FTM_QUAD_clean(FTM1);
```

```
    FTM_QUAD_clean(FTM2);

}
```

速度 PI 控制函数如下,函数每 5ms 调用一次,100ms 进行一次输出。

```
void Speed_PI(void)
{
    int32 nPL,nIL;
    int32 nPR,nIR;
    int32 nSpeed=0;
    int32 nSpeedR=0;
    int32 nValueL1,nValueL2;
    int32 nValueR1,nValueR2;
    static int err1=0,err2=0,pre_err=0;
    SPEED_L_QEP=NowSpeed_L_temp;  //将编码器清零
    SPEED_R_QEP=NowSpeed_R_temp;
    NowSpeed_L_temp=0;
    NowSpeed_R_temp=0;
    nSpeed=(SPEED_L_QEP+SPEED_R_QEP)/2;
    PI_SpeedErrL=Speed_set-nSpeed;
    PI_SpeedErrR=Speed_set-nSpeed;
    nValueL1=Speed_set-nSpeed;
    nValueL2=Speed_set-nSpeed;
    nValueR1=Speed_set-nSpeed;
    nValueR2=Speed_set-nSpeed;
    nPL=nValueL1 * Speed_P;
    nIL=nValueL2 * Speed_I;
    nPR=nValueR1 * Speed_P;
    nIR=nValueR2 * Speed_I;
    PI_SpeedKeepL +=nIL;
    PI_SpeedKeepR +=nIR;
    if(PI_SpeedKeepL>1000)
        PI_SpeedKeepL=1000;
    if(PI_SpeedKeepR>1000)
        PI_SpeedKeepR=1000;
    PI_SpeedNewL=(int16)(nPL + PI_SpeedKeepL/12 );
    PI_SpeedOldL=PI_SpeedNewL;
    PI_SpeedNewR=(int16)(nPR + PI_SpeedKeepR/12 );
    PI_SpeedOldR=PI_SpeedNewR;
}


//======================================
//函数名 Speed_PI_OUT
//作用: 计算速度 PI 控制的输出,5ms 调用一次
//======================================
void Speed_PI_OUT(void)
{
    int32 nValueL,nValueR;
    nValueL=PI_SpeedNewL-PI_SpeedOldL;
    nValueL=nValueL * (g_nCarMtionCount+1)/19+PI_SpeedOldL;
```

```
    PI_OutL＝(int16)nValueL;
    nValueR＝PI_SpeedNewR－PI_SpeedOldR;
    nValueR＝nValueR * (g_nCarMtionCount＋1)/19＋PI_SpeedOldR;
    PI_OutR＝(int16)nValueR;
}
```

10.4　智能车系统调试

10.4.1　电子设计调试基础知识

当电子作品经过设计、组装后，还必须经过调试，才能成为成品，电子作品调试的一般目的是：

（1）通过调试使作品达到设计指标；

（2）通过调试发现设计中存在的缺陷，并加以改正，使其能够正确运行。

在大学生电子设计的过程中，一般的调试步骤为电源调试——单板调试——联调。调试不仅包括软件调试，还包括硬件调试。在调试中出现故障，需要随时排除，下面仅就调试的技巧进行两点说明。

1. 调试的常用方法

1）电路检查法

具体分为加电检查和不加电检查两种情况。不加电检查的目的主要是查电路板线条间有无短路、粘连、虚焊、元件引脚触碰的情况。检查有无短路主要依靠万用表的短路挡测试；检查有无虚焊可以先通过肉眼观察，往往焊锡较多，且形成一团的焊点容易出现虚焊，然后再通过万用表的短路挡加以验证；粘连和引脚触碰也可通过上面的方法检查出来。加电检查可以观察故障现象，如电源不能启动、屏幕显示不正常等，据此判断故障的大体部位。为安全起见，应该先执行不加电检查，无问题后再执行加电检查。加电检查一定要注意不能短路。

2）电压测量法

利用万用表测电路的工作电压，将测得值与参考值对照，利用电压差值来判断故障。参考值可通过经验估计、查电气手册等方式获得。测试时需要注意万用表电压挡的量程和类型等参数。

3）电流测量法

一般采用外接稳态电源供电，从稳态电源的电流表上观测电流值。通过测量工作电流，将测得值与参考值对照，来判断故障。

4）电阻测量法

在不通电的情况下，用万用表电阻挡测有关测试点的正、反向电阻，用于检查电路有无开路、短路，若出现电阻值异常，可以初步判断该器件已经出现损坏。

5）信号注入法

在输入端加有源信号，在输出端观察电路响应，该方法可用于分段检查电路故障。采取信号注入法时应当注意，测试前应当掌握输入信号的大小和对应的正确输出波形，用示波器观测真实输出后加以比对,并加以分析。

6）其他方法

"看"：看元件有无明显的机械损坏,如破裂、烧黑、变形等。

"听"：听工作声音是否正常,是否存在异响。

"闻"：检查是否有异味,如是否存在烧焦的气味、电容电解液的味道等。

"摸"：用手试探器件的温度是否正常,如器件太热或太凉。一些功率器件,工作起来会发热,若手摸上去为凉的感觉,基本可以判定该器件没有工作。

2. 调试的基本思路

调试的基本思路为"排除法"。一个故障的出现,可能涉及许多因素,在检测时,应采取排除法,逐一排除引发故障的各种可能因素,最后查出故障的所在。排查故障的一般过程为：首先确定检查故障的线索,先抓住主线索,一查到底；并且线索不能中断,中断了便不能深入下去。在排除故障时,还应遵循"由表及里"、"先易后难"、"先电源后负载"、"先静态后动态"的原则。硬件电路的调试是一项复杂而精致的工作。在调试硬件系统时不要粗心大意,等确定是电路哪部分出了问题之后,再开始排除故障,这样可以减少不必要的麻烦。调试时需要极大的耐心,不要烦躁。

10.4.2　智能车设计的调试及注意事项

在智能车控制系统设计中,除了利用一般电子产品的调试方法之外,还可以设计一个专门的调试电路用于智能车的调整工作。调试电路一方面可以显示智能车控制电路的各种信息以及工作参数,另一方面还可以对工作参数进行现场修改。调试电路通常与控制电路制作在一起,也可以单独制作成可拆分的模块,在比赛时将其拆下来。首先,调试电路模块显示智能车控制电路工作参数的常用方式有：

（1）利用 BDM 开发工具的调试能力,显示单片机运行时其内部存储器中的数据；

（2）利用控制主板上提供的串口通信接口,实现单片机与计算机通信,将单片机中的运行状况反映在计算机的调试软件中；

（3）制作无线通信模块,可以将模型车在快速运行中的状态,通过无线通信的方式发送到计算机中进行在线实时监控；

（4）可以制作液晶显示电路和 LED 数码管显示电路,用于观测数据。

其次,利用调试电路对工作参数进行现场修改的常用方式有：

（1）在电路板上设置多个模式切换开关,通过它们的状态实现对控制程序的参数、工作模式甚至不同工作程序的选择；

（2）可以通过串口、BDM 接口、无线通信模块将修正的参数发送到单片机中,将其存储在单片机内部的 EEPROM 中,但这种方法只能用于试车的过程中,正式比赛中应避免。

在智能车的调试过程中,还常常需要考虑如下几点特殊的注意事项。

1. 外界环境的影响

外界环境如环境光线、赛道材质等因素对智能车的影响很大。以光电管型智能车为例,如果由于外界的光线频繁变化,导致小车对赛道的黑白部分区分不清晰,就很难识别路线,从而对后续的控制过程造成很大影响。因此,合理的传感器离地间隙和反射角度,以及较好的滤波电路设计都是需要考虑的。

2. 智能车质量

整车质量对智能车动力性能有较大影响。除了智能车工作所必需的电路之外，还应尽可能减少车重。即使是必备部件，也应该采用轻量化的设计。比如为了测量模型车的速度，需要在驱动轮上加装转速传感器，一般购买的电机编码器质量都较大，可以利用鼠标上的光电部分设计制作一个轻量化的转速传感器，便可以在保证精度的前提下大大减轻质量。

3. 智能车部件发热

在智能车调试过程中经常会发现，由于智能车行驶时偏重快速性，智能车直流电机和电机驱动芯片的发热现象很严重。因此，需要采取适当的散热措施，以保护电机及其芯片组。可以为电机和驱动芯片设计专门的散热片，来缓解智能车部件的发热问题。

4. 车轮

为了达到更快的速度，而且避免在拐角处滑移现象的出现，可以从增大车轮抓地力着手。在不随意更换组委会提供的专用轮胎的情况下，增加抓地力的措施可以有两种：调试时，选用合适的轮胎倾斜安装角度，并进行前轮定位，以加强智能车稳定性；调试结束后选配新轮胎。

5. 避免过度转向

由于是后轮驱动，模型车在弯曲的路线上加速可能会出现过度转向现象，过度转向会严重损伤车体机械部件和轮胎。调试过程中，在弯道行驶时需要控制车辆的转向速度。

6. 提高稳定性

提高行驶稳定性、可靠性，是智能车调试的核心，在调试过程中要在保证稳定性的前提下再尽量提高智能车的速度。

7. 提高转向伺服电机的反应速度

可以在电机驱动输出端并接一个大电容以提高驱动力。加大舵机的工作电压，以增加舵机抗负载能力。

8. 算法设计

调试中，为了适应各种各样赛道，简单、可靠的控制方法往往比复杂的控制方法更能取得好的成绩。能够采用简单实现的控制算法，就不必要追求新奇的高级算法。好的调试电路（或调试工具）再加上正确的调试方法可以大大提高模型车调试的工作效率，方便排除硬件与软件中的缺陷，能够检测模型车运行性能，这些可以为寻找最优的控制策略以及控制参数打下基础。

小　　结

本章以第十届飞思卡尔杯全国大学生智能汽车竞赛为平台，分别介绍了智能汽车的设计概况、智能汽车竞赛的比赛规则，智能汽车的比赛概况。然后分硬件和软件两个方面介绍了智能汽车的设计要点，最后介绍了电子设计调试基本知识、智能车设计调试及注意事项。

思 考 题

1. 智能汽车电磁赛道检测的方法是什么？
2. 智能汽车摄像头信号提取的方法是什么？

参 考 文 献

[1]　刘淼.嵌入式系统接口设计与 Linux 驱动程序开发.北京：北京航空航天大学出版社,2006.

[2]　孙天泽,袁文菊,等.嵌入式设计及 Linux 驱动开发指南.北京：电子工业出版社,2005.

[3]　周立功,等. ARM 嵌入式系统基础教程.北京：北京航空航天大学出版社,2005.

[4]　Alessandr Rubini,Jonathan Corbet 著.Linux 设备驱动程序(第二版).魏永明,骆刚,等译.北京：中国电力出版社,2004.

[5]　马忠梅,李善平,康慨,等. ARM&Linux 嵌入式系统教程.北京：北京航空航天大学出版社,2004.

[6]　探矽工作室.嵌入式系统开发圣经(第二版).北京：中国铁道出版社,2003.

[7]　陈莉军.深入理解 Linux 内核.北京：人民邮电出版社,2002.

[8]　Mark G Sobell. Red Hat Linux 实用指南.孙天泽,袁文菊,等译.北京：电子工业出版社,2004.

[9]　毛德操,胡希明. Linux 内核源代码情景分析.杭州：浙江大学出版社,2001.

[10]　吴明晖.基于 ARM 的嵌入式系统的开发与应用.北京：人民邮电出版社,2004.

[11]　邬宽明. CAN 总线原理和应用系统设计.北京：北京航空航天大学出版社,1996.

[12]　Corbet J,Rubini A,Kroah-Hartman G. Linux Divice Drivers 3th. O'Reilly,2005.

[13]　ARM Co. ARM920T Technical Reference Manual. 2001.

[14]　Philips Semiconductors Co. the IIC-BUS Specification,2000.

[15]　CompactFlash Association. CF+ and CompactFlash Specification,2003.

[16]　Wookey,Tak-Shing. Porting the Linux Kernel to a New ARM Platform.

[17]　优龙科技发展公司. ARM9 FS2410 教学平台实验手册,2005.

[18]　优龙科技发展公司. ARM9 FS2410 教学平台应用教程,2005.

[19]　Karim,Yaghmour. Building Embedded Linux Systems,2003.

[20]　Jean J Labrosse.嵌入式实时操作系统 uc/OS-Ⅱ(第二版).邵贝贝,等译.北京：北京航空航天大学出版社,2003.

[21]　CS8900A Product Data Sheet.

[22]　S3C2410X 32 32-BIT RISC MICROPROCESSOR USER'S MANUAL Revision1. 2

[23]　Building the GNU toolchain for ARM targets.

[24]　GNUPro Toolkit Getting Staeted Guide.

[25]　隋金雪,杨莉,张岩."飞思卡尔杯"智能汽车设计与实例教程.北京：电子工业出版社,2014.

[26]　闫琪,王江,等.智能车设计"飞思卡尔杯"从入门到精通.北京：北京航空航天大学出版社,2014.

[27]　王日明,廖锦松,申柏华.轻松玩转 ARM Cortex-M4 微控制器—基于 Kinetis K60.北京：北京航空航天大学出版社,2014.

[28]　冯冲,段晓敏.飞思卡尔 MC9S12X 开发必修课.北京：北京航空航天大学出版社,2014.

[29]　http://www. samsung. com.

[30]　http://www. zlgmcu. com.

[31]　http://www. compactflash. org.

[32]　http://www. usb. org.

[33]　http://www. sourceforge. net.

[34]　The ARM Instruction Set.